U0319314

真空工程技术丛书

真空系统设计

张以忱　等著

北京

冶金工业出版社

2024

内 容 提 要

本书从真空系统所用材料、系统组成、系统设计计算、真空系统的安装调试和操作维护等方面较详细地介绍了真空系统设计的全部内容，论述了真空系统设计与计算所用的相关基础理论，并根据国际最新设计理论和作者多年的真空系统设计实践经验提出了一些较新的设计理念和设计方法。书中既有基础理论知识，又有实际应用介绍，提供了大量相关的图表数据及设计计算例题，具有很强的实用性。

本书适合于真空技术及工程、真空应用设备的设计制造以及与真空技术有关的行业从事真空系统设计、系统操作与维护的技术人员阅读，也可作为大专院校相关专业师生的教材及参考书。

图书在版编目（CIP）数据

真空系统设计/张以忱等著 . —北京：冶金工业出版社，2013.1
（2024.7 重印）

（真空工程技术丛书）

ISBN 978-7-5024-6145-4

Ⅰ. ①真…　Ⅱ. ①张…　Ⅲ. ①真空系统—系统设计　Ⅳ. ①TB753

中国版本图书馆 CIP 数据核字（2012）第 302603 号

真空系统设计

出版发行	冶金工业出版社	**电　话**	（010）64027926
地　址	北京市东城区嵩祝院北巷 39 号	**邮　编**	100009
网　址	www.mip1953.com	**电子信箱**	service@ mip1953.com

责任编辑　郭冬艳　宋　良　美术编辑　彭子赫　版式设计　孙跃红
责任校对　石　静　责任印制　禹　蕊
北京虎彩文化传播有限公司印刷
2013 年 1 月第 1 版，2024 年 7 月第 4 次印刷
880mm×1230mm　1/32；16 印张；472 千字；495 页
定价 48.00 元

投稿电话　（010）64027932　投稿信箱　tougao@cnmip.com.cn
营销中心电话　（010）64044283
冶金工业出版社天猫旗舰店　yjgycbs.tmall.com
（本书如有印装质量问题，本社营销中心负责退换）

前　言

　　本书是作者在多年教学与科研实践的基础上编写的，从真空系统所用材料、系统设计计算、真空系统的安装调试和操作维护等方面，较详细地介绍了真空系统设计的全部内容，论述了真空系统设计与计算所采用的相关基础理论，并根据国际最新设计理论和作者多年的真空系统设计实践经验提出了一些较新的设计理念和设计方法。书中提供了大量相关的图表数据及设计计算例题。

　　本书具有很强的实用性，适合于真空技术以及与真空技术应用有关的行业从事设计、设备操作与维护的技术人员参考，还可作为大专院校相关专业师生的教材及参考书。

　　参加本书编写工作的有张以忱（第 1、3 ~ 7、9 ~ 11 章）、陈荣发（第 2 章）、李灿论（第 8 章）。全书由张以忱任主编，陈荣发任副主编并协助统稿。

　　本书的编写工作，得到东北大学真空与流体工程研究所各位老师及其他有关单位和专家的大力帮助和支持，在此深表谢意。

　　由于理论水平和实践经验有限，书中如有不妥之处，恳请读者指正。

作　者

2012 年 10 月

目　录

7　真空泵的选择与匹配计算 ················· 346

8　真空系统的计算机辅助设计 ··············· 358

1 真空系统的组成与设计概述

1.1 真空系统的形式与组成

1.1.1 真空系统的形式

用于满足某种真空工艺要求，具有获得并测量、控制有特定要求真空度的系统称为真空系统。

真空系统是由真空容器和获得真空、测量真空、控制真空等元件组成。一个比较完善的真空系统由真空室、能满足系统真空度要求所需的真空泵或真空机组、真空测量装置、连接导管、真空阀门、捕集器及其他真空元件、电气控制系统构成。

典型的真空系统如图 1-1 ~ 图 1-4 所示。图 1-1 所示为大型扩散泵抽气系统，其被抽容器的容积较大，为了提高中真空压力区域内的抽气效率和提高系统的极限真空度，在前级机械泵与主泵之间增加了一台机械增压泵（罗茨泵）。如果被抽容器的体积很大，工艺又要求在尽量短的时间内达到工作真空度（或本底真空度），则可以采取加大系统的粗（预）抽能力的方法，如图 1-2 所示，增加一台粗抽泵（机械泵），与原有机械泵并联，这样可以大大缩短系统的粗抽时间，使系统尽快达到主抽真空泵的启动压力。当系统内主泵开始正常工作后，则可以关闭其中一台粗抽机械泵，以节省能源。为了减少系统内的油蒸气返流污染，一般中小型容器及真空镀膜设备等多采用以分子泵为主泵的抽气系统。小型分子泵高真空抽气系统如图 1-4 所示。

1.1.2 真空系统的组成

1.1.2.1 粗（预）抽泵

预抽泵（粗抽泵）主要用来抽除真空室中的大量气体，使真空

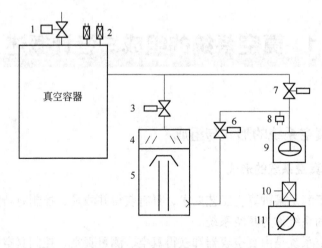

图 1-1 大型扩散泵真空系统原理图

1—真空室放气阀；2—真空测量规；3—高真空阀；4—冷阱；5—油扩散泵；6—前级阀；
7—预抽阀；8—真空膜盒继电器；9—罗茨泵；10—电磁压差阀；11—机械泵

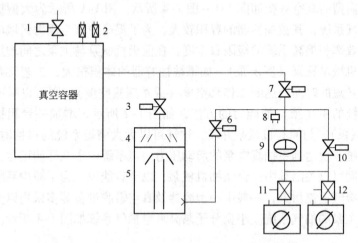

图 1-2 加大粗抽能力的大型扩散泵真空系统原理图

1—真空室放气阀；2—真空测量规；3—高真空阀；4—冷阱；5—油扩散泵；
6—前级阀；7—粗（预）抽阀；8—真空膜盒继电器；9—罗茨泵；10—旁通阀；
11，12—机械泵（入口带有电磁压差阀）

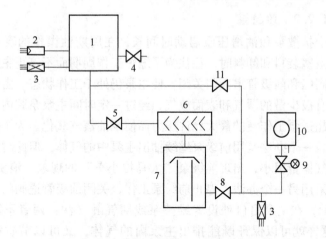

图1-3　扩散泵高真空系统原理图

1—真空室；2—电离真空规；3—热偶真空规；4—放气阀；5—高真空阀；6—冷阱；
7—扩散泵；8—前级真空阀；9—电磁压差阀；10—机械泵；11—预（粗）抽阀

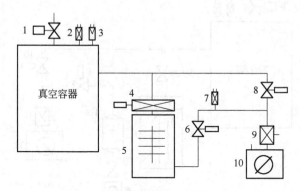

图1-4　分子泵高真空系统原理图

1—放气阀；2—热偶真空规；3—电离真空规；4—高真空阀；5—分子泵；6—前级真空阀；
7—热偶真空规（测分子泵前级压力）；8—预抽阀；9—电磁真空压差阀；10—机械真空泵

室内的气体压力由大气压力降到主泵能够启动工作时的真空度，因此，要求预抽泵所达到的压力应小于主泵的启动工作压力。机组所选用的预抽泵的抽速大小由粗抽时间决定。为了提高真空机组的利用率，预抽泵一般兼作前级泵用。用真空阀门分隔和切换两种不同的抽气功能。

1.1.2.2　维持泵

由于扩散泵和油增压泵启动时间长，在周期性操作的真空设备中，真空室装料和卸料时，往往为了缩短工作周期而不停止主泵，将高真空阀门和前级管道阀门关闭，使主泵仍处于工作状态。由于阀门等总是有极少量的漏气和表面放气，经过一定时间主泵泵腔内的压力增加，超过泵工作液的最大允许压力而使泵油蒸气氧化。为了解决这个问题，一个办法是用前级泵继续抽出主泵中的气体，但此时主泵内排出的气体量很小，出现前级泵"大马拉小车"的现象，浪费能源。为此可采用另一个办法，停止前级泵工作，关闭前级管道阀门，如图1-5 所示，在主泵出口处设置维持泵或储气罐（注：两者不同时设置），这样就可以保证既能排出主泵内的气体，又可以节省能源消耗。储气罐不能做得很大，它只能用在以扩散泵为主泵的小型真空机组上，而维持泵可用在配置大型主泵的真空机组中。

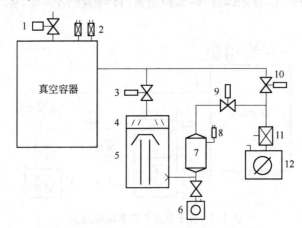

图 1-5　带有维持泵（或储气罐）的真空系统

1—真空室充气阀；2—真空测量规；3—高真空阀；4—冷阱；5—油扩散泵；
6—维持泵；7—储气罐；8—真空规（测扩散泵前级压力）；9—前级阀；
10—预抽阀；11—电磁压差阀；12—机械泵

1.1.2.3　储气罐

小型扩散泵高真空抽气机组通常配置有储气罐，设置在扩散泵和前级泵之间，贮存扩散泵排出的气体。设置储气罐的原因有：

（1）系统防震的需要。真空系统工作时，某些工艺过程要求严格防震，因此真空室处在工作状态中时，前级机械泵在一段时间内停止工作。在这段时间内，扩散泵排出的气体全都贮存在储气罐中，用储气罐代替机械泵维持扩散泵正常工作。

（2）为了缩短工作周期。有些生产工艺要求在不关闭扩散泵加热器的情况下，真空室放进大气进行换取工件、装料工作，而真空机组的前级泵兼作预抽泵用。装料后，用机械泵预抽真空室，在这段时间内利用储气罐来维持扩散泵工作（作为前级泵用）。

（3）为防止真空室内瞬时大量放气而影响扩散泵正常工作。真空工艺生产中的某段时间内放气量特别大，但时间短。若按此时的最大排气量配置前级机械泵很不经济；此时可在系统中配置前级储气罐，在最大放气量时储存一部分气体，以避免扩散泵的前级压力超过最大反压力。

（4）用于稳定扩散泵出口压力。由于机械泵排气是脉动的，虽然频率不高，但是也会引起扩散泵出口压力的波动。设置储气罐可减少这种波动。

1.2 真空机组

真空机组是将真空泵与相应的真空元件按其性能要求组合起来构成的抽气装置。其特点是结构紧凑，安装使用方便。

真空抽气机组可分为低真空抽气机组、中真空抽气机组、高真空抽气机组、超高真空抽气机组、无油真空抽气机组等。真空机组的名称以主泵命名。

1.2.1 低真空抽气机组

低真空抽气机组的主要特点是工作压力高、排气量大，但抽速比高真空抽气机组低，多用于真空室的粗抽以及放气量很大、工作压力高的真空输送、真空浸渍、真空过滤、真空干燥、真空脱气（钢水处理）等装置中。

低真空抽气机组的主泵常用往复式真空泵、油封式机械泵、干式机械泵、水喷射泵、水蒸气喷射泵、水环泵、分子筛吸附泵、湿式罗茨泵等直排大气真空泵，使用低真空抽气机组，还需要根据被抽气体的清洁程度、湿度或其他特殊要求，配置必要的除尘器、水气分离器、油水分离器、干燥阱等部件。

1.2.1.1 油封机械泵机组抽除可凝性气体的措施

油封机械泵不适于抽除含有大量水蒸气的气体。水蒸气在压缩过程中会凝结成水滴，并与泵油混合形成悬浮液，破坏泵的抽气性能，使泵的真空度下降。一般采取的措施有：使用带有气镇装置的油封机械泵，并将泵的工作温度控制在 75～90℃ 之间，以减少气镇阀负担；在机组中安装水汽分离器或油水分离装置，处理混有水的机械泵油，处理过的油再进入泵中使用；用各种干燥吸附剂做成捕集阱吸收水蒸气；使用各种冷凝器或冷阱，不仅能有效地吸附水蒸气，同时还可以阻挡机械泵向真空室的返流。

1.2.1.2 常用机组形式

图 1-6 为油封机械泵低真空抽气机组，图 1-7 为油封机械泵加挡油阱的低真空抽气机组，适用于化学气相沉积装置、真空包装、医药工业等领域。

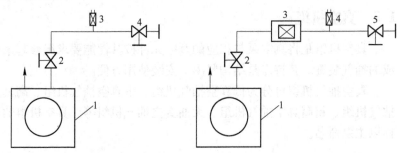

图 1-6 油封机械泵低真空抽气机组
1—机械泵；2—放气阀；3—热偶
真空规；4—管道阀

图 1-7 有挡油阱的低真空抽气机组
1—机械泵；2—放气阀；3—挡油阱；
4—热偶真空规；5—管道阀

图 1-8 为双级水环泵-大气喷射泵机组。双级水环泵和大气喷射泵串联组成的机组的极限压力为 1300Pa。工作时，先开动水环泵，以获得大气喷射泵所需的预压力，使大气喷射泵的进气口与出气口之间有压力差，大气通过喷射进入泵内形成高速运动气流，将被抽气体

吸入，经扩压器被水环泵排走。该机组适用于真空蒸发、真空浓缩、真空浸渍、真空干燥、真空冷冻等工艺过程。

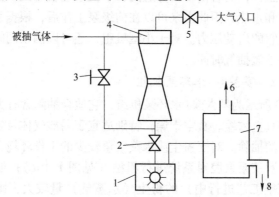

图1-8 双级水环泵-大气喷射泵机组

1—水环泵；2—止回阀；3—管道阀；4—大气喷射泵；5—空气进入阀；
6—排气阀；7—气水分离器；8—排水口

1.2.2 中真空抽气机组

中真空抽气机组常用的主泵有油增压泵、罗茨泵（机械增压泵）等，适用于需要大抽速和获得中真空的各种真空系统中，可广泛用于镀膜机、真空冶炼、真空热处理、化工、医药、电工、焊接等行业。

1.2.2.1 罗茨泵（机械增压泵）-油封机械泵机组

图1-9所示为以罗茨泵为主泵，油封机械泵为前级泵的中真空抽气机组。整套机组可安置在一个机架上，结构紧凑，使用方便。

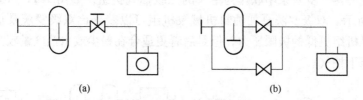

图1-9 罗茨泵-油封机械泵机组

（a）通过罗茨泵泵腔粗抽的机组；（b）设有旁通粗抽管道的机组

作为主泵的罗茨真空泵，可选择 **ZJ** 型普通罗茨泵，也可选用带旁通阀罗茨泵。前者须在系统被前级泵抽到罗茨泵允许启动压力时才能启动主泵工作；后者由于带旁通阀，罗茨泵在较高入口压力时运转不发生过载和过热，因此主泵可以在前级泵工作后，根据系统的实际情况来决定它的启动压力。对于小型机组，还可以两泵同时启动，以加大抽速和缩短抽气时间。

1.2.2.2 罗茨泵-水环泵机组

图1-10所示为罗茨泵-水环泵机组，它适合抽除含有大量水蒸气的气体，如真空浓缩、真空干燥，特别适宜于弱酸气体及含有少量细微粉尘气体的抽除。对于粉尘或水蒸气量较少的工作环境，水环泵可以直接通过罗茨泵泵腔对系统进行粗抽（见图1-10a）；如果被抽容器中（或真空工艺进行中）的粉尘（水蒸气）量较大，则需要另设旁通粗抽管道（见图1-10b）。

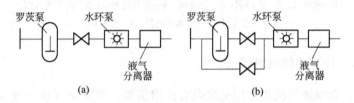

图1-10 罗茨泵-水环泵机组

1.2.2.3 双罗茨泵为主泵的中真空抽气机组

为了提高真空机组的抽气性能，达到较低的极限压力和改善低入口压力时的抽速特性，对大型真空机组配用较小规格的前级泵，可以组成由两个罗茨泵串联作为主泵的三级抽气机组，如图1-11和图1-12所示。双级罗茨泵加油封机械泵机组可以获得比双级罗茨泵加水环泵机组更低的极限压力，但是后者更适合在粉尘或水蒸气量较大的环境下抽气。

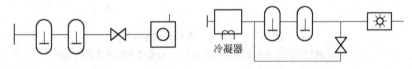

图1-11 双级罗茨泵加油封机械泵机组　　图1-12 双级罗茨泵加水环泵机组

图 1-13 所示为两级罗茨泵与一级水环泵（水环泵的极限压力 $p_0 = 6700\text{Pa}$）及气镇式油封机械泵的联合机组，极限压力可达 10^{-2} Pa。当需要抽除大量的水蒸气时，关闭阀门 7，用水环泵作粗抽泵和前级泵；当水蒸气分压降低到一定程度后，关闭阀 5，打开阀 7，用气镇式油封机械泵作前级泵。

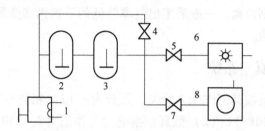

图 1-13 两级罗茨泵-水环泵、油封机械泵联合机组

1—冷凝器；2—ZJ600 罗茨泵；3—ZJ150 罗茨泵；4—粗抽阀；

5，7—前级阀；6—水环泵；8—油封式机械泵

1.2.3 高真空抽气机组

高真空抽气机组工作在分子流状态下，与低真空抽气机组相比，其特点是工作压力较低（$10^{-1} \sim 10^{-5}\text{Pa}$）、排气量小、抽速大。机组的主泵通常为扩散泵、扩散增压泵、分子泵、钛升华泵、低温冷凝泵等。这些泵不能直接对大气工作，因此需要配置粗抽泵和前级泵。有些高真空抽气机组的扩散泵还配有前级维持泵或贮气罐，以防止气体压力波动，改善机组的抽气性能。

1.2.4 超高真空抽气机组

超高真空抽气机组工作在 $10^{-5} \sim 10^{-10}\text{Pa}$ 的超高真空压力范围内，除了要求真空室的材料出气率很低、漏气率很小、能经受 $200 \sim 450\text{℃}$ 高温烘烤外，对机组的要求还有：

（1）主泵的极限真空度高，至少在 $10^{-7} \sim 10^{-8}\text{Pa}$ 以上。

（2）在超高真空的工作压力范围内主泵应具有一定的抽速。

（3）机组的主泵或主泵进气口以上部分能承受 $200 \sim 450\text{℃}$ 的高

温烘烤。

（4）来自主泵的返流气体（包括工作液蒸气及解析的气体）的分压力足够低。

（5）对被抽气体选择性强的主泵，要配备足够大的辅助泵。

（6）机组主泵进气口以上的管道、阀门等部件，对材料的选择和密封要特别慎重。一般采用出气率较低的不锈钢和金属密封材料，以耐高温烘烤。

1.3　典型真空系统

真空系统按其工作压力分类，可分为：（1）粗真空系统（工作压力大于 1330Pa）；（2）低真空系统（工作压力在 1330 ~ 0.13Pa）；（3）高真空系统（工作压力在 $0.13 ~ 1.3 \times 10^{-5}$Pa）；（4）超高真空系统（工作压力在 $1.3 \times 10^{-5} ~ 1.3 \times 10^{-10}$Pa）；（5）极高真空系统（工作压力低于 1.3×10^{-10}Pa）。

按真空系统所要求的清洁程度分，有：（1）有油真空系统（真空室有油蒸气污染）；（2）无油真空系统（真空室无油蒸气污染）。

1.3.1　粗真空系统

用粗真空泵为主泵（如水蒸气喷射泵或水环泵）组成真空系统，系统直接在大气压下为被抽容器排气，该系统即为粗真空系统，如图 1-14 所示。粗真空系统是最简单的真空系统。

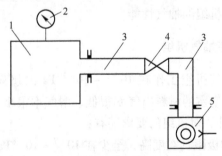

图 1-14　粗真空系统

1—被抽容器；2—真空表；3—连接管路；4—真空阀门；5—粗真空泵

1.3.2 低真空系统

用低真空泵为主泵（如油封式机械泵）组成的真空系统称为低真空系统。通常低真空系统直接在大气压下对被抽容器抽气。

1.3.3 中真空系统

中真空系统一般是由两个以上的真空泵串联组成的。

（1）油增压泵串联油封机械泵组成的真空系统，该系统的最佳工作压力范围为 $1.3 \sim 1.3 \times 10^{-1} Pa$。其优点是系统简单、抽气能力大、振动小、工作稳定可靠、维修方便。缺点是油增压泵需要预加热，预抽时间比罗茨泵系统长，系统的油蒸气污染较大。

（2）罗茨泵串联油封机械泵的真空系统，该系统的工作压力范围为 $1000 \sim 1.3 Pa$。优点是抽气能力大、启动快、预抽时间短。缺点是工作时噪声较大。图 1-15 所示为这种系统的典型配置。

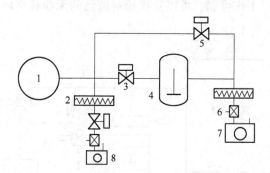

图 1-15 离子渗碳及淬火炉的真空系统

1—渗碳室；2—除尘器；3—气动阀；4—罗茨泵；5—粗抽阀；
6—电磁压差阀；7—前级机械泵；8—维持机械泵

（3）罗茨泵串联小型罗茨泵（中间泵），再串联机械泵的真空系统，系统的工作压力范围为 $0.133 \sim 1333 Pa$。该系统不但具备了罗茨泵系统的特点，而且加宽了工作压力范围和最佳压缩比。

（4）罗茨泵串联水环泵的真空系统。该系统适合用于排出灰尘或水蒸气较多的设备上。

1.3.4 高真空系统

这种系统应用较广泛，它的工作压力范围一般在 $1.33 \times 10^{-2} \sim 1.33 \times 10^{-5}$ Pa。

(1) 扩散泵串联机械泵的真空系统，如图 1-1 ~ 图 1-3 所示。此系统可以获得 $10^{-2} \sim 10^{-5}$ Pa 的真空度，一般用在工作时放气量比较小的设备上。该系统结构简单、工作可靠、成本低。缺点是系统启动慢、预抽时间长，扩散泵的油蒸气容易返流到真空室中去。

(2) 分子泵串联机械泵的真空系统，如图 1-4 所示。此系统一般可获得 $10^{-2} \sim 10^{-6}$ Pa 的真空度，一般用在工作时放气量较小的设备上。该系统结构简单、启动快、预抽时间短、工作可靠、返油率较低。

(3) 分子泵串联干式机械泵的真空系统，如图 1-16 所示。此系统一般可获得 $10^{-2} \sim 10^{-5}$ Pa 的真空度。该系统结构简单、启动快、预抽时间短、工作可靠，可以获得相对清洁的无油真空环境。

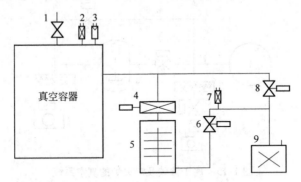

图 1-16 分子泵串联干式机械泵的真空系统

1—放气阀；2—热偶真空规；3—电离真空规；4—高真空插板阀；5—分子泵；6—前级阀；7—热偶真空规（测分子泵前级压力）；8—预抽阀；9—干式机械真空泵

(4) 扩散泵串联油增压泵，再串联油封机械泵的真空系统。该系统的抽气量大、抽速快，适合用于短时间内大量排气的工况，例如真空热处理、真空熔炼设备等。该系统的粗（预）抽时间短，但主抽系统启动较慢，对真空系统的油蒸气污染较大。

（5）扩散泵串联罗茨泵（机械增压泵），再串联机械泵的真空系统。该系统一般用于较大型真空容器的抽气，或工艺进行过程中放气量较大的工况下。该系统扩散泵的启动较慢，但抽气量大、预抽气时间短。

（6）分子泵串联罗茨泵，再串联机械泵（干式机械泵或油封机械泵）的真空系统，如图1-17所示。该系统启动快，具有较大的抽气量，可以获得较高的真空度和相对清洁的真空环境。

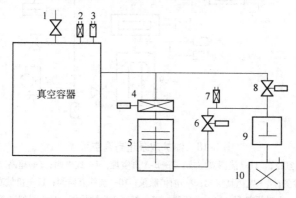

图1-17　分子泵串联罗茨泵-机械泵的真空系统

1—放气阀；2—热偶真空规；3—电离真空规；4—高真空插板阀；5—分子泵；
6—前级阀；7—热偶真空规（测分子泵前级压力）；8—预抽阀；
9—罗茨泵；10—干式（或油封）机械真空泵

1.3.5 超高真空系统

1.3.5.1 扩散泵串联机械泵和冷阱的真空系统

系统组成原理如图1-18所示。该真空系统与图1-3所示的真空系统不同的是扩散泵串联两个液氮冷阱，而且真空室和冷阱6能耐400~450℃的高温烘烤。在此温度下，可以清除真空室壁及阱壁上吸附的气体及凝结的泵油。该系统适用于中、小型真空容器的排气和空环境的获得，一般可以得到 1.33×10^{-7}Pa 的极限真空度。

1.3.5.2 涡轮分子泵串联机械泵的真空系统

系统如图1-19所示。该系统不烘烤可以获得 10^{-6}Pa 的真空度，

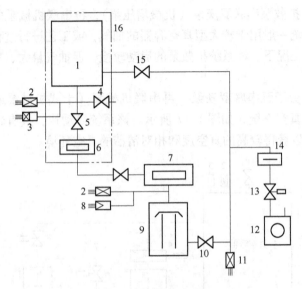

图 1-18 油扩散泵超高真空系统

1—真空室；2，11—热偶真空规；3—B-A 真空规；4—放气阀；5—超高真空阀；
6，7—冷阱；8—电离真空规；9—油扩散泵；10—前级真空阀；12—机械真空泵；
13—电磁压差阀；14—前级阱；15—超高真空预抽阀；16—烘烤装置

烘烤后真空度可以达到 10^{-8} Pa。该系统的特点是可以获得比较清洁的相对无油超高真空环境。

1.3.5.3 溅射离子泵无油超高真空系统

系统如图 1-20 所示。该系统以溅射离子泵为主泵，使用两个分子筛吸附泵作为预抽泵，其中分子筛预抽泵的作用是抽走真空室和溅射离子泵中的大气压下的气体及抽走系统烘烤及离子泵启动时放出来的气体。

1.3.5.4 溅射离子泵-钛升华泵无油超高真空系统

该系统以钛升华泵和溅射离子泵作为主泵，并联或串联分子筛吸附泵作为预抽真空泵，系统原理如图 1-21 所示。

1.3.5.5 低温泵超高真空系统

低温抽气是目前获得洁净真空环境的一种快捷而有效的方法。随着双级高可靠性小型制冷机的日臻完善，制冷机低温泵得到迅速发

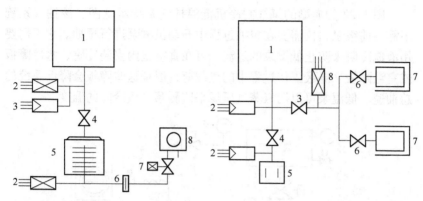

图1-19　涡轮分子泵超高真空系统
1—真空室；2—热偶真空规；3—B-A真空规；
4—超高真空阀；5—涡轮分子泵；
6—冷阱；7—电磁压差阀；
8—前级机械泵

图1-20　溅射离子泵无油超高真空系统
1—真空室；2—B-A真空规；3—超高真空阀；
4—超高真空闸板阀；5—溅射离子泵；
6—高真空阀；7—分子筛吸附泵；
8—热偶真空规

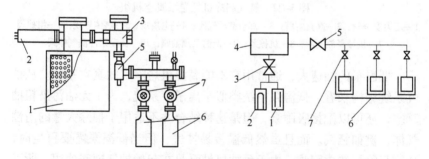

图1-21　溅射离子泵-钛升华泵无油超高真空系统
1—溅射离子泵；2—钛升华泵；3—高真空阀；4—真空室；
5—粗抽阀；6—分子筛吸附泵；7—管道阀

展，已成为获得洁净、无污染、抽速大、工作压力范围宽、抽气效率高、结构简单、使用方便、能长期工作及可任意方向安装的真空获得设备。系统采用低温泵作为主泵，并联或串联分子筛吸附泵（用作预抽真空泵）。该系统也可以用干式机械泵作为预抽真空泵。如果采用油封式机械泵作为系统的预抽泵，则必须在油封机械泵的入口管路上设置油蒸气捕集阱。

图 1-22 为典型的氦气制冷机低温抽气系统示意图。该抽气系统不需要前级泵，仅需要在粗抽过程中开动机械泵进行预抽。它不需要用液氮冷阱来防止低温泵的返流，可在真空室内安装冷阱、水冷障板或室温障板来屏蔽工作过程中的热载荷，但是这些障板会降低系统的总抽速。低温泵可以用氢蒸气压规来监测第二级冷阵的温度。

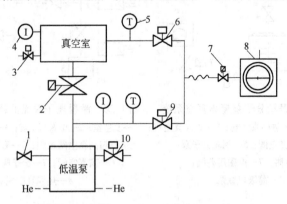

图 1-22 氦气制冷机低温泵真空机组

1—压力安全阀；2—高真空阀；3—真空室放气阀；4—电离规；5—热传导规；6—粗抽阀；
7—机械泵放气阀；8—机械泵；9—低温泵预抽阀；10—低温泵冲洗气体阀

低温泵的抽速大，通常用在不能高温烘烤除气的真空系统。从抽气系统结构来看，低温泵系统类似于离子泵系统，为了无油污染粗抽真空，还可以配接吸附泵，但是这种结合并不适用于抽除大量的惰性气体，例如氩气。而且虽然低温板易抽气，但当低温泵需要再生时，会给吸附泵造成困难。由于预抽机械泵只在起始抽气期间使用，所以污染很少，如果使前级泵工作在黏滞流范围，即用机械真空泵粗抽到 200Pa，然后再用吸附泵接力抽到 1Pa，可进一步减少污染。

因为低温泵对氢气的抽速很小，所以低温泵抽氢气时应与钛升华泵结合。低温泵也可以和其他的超高真空泵，例如离子泵或涡轮分子泵进行组合。

1.3.5.6 组合超高真空系统

对于某些有特殊要求的真空系统，如对既要求得到超高真空或无油超高真空环境，又要同时满足粗抽需要及能应付工艺过程中放出来的大量气体的工况的系统，可采用组合式抽气系统。

图 1-23 为超高真空镀膜机真空系统原理图。抽气系统的主泵为溅射离子泵，为了提高真空度及抽走膜材蒸发时产生的大量气体，系统配有钛升华泵。该系统的极限真空度可达 6.67×10^{-7} Pa。系统采用分子筛吸附泵作为主泵的预抽泵。此外，系统还配有吸附阱-机械泵粗抽系统，在压力大于 1333Pa 时，机械真空泵不易返油，此时可用机械泵直接抽真空室，压力低于 1333Pa 以后，机械真空泵经吸附阱从旁路抽真空室。

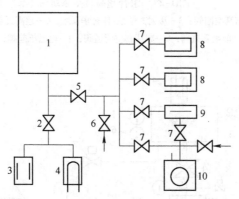

图 1-23　无油超高真空镀膜机真空系统原理图

1—真空室；2—超高真空闸板阀；3—溅射离子泵；4—钛升华泵；5—超高真空阀；
6—放气阀；7—高真空阀；8—分子筛吸附泵；9—吸附阱；10—机械真空泵

图 1-24 所示为一种组合形式的超高真空系统。该系统适合于高纯薄膜制备、钠灯封接炉、钽片炉等设备。系统的主泵为溅射离子泵-钛升华泵组。真空室极限真空可达到 5×10^{-7} Pa。系统配有分子泵（或油扩散泵）-机械泵组成的机组，该机组用来粗抽和作为主泵的预抽泵。如果系统在工艺过程中释放出大量气体，则预抽系统的主泵最好采用扩散泵。

图 1-25 所示为典型的分子泵-钛升华泵-机械泵抽气系统。该系统各零部件均按超高真空条件进行清洗后组装。涡轮分子泵、钛升华泵的冷却水压力为 0.03MPa，钛升华器可连续调节升华率。系统漏气率小于 10^{-8} Pa·L/s，系统预抽真空为 1Pa，环境工作温度为 20～25℃。

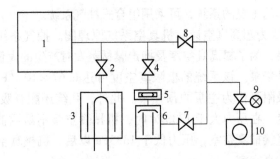

图 1-24　组合超高真空系统

1—真空室；2—超高真空闸阀；3—溅射离子泵-钛升华泵组；4—超高真空闸板阀；5—冷阱；
6—油扩散泵；7—前级管道阀；8—超高真空管道阀；9—电磁压差阀；10—机械真空泵

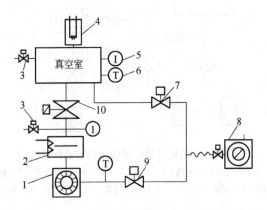

图 1-25　典型分子泵-钛升华泵组合真空系统

1—分子泵；2—冷阱；3—放气阀；4—钛升华泵；5—电离规；6—热传导规；
7—粗抽阀；8—机械泵；9—前级阀；10—高真空阀

　　该系统组装好后，如果各部分都不烘烤除气。开动机械泵预抽真空，当真空达到 1Pa 时启动涡轮分子泵，系统最终可达到的真空度为 10^{-5}Pa。如果对系统烘烤除气，涡轮分子泵烘烤 85℃，钛升华泵烘烤 350℃，B-A 规管（或冷磁控规管）烘烤 350℃，烘烤时系统内抽预真空为 1Pa。经过彻底烘烤除气（约 24h）后，启动涡轮分子泵和钛升华泵一同工作，该系统最终真空度可达到 1.5×10^{-9}Pa。

在系统操作时，应注意在系统中正确地使用钛升华泵。一般应该随着系统真空度的变化采用不同的钛升华率和工作周期，以达到节约钛的消耗量，延长钛升华器使用寿命的目的。

涡轮分子泵的单位体积抽速小，对不同种类气体具有不同的压缩比，因而对被抽气体有一定的选择性。但其在一定的压力范围内具有恒定的抽速，并且钛升华泵结构简单、造价低、单位体积的抽速大，特别是对活性气体的比抽速大。其缺点是对惰性气体抽速小。因此这些泵单独组成的真空系统，由于泵本身的缺点，限制了系统极限真空度的提高和抽速的增加。经验表明，采用两种类型的真空泵组合成无油超高真空系统，有助于扬长避短，可有效地提高真空系统的真空度和抽速及降低真空系统的投资成本。采用涡轮分子泵和钛升华泵组合系统的优点如下：

（1）系统的极限真空度有所提高。两泵组合使用后系统的极限真空度有所提高，在不烘烤的情况下也可以提高一个数量级以上，而且系统进入高真空的时间短，故特别适用于不允许烘烤而工作周期短的无油真空系统。通过烘烤除气后，该系统最终能达到 10^{-9} Pa 的真空度，可以用于极限真空度高的无油真空系统中。另外，分子泵-钛升华泵系统的使用与维护方便，成本低廉。

（2）抽速增加。该系统对空气、氮气、氢气的抽速大于该系统两泵单独抽速相加。抽速的增加可以解释为气体中的惰性气体被分子泵排走，而且质量越大，排走的几率也越大，这样钛升华泵内钛膜被惰性气体占去的空位几率少，能充分发挥钛升华泵钛膜的有效吸气作用。钛膜对如氩这样的惰性气体的吸气能力较低，惰性气体主要由分子泵来抽除。注意不要用该系统排除纯惰性气体或含惰性气体多的气体。该组合系统的适用性强，对提高真空系统的性能和降低成本是大为有利的。

图 1-26 所示为一台用于电真空器件排气的分子泵-锆铝吸气泵组合真空系统。

采用锆铝吸气泵与溅射离子泵或分子泵结合，可以减少溅射离子泵或分子泵中氢的负载，构成比较理想的超高真空系统。由于涡轮分子泵对氢的压缩比最小，所以分子泵系统中的残余气体主要是氢，分

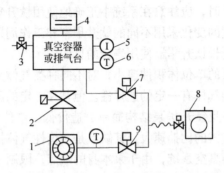

图 1-26 分子泵-锆铝吸气泵真空系统

1—涡轮分子泵；2—高真空阀；3—放气阀；4—GL16 型锆铝吸气泵；

5—B-A 真空规；6—热偶规；7—粗抽阀；8—2X 型机械泵；9—前级阀

子泵的极限压力主要取决于氢气的分压力。选用抽氢效率高的锆铝吸气泵作为辅助泵与分子泵匹配，是分子泵真空系统获得超高真空简便、易行的措施。例如，对于较大的真空容器或电真空器件排气台，为获得 10^{-8} Pa 以上的超高真空度，较好的真空泵组合方式是涡轮分子泵-锆铝吸气泵。在系统中利用涡轮分子泵作主抽泵，用锆铝吸气剂或锆铝吸气泵作为辅助抽气泵可以获得 10^{-11} Pa 的极高真空，这也是现阶段大型系统获得极高真空的比较经济的方式。

分子泵可以在较宽的压力范围内工作，有比较恒定的抽速，可以有效地抽除惰性气体与碳氢化合物，对活性气体分子也有很好的抽除作用。而锆铝 16 合金是一种新型的非蒸散型吸气剂，所以锆铝吸气泵对 H_2、N_2、CO_2、CO、O_2、H_2O 等气体有很高的抽速，从而保证分子泵-锆铝吸气泵组合的真空系统清洁无油，改善了真空室中本底环境的质量。

实验结果表明，在系统接近极限压力时，锆铝吸气泵采用较低的工作温度，可以更有效地抽除残余的氢，提高系统的极限真空度。由于分子泵、铬铝吸气泵以各自独特的抽气性能与方式取长补短，所以组合真空系统并不一定需要进行严格的烘烤，即可在较短的时间内获得超高真空。由于分子泵-锆铝吸气泵抽气系统结构简单，操作方便，因此用分子泵-锆铝吸气泵获得超高真空是一种良好的组合方式。

1.4 真空系统设计概述

1.4.1 真空系统设计的已知条件

在真空系统设计时，一般真空室是作为已知的被抽容器，然后据此选出适用的真空抽气系统。

1.4.1.1 真空室的已知参数

真空室的已知参数有：真空室的体积、真空室内放气材料的表面积、各材料的放气速率、真空室的漏气率（量）、工作压力、要求达到的极限压力和抽气时间（预抽时间和达到极限压力的时间）等。

1.4.1.2 真空室内的气源情况

（1）真空室内被抽气体成分和温度。

（2）真空室内材料的表面放气（表面解吸气体）。材料放气与真空室及其内部结构材料种类、温度、压力和抽气时间有关系。

（3）漏气，主要是通过真空室的密封处（动密封和静密封处）的漏气，还有真空室体渗透的气体。真空室的漏气率一般用压力增长率即升压率表示，国内对于真空炉一般取升压率为 1.33Pa/h。

（4）真空室内耐火保温材料的放气。这种放气往往同体积有关，故需要单独计算。

（5）工艺过程中被处理材料放出的气体。它往往是真空系统排气的主要气体负荷，因此应当了解工艺过程中产生气体的特征。真空工艺过程中的气体负荷主要由如下过程产生：

1）溶解在金属中的气体直接排出（如氮和氢从熔融金属中排出；氢从固体钛中排出），原因是室内温度升高和压力降低，气体在金属中的溶解度下降，所放出的气体与时间和放气速率有关。放气速率受金属熔炼和表面处理方法的影响。

2）化学反应生成的气体化合物排出。如碳和溶解的氧生成氧化碳气体，或者碳还原金属氧化物生成氧化碳气体排出，这样产生的气体与压力、温度、时间和生产率都有关系。

3）化合物分解产生的气体排出。如氢化物、氮化物、氧化物等分解产生气体氢、氮和氧，分解出的气体与温度、压力、时间和生产率有关系。

此外，为了控制真空工艺的进行而引入的气体也需要由抽气系统排出。工艺过程中材料放气的计算比较复杂，目前还做不到精确的计算，只能根据试验值估算。

1.4.1.3 真空室内的特殊要求

有些真空室有特殊的要求，例如在工艺过程中是否产生灰尘、金属喷溅、爆炸、腐蚀性气体和水蒸气等；真空室内是否有无油、无振动等特殊要求，在真空系统设计之前应了解清楚，以便在设计真空系统时考虑。

1.4.2 真空系统设计计算的一般程序

真空系统设计计算的一般程序为：

（1）真空室内总放气量的计算。

（2）根据要求选择阀门、捕集器、除尘器、真空管道等真空元件，并进行流导计算。

（3）确定真空室的有效抽速。

（4）粗选主泵和粗配前级真空泵或粗选真空机组。

（5）绘制真空系统装配草图，确定各个部分的尺寸。

（6）精算各真空泵，使其满足给定的参数要求；如果达不到要求，就重新选泵和配泵，直到满足各参数要求为止。

（7）绘制真空系统装配结构图，尺寸要准确。

（8）拆零件图；绘制施工图纸 。

以上设计计算步骤是标准设计不可缺少的。随着真空设备的不断发展，各种新型的真空机组不断出现，各种真空元件也逐渐标准化和系列化；随着计算机技术不断发展，有关真空系统设计的软件程序也在不断被开发出来，使得真空系统的设计过程变得越来越便捷。

1.4.3 真空系统设计的基本原则及注意事项

1.4.3.1 真空系统设计基本原则

（1）一般在高（超）真空系统中，除了有主抽系统外，还应有粗抽系统，即系统中除了有主抽及前级管路（主泵串联前级泵的管道）外，还应有一个预抽真空管道（真空室直通粗抽（前级）机械泵的管道）。特别是当选择蒸气流泵作为主泵（扩散泵或油增压泵）和机械泵作为前级泵的系统，必须要单独设计粗（预）抽管路。

（2）真空管道阀门的设置原则。在真空室和主泵之间设有高真空阀门（主真空阀），在前级管道上设有前级管道阀（低真空阀）；在粗（预）抽真空管道上设置粗（预）抽真空管道阀（低真空阀）。主泵上的高真空阀门，通常不能在阀盖下（抽气系统侧）为真空状态，而阀盖上（真空室侧）为大气压状态下开阀，需要通过电气联锁保证安全。前级管道阀和预真空管道阀要考虑阀本身能在大气压下开阀。以蒸气流泵为主泵的真空系统，主阀的阀板要盖向主泵，前级管道阀的阀板也要盖向主泵，预真空管道阀的阀板盖向真空室。

（3）真空系统中的辅助阀门的设置。在油封机械泵入口管道上，应设真空压差放气阀，当机械泵停止工作时，能立即打开此阀，将机械泵与被抽系统隔断，并在机械泵入口侧通入大气，防止机械泵油返流到管路中，因此该阀要和机械泵电气联锁。真空室上也要设置放气阀门，以方便真空室开启装料和取料。因真空室放气阀开启时的气体冲击力较大，所以该阀设置的位置要考虑到放气时对真空室的气体冲击，防止因冲力过大而破坏真空室内的薄弱构件。放气阀的大小与真空室的体积有关，要考虑放气时间不能太长，影响工作效率。

（4）流导设计。要保证真空系统中配置的真空阀门和管道及其他元件的流导足够大，应尽量使系统的抽气时间短，使用方便，安全可靠。例如，真空阀门、捕集器、除尘器等与真空泵等相互连接时，应尽量做到抽气管路短，管道流导大，导管直径一般不小于泵口直径，这是真空系统设计的一条重要原则。

（5）各真空元件间的连接应有互换性。系统中的各真空元件及其连接件（例如法兰）应采用标准尺寸，以保证元件有互换性，使得系统安装拆卸容易和检修操作方便。

1.4.3.2 真空系统设计注意事项

（1）为了保证真空系统的工作可靠，要求系统安装前检测各真空泵的性能，确保各泵满足设计要求；各阀门运转灵活及漏气率合格；对各管路和各元件的连接处进行检漏，保证密封可靠；真空室的密封性能好。

（2）原则上讲，在真空系统设计中，应保证每一个封闭管路尺寸有一个可调尺寸。对于简单的低真空系统，这个可调尺寸可以采用软管连接。对于高真空（超高真空）系统，应提高真空元件尺寸精度和利用连接法兰上的密封橡胶圈来解决安装误差，在机械泵与高真空泵之间可采用波纹管连接以减少振动对真空室的影响，这样可以提高系统的强度和刚度，减少系统的占用面积，使系统整体更加美观。

（3）机械真空泵（包括罗茨泵）有振动。要防止机械泵振动波及整个真空系统，通常用软管减振。软管有金属和非金属的两种，不论采用哪种软管，要保证良好的密封性能和在大气压力作用下不被压瘪。

（4）真空系统建成后，应便于测量和检漏。生产实践表明，真空系统在工作过程中，经常容易出现漏气而影响生产。为了迅速找到漏孔，要进行分段检漏，因此每一个用阀门封闭的区间，至少要有一个测量点，以便测量和检漏。

（5）真空测量规管的位置要避免通过带有水套的壳体，因为水套结构的焊接工艺性较差。规管应设置在真空室的适当位置或主泵的入口管道上，而且要上下直立，不要横放。

（6）在真空系统设计中要做到系统的整个抽气过程能够程序自动控制和联锁保护。例如控制罗茨泵在 1333Pa 的入口压力下自动启动工作；控制油扩散泵的冷却水的水压保持在某一个压力上，当水压不足或断水时，扩散泵能够立即断电并发出警报，防止泵被烧坏；如果真空室（或主泵入口上方）因事故或故障而突然漏入大气，主泵入口处的高真空阀门应自动关闭，使泵腔内保持真空状态，同时报警。

2 真空系统组成元件

2.1 真空阀门

2.1.1 真空阀门的分类与型号

在真空系统中，用来切断或接通管路气流，改变气流方向及调节气流量大小的真空系统元件称为真空阀门。

真空阀门的主要性能包括流导、漏气率、开闭动作的准确性和可靠程度，以及阀门的开闭时间。阀门的流导和漏气率的测试方法参见相关专业标准。阀门的准确性、可靠程度和开闭时间，则应根据具体的使用情况提出具体的要求。

真空阀门种类繁多，在设计真空系统时，应根据用途、尺寸、性能、结构等进行选择。国产真空阀门的型号是按其性能、结构形式、驱动方式、通道方式及通道直径大小、材料和用途等进行分类的，见表2-1。

表2-1 真空阀门的分类

分类方法	阀 门 名 称
工作压力	低真空阀门、高真空阀门、超高真空阀门
用　途	截止阀、隔断阀、放气阀、节流阀、换向阀
结构形式	挡板阀、翻板阀、碟阀、隔板阀、插板阀、闸阀、针阀
驱动方式	手动阀、电动阀、电磁阀、气动阀、液压驱动阀、手电两用阀
通道方式	角阀、直通阀、双通阀、三通阀、四通阀

真空阀门的型号是按如下顺序和内容确定，基本型号包括① ②③、辅助型号包括④ ⑤ ⑥，各符号所采用的字母及代表意义见表2-2。

表 2-2 真空阀门的型号

位置编号		标识内容	字母及代表意义
基本型号	①	使用范围	D—低真空；G—高真空；C—超高真空
	②	结构形式或职能类别	C—插板；D—挡板；F—翻板；M—隔膜；I—碟阀；W—微调；Q—充气；Z—锥形
	③	驱动方式	D—电动式；Q—气动式；C—磁动式；手动省略
辅助型号	④	阀门通道形式	S—三通；J—直角
	⑤	阀门规格	公称直径（mm），带充气的阀后面加大写字母Q
	⑥	特性代号及设计序号	以罗马数字Ⅰ、Ⅱ、Ⅲ表示，一般阀可省略

例如型号为 DDC—J50Q，表示的是低真空挡板式电磁阀，直角式，公称直径 50mm，带充气功能阀门。这种阀多用于机械泵的进气口上，停泵时阀门关闭，切断系统的通道保持系统内的真空，同时给机械泵泵腔内放入大气，以防止机械泵返油。

2.1.2 真空阀门的作用

真空阀门在真空系统中的作用是：

（1）开关气路。如图 2-1 所示，当阀 1 和阀 4 关闭，阀 2 打开时，机械真空泵 8 对容器粗抽真空，气流流经真空粗抽管路。当阀 2 关闭，阀 4 打开时，机械泵可单独对扩散泵 6 预抽真空。当阀 1 和阀 4 同时打开时，扩散泵和机械泵可同时工作，对容器进行抽真空，此时气流流经扩散泵。阀门在这种工艺操作中的作用是开关气路，改变气流的流经路线。

（2）控制气流大小，调节真空度。在图 2-1 中，通过调节阀门 1 的阀盖的开启角度，即可调节流经管路的气流量大小；真空泵停止工作时关闭阀 2 和阀 4，通过放气阀 3 可以给机械泵的入口放大气，防止真空泵油的返流；通过调节阀 5 可以调节容器内的真空度。

（3）定量充气。如图 2-2 所示，在玻璃阀的柱塞上有个一定体积的小洞，当小洞转向右边和高压气瓶连通时，小洞中就可充满高压气体；当它转向左边和真空容器连通时，就把该体积的高压气体放进容器中去，这样就起到了定量充气的作用。

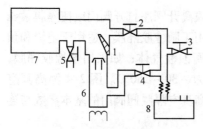

图2-1 真空系统示意图

1—高真空阀门；2—粗抽真空阀；3—机械泵
放气阀；4—前级真空阀门；5—压力调节阀；
6—扩散泵；7—真空容器；
8—机械真空泵

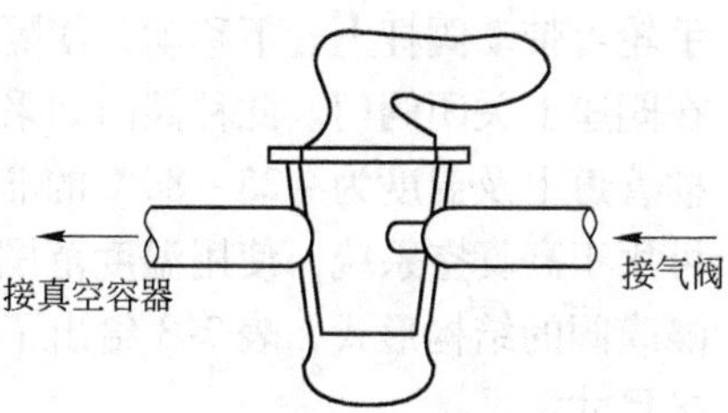

图2-2 分量玻璃阀

2.1.3 真空阀门的工作形式

2.1.3.1 隔膜阀

图2-3所示为隔膜式真空阀。隔膜阀适用于真空系统的接通或截止，它是利用阀杆将弹性体薄膜紧压在阀座上来隔断气路。橡皮弹性薄膜上有一提钮，提起提钮，通道接通；反之，压紧就截止。如转动

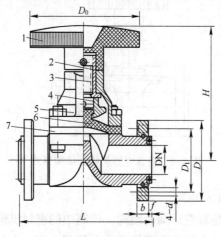

图2-3 隔膜式真空阀

1—手轮；2—阀杆螺母；3—阀杆；4—阀芯；

5—阀盖；6—隔膜；7—阀体

手轮可带动阀杆上、下移动，使隔膜离开阀座打开阀门或使隔膜紧压在阀座上关闭阀门。此种阀门如采用丁腈橡胶隔膜，适用于前级和预抽管道上及温度为 $-25 \sim 80℃$ 的非腐蚀性气体；如采用氟橡胶隔膜，可用于高真空系统，使用温度范围为 $-30 \sim 150℃$。图 2-4 为高真空隔膜阀的结构形式，表 2-3 给出了高真空隔膜阀阀门的基本参数与连接尺寸。

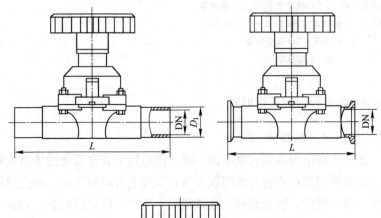

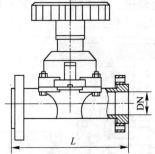

图 2-4　高真空隔膜阀的结构形式

2.1.3.2　真空球阀

图 2-5 所示是真空球阀的结构，该阀中的密封机构是由两个环状弹性体紧压于一个金属球表面构成。金属球上有一个大穿孔，借助于手柄转动金属球使穿孔改变方向，即可接通或切断气路。金属球轴杆与阀体间的密封采用 O 型密封圈密封。

表2-3 高真空隔膜阀基本参数与连接尺寸

公称通径 DN	漏气率 /Pa·L·s^{-1}	平均无故障 次数	连接尺寸/mm		连接法兰标准
			L	D_1	
10			150	19	焊接式
25			150	32	
40			240	45	
50			240	57	
10	≤6.7×10^{-4}	≥30000	75		GB/T 4982
25			120		
40			120		
10			75	—	GB/T 6070
25			120		
40			150		
50			180		

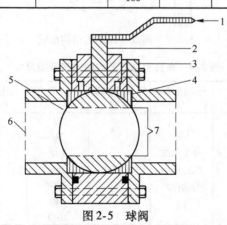

图2-5 球阀

1—手柄；2—阀杆；3—阀体；4—弹性体环；5—金属球；6—接口；7—孔口

2.1.3.3 真空碟阀

碟阀的结构比较简单，如图2-6所示。阀板的边缘上嵌有O型密封圈，阀板靠螺栓固定在传动轴阀杆上，使阀杆带动阀板转动，当阀板上的密封圈与阀体紧密接触时即实现了阀门的关闭。从关闭位置始，阀板再转动90°时，阀门即完全打开，该种阀门的主要优点是体积小、结构简单。此外还有一种高真空碟阀，其结构形式如图2-7所示，表2-4为其阀门的基本参数与连接尺寸。

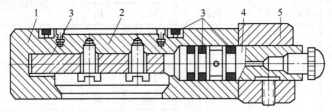

图2-6 手动碟阀

1—阀座；2—阀板；3—密封圈；4—转动轴；5—手柄座

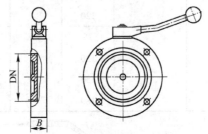

图2-7 高真空碟阀的结构形式

表2-4 高真空碟阀基本参数与连接尺寸

公称通径 DN	漏气率 /Pa·L·s⁻¹	开、闭时间 /s	平均无故障次数	流导 /L·s⁻¹	连接尺寸 B/mm	连接法兰标准
32				22	22	
40		气动：		50	22	
50		等于气动		102	22	
63	≤1.3× 10⁻⁷	执行机构	≥3000	156	26	
80		的动作时		300	32	
100		间		530	32	
160				1620	35	GB/T 6070
200				2550	45	
250		电动：		4180	50	
300		等于电动		7130	55	
400	≤1.3× 10⁻⁵	执行机构	≥2000	11000	60	
500		的动作时		17400	80	
600		间		27000	100	
800				45000	130	

注：流导为分子流状态下的理论计算值，不做验收依据。

　　气动碟阀主要由阀体、阀板、阀杆、O 型密封圈和气缸驱动机构（或手柄）构成，如图 2-8 所示。阀体的上、下两个端面由 O 型密封圈分别与容器和泵口连接，阀板的周边嵌有 O 型密封圈，当阀板与阀体平行时，密封圈与阀体密接，通道截止；当阀板与阀体垂直或呈某一角度时，通道打开。

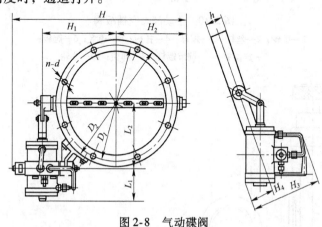

图 2-8　气动碟阀

2.1.3.4　插板阀

　　图 2-9 和图 2-10 所示的是插板阀的两种结构形式。弹性体密封圈嵌在阀体上，转动手柄即可打开或关闭阀门。图 2-9 所示的插板阀关闭时靠限位块的斜面压紧阀盖，进而压紧密封圈。图 2-11 和图 2-12 所示分别为高真空插板阀和超高真空插板阀的结构形式，表 2-5 和表 2-6 分别给出了这两种阀门的基本参数与连接尺寸。阀门的驱动形式为手动、气动和电动。

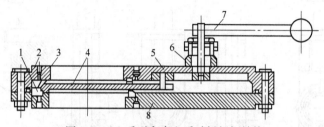

图 2-9　GC 系列高真空手动插板阀结构

1—限位块；2—上阀体；3—阀板密封圈；4—阀板；

5—连板；6—胶圈；7—手把；8—下阀体

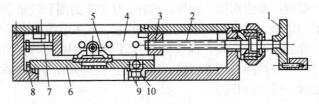

图 2-10　手动高真空插板阀

1—手轮；2—丝杠；3—螺母；4—托板；5—连板；6—阀板；
7—定位销；8—调节螺钉；9—弹簧；10—小轮

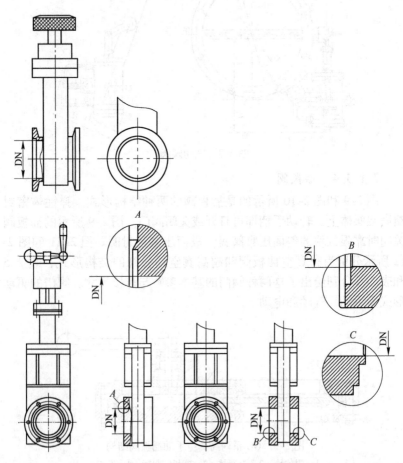

图 2-11　高真空插板阀的结构形式

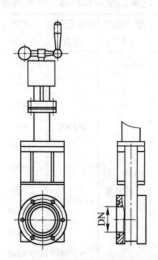

图 2-12 超高真空插板阀的结构形式

表 2-5 高真空插板阀基本参数与连接尺寸

公称通径 DN	漏气率 /Pa·L·s^{-1}	平均无故障次数	流导 /L·s^{-1}	连接法兰标准
25			30	GB/T 4982
40			85	
50			—	
63			400	
80	≤6.7×10^{-7}	≥3000	—	
100			1100	
160			3400	
200			7300	GB/T 6070
250			12000	
320			21000	
400			30000	
500	≤1.3×10^{-5}	≥1000	51000	
630			102000	

注：流导为分子流状态下的理论计算值，不做验收依据。

表2-6 超高真空插板阀基本参数与连接尺寸

公称通径 DN	漏气率 /Pa·L·s^{-1}	烘烤温度 /℃	平均无故障次数	流导 /L·s^{-1}	连接尺寸 A/mm	连接法兰标准
25				30	55	
50				—	60	
63				400	65	
80			≥3000	—	65	GB/T 6071
100				1100	70	
160		≤150（除传动装置外）		3400	70	
200	≤1.3×10^{-7}			7300	80	
250				12000	85	
320				21000	—	
400			≥2000	30000	110	JB/T 5278
500				51000	—	
630				10200	—	
800			≥1000	—	—	

注：流导为分子流状态下的理论计算值，不做验收依据。

2.1.3.5 挡板阀

图2-13所示是高真空挡板阀的结构形式，表2-7为高真空挡板阀阀门的基本参数与连接尺寸，高真空气动挡板阀也是其中的一种形式，如图2-14所示。该阀通过阀盖的开启和压下来实现管路的接通和截止。图中，压板23使阀板密封圈24固定于阀盖上。压板2将阀杆3与阀盖连为一体。上盖20与阀体22由密封圈21密封。压帽5和7分别压紧密封圈4和8，实现动密封。气缸盖11压紧密封圈10使气缸16的上部密封。气缸与气缸座17通过密封圈9密封。注油管18注入扩散泵油，以减小摩擦并帮助密封。压缩空气经进气管接头12首先通过加油器19，从加油器中出来的气体含有一定的真空泵油，再进入换向阀6，最后进入气缸，一方面润滑换向阀中的活塞，另一方面防止气缸内表面生锈。换向阀控制气源进入气缸上下部。密封垫片13、活塞胶圈14、活塞15，将气缸分为两部分，并移动于气缸之中，从而控制阀门的开闭。

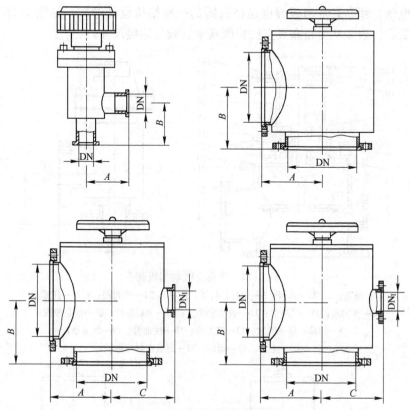

图2-13 高真空挡板阀阀门

表2-7 高真空挡板阀基本参数与连接尺寸

公称通径 DN	漏气率 /Pa·L·s⁻¹	平均无故障次数	流导 /L·s⁻¹	连接尺寸/mm				连接法兰标准
				A	B	C	DN₁	
10			1.5	30	30	—		
16			4.5	40	40	—		
25	≤1.3 × 10⁻⁷	≥4000	14	50	50	—		GB/T 4982
32			—	58	58	—		
40			40	65	65	—		

图2-15 所示为电磁高真空挡板阀的一种结构形式，表2-8 给出了这种阀门的基本参数与连接尺寸。阀门的驱动形式为手动、气动和

电动。超高真空挡板阀也是挡板阀的一种结构设计形式，如图 2-16
所示，表 2-9 为超高真空挡板阀基本参数与连接尺寸。

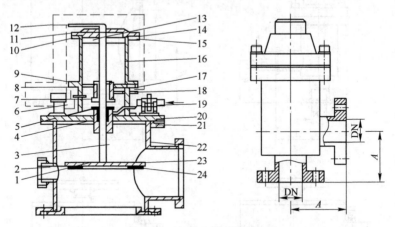

图 2-14　高真空气动挡板阀

1—阀盖；2，23—压板；3—阀杆；4，8，9，10，21—密封圈；5，7—压帽；

6—换向阀；11—气缸盖；12—进气管接头；13—密封垫片；14—活塞胶圈；

15—活塞；16—气缸；17—气缸座；18—注油管；19—加油器；

20—上盖；22—阀体；24—阀板密封胶圈

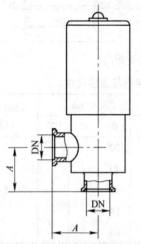

图 2-15　电磁高真空挡板阀
的结构形式

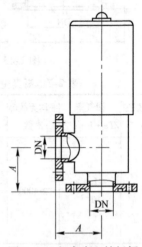

图 2-16　超高真空挡板阀
的结构形式

表2-8 电磁高真空挡板阀基本参数与连接尺寸

公称通径 DN	漏气率 /Pa·L·s^{-1}	线圈温度 /℃	开、闭时间/s	平均无故障次数	流导 /L·s^{-1}	连接尺寸 A/mm	连接法兰标准
10					1.5	30	
16					3	40	
20					8		
25	≤1.3× 10^{-7}			≥30000	12	50	GB/T 4982
32					28		
40					39	65	
50		≤65	≤3~5		80	80	
63					180	88	
80					225	95	
100					460	108	GB/T 6070
125	≤1.3× 10^{-5}			≥20000	500	138	
160					1100	160	
200					2000	200	

注：流导为分子流状态下的理论计算值，不做验收依据。

表2-9 超高真空挡板阀基本参数与连接尺寸

公称通径 DN	漏气率 /Pa·L·s^{-1}	烘烤温度/℃		连接尺寸 A/mm	连接法兰标准
		阀板密封材料为无氧铜	阀板密封材料为氟橡胶		
25				50	
50	≤1.3×10^{-7}	≤400	≤150	80	GB/T 6070
80				100	

2.1.3.6 翻板阀

图2-17~图2-19是三种不同结构的真空翻板阀，它们都是利用压缩空气作为阀板翻转的动力源。在阀门打开或关闭的过程中，阀板的运动有一个翻转过程，能翻转一个角度。在图2-17的阀门结构中，阀盖的翻转靠四连杆机构实现，阀盖能实现90°翻转。在图2-18的结构中，依靠滚轮将阀盖挡翻，在这种结构的阀门中，阀盖不能翻转90°。图2-19所示阀门结构简单，总高度低，阀板能翻转90°。在翻

板阀中，当阀板翻转90°时，流导较大。

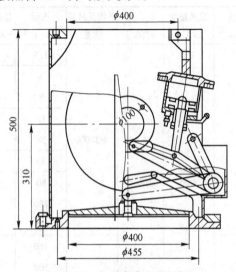

图 2-17 气动高真空翻板阀

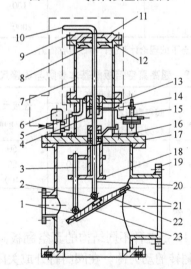

图 2-18 GDQ-J 型高真空气动翻板阀

1—滚轮；2—托架；3—支持杆；4—压帽；5，10—气管；6—换向阀；7—气缸；8—活塞；
9—气缸盖；11，16—密封圈；12—胶圈；13—气缸座；14—注油管；15—加油器；17—上盖；
18—导套；19—阀体；20—阀杆；21—阀口密封圈；22—压板；23—阀盖

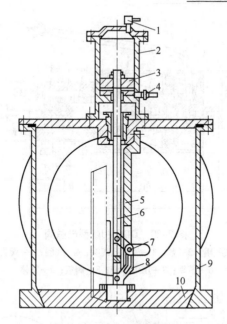

图 2-19 真空气动翻板阀
1,4—气嘴；2—气缸；3—活塞；5—支杆；6—阀板拉杆；
7—销轴；8—导向杆；9—阀体；10—阀盖

真空挡板阀和翻板阀在操作使用时应注意如下事项：（1）启动时，阀盖上方必须是真空状态；（2）阀盖关闭时，阀盖下面不允许承受大气压；（3）本系列各阀门均应垂直使用；（4）使用的压缩空气应过滤；（5）为保证气缸活塞和气缸壁充分润滑，应经常注意加油器中有足够的油。

2.1.3.7 电磁阀

采用磁力驱动方式的真空阀门称为真空电磁阀。真空电磁阀的密封机构与挡板阀相同，如图 2-20 所示。平时，电磁阀的阀盖靠弹簧压紧封住管路通道，需要开启时，将电磁线圈接通电流，产生磁力吸引衔铁，带动阀盖，将阀门打开。

电磁阀也可以设计成带有充气作用的压差式结构形式，如图 2-21 所示，称为真空压差充气阀或电磁压差阀（压差阀的基本参数及尺寸应符合表 2-10 的规定）。它安装在油封式机械泵的进气口处。阀

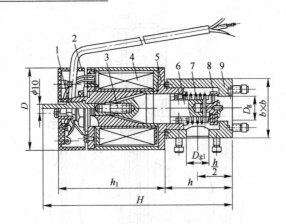

图 2-20 DDC – JQ 型电磁阀

1—放气孔嘴；2—盖；3—放气孔阀头；4—线圈；5—阀头部件；
6—衔铁；7—压缩弹簧；8—阀板；9—阀体

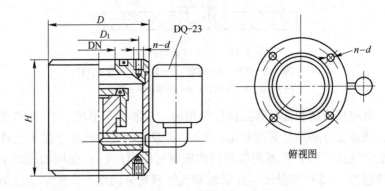

图 2-21 DDCY 系列电磁压差阀的结构

门与泵接在同一电源上，泵的启动与停止直接控制了阀的开启与关闭。当泵因工作需要或突然停电而停止运转时，该阀利用大气压力使阀芯自动落下，截止和真空系统相连的通道，同时向泵内放大气，防止机械泵油返流并污染真空系统，起到了保护真空系统的作用，有利于机械泵再启动。

　　同时，电磁阀也可以设计成电磁真空带充气阀，其结构形式如图2-22 所示，表 2-11 给出了电磁真空带充气阀阀门的基本参数与连接尺寸。

表 2-10 压差阀的基本参数及尺寸

序号	型号	公称通径 DN /mm	漏气率 /Pa·L·s⁻¹	开闭时间 /s	电动机功率 /W	流导 /L·s⁻¹	基本尺寸/mm				
							D	B	d	H	n
1	DYC-Q16	16				>8	60	45		≤75	
2	DYC-Q20	20				>12	65	50	M6	≤83	
3	DYC-Q25	25				>20	70	55		≤92	
4	DYC-Q32	32				>26	90	70		≤102	4
5	DYC-Q40	40				>40	100	80		≤114	
6	DYC-Q50	50				>80	110	90		≤132	
7	DYC-Q63	63	≤6.5×10⁻²	≤3	14	>120	130	110	M8	≤146	
8	DYC-Q80	80				>200	145	125		≤168	
9	DYC-Q100	100				>300	165	145		≤200	
10	DYC-Q125	125				>400	200	175		≤280	8
11	DYC-Q160	160				>600	225	200	M10	≤260	
12	DYC-Q200	200				>1200	285	260		≤300	
13	DYC-Q250	250				>2000	335	310		≤340	12
14	DYC-Q320	320				>3000	425	395	M12	≤380	

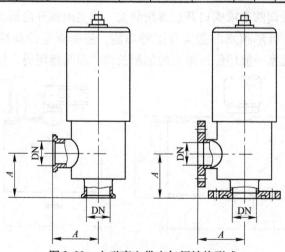

图 2-22 电磁真空带充气阀结构形式

表 2-11 电磁真空带充气阀基本参数与连接尺寸

公称通径 DN	漏气率 /Pa·L·s^{-1}	线圈温度 /℃	开、闭时间 /s	平均无故障次数	流导 /L·s^{-1}	连接尺寸 A/mm	连接法兰标准
10					1.5	30	
16					3	40	
20					8		
25					12	50	GB/T 4982
32				≥30000	28		
40					39	65	
50	≤6.7×10^{-4}	≤65	≤3		80	80	
63					180	88	
80					225	95	
100					460	108	GB/T 6070
125					500	138	
160				≥20000	1100	160	
200					2000	200	

注：流导为分子流状态下的理论计算值，不做验收依据。

2.1.3.8 微调阀

真空微调阀的结构形式见图 2-23；高真空微调阀的结构形式如图 2-24 所示；针阀也是一种微调阀，其阀塞为针形，主要用来调节气流量。微调阀要求阀口开启逐渐变大，从关闭到开启最大能连续细微地调节，针形阀塞即能实现这种功能，超高真空针阀结构见图 2-25。针形阀塞一般用经过淬火的钢制长针，而阀座用锡、铜等软质材

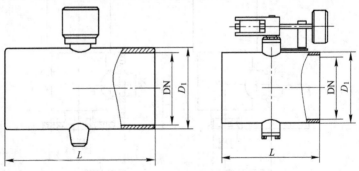

图 2-23 真空微调阀的结构形式

料制成。阀针与阀座间的密封依靠其锥面紧密配合达到的。阀针的锥度有 1:50 和 6°锥角两种，阀锥体表面要经过精细研磨。图 2-25 中的阀杆与阀座间的密封是靠波纹管实现的。表 2-12 和表 2-13 分别给出了真空调节阀和高真空微调阀的基本参数与连接尺寸。

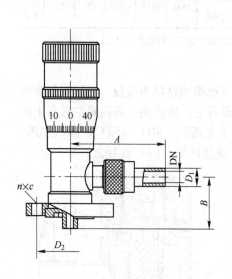

图 2-24 高真空微调阀的结构形式

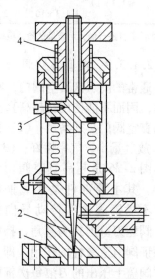

图 2-25 超高真空针阀

1—阀座；2—针；3—限位螺钉；4—螺母

表 2-12 真空调节阀基本参数与连接尺寸

公称通径 DN	轴封处漏气率 /Pa·L·s⁻¹	平均无故障次数	连接尺寸/mm	
			D_1	L
32			38	
40			47	
50			57	
65			76	200
80			89	
100	≤1.3×10⁻²	≥3000	108	
40			47	
50			57	
65			76	150
80			89	
100			108	

表 2-13 高真空微调阀基本参数与连接尺寸

公称通径 DN	漏气率 /Pa·L·s⁻¹	最小可调量 /Pa·L·s⁻¹	最大可调量 /Pa·L·⁻¹	连接尺寸/mm					
				A	B	D_1	D_2	D_3	$n \times c$
0.8	$\leqslant 1.3 \times 10^{-6}$	1.3×10^{-2}	4×10^{3}	38	16.5	5	7	26	$3 \times$
2		1.3×10^{-1}	2.67×10^{4}						4.5

注：是否进行最大可调量试验，根据客户要求商定，数值参考以上。

2.1.3.9 超高真空阀

通常的高、低真空阀门，密封垫圈的材料为橡胶，不能承受高温烘烤，因而不能使用在超高真空设备上。能使用在超高真空设备上的超高真空阀门必须满足：（1）能承受高温（400~450℃）多次烘烤；（2）放气量小，气密性好；（3）重复性好；（4）流导大。

图 2-26 是超高真空阀门的一种，其主要部件是无氧铜阀盖、不锈钢阀体和传动导向机构。阀座刀口形式为直角，挡板起保证阀门重复性的作用，即刀口在阀盖上压出的刀痕每次都能重合。

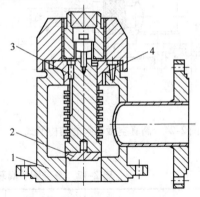

图 2-26 超高真空角阀
1—阀体；2—阀盖；3—挡板；4—密封垫

2.1.3.10 无油玻璃真空阀

为避免真空油脂对真空环境的影响，可以采用液态金属密封和磨砂口密封。

图 2-27 所示是液态金属密封的玻璃真空阀之一。当要关闭阀门时，用磁铁将装有液态金属的玻璃杯提起，使上部玻璃管插入液态金属内便可阻断气路；打开时，用磁铁将玻璃杯放下。液态金属一般使用镓铟锡合金，当镓铟锡比例为 62.5%、21.5%、16% 时，其熔点只有 10.7℃，在室温下为液态，它的饱和蒸气压很低，甚至在 500℃ 时仍低于 10^{-6}Pa。

图 2-28 所示是玻璃磨口密封的无油真空阀，其密封是由一半球状玻璃阀体与一半球状阀座之间的精密磨光面接触实现的。阀门的开

启和关闭仍由磁铁从外部操纵，因是半球状接触，接触面积足够大，所以能保证良好密封。

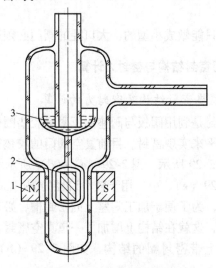

图 2-27 液态金属密封玻璃阀
1—磁铁；2—软铁；3—铟镓合金

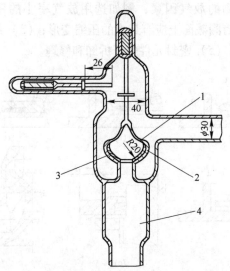

图 2-28 玻璃磨口无油真空阀
1—球形阀体；2—阀座；3—球形磨口；4—高真空管路

以上两种玻璃真空阀均可应用在超高真空系统中，但两侧不能承受大的压力差，只能应用在两侧压力相近（相差 200 ~ 400Pa 以内）的场合。

玻璃真空阀只能做成小型的，大口径的阀门必须用金属制造。

2.1.4 真空阀门密封结构与密封力计算

2.1.4.1 胶垫密封结构及密封力的计算

橡胶垫圈密封是利用阀板与阀座间压紧橡胶垫圈，依靠橡胶弹性变形填塞表面不平来实现密封。目前真空阀门的胶垫密封形式归纳起来有 6 种，如图 2-29 所示。图 2-29（a）~（d）所示结构用于较大口径的阀门，图 2-29（e）、（f）用于较小口径的阀门。图 2-29（a）是早期采用的结构，为了便于加工阀座上的密封槽，必须把阀座与阀壳设计成可拆卸的，这就在结构上增加了一道真空密封。现在绝大多数阀门都采用阀板上带密封圈的结构，如图 2-29（b）、（c）、（d）所示。

选择真空阀门的密封结构时应注意以下几点：（1）尽可能减少阀板下高真空侧的放气因素，例如选用放气率小的密封垫材料等；（2）关阀后密封圈截面上应有最大的压缩变形；（3）结构力求简单；（4）制造方便；（5）密封元件便于拆卸和修理。

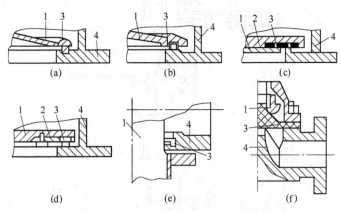

图 2-29 真空阀门中橡胶圈密封的几种结构形式

1—阀板（或阀塞）；2—压板；3—橡胶圈（或膜）；4—阀座

阀门关闭的密封性能取决于密封垫填塞阀座表面不平的程度。影响这种填塞程度的因素有两个方面：（1）密封垫材料的硬度和压紧程度；（2）阀座表面的粗糙度。通常阀座表面的粗糙度都高于 3.2，密封垫的硬度在邵氏硬度 55 ~ 75 之间。根据试验结果，当橡胶的硬度在邵氏硬度 50 以上，而表面没有任何擦伤时，橡胶垫的高度压缩比在 15% 以上就能达到漏气率小于 $1.33 \times 10^{-8} \mathrm{Pa \cdot L/(s \cdot m^2)}$ 的密封性能。如果考虑到制造精度允许的偏差，把压缩比适当提高是必要的。因此建议真空阀门密封垫的相对压缩比通常取为 15% ~ 25%。

胶垫密封阀板的密封力，多数可按 O 形环在矩形槽中受压缩的密封力进行近似计算。

$$F_s = 10^4 \sigma BL = 10^4 \sigma_x EB_x \pi dD \tag{2-1}$$

式中，σ 为密封比压力，Pa；B 为密封宽度，即密封圈与阀座的接触宽度，cm；L 为密封圈平均周长，cm；σ_x 为相对比压力；E 为密封圈材料的杨氏模量，Pa；B_x 为密封圈的相对宽度；d 为密封圈的线径，cm；D 为密封槽的中径，cm。

有些阀门只需要单向使用，例如扩散泵入口的阀门，阀板只需要封住扩散泵中的真空状态。这种阀的设计，在结构上允许阀板在压力差作用下继续被压紧，因此，阀板关闭时只需要初始压紧力就可以。在上述情况下，密封的初始比压力可以取为 $20 \times 10^4 \mathrm{Pa}$。实践证明，这种做法是可行的，故这种阀门的初始密封力为：

$$F_s = 20BL \tag{2-2}$$

式中，B 为与密封比压力为 $20 \times 10^4 \mathrm{Pa}$ 相对应的胶垫密封宽度，cm；L 为胶垫的长度，cm。

有些阀门需要双向使用，即不但需要封住阀板上方的大气压，有时还得封住阀板下方的大气压。这种阀门的阀板密封力应用下式计算：

$$F_s = \sigma BL + 7.85 \times 10^{-5} D^2 p_d \tag{2-3}$$

式中，p_d 为大气压力，Pa；其余符号意义同前式。

2.1.4.2 金属垫密封结构及密封力计算

图 2-30 所示为金属垫密封的几种结构，其中图 2-30（a）为针阀的结构，图 2-30(b) ~ (e) 都是用于超高真空系统中的金属垫密封

阀门。一般来说，阀板用软金属紫铜、无氧铜、铝、镍和铅等制成，铜、铝、镍要预先经过退火处理；阀座用硬金属不锈钢等制成刀口形。图 2-30（f）~（h）是用低熔点的软金属及其合金作为密封材料，而阀座用硬金属不锈钢等制成，它们都是依靠软金属受压产生塑性变形与阀座密合达到密封的。为保证密封，每次阀板关闭时刀口的压痕必须重合。为此除了阀板的传动应有精确的导向机构外，刀口尖还应倒圆，如图 2-31 所示。倒圆半径一般有两种：$R0.1mm$ 和 $R0.2mm$，多数取为 $R0.1$。图 2-30（g）所示结构没有刀口压痕问题，所以密封垫的寿命较长。

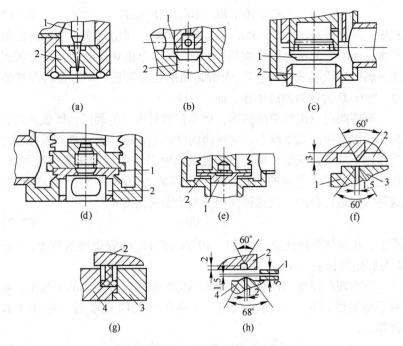

图 2-30 金属垫密封的几种结构形式

1—阀板；2—阀座；3—铟银或铟铅合金；4—铟

刀口形状对阀门性能也有一定影响。表 2-14 给出了一些实验数据，从表中实验数据可知，直角型刀口比夹角型刀口所需的螺旋压紧转矩稍大。

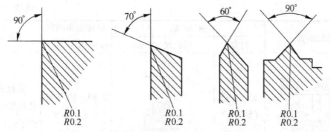

图2-31 金属垫密封的几种阀座形式

表2-14 直角型和夹角型密封刀口的实验数据

刀口形式	实验次数	所需转动力矩/N·m	漏气率/Pa·m^3·s^{-1}	刀口形式	实验次数	所需转动力矩/N·m	漏气率/Pa·m^3·s^{-1}
夹角型	1	49	$<6.7\times10^{-9}$	直角型	1	54	$<8\times10^{-9}$
	2	49	$<6.7\times10^{-9}$		2	54	$<8\times10^{-9}$
	3	49	$<6.7\times10^{-9}$		3	54	$<8\times10^{-9}$
	4	49	$<6.7\times10^{-9}$		4	54	$<8\times10^{-9}$

注：直角型如图2-30（b）所示，夹角型如图2-30（c）所示。漏气率测量，因受仪器灵敏度的限制，测得数值是上限，而不是实际的具体数值。

为了提高阀板（或金属垫）的寿命，阀板的压下量可以设计成可微调的。一旦原有压痕失去了应有的密封性能，可通过微调，使压痕再稍深一些。这样能保证密封性能，也延长了阀板的使用寿命。

目前，有关金属垫密封阀门的密封力计算通常是基于实验数据。设计者针对所设计的密封结构进行模拟试验，确定出密封比压力，然后按照具体的密封尺寸进行计算。根据国内外有关资料，设计者可参考表2-15。根据表中的数据，金属垫密封力可按下式计算：

$$F_s = L_s f_{ls} = A_s f_{sa} \tag{2-4}$$

式中，L_s 为密封口中心长度，mm；f_{ls} 为单位长度的密封力，N/mm；A_s 为密封面积，mm^2；f_{sa} 为单位面积的密封力，N/mm^2。

表2-15 金属垫圈密封的比压力

密封断面	密封垫		单位面积的密封力/N·mm^{-2}	备 注
	材料	形状尺寸/mm		
	L$_2$ 纯铝	厚板	>37.73	耐400℃烘烤

密封断面	密封垫		单位面积的密封力/N·mm⁻²	备　注
	材料	形状尺寸/mm		
	铟银合金 (5%Ag)	3或5 4或3	8.83~10.8 或 9.8~11.8	能抗强辐射,氧化稳定性好,但不耐烘烤
	铜（退火）		294~392	耐400℃烘烤
	铝（退火）		147	
	铜		17.5	
	铝		87.6	
	紫铜	0.5 0.6 4~6	117.7~196	槽底要精加工（表面不平小于6μm）,安全系数为3
	无氧铜	0.2~0.3	212~325	
	紫铜、无氧铜	1.5~2.0	353~490	密封垫硬度在布氏40~50

2.1.4.3　阀板密封压紧装置

精确地计算阀板的密封力是真空阀门设计的首要问题,而正确地设计阀板压紧装置则是达到密封力的基本保证。

A 阀板压紧装置应达到的要求

（1）在压紧密封垫时，阀板不产生横向运动，因为横向运动会搓伤密封垫。

（2）压紧位置要有重合性，即每次关闭都压在同一位置上，只有这样才能保证阀门关闭性能稳定。金属垫阀门对此要求严格，胶垫要求稍差。

（3）要均衡压紧密封垫，因为不均衡压紧密封垫可能造成封闭不严密。

（4）压紧后必须能自锁，否则需有动力来维持压紧状态。

（5）压紧程度必须能可调，因为密封垫都有一定制造公差，必须通过调整才能压紧。

B 常用的几种压紧方式

a 螺旋压紧

螺旋压紧方式在真空阀门中应用最广，它的结构简单，制造容易，压紧时增力倍数较大，适于手动、电动两种阀门。其缺点是开关阀门时间较长，传动效率较低。

图2-32所示为螺旋压紧结构的超高真空阀门。图中1是带刀口的阀座，2是可更换的阀板，它由带导向槽的螺杆3带动。螺母4拧在螺杆3上，其轴向由止推轴承限定，只能转动。当螺母转动时，螺杆3因导向键5的限制，只能作上下移动，或打开阀门或关闭阀门。这种阀门的关键性能是阀板的关闭要有重合性。经验证明，利用阀板凸出的圆周面和阀腔的内圆柱面精加工配合，可以达到阀板粗定位。该种结构还利用制动圈6来解决螺母的退扣问题，效果很好。

螺旋压紧的螺母阻力矩的计算可参照机械设计中有关的计算，压紧后

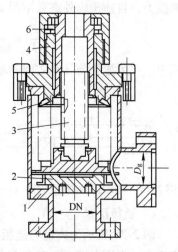

图2-32 螺旋压紧方式的阀门结构
1—阀座；2—阀板；3—螺杆；
4—螺母；5—导向键；6—制动圈

的自锁条件是

$$\lambda < \arctan f \tag{2-5}$$

式中，λ 为螺旋升角；f 为螺杆与螺母材料的摩擦系数。

　　b　斜面压紧

　　如图 2-33 所示，阀板上的斜面沿着垫块上的斜面向左滑动，阀板与垫块被撑开而将胶圈压紧密封。与螺旋压紧机构类似，若斜面升角小于两者材料的摩擦角，压紧后就能实现自锁。然而对于普通钢材，摩擦角为 5°43′，若要保证自锁，需斜面升角 $\lambda < 5°43′$。假设胶圈压下量为 1.5mm，则在极限情况下，上述阀板需相对于斜块向左移动 15mm才行，即阀板接触到胶圈后，还要相对于胶圈横向移动 15mm，显然，这是不能允许的，所以这种结构要利用传动连板转至死点来保证自锁。

　　为产生所需要的密封力 F_s，传动连板给阀板的推力 F_t（见图 2-34）应为：

$$F_t = F_s \tan(\lambda + \rho) + f F_s \tag{2-6}$$

式中，ρ 为斜面间材料的摩擦角；f 为胶圈与阀板之间的摩擦系数。

　　为了消除图 2-33 所示的在压紧密封圈时，阀板与密封圈之间的摩擦力，目前国内外都采用图 2-34 所示的压紧密封原理，此时

$$\frac{F_s}{F_t} = \frac{1}{\tan(\lambda + \rho) + f'} \tag{2-7}$$

式中，f' 为滚轮与导轨之间的摩擦系数；其余符号的意义同前。

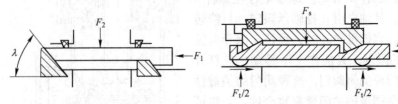

图 2-33　斜面压紧结构受力图（一）　　图 2-34　斜面压紧结构受力图（二）

　　c　链板压紧

　　图 2-35 所示为典型的链板压紧结构受力图。如果不考虑铰链的摩擦力，作用在链板上有四个力：密封力 F_s、阀板受到的止推力 F_z、导轨槽通过滚轮（或滑块）给出的反力 $F_f(F_f = F_s)$ 和推杆传来的推力 f_t。因为链板是压力杆，所以合力在其中心线上。推力 F_t 还需克

服滚轮与导轨槽的摩擦力（$fF_f = fF_s$），根据力的平衡条件可得：

$$F_t = F_s(\tan\alpha + f) \quad (2\text{-}8)$$

式中，α 为链板中心线与阀板密封面法线的夹角；f 为滚轮与导轨槽的摩擦系数。

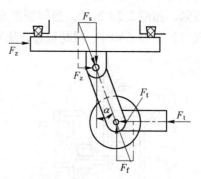

图 2-35　链板压紧结构受力图

链板压紧结构的自锁条件同式（2-5），为 $\lambda < \arctan f$。

对于真空中的干摩擦，钢与钢之间的滑动摩擦系数为 0.15，滚动摩擦系数为 0.05，代入式（2-5）可得：对于滑块摩擦，$\alpha < 8°30'$，链板自锁；对于滚轮摩擦，$\alpha < 2°50'$，链板自锁。

d　弹簧压紧

如图 2-20 所示的电磁阀结构，其阀板 8 由弹簧 7 压紧密封。当电磁线圈 4 通电时，衔铁 6 被吸上，阀板被提起打开阀门。

e　弹性垫圈自身压紧

如图 2-36 所示，阀塞被碗形密封圈箍紧密封，就像往复运动的动密封一样，但阀塞进出密封圈，需要阀塞的两头有光滑的倒角，以免擦伤密封圈。

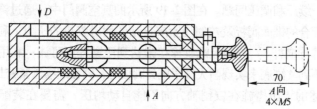

图 2-36　手动三通真空阀门

f　动力压紧

动力压紧方式有气压、液压和电磁力驱动压紧。凡是密封力大的阀门都用液压压紧。图 2-37 所示的阀门是靠薄壁钢筒在油压作用下产生弹性变形，与阀体内筒的光滑表面紧密贴合来密封的。当撤去油压时，薄壁钢筒恢复原形，阀塞就可以拉上去打开阀门。

为了解决金属垫密封阀门所需的大压紧力，国外采用了高压气动压紧。如图 2-38 所示，当阀板推至阀口后，往波纹管中通以高压空气（2.0~3.5MPa）对阀板进行压紧密封。

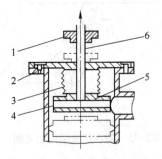

图 2-37　油压压紧的真空阀门

1—旋钮；2—密封；3—软管；4—薄壁
钢筒；5—阀塞；6—空心拉杆

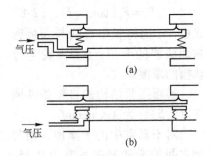

图 2-38　高压气动压紧的真空阀门

由于电磁力较小（大磁力线包可能很大），衔铁行程有限，因此电磁力压紧多用于小口径阀门。

C　压紧装置中的均压、续压和调压措施

为了保证阀门的密封性能，要求阀板压紧密封圈时能自动均压；当大气压压到阀板上时能允许进一步压紧；又因为密封圈和其他传动件的加工制造误差不可避免，所以阀板压紧程度必须可调，这就是压紧装置的均压、续压和调压问题。在图 2-19 所示的真空阀门中，通过锥面阀座和与之配合的锥面阀板及铰销压紧来自动调均对胶垫的压力；利用压杆头（兼作导向杆 8）与阀板螺纹连接来达到压紧程度可调；利用初压后活塞达不到气缸底来实现当大气压压到阀板时，阀板继续压紧密封圈。

上述的均压措施在铰销轴方向不能自动均压，需要在装配中人工调好。对于口径较小的阀门，由于绝对误差量较小，在装配中容易调好，但对于口径较大的阀门，就困难得多。因此对于大口径阀门应采用完全自动均压的措施，如图 2-39 所示的结构，采用球面压头就能完全自动均压。

2.1.4.4　真空阀门的密封动力

真空阀门的传动动力主要有手动、磁动、气动、电动和液动。选择阀门动力主要考虑：（1）操作方便；（2）工作可靠。例如手动适

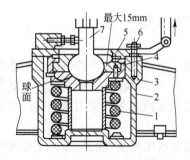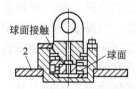

图 2-39　阀板的自动均压压头

1—弹簧；2—阀板；3—垫块；4—垫块盖；5—压头箱盖板；6—螺钉；7—压杆头

合于小型的，自动化程度要求不高的和试验用的设备上所用的阀门；而大型工业生产用的自动化程度高的设备上的阀门，则必须用磁动、气动、电动或液压驱动的阀门。一般情况下，磁动阀门的口径较小，动作较快，电磁电源较方便；而气动阀门突出的特点是动作快；两者都适合于用作保护性的阀门。电动（即电动机传动的）和液压的阀门，都是需要大动力的阀门，尤其是液压传动的阀门。实际上，不管采用哪种动力，都必须保证阀门工作的可靠。

A　电磁动力

磁动是电磁线圈通电，使其铁芯磁化，吸引附近的铁磁物质——衔铁动作而带动阀板运动。

由于电磁线圈不宜做得过大，衔铁行程有限，所以采用电磁动力阀门的口径都不大。电磁动力阀门多用来作低真空管道截止阀、压差截止放气阀和放气阀。由于电磁力是单方向的吸引力，因此需要用弹簧来复位。绝大多数电磁动力阀门是靠磁力将弹簧压紧阀板密封垫而开阀的，这种设计考虑了真空系统的安全性。当遇到突然停电时，阀门会处于关闭状态。

电磁铁按激磁线圈供电种类分为直流和交流两种。直流电磁铁通电时磁通稳定，铁芯中没有涡流和磁滞损耗。铁芯材料可用整块的钢或工业纯铁制造，通常制成圆桶形，外面绕以螺管线圈，圆柱形衔铁可在圆桶中被吸动。直流电磁铁产生的吸力大，且吸力平稳无噪声，超载也不会烧毁线圈，但衔铁行程小。交流电磁铁通电时磁通随时间交替变动，磁损耗较大，吸力不平稳，产生噪声，过载时还可能烧毁线圈，但衔铁行程较大，无需整流装置。

B 气动

气动真空阀门的一般特点是：结构简单，开关迅速，不需要特殊材料制造，气路系统比较简单，废气可以在空气中放掉，尤其在大型真空设备需要远距离控制或真空系统较复杂、使用真空阀门多的情况下，更适宜采用气动阀门。

采用气动阀门的缺点是：需要有压缩空气的气源；小型真空设备和简单的真空系统不便于使用气动阀门。一般情况下，气动压力不超过 0.7MPa，因此需要大压力的阀门不用气动驱动。气动阀门的另一缺点是当阀门过载时会产生蠕动现象，使阀门的传动不平稳。

2.2 气体流量（质量流量）控制元件

质量流量控制器的原理如图 2-40 所示。质量流量控制器用于对气体质量流量进行精确地测量和控制，具有精度高、响应速度快、软启动稳定可靠、工作压力范围宽等特点，操作使用方便，可安装在任意位置并便于与计算机连接实现自动控制，适用于真空设备气体传输系统的测量与控制。

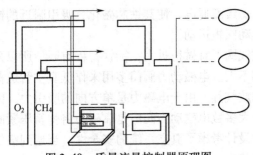

图 2-40 质量流量控制器原理图

2.2.1 D07-7 型质量流量控制器

D07-7 型质量流量控制器（MFC）由流量传感器、分流器通道、流量调节阀和放大控制电路等部件组成。流量传感器用毛细管传热温差量热法原理测量气体的质量流量，具有温度压力自动补偿特性。将传感器加热电桥测得的流量信号送入放大器放大，放大后的流量检测电压与设定电压进行比较，再将差值信号放大后控制调节阀门，关闭控制流过通道的流量，使之与设定的流量相等。分流器与传感器并联，由分流器决定主通道的流量。

D07-7 系列质量流量控制器与显示电源盒连接后的工作原理如图 2-41 所示。

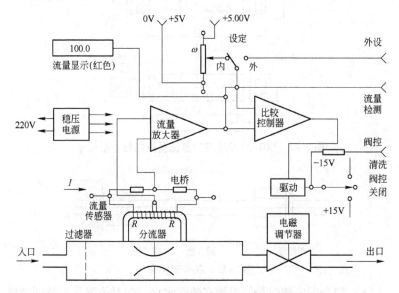

图 2-41　D07-7 型质量流量控制器原理简图

质量流量控制器外形及安装尺寸如图 2-42 所示。控制器的入口和出口的气路接头，采用双卡套连接，接管尺寸为 $\phi 6 \times 1$，连接方法如图 2-43 所示。

使用质量流量控制器时应注意以下事项：

（1）使用的气体必须经过净化、无尘。

（2）控制器通道采用的材料为 00Cr17Ni4Mo2（相当于 316 不锈钢）、聚四氟乙烯、氟橡胶等耐蚀材料。在系统中无水气、低泄漏、勤清洗、使用得当的条件下，可以用于控制一般的腐蚀性气体。

（3）控制器的阀门一般不宜作为截止阀，用户应另配截止阀。

（4）在操作阀门进行"清洗"后，必须先将阀门开关打至"关闭"，然后再转至"阀控"位工作。

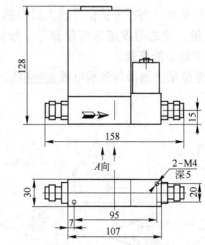

图 2-42 D07-7A/ZM 型质量流量控制器外形尺寸

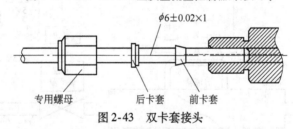

图 2-43 双卡套接头

（5）控制器安装时最好保持安装面水平，但对位置并不特别敏感，可以安装在任意位置。非水平安装时若发现有零点偏移，可调整调零电位器，调零后再工作。若发现温度变化时零点偏移，也可重调零。

（6）控制器出厂时用氮气标定，流量为 SCCM（mL/min（标态））和 SLM（L/min（标态））。如果应用中使用其他气体，可以通过转换系数进行换算，即将质量流量控制器显示出的流量读数，与某使用气体的转换系数相乘，即得出该被测气体在标准状态下的流量。

2.2.2 数字式热质量流量控制计

数字式热质量流量控制计的特点有：技术强大、功能智能、设计新颖、使用便利、设计紧凑、电池电源、清晰的数字显示以及智能报警。数字式热质量流量控制计测量精确性高、动态量程大，精确度为全量程的 ±1.0%，调节比 1:50；可用电池电源或 24V DC；除了真值外，总消耗同样可以被显示，提高了供应系统的透明度；智能报警功能可用于多种用途；带有电池的独立操作提高了精度，可以替代转子流量计。同转子流量计相比，热质量流量控制计对压力和温度变化不灵敏。热质量流量控制计采用最先进的 MEMS 技术，具有数字（Modbus RTU）接口和模拟接口，适用多种气体，最多可用于 10 种气体或气体混合物的测量；可利用软件查看流量和温度、更改设定点、选择被测量的气体、显示测量数据的图表、调整控制参数和监控操作状态。控制器有一个密封性好的压电控制阀，泄漏率通常小于 $10^{-4} Pa \cdot L/s$ He；快速控制响应为 50ms，大大降低了设定时间。

热质量流量控制计可以安装在空气管道中，并直接读数；用真实气体校准，保证了高精确度和可重复性；多项报警功能，拓展了流量计的功能。例如，可设置限值用于检测泄漏；可配置报警继电器以承受短时的限值超出。

2.3 捕集器（阱）

在有机械泵-蒸气流泵组成的真空系统中，存在着工作液的蒸气，如油蒸气、汞蒸气、水蒸气等，这些蒸气进入被抽容器后，使真空度降低，氧化电热体和被加工器件，污染真空系统。目前，扩散泵的返油率一般在 $10^{-1} \sim 10^{-2} mg/(cm^2 \cdot min)$；国外的扩散泵采用 DC-705、聚苯醚和烷基萘油时，返油率在 $10^{-3} mg/(cm^2 \cdot min)$。为了减少和消除这些有害蒸气，在有油真空系统中广泛使用捕集器来捕集或消除它们。捕集器的种类很多，捕集蒸气的方法也各不相同。按捕集蒸气的原理不同，将捕集器分为：机械捕集器、冷凝捕集器、吸附捕集器和其他捕集器四大类。

2.3.1 机械捕集器

2.3.1.1 捕集原理及挡油帽

机械捕集器又称挡板、障板、机械阱、挡油器等，它主要用来防止蒸气流泵工作液的蒸气分子进入被抽容器。在高真空状态下，分子自由程远大于容器的线性尺寸，蒸气分子做直线运动；因此，在蒸气通路上安装不同结构的光学屏蔽性的壁板等组件，使直线运动的蒸气分子在壁板上凝结或反射回去。用这种机械阻挡的方法消除或减少蒸气分子进入被抽容器的装置，称为机械捕集器。常见多用的机械捕集器的形式如表 2-16 所示。

表 2-16　常见的机械捕集器形式

序号	机械捕集器名称	结构示意图	最佳尺寸比	传输几率 P_r	比流导 $C_s/(\text{s}\cdot\text{cm}^2)^{-1}$	备注
1	单百叶窗式		$A/B>5$, $\theta=60°$	0.41	4.80	应用较广，高度小，拆洗方便，流导较大
2	双百叶窗式		$A/B>5$, $\theta=60°$	0.25	3.00	常采用，流导比单叶小，捕集蒸气分子比单叶好
3	人字形		$A/B>5$, $\theta=60°$	0.27	3.16	应用广泛，高度小，拆洗方便，捕集蒸气分子较好
4	塔形		$\theta=60°$			流导较倒塔形大，捕集蒸气分子不如倒塔形，高度最大，清洗拆卸不方便
5	倒塔形		$\theta=60°$	0.39	4.5	具有较大的流导；捕集效果较好，高度最大，清洗拆卸不方便
6	锥形人字形		$\theta=50°$	0.33	3.8	高度较大，结构复杂，清洗拆卸不方便，很少采用
7	环状人字形		$A/B=1.29$, $h/B=0.75$	0.22	2.57	流导不大，结构较人字形复杂，很少采用
8	折流式				1.4	流导小，捕集效果不佳，很少采用

序号	机械捕集器名称	结构示意图	最佳尺寸比	传输几率 P_r	比流导 $C_s/(s \cdot cm^2)^{-1}$	备 注
9	蜗旋式					具有一定捕集效果，结构复杂，不好焊接，采用不多

综上所述，在高真空中泵返流的蒸气分子先碰撞管壁被吸留；由于热运动，吸留的分子又蒸发，再在更靠近真空室的管壁上被吸留，再蒸发……，这样逐步进入真空室中。所以光密性机械捕集器的设计，要求分子在通过以前，至少应有一次以上使蒸气分子与板壁碰撞，因为高速热运动的蒸气分子经三次碰撞后，其能量大大减弱。此外，要求材料有良好的导热性，尽可能保持较低的温度，以减少蒸气的再蒸发。常用的材料有铜、铝、不锈钢等导热系数较大的金属板。在设计机械捕集器时应注意以下原则：（1）合理地选用材料。捕集器的材料应放气率低、饱和蒸气压低、热传导性能好、易加工；（2）尽可能大的流导；（3）至少有一次以上光学屏蔽，即至少要挡住一次束流；（4）超高真空捕集器要能承受高温烘烤。常用的百叶窗式和人字形机械捕集片，沿水平线安装呈45°～60°角，而捕集片宽度一般在15～39mm之间。根据对蒸气流泵蒸气流运动的分析，机械捕集器的选型和设计应随蒸气源的情况而定。蒸气源主要来自以下几个方面：（1）泵的蒸气源发射出的蒸气分子束；（2）蒸气分子碰撞后产生次一级的蒸气分子束；（3）顶喷嘴边缘油膜的再蒸发；（4）蒸气射流的折射；（5）泵壁上油膜的再蒸发；（6）射流在泵壁上的反射。其中（1）、（2）两项是泵工作液的基本蒸气源；而(3)～(6)项是泵的返流蒸气源。所有这些油蒸气返流对联结在扩散泵上的真空室造成污染，其中以顶喷嘴边缘油膜的再蒸发为主要污染源。因此，一般设计油扩散泵时，泵芯的一级喷嘴上设有挡油帽，这样可大大减少顶喷嘴油蒸气的返流；有的挡油帽还用水冷却，比较好的水冷挡油帽可把返油率降低到0.1%～1%。设置挡油帽，仍不能完全阻挡油蒸气分子返流到真空室时（实际上挡油帽也属于机械捕集器的一种），

还需采用其他挡油措施，使返流的蒸气分子减少到最小值。采用机械捕集器是其他挡油措施之一。通常加挡油帽后使泵抽速降低小于20%。此外，挡油帽向下伸出长度愈大，效果愈好，但尺寸过大会使抽速降低过多。通常挡油帽边缘与蒸气射流表面相切，这样既不阻挡工作蒸气的主流，又能挡住蒸气向高真空端的返流。设计方法如图2-44所示，先画出导流管和喷嘴外沿的连接线 AB，再在距 B 为1cm左右处引垂线 CD，延长 AB 与 CD 交于 E 点，此即挡油帽的外缘。

由常规扩散泵的抽速计算可知，当不带挡油帽时泵抽速 S_1 为：

$$S_1 = 11.6H_0 \frac{\pi(D^2 - d_1^2)}{4} \approx 3D^2 \qquad (2\text{-}9)$$

若加上挡油帽时，则抽速 S_2 为：

$$S_2 = 11.6H_0 \frac{\pi(D^2 - d_2^2)}{4} \approx 2.4D^2 \qquad (2\text{-}10)$$

式中，D 为泵入口直径，mm；H_0 为何氏系数；d_1 为喷嘴直径，mm；d_2 为挡油帽直径，mm。

上述两式相比，则得到如下关系：$\dfrac{D^2 - d_1^2}{D^2 - d_2^2} = \dfrac{3}{2.4}$；因为扩散泵的喷嘴直径 d_1 与泵入口直径 D 的关系通常为：$d_1 = (0.3 \sim 0.5)D$，故 $d_2 = (0.52 \sim 0.63)D$；当 $d_1 \approx 0.3D$ 时，若取 $d_2 \approx 1.3d_1$，则挡油帽对抽速的影响将低于20%。

挡油帽伸出长度（或高度）$H(\text{mm})$ 可由图2-45得出下式：

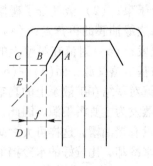

图2-44 机械捕集器设计

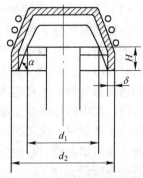

图2-45 挡油帽伸出长度计算

$$H = \frac{d_2 - d_1 - 2\delta}{2}\tan\alpha \qquad (2-11)$$

式中，δ 为挡油帽边缘厚度，mm；α 为喷嘴角度，(°)。

各种形式挡油帽的挡油效果如图 2-46 所示。图 2-46（a）为不加挡油帽时，设挡油量为 1；其余各图为加挡油帽及水冷套等措施后的挡油量，数值愈小，挡油效果愈好。

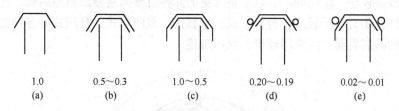

| 1.0 | 0.5~0.3 | 1.0~0.5 | 0.20~0.19 | 0.02~0.01 |
| (a) | (b) | (c) | (d) | (e) |

图 2-46　各种挡油帽的挡油效果

2.3.1.2　机械捕集器的典型结构

如前所述，机械捕集器的基本设计要求是光学密闭（或光学屏蔽），即在分子流条件下油蒸气分子碰撞温度较低的板片而穿过它返入真空室中去；同时要有尽可能高的流导。通常用传输几率（流导几率），即通过捕集器的分子数与进入捕集器的分子数之比，来表征流导能力的大小。图 2-47 和图 2-48 为常见的几种机械捕集器（障板）；而图 2-49 ~ 图 2-53 为水冷机械捕集器。

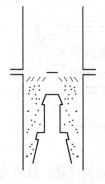

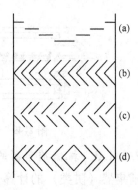

图 2-47　常用的障板　　　　图 2-48　几种常用的障板

图 2-49 是具有冷却水管的机械捕集器，单百叶窗式捕集片能捕集大量的油蒸气分子，由于结构简单而得到广泛应用。这类结构的捕集片亦可用其他类型，如人字形捕集片等。图 2-50 是另一种机械捕集器结构，其特点是采用双百叶窗捕集片和冷却水套形式，其捕集效果与图 2-49 相似。图 2-51 为锥状环形捕集器，和图 2-52 类同，但没封顶，适用于扩散泵有挡油帽的情况。图 2-53 为倒塔形捕集器，效果较佳，应用颇广。以上是常见的几种机械捕集器的典型结构；此外，还有双折板式、折板塔式、半圆式、双曲拐式、升阀式等各种结构的捕集器，因应用较少，此不赘述。

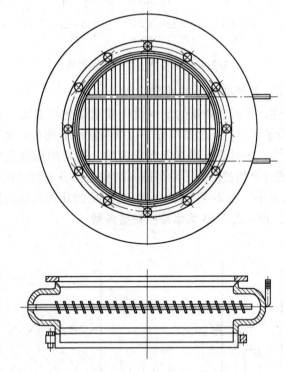

图 2-49 单百叶窗式水冷捕集器

2.3.1.3 机械捕集器的基本计算

捕集器（阱类）的计算是一个相当复杂的问题，既有空间分子的运动问题，也有气-固界面物理现象；既有宏观的分子动量迁移，

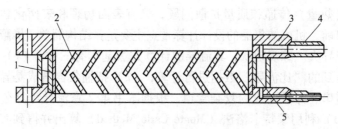

图 2-50　水冷机械捕集器

1—外壳；2—捕集片；3—法兰；4—水管接头；5—水套

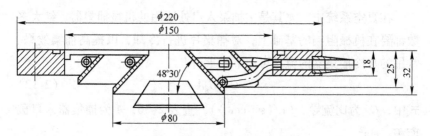

图 2-51　锥状环形机械捕集器

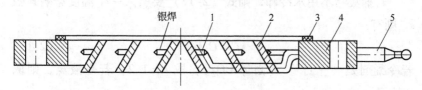

图 2-52　水冷机械捕集器

1—水管；2—捕集片；3—密封圈；4—法兰；5—接头

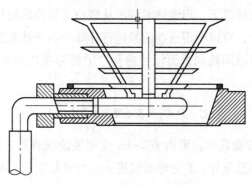

图 2-53　倒塔形机械捕集器

能量（热量）传递和质量扩散问题，又有表面物理和表面化学的机理。目前，机械捕集器的设计计算重点主要是：结构简单、屏蔽效果好、流导大。综观现状，其流导的计算方法基本有三种：（1）利用实验得到的"比流导"数据进行计算；（2）把捕集器看成是异型截面管道串、并联而成的复杂管道，根据本书第2章流导计算公式计算；（3）利用蒙特卡洛法（Monte Carlo Method）算出并得到实验证实的成果进行计算。

A 利用"比流导"计算

在真空系统中，尤其是主抽泵入口处所用的机械捕集器，绝大多数都要在机械阻挡的基础上，对捕集片进行冷却，以提高捕集效果。常用的水冷捕集器的流导可由下式求得：

$$C = C_s A \tag{2-12}$$

式中，C_s 为比流导，$(1/(s \cdot cm^2))$，查表2-16；A 为捕集器入口截面积，cm^2。

若捕集器不用水冷却，则式（2-12）要引入一个温度影响系数 l，则有：

$$C = C_s A / l \tag{2-13}$$

若冷凝剂是"干冰"（固体 CO_2），取 $l = 1.2$；若是液氮，则取 $l = 1.7$。

B 利用蒙特卡洛法所得数据计算

在分子流状态下，用蒙特卡洛法从理论上算出的流导和实测值非常相近，因此，可以利用这些成果进行计算。由于捕集器的流导在分子流态时，可以用相同截面尺寸的孔口的流导乘以传输几率 P_r，故有下式：

$$C = P_r C_A = 3.638 P_r \left(\frac{T}{\mu} \right)^{1/2} A \tag{2-14}$$

式中，P_r 为传输几率，可由表2-16或相关曲线查得；C_A 为与捕集器同口径的小孔流导；T 为绝对温度；μ 为摩尔质量；A 为捕集器的入口面积。

用蒙特卡洛法计算的 P_r 值示于图 2-54 ~ 图 2-59。图中所示为单百叶窗式和人字形闭光障板的几何结构与传输几率 P_r 的关系曲线。由图可知，对于比值 $A/B > 5$ 的几何结构，传输几率 P_r 值并不显著增加。而且在两种情形中，发现 $\theta = 60°$ 的流导比 $\theta = 45°$ 和 $\theta = 30°$ 角的流导要好。对于相同的 θ 角和 A/B 值，人字形障板（图 2-55）的 P_r 值差不多是单百叶窗式障板 P_r 值的一半。对一个被人字形障板全遮蔽的孔而言，最大的传输几率 P_r 值为 0.28（图 2-55）。在实际真空系统中，往往把机械捕集器的捕集片（挡板）与致冷剂相连，其结

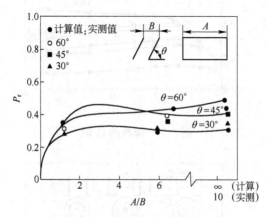

图 2-54 单百叶窗式障板的 P_r 值

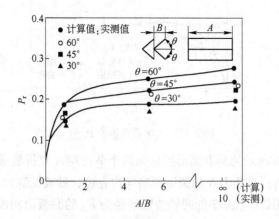

图 2-55 障板与扩散泵连接后的 P_r 值

果使捕集器的有效气体通过面积稍微减小。因此，一个设计合理的人字形捕集器，实际的 P_r 值为 0.2。综上所述，百叶窗式障板和人字形障板的传输几率 P_r 是障板长度 A、间距 B 及叶片与水平夹角 θ 的函数。试验表明，人字形障板的 $\theta = 50° \sim 60°$ 为宜。

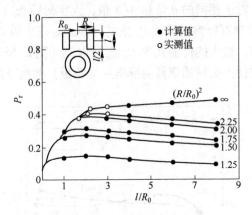

图 2-56 障板的 P_r 值

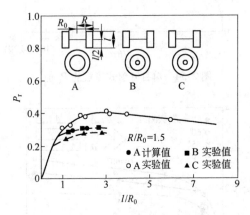

图 2-57 人字形障板的 P_r 值

图 2-56 所示为具有圆形挡片和两个节流端（双折流板）障板的传输几率 P_r；半径为 R 的圆筒两端向内卷边，形成长度为 l、半径为 R_0 的孔的圆筒。在 $l/2$ 处同轴装置半径为 R_0 的圆板而构成一个机械捕集器。该捕集器的传输几率随 l/R_0 和 R/R_0 变化。由图可见，P_r

在 0.1 ~ 0.5 范围内选取，它比人字形叶片捕集器的传输几率 P_r 有显著增加。图 2-57 所示为蒸气流泵顶部障板的传输几率与几何尺寸的特性曲线；图中 A 的情况与图 2-56 所示的几何结构相同。在蒸气流泵入口处装置一个 $R/R_0 = 1.5$ 的双折流板，这两个结合部件的传输几率 P_r 随 l/R_0 及一级喷嘴在折流板中的位置而变化。图中 B 的情况为在蒸气流泵入口处装置一个 $R/R_0 = 1.5$ 的双折流板，表示分子经过泵的喷嘴外缘和管口内边缘间的环形空间的传输几率 P_r。图中 C 的情况与 B 相似，但配置不同。

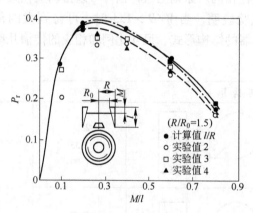

图 2-58　障板的 P_r 值

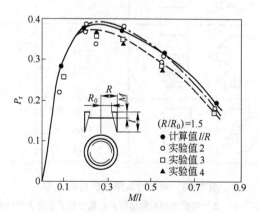

图 2-59　障板与扩散泵连接后的 P_r 值

图 2-58 所示为只有圆形挡片和一个节流端（单折流板）障板的传输几率，其传输几率 P_r 是 l/R_0 和 M/l 的函数。图 2-59 所示是用在蒸气流泵上部的与图 2-58 类同障板的传输几率。当 $M/l = 0.26$ 时，P_r 值达到最大。

大弯管障板可分两种：有凸出端的圆形弯头障板和方形弯头障板，如图 2-60 和图 2-61 所示。这两种几何形状的障板捕集器，实际上是障板-阀组合体。在蒸气流泵入口与高真空管道联结处时时可见。扩大障板直径可以降低障板对泵有效抽速的影响，其中圆形挡片的直径与小孔的直径相同。原则上这种挡片可以摆动盖住某个小孔。这种结构障板的试验表明，当 $W/D > 1.3$ 时，可得到大的传输几率 P_r。该种障板捕集器的结构形式、尺寸比例和相应的传输几率示于图2-60 和图 2-61 中。

	结 构 形 状	W/D	P_r
I	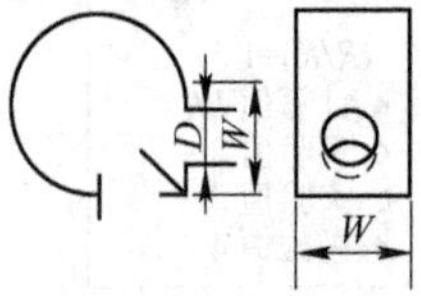	2.00 1.33 1.00	0.44 0.39 0.32
II	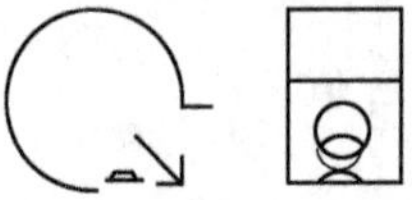	2.00 1.33	0.33 0.30
III	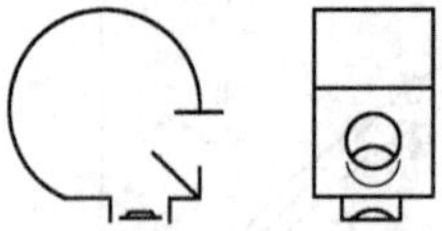	2.00 1.33	0.32 0.27
IV	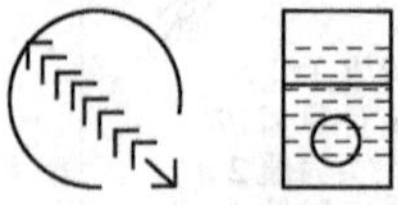	2.00 1.66 1.33	0.38 0.35 0.31

图 2-60　圆形弯头障板的传输几率

I—桶形弯头；II—有挡油帽的桶形弯头；III—在扩散泵上的桶形弯头；
IV—有人字形障板的桶形弯头

结构形状		W/D	P_r
Ⅰ	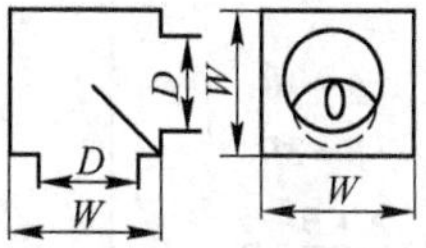	2.00 1.50	0.43 0.38
Ⅱ	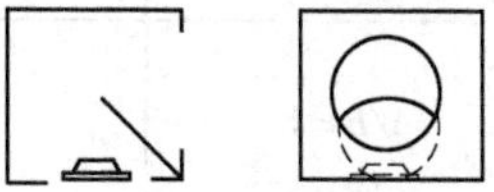	2.00 1.50	0.35 0.28
Ⅲ	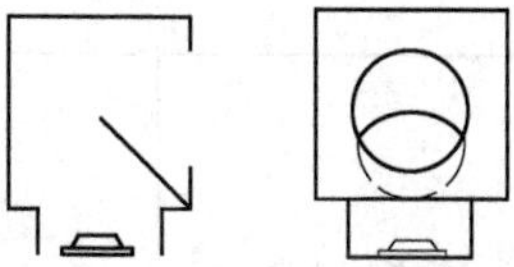	2.00 1.50	0.30 0.27

图 2-61 方形弯头障板的传输几率

Ⅰ—方形弯头；Ⅱ—有挡油帽的方形弯头；Ⅲ—在扩散泵上的方形弯头

图 2-62 为几种典型障板的分子与器壁的平均碰撞次数，该值是由蒙特卡洛法求得的。由图中可知，分子至少要进行四次以上的碰撞。

此外，在真空系统中蒸气流泵入口与高真空管道或被抽容器之间的连接，通常用锥形管过渡，它也具有障板效应，其传输几率 P_r 与 R_1/R_2、l/R_2 之间的函数关系如图 2-63 所示。

2.3.2 冷凝捕集器

2.3.2.1 捕集原理及设计原则

由于机械捕集器的工作温度为室温或冷却水温度，因而不能更有效地防止蒸气分子再蒸发及表面迁移，更不能消除原来已存在于被抽容器中的可凝性蒸气，为此出现了低温冷凝捕集器——冷阱。冷阱是利用冷剂冷却各种蒸气的冷凝装置，具有机械阻挡、表面吸附、吸留和低温冷凝等多种捕集效应。冷阱被广泛用在高真空或超高真空系统中，装在主泵入口和真空室之间；不仅有效地捕集来自蒸气流泵的返

结 构 形 状			平均碰撞次数
I	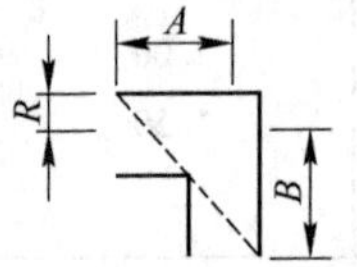	$A = 3R$ $B = 3R$ $\dfrac{A+B}{R} = 6$	9. 63
II	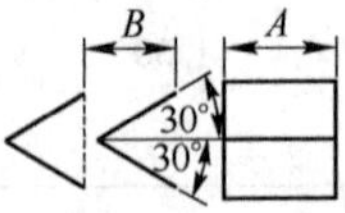	$A/B = 1$ $A/B = 5$ $A/B = \infty$	7. 89 4. 92 4. 41
III	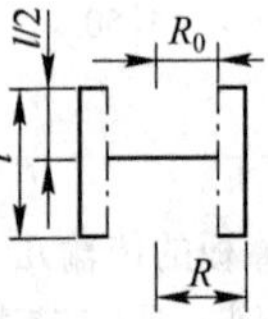	$R/R_0 = 1.5$ $l/R_0 = 2.75$	7. 37
IV	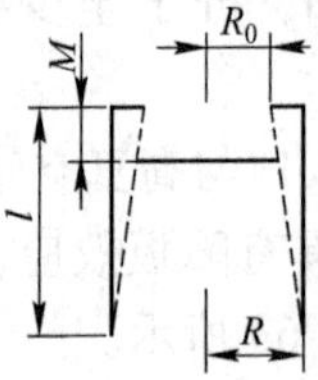	$R/R_0 = 1.5$ $l/R_0 = 3.0$ $M/l = 0.25$	5. 56

图 2-62　通过障板时分子与器壁平均碰撞次数

流蒸气和部分裂解物，而且还可抽除来自真空室的蒸气。低温能使气
体和蒸气分子降低活动能力，因为 $\bar{v} = \sqrt{\dfrac{8kT}{\pi m}}$，故 $\bar{v} \propto T^{1/2}$；$n = \dfrac{p}{kT}$，故
$p \propto T$。

设计冷凝捕集器的原则为：（1）冷凝部位应具有较大的冷凝面
积；（2）结构为光学密闭的，防止蒸气分子直线通过；（3）有足够

大的流导；（4）冷剂消耗尽量少；
（5）清洗拆装方便。

使用冷凝捕集器应遵守一定规
则：在加入冷剂前，应将容器抽到
足够低的压力，使可凝性气体被大
量排除后再加入冷剂；在使用过程
中，由于冷剂的挥发而使液面下降，
露出无冷剂接触的表面，这些表面
的温度逐渐回升，已被冷凝的蒸气
会重新释放出来，所以要设法使冷
剂的液面尽量处于恒定位置。

冷凝捕集器的结构形式很多，

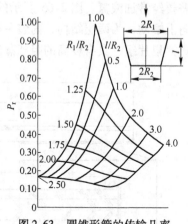

图 2-63　圆锥形管的传输几率

就材质而言，可分为金属冷凝捕集器和玻璃冷凝捕集器两类。

2.3.2.2　冷凝捕集器的典型结构

A　金属冷凝捕集器（冷阱）

金属冷凝捕集器较玻璃的坚固，作用速率大。盛装冷剂的容器一
般用不锈钢制造，在其外壁上焊若干捕集片，以加强冷凝和阻挡蒸气
分子进入真空室。图 2-64 所示是一种长效冷凝捕集器；装入液氮
3.767L，能维持 4h，最佳情况可使真空度提高一个数量级。它采用
双层结构，在中间装有冷凝捕集片。其特点是结构简单，效果好，不

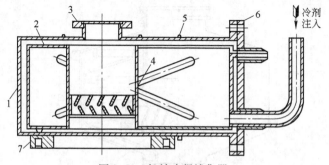

图 2-64　长效冷凝捕集器

1—冷阱外壳；2—水凝器；3，6—法兰；4—捕集片；

5—加强筋；7—支承

需要经常加液氮。图 2-65 所示的结构具有较大的流导,可防止分子向上蠕动;为两层结构,内装一盛冷剂的冷剂筒,其间装置双百叶窗式捕集片组,具有较高的阻挡蒸气分子的能力。

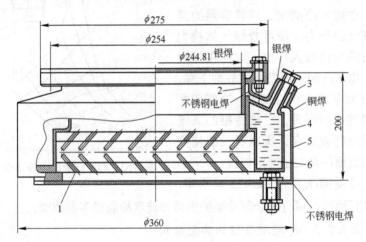

图 2-65 冷凝捕集器

1—冷凝捕集片;2—绝热屏;3—注液管;4—冷剂筒;5—冷阱;6—冷剂

图 2-66 所示是高效冷凝捕集器,这种结构的特点是在其上法兰口处,有一个防止油分子爬行的障筒,它可使返油率降低 3 倍;其结构紧凑,捕集效率高。图 2-67 所示是一种常见的冷凝捕集器,靠金属热传导杆 3,将捕集片 2 与冷剂容器连接起来进行热交换而使捕集

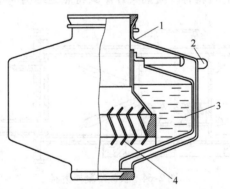

图 2-66 高效冷凝捕集器

1—防爬障筒;2—注液口;3—冷剂;4—挡板

片 2 保持低温状态。图 2-68 所示是另一种金属冷凝捕集器，它结构简单，效果较好；图 2-68（e）中的 1、2 是防止蒸气分子通过冷阱飞入真空室的障板。

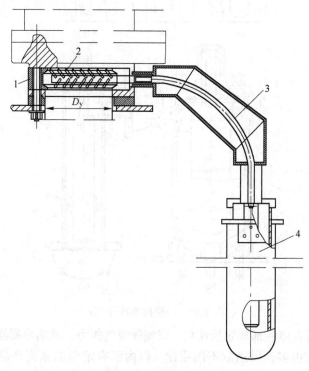

图 2-67 冷凝捕集器（一）
1—阱体；2—捕集片；3—热传导杆；4—冷剂容器

图 2-69 所示是一种复合式冷凝捕集器，其特点是在中央设置了一个拇指形的冷阱筒，筒内装冷剂，在冷阱筒周围焊有两层挡油筒环，气路如箭头所示，捕集效果相当好。此外，在结构上还设置了分子筛盒（上、下各一处），可存放分子筛，可在冷凝的基础上增加吸附效应。

B 玻璃冷凝捕集器

玻璃冷凝捕集器多用于实验室，或模拟真空系统中。玻璃冷凝捕集器采用杜瓦瓶的形式，分为两层或多层；两层中间抽成高真空状态，以减少热传导。瓶内壁靠近真空的一面可镀一层银，以加强热反

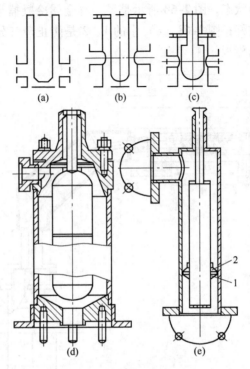

图 2-68 冷凝捕集器（二）

射；还可在瓶底部放置活性炭，以加强吸气能力。玻璃冷凝捕集器的结构形式很多，以适应不同用途。国内已有定型的系列产品，见图 2-70 ~ 图 2-75 及表 2-17 ~ 表 2-19。常用的冷剂制冷温度及有关物质的饱和蒸气压见表 2-20 及表 2-21。

表 2-17　冷阱筒形二通及三通系列尺寸　　　　（mm）

规　格	200	150	120
a	200 ± 3	150 ± 3	120 ± 3
b	68 ~ 70	50 ± 1	40 ± 1
c	49 ~ 51	38 ± 1	28 ± 1
d	20 ± 0.5	16 ± 0.5	12 ± 0.5
e	100 ± 3	100 ± 3	100 ± 3
f	25 ± 1	20 ± 1	15 ± 1
g	25 ± 1	20 ± 1	15 ± 1
h	40 ~ 50	40 ~ 50	40 ~ 50

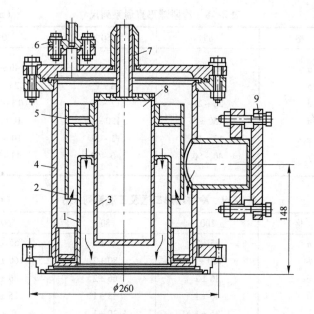

图 2-69　复合冷凝捕集器

1，2—挡油筒；3—冷阱筒；4—阱壳；5—分子筛盒；6—规管接头；
7—注液管；8—注冷剂腔；9—金属密封圈

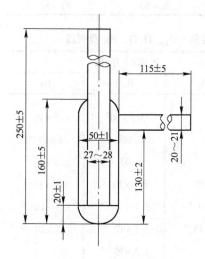

图 2-70　玻璃冷阱

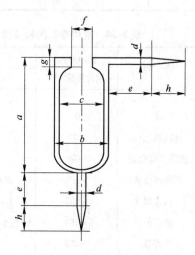

图 2-71　二通玻璃冷阱

表 2-18 冷阱球形直通系列尺寸 （mm）

规 格	85	60	40
a	85 ± 2	60 ± 2	40 ± 1
b	64 ± 2	4 ± 1	25 ± 1
c	$20 \sim 21$	$17 \sim 18$	$13 \sim 14$
d	130 ± 3	120 ± 3	100 ± 3
e	$13 \sim 14$	$11 \sim 12$	$10 \sim 11$
f	$40 \sim 50$	$40 \sim 50$	$40 \sim 50$

表 2-19 冷阱球形二通及三通系列尺寸 （mm）

规 格	100	80	60
a	95 ± 2	75 ± 2	55 ± 2
b	100 ± 2	80 ± 2	60 ± 2
c	86 ± 2	66 ± 2	46 ± 2
d	40 ± 1	33 ± 1	25 ± 1
e	25 ± 1	20 ± 1	$12 \sim 13$
f	130 ± 5	120 ± 5	100 ± 5
g	35 ± 2	33 ± 2	30 ± 2
h	$20 \sim 21$	$17 \sim 18$	$13 \sim 14$
i	$40 \sim 50$	$40 \sim 50$	$40 \sim 50$

表 2-20 常用冷剂的制冷温度和 CO_2、H_2O、Hg 蒸气压

冷 剂	101325Pa 制冷温度/℃	饱和蒸气压/Pa		
		CO_2	H_2O	Hg
冰	0	—	5.5×10^3	6.6×10^{-2}
含冰氯化钙	-18	—	10^2	4×10^{-4}
固体二氧化碳	-48	—	53	5.3×10^{-5}
丙酮混合物	-78	9×10^3	6.6×10^{-2}	1.3×10^{-8}
液态氧	-183	1×10^{-6}	1.3×10^{-19}	1.3×10^{-30}
液态氮	-196	1.3×10^{-6}	1.3×10^{-19}	1.3×10^{-30}
液态氢	-258		1.3×10^{-20}	

表2-21 常用物质的饱和蒸气压（$T = -185℃$）

物 质		饱和蒸气压/Pa
汞	Hg	10^{-314}
水	H_2O	10^{-20}
苯	C_6H_6	约 10^{-13}
丙酮	C_3H_6O	约 10^{-11}
二氧化碳	CO_2	7×10^{-6}
乙烯	C_2H_4	10
甲烷	CH_4	约 2.7×10^{-3}
一氧化碳	CO	1.15×10^5

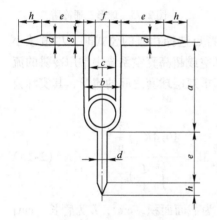

图2-72 筒形三通冷阱

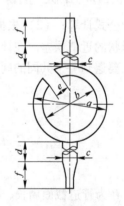

图2-73 球形直通冷阱

2.3.2.3 冷凝捕集器的计算

A 捕集器的流导

冷凝捕集器的计算主要有两项：流导和抽速。玻璃冷凝捕集器（玻璃冷阱）的市售产品已成系列，其各种异型截面的流导串（并）联之和均大于或等于进、出气口的流导，故不必复算。金属冷凝捕集器的用途不同，形状复杂，结构各异，尚无系列，其流导计算可分两步：冷凝障板部分参照"机械捕集器"计算；而其余部分按分子流态，依其截面形状及轴向长度的不同，选择相应的流导公式进行计算。应当注意的是：（1）恰当地将冷阱进行分段，每一段都能用一

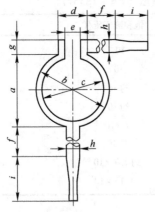
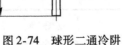

图 2-74　球形二通冷阱

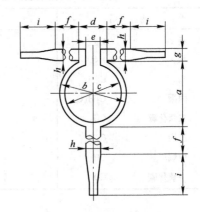

图 2-75　球形三通冷阱

个流导公式计算；（2）根据每段特点选择相应的公式时，尽量减小截面形状的近似误差。在计算高真空或超高真空系统中常用冷阱的流导时，要遇到一个共同的问题，即求双层球套之间的流导，其实际公式为：

$$C_{\mathrm{m}} = \frac{4}{3}\bar{v}K \Big/ \int_0^L \frac{B}{A^2}\mathrm{d}l = \frac{19.4K\sqrt{\dfrac{T}{\mu}}}{\displaystyle\int_0^L \frac{B}{A^2}\mathrm{d}l} \qquad (2\text{-}15)$$

式中，B 为管道截面周长，cm；A 为截面面积，cm^2；L 为管长，cm；T 为空间里气体的绝对温度，K，μ 为气体的相对分子质量；K 为非圆截面管的形状修正系数。该式只适用 $L/D \geqslant 100$ 的情况，通过几何关系求出双层球套的 A、B、L 值，即可算出流导。

　　B　捕集器的抽速

　　冷凝捕集器捕集蒸气分子的速率取决于每秒凝结在冷却壁的蒸气体积，此体积是在捕集器中蒸气压力下测量的。类似于扩散泵的抽速，冷凝捕集器的抽速与其冷凝壁的面积成正比。在高真空中，若冷凝壁的面积为 A，则每秒碰撞到该表面 A 上的蒸气分子数为：$N_1 = \dfrac{A}{4}n_1\bar{v_1}$；而每秒由 A 面上蒸发的蒸气分子数 N_2，应等于蒸气在冷凝表

面温度下处于饱和时每秒碰撞到 A 上的分子数（动态平衡）；显然，

每秒净凝结在 A 上的分子数为：$N = N_1 - N_2 = \dfrac{n_1 \overline{v_1}}{4} A - \dfrac{n_2 \overline{v_2}}{4} A = \dfrac{A}{4}$

$\left(n_1 \sqrt{\dfrac{8RT_1}{\pi\mu}} - n_2 \sqrt{\dfrac{8RT_2}{\pi\mu}} \right)$；上式两端除以单位体积中蒸气的分子数 n_1

即为每秒凝结的蒸气体积，则冷凝捕集器的抽速为：

$$S_1 = \frac{N_1 - N_2}{n_1} = \frac{n_1 A \sqrt{\dfrac{8RT_1}{\pi\mu}}}{4 n_1} \left(1 - \frac{n_2}{n_1} \sqrt{\frac{T_2}{T_1}} \right) = 11.7 \sqrt{\frac{29}{\mu}} \left(1 - \frac{p_2 \sqrt{T_1}}{p_1 \sqrt{T_2}} \right) A$$

$$(2\text{-}16)$$

式中，n_1、n_2 为被抽蒸气分子密度和在冷凝表面温度下蒸气分子密度，个/cm^3；p_1、p_2 为被抽蒸气分压力和在冷凝表面温度下蒸气的压力，Pa；μ 为被抽蒸气相对分子质量；T_1、T_2 为被抽蒸气的绝对温度和冷凝表面的绝对温度，K；A 为冷凝表面积，cm^2。

由式（2-16）可见，抽速 S_1 随 p_1 的减小而减弱，当蒸气压力和温度与冷壁温度及其饱和蒸气压力达到平衡时，$S_1 = 0$。

上式只适用于冷凝表面完全暴露在蒸气中的情况。实际上，冷凝捕集器通过管道与被抽容器相连，此时它对被抽容器的有效抽速还取决于管道的流导。由上式可知，S_1 正比于 A，且与蒸气的相对分子质量的平方根成反比。伴随着蒸气的不断凝结，冷凝壁附近的蒸气压逐渐接近冷凝壁温度下蒸气的饱和蒸气压，当蒸气压达到饱和压力时，则蒸发和凝结处于动平衡状态。此时，$p_1 = p_2$，$T_1 = T_2$，故 $S_1 = 0$。水和汞在液氮温度（-196℃）下，其饱和蒸气压分别为 $p_水 = 1.3 \times 10^{-19}$ Pa、$p_汞 = 1.3 \times 10^{-30}$ Pa，而比值 $\dfrac{p_2}{p_1} \sqrt{\dfrac{T_1}{T_2}} \ll 1$，故当真空系统处于室温时，则有

$$S_水 = 14.7A；\quad S_汞 = 4.4A \qquad (2\text{-}17)$$

表 2-22 表明，应用了冷凝捕集器后，可减小真空系统中水和汞的饱和蒸气压。

表 2-22   真空系统中水和汞的饱和蒸气压

温度/℃	饱和蒸气压/Pa	
	水蒸气	汞蒸气
100	10^5	
20	2.3×10^3	1.6×10^{-1}
0	6×10^2	2.4×10^{-2}
-20	1.1×10^2	2.4×10^{-3}
-80	5.3×10^{-2}	1.3×10^{-8}
-183	9×10^{-8}	1.3×10^{-25}

2.3.3   吸附捕集器

吸附捕集器又称吸附阱，它是应用表面的物理吸附和化学吸收的原理，达到阻挡或减少系统中蒸气返流的目的，它被广泛应用在机械真空泵和扩散泵（或被抽容器）之间。泵中除有油蒸气、水蒸气等外，还有在机械泵中由于转子和泵体之间的摩擦热使油分解（裂变）而产生轻馏分物质的气体。泵愈大，转数愈高，油的分解亦愈严重，这样就加剧了油蒸气的返流。人们根据物理、化学原理设计了各种吸附捕集器，其中常见的吸附剂有：分子筛（沸石）、活性炭、硅胶、Al_2O_3、P_2O_5 等。在设计吸附捕集器时，除保证常规的真空性能外，尚须注意以下几点：（1）流导足够大，避免过大地影响泵的抽速；（2）避免返流的蒸气分子未经吸附剂碰撞而直接从入口通向出口，以提高阻挡效果。图 2-76 所示是金属分子筛捕集器，其特点是：分子筛烘烤激活是用管状加热器中心加热，被吸附的蒸气从接管排出，不用移出分子筛，既结构简单又操作方便，这种捕集器的最好效果可捕集 99.7% 的油蒸气。常用的 13X 型分子筛的内孔径为 1.3nm，空腔直径为 2.5nm；而一般的油分子直径大约为 0.7～0.8nm，所以室温下 13X 型分子筛对油分子有强烈的吸附作用。据试验，经过激活后的 13X 型分子筛的挡油率可达 99.8%，但 13X 型分子筛的活性保持时间只有 20h，故需定期激活处理。表 2-23 列出了常用吸附剂在 25℃时所含水分，其本身的饱和蒸气压力均在 1.3×10^{-2} 以下。图

2-77所示为贝克和劳伦逊所采用的吸附捕集器。在一根长 127mm，直径51mm的圆柱管两端加固定网，管中存放不同的吸附剂，其挡油效果见表 2-24。可见，3A 分子筛有 65% 的挡油效果，表明在机械泵返流的油蒸气中，相对分子质量小、直径小的油蒸气分子多。表 2-25 列出了各种吸附剂性能。

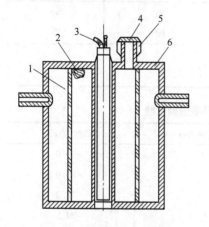

图 2-76　金属分子筛捕集器

1—金属网；2—分子筛；3—加热器；
4—螺盖；5—密封圈；6—壳体

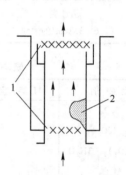

图 2-77　吸附捕集器示意图

1—不锈钢网；2—吸附剂

表 2-23　常用吸附剂在 25℃时所含的水分

干　燥　剂		在 25℃气体经干燥后所含水分/mg·L^{-1}
五氧化二磷	P_2O_5	2×10^{-5}
氯化镁	$Mg(ClO_3)_2$	5×10^{-4}
可溶性苛性钾	KOH	2×10^{-3}
硅胶	$mSiO_2 \cdot nH_2O$	3×10^{-2}
粒状氯化钙	$CaCl_2$	$0.14 \sim 0.25$
无水氯化钙	$CaCl_2$	0.36
氯化锌	$ZnCl_2$	0.8

其饱和蒸气压均在 1.3×10^{-2}Pa 以下

　　图 2-78 所示为一种实用的活性氧化铝捕集器，其中放置 3 ～ 10mm 的球状吸附剂，挡油效率可达 99%，主要用于前级管道。

表 2-24 填充不同吸附剂的捕集器挡油效果

吸 附 剂	泵抽速降低百分数/%	挡油效率/%
分子筛 3A (φ3mm)		65
分子筛 10X (φ3mm)	约 40	70
分子筛 13X (φ3mm)		90
活性氧化铝	20	99
(3.2~6.4mm 的颗粒，填充高度为 64mm)	10	99
活性炭 (1.6~3.2mm 的颗粒)	95	99

表 2-25 各种吸附剂性能

吸 附 剂	1L 25℃空气中水含量/mg·L^{-1}	相对露点/℃
P_2O_5	2×10^{-5}	-90.0
$Mg(ClO_3)_2$	5×10^{-4}	-83.0
$Mg(ClO_3)_2 \cdot 3H_2O$	2×10^{-3}	-75.0
Al_2O_3	3×10^{-3}	-72.5
$CaSO_4$	4×10^{-3}	-70.6
MgO	8×10^{-3}	-66.3
$CaBr_2$ (-72℃)	0.016	-61.5
$CaBr_2$ (-721℃)	0.019	-60.0
$CaBr_2$ (25℃)	0.14	-42.1
$NaOH$(熔解)	0.16	-40.5
CaO	0.2	-38.5
$CaCl_2$	0.14~0.25	-42.1~36.5
H_2SO_4(95.1%)	0.3	-34
$CaCl_2$(熔解)	0.36	-32.2
$ZnCl_2$	0.8	-23.2
$ZnBr_2$	1.1	-19.5
$CuSO_4$	1.4	-16.6

为防止蒸气进入真空系统中，有时采用舟状器皿装入吸附剂后，置于机械泵入口处。常用的吸附剂有 P_2O_5、Al_2O_3、硅胶等。吸附剂

单位表面吸附的分子数 σ（个/cm^2）为：

$$\sigma = \nu\tau \qquad (2\text{-}18)$$

式中，ν 为单位时间内碰撞在吸附剂单位面积上的分子数 $\left(\nu = \dfrac{1}{4}n\bar{\nu}\right)$；$\tau$ 为分子在吸附剂表面上停留的时间，该值为 $\tau = \tau_0 e^{\frac{Q}{RT}}$；其中 Q 为吸附热，即 1kg/mol 气体，由气态转变到吸附态时放出的热量；τ_0 为固体吸附剂表面原子的振动周期，$\tau_0 \approx 10^{-13}$；T 为气体的绝对温度，K；R 为普适气体常数。

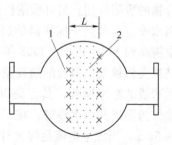

图 2-78 活性氧化铝捕集器
1—不锈钢网；2—吸附剂；
L—层厚（通常 $L = 80cm$）

2.3.4 其他捕集器

2.3.4.1 离子捕集器

离子捕集器分为两类：有外加磁场和无外加磁场。有外加磁场的离子捕集器典型结构如图 2-79 所示。它具有倒磁控管的结构，带电粒子在对数电场的基础上叠加一个磁场的作用下，其运动形式由直线运动变为沿轴向旋转运动，因而大大增加了碰撞几率，达到了减小空间分子密度的目的。离子捕集器所加电场的方向是，轴心为正极，外筒为负极，通常加 3000V 直流电压；外加磁场，磁场强度约为 800Gs（1Gs 相当于 10^{-4} 个）。在电磁场作用下，带电粒子做图 2-79（b）所示的轮摆线运动。电子在运动中不断碰撞残余气体分子，使其电离，生成的正离子轰击阴极后又溅出二次电子，则电子又参与放电空间的后续运动：$e + A \rightarrow 2e + A^+ \Rightarrow 2e + 2A \rightarrow 4e + 2A^+ \rightarrow ne + nA \rightarrow 2ne + nA^+$。产生的离子再与碳氢化合物分子碰撞，使之生成固体聚合物。如在 $1.3 \times 10^3 Pa$ 下，捕集器内产生辉光放电，油蒸气 $\sum C_nH_n$ 通过光密封的露光放电区时被离子碰撞聚合，其过程为：

$$蒸气 \rightarrow 固体 + 气体 \Rightarrow C_6H_6 \rightarrow (C_{10}H_8)_n + H_2$$

蒸气 C_6H_6 变为固体聚合物 $(C_{10}H_8)_n$ 后沉积在捕集器器壁上，在沉积过程中又能吸收一部分氢气和蒸气。器壁最好用水冷却，以增加聚合物的吸附作用；另外吸附作用随温度降低而增加，故电极系统要采用水冷。这种离子捕集器的挡油效果可达99%，使机械泵的极限真空提高到1.3×10^{-2}。1968年有人提出了无磁静电场离子捕集器，其结构类似钛泵，但钛的蒸发量是很微弱的。它的阴极是由0.8mm钼丝弯成的矩形框架，其上绕30条0.11mm或0.22mm厚的钛带，器壁作为阳极并通水冷却。在133～1.33Pa下辉光放电，极间最近距离为5mm。当放电电流足够大时（约在800℃左右），有钛溅射。由于正离子轰击阴极钛条，被溅射的钛沉积在器壁上形成活性吸附表面；由于水冷却，整个抽气过程中壁温均匀；其返油率可减少到足够小。

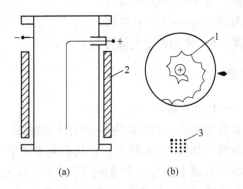

(a)   (b)

图2-79 离子捕集器原理图

（a）主视图；（b）横截面视图

1—电子运动轨迹；2—外加磁场；3—磁力线方向

2.3.4.2 热捕集器

热捕集器的工作原理是使碳氢化合物在被加热的表面上分解成易于被排除的气体：氢、氧、一氧化碳、碳酸气和固体碳等。碳沉积在捕集器的器壁上，并作为吸附气（汽）体的吸附剂，而气体则被蒸气流泵排出。这种捕集器只能在油蒸气流泵中使用。

2.3.4.3 电捕集器

电捕集器的原理是在冷阴极或热阴极放电时蒸气分子被电离，在电场的作用下形成离子流，场的方向与高真空系统的气流方向相反，这些离子大多都移向机械泵；或蒸气分子被激发，使其有被吸收凝结的趋向；或油分子在电子的碰撞下分解，与热分解相同，变成了被排出的气体和非挥发性的碳。

2.4 除尘器

在真空冶炼过程中，要产生相当数量的挥发物、喷溅物，其主要成分是金属微粒及其氧化物、渣屑等。在钢液真空处理中，这些杂物是腐蚀和磨损泵腔的主要因素。烟尘中的化合物或活泼性气体亦有化学腐蚀作用，污染和损坏整个真空系统。真空系统中产生并沉积在管道内部的灰尘等具有很强的吸气性能，系统暴露大气再抽空时，则成为有害的放气源，而沉积到阀盖、阀口上的尘埃，将破坏阀的密封性能。

在低真空管路中，根据被抽气体的清洁程度、湿度或其含有的粉尘、颗粒等情况，为保护真空系统或单体真空泵不被污染、损坏，需串（并）联配置除尘器。在真空冶金设备中，如熔炼炉、钢液真空处理、炉外精炼炉等常配置除尘器，配置方案如图 2-80 所示。图 2-80（a）所示方案适用于始终都需要保护机械真空泵的系统；图 2-80（b）所示方案适用于在运转过程中某一阶段要求对真空泵进行保护的系统；图 2-80（c）所示方案适用于连续、半连续生产的真空设备。除尘器能净化被抽气体，保护机械真空泵不被污染、破坏，但降低了泵的有效抽速，增加了设备成本。在设计真空系统时，采用哪种方案要视工艺过程和被抽气体情况而定。在真空系统中常见的除尘器主要有两种：精除尘器（油雾、油膜除尘器）和粗除尘器（旋风、障板和金属网屑除尘器）。近些年来，静电除尘器发展也很快。在真空冶金、化工等真空设备中由于全部烟尘异物都要通过真空系统排出，所以合理地选用除尘器的种类尤为重要。

2.4.1 旋风除尘器

如图 2-81 所示，含有灰尘的被抽气体，以较高的速度沿切线方向由进气管 3 进入除尘器，大部分气体在外壳与中央排气管之间绕轴线作自上而下的螺旋运动；少部分向上运动，遇顶盖 4 后返回到大部分气体中。由于离心力的作用，气流中的灰尘被抛向外壁，最后落到

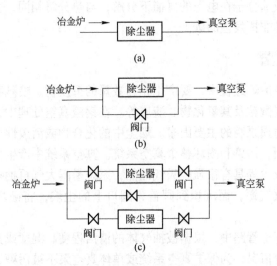

图 2-80 除尘器配置示意图

底部的集尘室中。旋转气流中较干净的气体随着锥形底部收缩且转向中心,最后由下部阻挡而上返,形成一股上升的旋流,经上面的排气管 5 排出。旋风除尘器的结构简单、阻力小、处理气量大、维护方便且能用于高温环境。它的缺点是只能除掉 0.05mm 以上的尘粒,更细微的尘埃需配合其他除尘器,方可使被抽气体净化。这种除尘器近几年来已派生出三种类似的除尘器:双涡卷型旋风除尘器,其阻力约为 539 ~ 882Pa,效率达 93% ~ 96%;旋风式(又称龙卷风)除尘器,阻力约为 4900Pa;除尘效率可达 95% ~ 99%;扩散式旋风除尘器,效率达 95% ~ 96%。

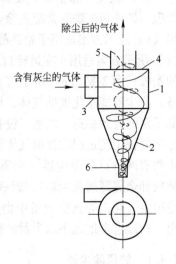

图 2-81 旋风除尘器
1—壳体;2—锥形底;3—进气管;
4—顶盖;5—排气管;6—集尘室

旋风除尘器在工业上使用虽有近百年的历史,但由于式样繁多且对各种气体性质、粉尘含量、粒度、性质、允许压力降以及对除尘效率的要求等都有很大差别，因此一直没有一套完整系统的计算方法。W. Barth，E. Muschel Knautz 等人用了 20 多年的时间对旋风除尘器设计做了一系列的试验研究并提出一套计算方法，但颇为复杂，在此不赘述。目前，我国在真空系统中常用的旋风除尘器已有系列产品，故不需逐台设计，只要依工艺要求选购即可。

各式旋风除尘器都可以利用下式表征基本原理：

$$S_E = \frac{v^2}{rg} \qquad (2-19)$$

式中，S_E 为分离因数；v 为进气速度，m/s；r 为除尘器半径，m；g 为重力加速度，m/s^2。

不难看出，旋风除尘器的除尘机理是利用颗粒的离心力，使灰尘与气体进行分离的。通常为研究方便，把内外旋流的全速度分解成为三个速度分量：切线速度、径向速度和轴向速度，分述如下。

2.4.1.1 切向速度

切向速度是决定气流全速度大小的主要速度分量和决定气流质点离心力大小的主要因素，其表达式为：

$$v_t r^n = k \qquad (2-20)$$

式中，r 为质点的旋转半径，即质点到轴心的距离；k 为常数；n 为由流型决定的指数，$n = +1 \sim -1$。$n = 1$ 是理想气体的有势流动，即自由涡流；$n = 0.5 \sim 0.9$ 是外旋流中的实际流动，即准自由涡流；$n = 0$ 时，$v_t = k$，处在内旋流外侧面上；$n = -1$ 时，是内旋流中的流动，即强制涡流。外旋流的指数 n，不同文献的试验数值亦不同，一般皆在 $0.5 \sim 0.9$ 之间变化。若 $n = 0.5$，则外旋流的切线速度为：

$$v_t = \frac{k}{R^{1/2}} \qquad (2-21)$$

式中，R 为质点沿圆筒的旋转半径。上式表明，外旋流中气流质点的切线速度与旋转半径的平方根成反比。因为 $v_t = \omega R$，故 $\omega = \dfrac{k}{R^{3/2}}$，表明外旋流中气流质点的旋转角速度，不是常数，而是随旋转半径增大而减小。在内旋转流中，$n = -1$，则切线速度为：

$$v_t = rk \tag{2-22}$$

而 $v_t = \omega r$，则 $k = \omega$，表明内旋流中气流质点的切线速度与气流的旋转半径成正比；其比例常数等于内旋流的旋转角速度。回转速度在圆筒部分沿径向的变化和除尘器内的气流状态如图 2-82 所示。切线速度的最高值，位于内旋流的外边界处，根据检测，在 2/3 倍出口管径附近，即位于 $(0.6 \sim 0.7)d$ 处，d 为出口管径。上述回转速度分布情况在圆锥部分也基本相同。

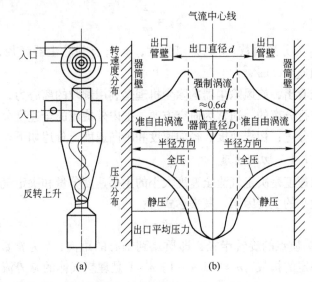

图 2-82 旋风除尘器内气流流型示意图

2.4.1.2 径向速度

气流的径向速度因内、外旋流的性质不同，其矢量方向也不同。在外旋流中，径向速度由器壁指向轴芯，即是汇流。内旋流中径向速度由轴芯指向器壁，即为源流。

2.4.1.3 轴向速度

由于内旋流的径向速度向外，外旋流的径向速度向内，则在内旋流的外侧面处，形成较强的向上轴向运动。外旋流的轴向速度向下，内旋流的轴向速度向上，则在内、外旋流之间有一个轴向速度等于零的交界面，该面大致位于外旋流的内侧面处。关于旋风除尘器内气流压力分布，由于轴向速度小，所以沿轴向几乎不产生压力差。在切线方向压力变化很小，但径向的压力变化却颇为显著，如图2-82（b）所示。气流沿径向压力降大，不是因摩擦引起的，而是因离心力的变化造成的。

一台好的旋风除尘器应具备结构紧凑，除尘效率高的性能。为此，减少旋风除尘器的直径，加大锥体或壳体的长度，并相应地减小其入口宽度，可提高单管除尘器的除尘效率。另外，采用多管小直径的旋风除尘器，同装一个壳体内，共用一个出入口，并联使用，如图2-83所示，但进气流动方向和单管旋风除尘器有所不同，被抽气体通过螺旋叶片从顶部进入除尘器，而不是像大直径旋风除尘器那样沿切向进入。螺旋叶片使气体形成涡旋，作用于尘粒上产生离心力。

在上述除尘器的基础上，近来又新发展起一种扩散式旋风除尘器，它适用于捕集干燥、非纤维的颗粒状粉尘，国内外亦广泛用于生产实践，其结构尺寸如图2-84所示。它与一般旋风除尘器的最大区别

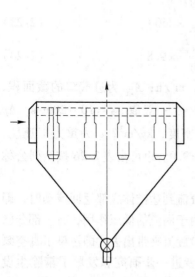

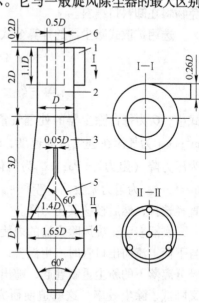

图2-83　旋风除尘器组　　　　　图2-84　扩散式旋风除尘器
1—进气口；2—圆筒体；3—倒锥体；
4—受尘斗；5—反射屏；6—排气管

是具有倒锥体，并在倒锥体的底部装有反射屏。工作时含尘气体经矩形进气口1，进入圆筒体2，产生高速旋转，在离心力的作用下，粉尘被抛到器壁上，随旋转气流向下做旋转运动，经反射屏5的反射作用，大部分旋转气流旋转上升经排气管6排出，而少量气流则随粉尘经反射屏与器壁之间的环形间隙进入受尘斗4。由于惯性的作用，粉尘碰撞器壁而坠落，小股气流则由透气孔上升至排气管排出。在其他形式的除尘器中，当这种进入受尘斗的气流返回旋风除尘器时，便带走了一定量的灰尘而降低了除尘效率。扩散式旋风除尘器即可避免这种现象，因此，它的效率高于一般除尘器效率。反射屏的角度、透气孔径的大小决定着此种除尘器的效率高低。扩散式旋风除尘器有三大优点：（1）除尘效率高。对较粗的粉尘（20~60μm）可达99%；较细粉尘（2~20μm）可达96%，皆高于其他除尘器。（2）结构简单，易制造，与相同除尘能力的其他除尘器比较外形尺寸小。（3）可避免物料在卸料口结料。

选用扩散式除尘器的计算公式为：

$$Q = v_{进} \times A_{进} \times 3600 \qquad (2\text{-}23)$$

$$\Delta p = \xi_{进} \frac{r_{气} v_{进}^2}{2g} \times 9.8 \qquad (2\text{-}24)$$

式中，Q 为每台除尘器的处理气量，m^3/h；$A_{进}$ 为进气口的截面积，m^2；$v_{进}$ 为气流在进气口的速度，m/s，一般取 $v_{进} = 10 \sim 20 m/s$；Δp 为压力降（阻力），Pa；$r_{气}$ 为气体密度，kg/m^3；g 为重力加速度，m/s^2；$\xi_{进}$ 为阻力系数，一般取 $\xi_{进} = 9.0$。也可由表2-26按系列公称直径选择，然后校核其压力降。

实践表明，旋风除尘器的内旋气流到达锥体底部返回流动时，即自下而上流向出口管时产生涡流；由于涡流的低压作用，将一部分已经分离落下的粉尘重新卷起，随出口旋流夹带出去，即污染了真空泵又降低了除尘效率，这就迫使研究者进一步研究和发展了精除尘设备。但在真空冶金中大多是重熔金属，粉尘较少，只有在大吨位的内液真空处理中，夹带大量微细灰尘等，此时在旋风除尘器的真空管路上串接另一种除尘装置。

表 2-26 扩散式除尘器选型表

处理气室 /m³·h⁻¹ 公称直径 /mm	气速/m·s⁻¹					
	10	12	14	16	18	20
100	94	114	132	150	170	188
150	210	250	294	336	378	420
200	375	445	525	600	675	750
250	585	700	820	938	1050	1170
300	840	1020	1180	1350	1510	1680
350	1150	1380	1610	1840	2060	2300
400	1500	1800	2100	2400	2700	3000
450	1900	2280	2660	3040	3420	3800
500	2340	2800	3280	3750	4200	4680
550	2840	3400	3980	4540	5100	5700
600	3370	4050	4720	5400	6080	6750
650	3950	4750	5530	6320	7100	7900
700	4600	5500	6450	7360	8300	9200

2.4.2 湿式除尘器

湿式除尘器是精除尘器的一种，在真空系统中主要是以真空泵油为工质，造成油雾，使尘粒与油雾接触使之湿润，利用扩散、碰撞、携带、重力、离心力、冷凝作用等，达到除尘的目的。湿式除尘器可分为：喷雾室、湿式离心除尘器、湿式动力除尘器、孔口除尘器、机械洗涤器和油雾除尘器等，然而，常见的是油雾除尘器，如图 2-85 所示。正柱形筒体中，设置多层带孔金属隔板，板上放置金属封接环（或金属环），筒体上部有

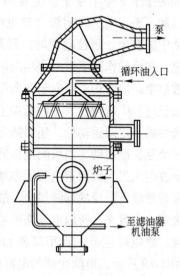

图 2-85 油雾除尘器

一环形喷头，由外部油泵供给高压油，从下部经过滤器后的油可循环使用。由喷头喷出的油雾与大气是对流通过的，除在空间捕集灰尘外，喷洒到金属封接环和金属隔板上形成的油膜，也能使灰尘通过时被黏附，达到了机械阻挡、空间捕集和油膜黏附的除尘目的。若在喷头上部设置析流板，效果会更好。

2.4.3 电除尘器

2.4.3.1 原理

电除尘器是重要的静电应用之一，也是当前除尘设备发展的方向。凡有粉尘、烟雾的环境，为了防止环境污染和回收有用物质，广泛应用电除尘器。电除尘器和其他除尘器比较具有下列特点：（1）几乎能够清除各种粉尘、烟雾及极微小的物质（约 $0.1\mu m$ 以上），除尘效率达99%以上；（2）高温（500℃）或高气压、负气压（真空）皆可使用；（3）耗电少，通风损耗非常小（98~147Pa），所以运转维护费低。电除尘器是在高压直流电场下工作的，运行电压为25~120kV。在高压电场中气体发生电晕放电而产生正、负带电粒子，在场的作用下带电粒子产生定向运动，负电粒子向阳极（集尘电极）运动，而正电子向阴极（放电电极）运动。当带电粒子与悬浮在气体中的灰尘、颗粒碰撞时，则荷电粒子便黏附在尘埃颗粒上使之带电，在场的作用下带电尘埃向阳极运动并被捕集。因为正、负电子在向阳极运动的较长路径中碰撞在大多数尘埃上，除上述极性粒子定向运动外，还因热运动而叠加一个互扩散运动。当极间电压升高时，电晕放电增强，因而带电粒子亦增加，空间电荷效应所形成的场强加大，故放电电压决定除尘效率，所以电场强度稳定，且可调。静电除尘器的典型结构如图2-86~图2-89所示。电除尘器的电源由调压器、高压变压器、整流器组成。电压的调整可

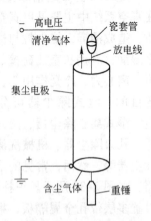

图2-86 筒形电除尘器

用变换高压变压器初级一侧的分接头，或用感应调压器以及饱和电抗器进行。

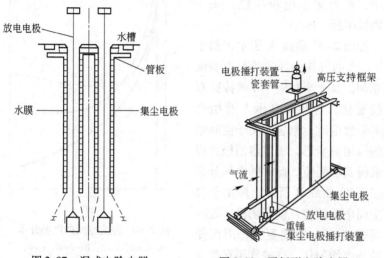

图 2-87 湿式电除尘器

图 2-88 平板形电除尘器（一）

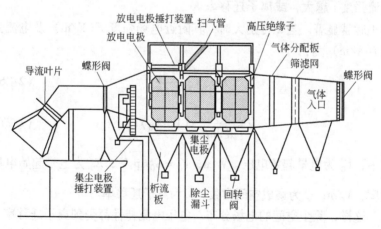

图 2-89 平板形电除尘器（二）

2.4.3.2 除尘空间的电场分布

在比电晕起始电压 $V_0(V)$ 更低的电压 $V(V)$ 下，距离阴极轴线 $x(m)$ 处的电场强度 $E(V/m)$，可由拉普拉斯方程 $\mathrm{div}E = 0$ 求得：

$$E = \frac{V}{x\ln R/r} \qquad (2\text{-}25)$$

式中，R 为集尘电极半径，m；r 为阴极半径，m。

如图 2-90 曲线 A 所示，图中 s 为 $1m^3$ 的气体中浮游的粉尘表面积总和，其大小对应于 x 值按照双曲线变化。当升高电压 V 开始产生电晕放电时，电场因离子空间电荷的作用而变形，通过解泊松方程可求得其场强值。此时的电场分布如图 2-90 曲线 B 所示，即由于离子空间电荷效应，使距阴极 x 处的电场强度比 A 曲线更大，因而使电场分布均匀化。这种作用在放电电流强度 i 越大，或离子迁移率 K

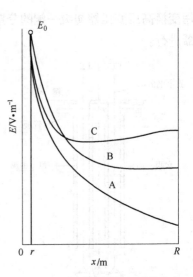

图 2-90　集尘空间的电场分布
A—$i=0$，$s=0$；B—$i\neq0$，$s=0$；
C—$i\neq0$，$s\neq0$

越小时越显著。当 x 特别大时，其附近电场强度 E（V/m）及电流强度 i（A/m）为：

$$E = \sqrt{\frac{i}{2\pi\pi_0 K}} \qquad (2\text{-}26)$$

$$i = \frac{C\pi\pi_0 K}{R^2\ln R/r}(V - V_0)V \qquad (2\text{-}27)$$

式中，V_0 为电晕起始电压，V/m，$V_0 = E_0 r\ln\dfrac{R}{r}$；$E_0$ 为电晕起始电场强度，V/m；C 为集成空间常数；K 为离子迁移率。

这样，除尘空间的电场分布，电压电流特性都受到离子迁移率 K 的影响。图 2-90 中的曲线 C 所示的是与离子比较，粉尘的迁移率非常小，因而形成了明显的空间电荷，这不仅使电场的分布大大均匀，而且使周围的电场升高，结果使火花电压降低。

2.4.3.3　除尘效率

除尘效率是指浮游于被抽气体中并导入除尘器中的粉尘和烟雾，

被除尘器捕集的比值：

$$\eta = \frac{W_i - W_0}{W_i} \times 100 = \frac{\omega_i - \omega_0}{\omega_i} \times 100 \qquad (2\text{-}28)$$

式中，η 为除尘效率，表示除尘器的性能，%；W_i 为单位时间内从入口导入的粉尘质量，kg/h；W_0 为单位时间内从出口逸出的粉尘质量，kg/h；ω_i、ω_0 为同一时间入口及出口的含尘率，kg/(mol·m³)。

2.4.4 粗除尘器

粗除尘器结构简单，使用方便，常被采用，主要用于第一级除尘。

2.4.4.1 钢屑除尘器

将不锈钢屑或铜屑装入铜丝网袋中，置于真空室出口处，直径略大于真空管道直径的10%左右；长度以 30~60cm 为宜。装入钢屑片的疏密程度要适当，以免除尘效率低或气阻太大，它亦可对被抽气体进行降温，常和旋风除尘器匹配使用。

2.4.4.2 金属网除尘器

这种除尘器的使用方式有两种：(1) 金属网视被抽气体中灰尘颗粒的大小而选择适合的网目，将其置于真空室出口处，其除尘原理是机械阻挡。(2) 改进型金属网除尘器。如图 2-91 所示，在底部装入真空泵油，使气流中夹带的大部分灰尘微粒被油黏附，没被黏附的灰尘再经金属网过滤。

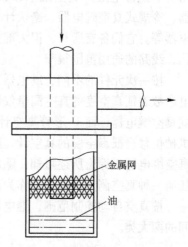

金属网

油

2.4.4.3 障板除尘器

障板除尘器的除尘原理和障板式机械阱相似。在真空室出口处装

图 2-91 改进型金属网除尘器

一直径大于真空管道直径的钢板，且与出口处形成环形间隙，其间隙总面积大于管道截面积；或用几层不透光的障板组合加水冷，组成如

百叶窗式、塔式结构等，既可除尘，又可降温，设计计算方法类似障板阱。在真空系统中装置除尘器，对流导影响很大，为了满足工艺要求，需采用更大的真空泵，既增加设备投资，也不便于运转维修，故在选用除尘器时要充分考虑利弊两方面，以求经济合理。

2.5 真空继电器

随着真空技术的发展，对真空系统或单体真空设备的自动控制亦提出了更高的要求。例如，对于日循环次数多的系统；有些操作者不便或不能接近的，需要遥控的系统，以及真空阀门、真空泵较多，操作较频繁的系统，都迫切需要自动化控制。真空继电器就是实现自动化控制的关键元件之一。

真空继电器的种类很多，分类方法也各异，归纳起来有以下几种。

按物理机理，继电器分为力学型、热导型和电离型，分别用在低真空、中真空、高真空和超高真空的不同范围内，其中常见的有热电阻（含热敏电阻）真空继电器、薄膜真空继电器、弦丝式真空继电器、冷规式真空继电器、毫伏计式电子真空继电器和光敏电阻真空继电器等。它们各有所长，但大部分是机械式的；电子管式的有触点结构，线路的通用范围很窄。

按一次元件的不同，继电器又分为无触点和有触点两类。凡是以电参数表征真空度的真空测量仪器均可配备继电器线路，组成无触点式真空继电器；而U形管真空计、弹簧管真空计、膜盒真空表等以机械位移表征真空度的真空计，配备继电器的线路均可组成有触点式真空继电器。综上所述可知，除压缩式真空计（麦克劳真空计）外，任何一种真空测量仪器均可作为真空继电器的一次元件（信号）。

按真空自动控制范围，继电器可分为定点式和有上、下限控制区间的两大类。

2.5.1 无触点真空继电器

无触点真空继电器是由规管和测量控制线路组合而成的。规管是将真空系统中的残余压力转换为电参量的一次元件；线路部分是接受并放大这种信号，进而实现输出信号的自动控制。为了实现由物理量转换成电量，规管要有不同的结构形式。依据规管结构不同，可配备相应的线路，将气体密度的变化转换成相应的电参量，即电压、电流和电感。尽管表征的参量不同，线路也不同，但各种规管不用直接接触就可以完成物理量转换成电量的过程，这就是区别于触点式真空继电器的特征。图 2-92 所示为常用规管，图 2-92 （a）、（b）、（c）所示分别是电阻计、热电偶、热阴极电离计的规管结构；图 2-92 （d）所示的转换后电参量为电容的一次元件；图 2-92 （e）所示的转换后的参量为电感的一次元件，其中图 2-92 （d）所示元件实际上是振膜式真空计规管，它通过振动膜片 9 与加压极 7 采用静电感应力，在系统的共振频率下驱动振膜 9 进行振荡，而用感应极 8 的电容值测量振膜 9 的位移。随着真空系统中的压力变化，振膜 9 振荡情况亦随着变化，感应极 8 的电容量也同时随着变化，所以，图 2-92 （d）所示规管是以电容值表征真空系统压力变化的信号发生器（或转换器）。图 2-92 （e）所示是膜盒式真空计规管。真空膜盒 13 是由两片弹性良好的金属薄片在真空下封接而成的密闭盒体。当系统中压力变化时，由于膜盒 13 的位置发生变化，传动电感器动片 12 的位置改变，导致电感量的变化。所以图 2-92 （e）所示规管是以电感值表征真空系统中压力变化的信号发生器。

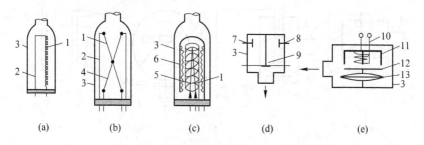

图 2-92　无触点真空继电器规管原理图

（a）电阻的；（b）电偶的；（c）电离的；（d）电容的；（e）电感的

1—灯丝；2—支架；3—壳体；4—热偶丝；5—栅极；6—离子收集板；7—加压极；
8—感应极；9—振动膜片；10—感应线圈；11—电感器；
12—电感器动片；13—真空膜盒

综上所述，各种规管配备相应的电气线路后，都可以实现参数的转换过程，即由物理量转换成电量的过程。各电参量即可表征真空系统中真空度的变化程度，所以，在电气线路中配备合适的放大器、触发器和继电器等，就能以规管电参量为输入信号，实现对输出信号的自动控制。若接入负载电路，就可以实现对负载电路的真空自动控制。有关无触点真空继电器的电路，是依规管的结构原理不同而异的，除具有真空测量仪器的电路外，还有电源稳压装置、直流放大器、定值调节器、触发器、交流可控硅开关、输出装置及其他附属装置等。如上所述，真空继电器实际是真空控制器。具体电路不赘述。

2.5.2 触点式真空继电器

目前，触点式真空继电器只适用于低真空，而用于高真空的尚待研制。

2.5.2.1 结构原理

触点式真空继电器与无触点真空继电器相似，也是由一次信号的规头和二次信号装置的电气控制箱两部分组成。规头的作用是将非电参量转换成电信号，该信号通过电控箱放大，控制并输出给被控对象，以达到对负载的自动控制或保护的目的。常用规头的结构如图2-93所示。

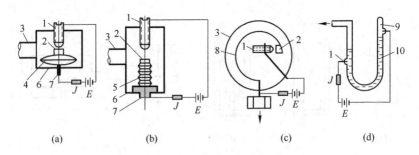

图2-93 触点式规头结构示意图

1—静触点；2—动触点；3—壳体；4—真空膜盒；5—真空波纹管；6—环氧树脂；
7—引电柱；8—弹簧管；9—U形管；10—汞柱

日本产的触点式真空继电器多用波纹管为弹性元件；而德国和英

国在大型金属真空系统中常用膜盒为弹性元件。国内 ZKJ 型是以膜盒为弹性元件的。尽管规头结构有所不同，但都是靠弹性元件在不同真空度下发生弹性变形或导电液柱的位移，在触点位置一定时，使电路导通而使中间继电器的线圈通电或断电。由于中间继电器的触点相应的"开"或"闭"的动作，实现了对输出的自动控制。图 2-93（a）、（b）、（c）所示规头是由壳体、静触点、弹性元件和动触点等组成。当系统中真空度发生变化时，因膜盒内预抽空压力为 $p_盒$，规头真空室压力为 $p_室$，则膜盒承受的压力为 $p = p_室 - p_盒$，故弹性元件变形。其中心位置为 $2W_0$，位移量和压力成函数关系：$2W_0 = f(p)$，即位移量 W_0 可代表 p 室的变化。把系统的真空度调到某一工作点 p_1，使膜盒中心发生位移，通过动、静触点的接触来改变电路的工作状态，即可以推动中间继电器的动作。当真空度高于工作点 p_1 时，指示灯亮；反之指示灯灭。静触点根据需要可调节到不同的位置，在101.325 ~ 133.3Pa 定点可调，其规头结构如图 2-94 所示。

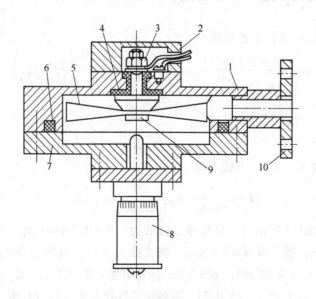

图 2-94　规头结构示意图

1—规头外壳；2—后压盖；3—螺帽；4—密封垫；5—膜盒；6—密封圈；7—前压盖；
8—微调组件；9—动触点；10—连接法兰

2.5.2.2 真空膜盒的计算

真空膜盒真空继电器的压力敏感元件，也是规头的核心部分，其材质有不锈钢和铍青铜两种；波形有梯形、三角形和圆弧形三类。对膜盒的性能要求有：灵敏度高、外形尺寸合理、弹性滞后小、弹性后作用小和非线性误差小。常用的膜盒三角形波纹膜片尺寸如图 2-95 所示。其值由下式计算：

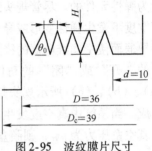

图 2-95　波纹膜片尺寸

$$\frac{pR^4}{Eh^4} = a\left(\frac{W_0}{h}\right) + b\left(\frac{W_0}{h}\right)^3 \tag{2-29}$$

式中，p 为作用于波纹膜片上的压力，Pa；W_0 为膜片中心位移量，mm；E 为弹性模量，Pa；h 为膜片厚度，mm；R 为膜片有效工作半径，mm。

系数 a、b 由下式求得：

$$a = \frac{2(3+2)(1+2)}{3K_1\left(1 - \frac{\mu^2}{\alpha^2}\right)}; \quad b = \frac{32K_1}{\alpha^2 - 9}\left[\frac{1}{6} - \frac{3-\mu}{(\alpha - \mu)(\alpha + 3)}\right] \tag{2-30}$$

式中，μ 为泊松系数。

$$\alpha = \sqrt{K_1 K_2} \tag{2-31}$$

波形系数 K_1、K_2 由下式求得：

$$K_1 = \frac{1}{\cos\theta_0}; \quad K_2 = \frac{H^2}{h^2\cos\theta_0} + \cos\theta_0 \tag{2-32}$$

就 ZKJ-2 型而言，所用膜盒参数为：$H = 0.24$mm；$\theta_0 = 25°35'$；$R = 18$mm；膜片厚 $h = 0.06$mm；波纹数 $n_0 = 11$；材料为 QBe$_{1.9}$ 铍青铜；$E = 9.31 \times 10^4$MPa；$\mu = 0.3$。计算可得：$K_1 = 1.10$，$K_2 = 18.9$，$\alpha = 4.56$，$a = 25.7$，$b = 0.23$。将各相关值代入式 (2-29) 得：

$$p = Eh/R^4(ah^2W_0 + bW_0^3) = 0.0501W_0 + 0.1240W_0^3 \tag{2-33}$$

根据式 (2-33)，给予不同的膜片中心位移量 W_0 值，即可求得 p

值；此即计算的 $p\text{-}W_0$ 特征曲线，如图 2-96 所示。试验表明，$p\text{-}W_0$ 特征曲线因膜盒不同而异，但其规律相同，这一结论成为真空继电器微调刻度的依据。由于触点式真空继电器是采用压力敏感元件（弹性膜盒）作为规头，将气压转换成电参数，且膜盒的弹性变形量取决于其内外压差，故膜盒内的初始气压小到一定值后，膜盒的变形量只取决于真空系统中气压的变化，这就限定了这类真空继电器的下限。

2.5.2.3 规头触点的设计

A 触点的分类与材质

由于动、静触点是"冷态"的，而且没有热丝，所以它可在低于大气压所控制区间的任意压力下工作，即使系统中突然放入大气也无烧毁的危险，因此，触点的合理设计是颇为重要的。继电器的执行机构是用触点来实现对电路的断、续控制的，依被控制的功率大小，触点又可分为小功率（小于100W）和大功率（大于100W）。按形状分，触点有点型、直线型和平面型三种。点型动、静触点的结构是：平面-半球；半球-半球；圆锥-平面等。直线型的结构是：圆柱-平面接触。平面型的结构是：平面-平面。试验表明，在触点式真空继电器中通常取静触点端部为半球形，动触点用平面型为宜。圆形接触面积 S_K 的半径 ρ（mm）的大小，可由盖尔茨公式求得：

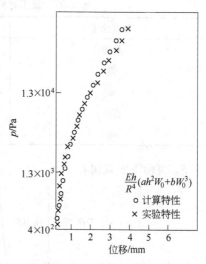

图 2-96 $p\text{-}W_0$ 特征曲线

$$\rho = 0.88 \sqrt[3]{F \frac{\dfrac{1}{E_1} + \dfrac{1}{E_2}}{\dfrac{1}{r_1} + \dfrac{1}{r_2}}} \tag{2-34}$$

式中，E_1、E_2 为触点材料的弹性系数，MPa；r_1、r_2 为触点球形表面的半径，mm；F 为触点间压力，MPa。

若选择静触点为球形，而动触点为平面时，则上式中的 $r_2 = \infty$。当计算触点时，要使触点材料的挤压强度不大于所用触点材料的允许挤压强度，应满足下式：

$$\sigma = \frac{9.8F}{S_K} \leqslant 9.8[\sigma_b] \tag{2-35}$$

式中，F 为触点间压力，N；S_K 为触点变形产生的接触面积，mm^2；$[\sigma_b]$ 为允许挤压应力，MPa，由表 2-27 查得。

表 2-27 常用材料的 $[\sigma_b]$ 值

触点材料	$[\sigma_b]/MPa$
软铜	382.2
镍	303.8
铂	764.4
石墨	127.4
钼	1646.4

S_K 可由下式求得：

$$S_K = \rho^2 \pi = \left[0.88 \sqrt[3]{F \frac{\frac{1}{E_1} + \frac{1}{E_2}}{\frac{1}{r_1} + \frac{1}{r_2}}} \right]^2 \pi \tag{2-36}$$

例如，继电器的工作点为 133.3~200Pa，$F = 12.74~191.1$MPa，则 $S_K = 0.00018~0.0014mm^2$，求出：$\sigma_b = 70560~13.65 \times 10^4$MPa，故 $\sigma_b < [\sigma_b] = 38.22 \times 10^4$MPa，可用 H62 黄铜作触点。若继电器的工作点为 26660Pa，$F = 2548$MPa，则算得 $S_K = 0.0065mm^2$，$\sigma_b = 39.2 \times 10^4$MPa，故不满足允许应力条件，应改为其他材料，如不锈钢等。显然，触点材料的选择除满足强度要求外，导电性好、易加工、膨胀系数小等亦是必要条件。

B 闭合状态的触点电阻计算

当动、静触点接触时（闭合），在接触面处具有接触电阻 R_K。

R_K 可视为由 R_1、R_2 串联而成，如图 2-97 所示。R_1 是接触面的过渡电阻，不考虑温度影响时，其值由下式求得：

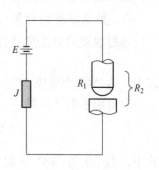

$$R_1 = \frac{A}{(9.8 \times 10^{-3} F)^B} \quad (2\text{-}37)$$

式中，A 为触点材料及触点间表面情况影响系数；B 为与触点形状有关的系数；F 为触点间压力，MPa。

点型触点 $B = 0.5$，直线型触点 $B = 0.7 \sim 0.8$，平面型触点 $B = 1$；A 值由表

图 2-97　闭合状态的触点
电阻电路图

2-28 选取；R_2 是触点本身的电阻，其值由常规方法确定。由于 $R_2 \ll R_1$，则视 $R_2 \approx 0$，故若以 R_{K0} 表示零度时的触点电阻，其值为：

$$R_{K0} = \frac{A}{(9.8 \times 10^{-3} F)^B} \quad (2\text{-}38)$$

表 2-28　常用材料 A 值

触点材料	A	表面状态
铜-铜	$(0.08 \sim 0.14) \times 10^{-3}$	已清除氧化物
锡青铜-锡青铜	0.1×10^{-3}	干燥状态下
锡青铜-锡青铜	0.07×10^{-3}	油润滑
黄铜-黄铜	0.67×10^{-3}	已清除氧化物
钢-钢	0.38×10^{-3}	
钢-银	3.1×10^{-3}	

C　闭合触点上的允许电压降

实际上触点处的温度是影响 R_K 的，触点电阻 R_K 与温度间的关系尚无解析表达式。当触点间压力不变时，R_K 是温度 T 的函数：$R_K = f(T)$。工作状态下触点的温升是由通过触点的电流引起的。在确定触点工作状态时，触点上的最大电压必须满足：$(\mu_K)_{max} < \mu_1$；通常采用经验公式：

$$(\mu_K)_{max} = (0.7 \sim 0.8)\mu_1 \quad (2\text{-}39)$$

式中，μ_1 为工作温度时的许用触点电压降，V；由表 2-29 查得。

D 触点温度的计算

通过触点的电流使触点处温度升高，在计算时应满足下式：

$$T_K \leqslant [T_K] \tag{2-40}$$

式中，T_K 为触点温度，℃；$[T_K]$ 为触点允许温度，℃。

触点温度由下式得：

$$T_K = T_0 + \frac{0.05}{\lambda\rho}\mu_1^2 \tag{2-41}$$

式中，T_0 为周围介质温度，℃；λ 为触点材料导热系数，W/（cm·℃）；ρ 为触点材料电阻系数，Ω·cm；μ_1 为闭合状态下的触点电压，V。

λ、ρ、μ_1 值可查表 2-29。

表 2-29 λ、ρ、μ_1 值

触点材料	$\lambda/\mathrm{W} \cdot (\mathrm{cm} \cdot ℃)^{-1}$	$\rho/\Omega \cdot \mathrm{cm}$	μ_1 值
银	4. 16	1.61×10^{-2}	0. 08 ~ 0. 10
铂	0. 7	10.5×10^{-2}	0. 22 ~ 0. 40
铂 + 10% 铱	0. 31	23.3×10^{-2}	
铜	3. 95	1.68×10^{-2}	0. 06 ~ 0. 13
钨	1. 68	5.32×10^{-2}	0. 12 ~ 0. 80

2.5.2.4 影响性能的因素

触点式真空继电器的性能好坏，首先看其工作点能否准确地得到保证。由于弹性元件的性能、材质、规头的温度、振动等因素影响，都会使继电器工作产生偏差。决定性能的主要因素是弹性元件动作的重复性、温度和振动。

A 工作点及弹性元件动作的重复性

触点式真空继电器工作点的调定，是通过对静触点的位置改变来实现的。工作点确定后，继电器的重复性误差是通过试验来求得的。试验表明，其工作点重复性误差为：工作点在 133. 3 ~ 400Pa 时，误差小于 30%；而工作点在 400 ~ 100325Pa 时，误差趋于稳定值不大于 5%。

B 温度影响

由于自然环境和工作环境的温度，以及真空系统中气体温度的变化，必然引起规头温度的变化，并导致其零件几何尺寸的热胀冷缩及弹性元件和压力 p_0 的变化，致使工作点响应变化，如图2-98所示。试验表明，$T = 10 \sim 80℃$ 时，工作点为 $133.3 \sim 2000Pa$ 的继电器受温度影响所产生的相对误差不大于 10%；无须采用补偿措施。随着工作点的增高，温度影响显著，因此根据工作点的不同，采用合理的材质、结构和内压力的弹性元件，可降低环境温度的影响。

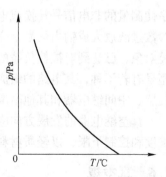

图 2-98　温度与压力的关系曲线

C　振动的影响

由于环境中有振动源，会使动、静触点的接触不良，这时会发生起弧，烧毁触点，引起工作点的变化；亦可引起输出信号不稳定，致使继电器无法工作，因此要在电路中采用延时装置。当触点振幅为 $0.5mm$，振频为 330 次/min，延时时间为 $10s$ 时，一次信号的作用就准确无误。

D　电路

触点式真空继电器的电控线路如图2-99所示，它是由产生一次信号的规头和二次信号装置的电控线路两大部分组成的。规头的作用

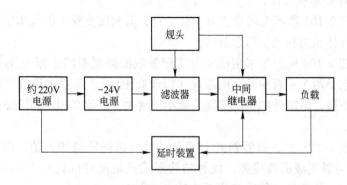

图 2-99　触点式真空继电器电路方块图

是使测量的非电信号转换成电信号，二次信号装置将转换后的电信号参数过滤放大成输出信号，完成对输出信号的自动控制，并传输到被控对象，已达到对被控负载的自动控制或保护的目的。真空继电器的型号有若干种，其电路的组成部分有：电源装置、整流滤波器、延时装置、中间继电器和其他附属装置等。

真空继电器的发展方向应是：系列化、体积小、质量轻，提高精确度和控制下限，以轻质材料代替钢制规头。

2.6 真空规

2.6.1 液压式真空规

2.6.1.1 U形压力计

U形压力计采用水银或低蒸气压油作为工作液体，从这种压力计的两个支管的液面高度差 h 可计算出两个支管液面上的压力差：

$$V_p = p_1 - p_2 = \rho g h \tag{2-42}$$

式中，ρ 为工作液体的密度；g 为重力加速度。

式（2-42）表明，U形压力计是一种绝对真空计。对油U形压力计来说，因油密度约为水银密度的1/15，所以它的灵敏度要比水银U形压力计高15倍。

在真空测量中，通常所用的U形压力计有如下几种形式：

图2-100所示为开管式U形压力计，它是一种以大气压作为参考压力的U形压力计。

图2-101所示为闭管式U形压力计，其封闭支管中的气体压力与被测气体压力相比，可以忽略。

图2-102所示是采用电学方法测量液面高度差的水银U形压力计，它是两个支管中装有电阻丝（钨丝或铂丝），随着水银液面的上升或下降，电阻丝的电阻值随之减小或增大，以此来测出两液面高度之差。

图2-103所示是倾斜式U形压力计，根据所测的 L 值，由 $h = L\sin\theta$ 可算出液面高度差。此种结构形式灵敏度可以提高 5~10 倍。图2-104所示是一种油U形压力计。

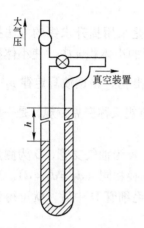

图 2-100　开管式 U 形压力计

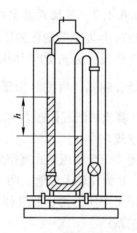

图 2-101　闭管式 U 形压力计

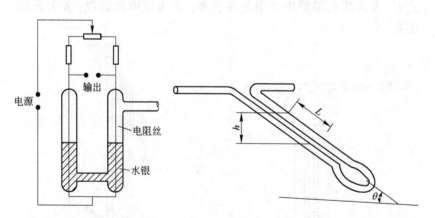

图 2-102　用电学法测量
液面差的 U 形压力计

图 2-103　倾斜式 U 形压力计

　　除通常使用的 U 形压力计外，特殊设计的精密 U 形压力计可作为 $1 \times 10^5 \sim 10^{-1}$ Pa 压力范围的真空测量标准。精密 U 形压力计是真空测量标准的基础，另外的真空测量说是它的发展：压缩式真空规可认为是"具有放大系统的 U 形压力计"；膨胀式校准系统的前级标准是精密 U 形压力计；动态流量法校准系统的上游标准是压缩式真空规或精密 U 形压力计。

2.6.1.2 压缩式真空规

1874 年麦克劳制作的压缩式真空规是采用提升水银的方法把大体积 V 中压力为 p_1 的气体压缩到毛细管的小体积 v 中，使小体积的压力增大到 p_2，再按 U 形压力计原理测出 p_2，根据波耳定律 $p_1 = \dfrac{v}{V} p_2$，计算出被测气体压力 p_1。压缩式真空规又称麦克劳规，是一种绝对真空规。

图 2-105 是压缩式真空规的结构图，A 为抽气支管，D 为测量毛细管，B 为比较毛细管，两个毛细管的内径相同（$d_1 = d_2 = d$）。当把大体积 V 中压力为 p 的气体压缩到测量毛细管 D 中后，就可得到下面的关系：

$$pV = (p + \rho g h)v \tag{2-43}$$

式中，h 为两毛细管中水银的高度差；g 为重力加速度；ρ 为汞的密度。

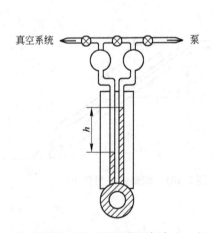

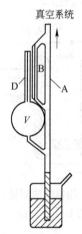

图 2-104 油 U 形压力计 图 2-105 压缩式真空规结构

如 $\rho g h \gg p$，则

$$p = \rho g h \frac{v}{V} \tag{2-44}$$

从所测出的物理量 h、v、V，按照式（2-44）可直接计算出压力值 p。

图2-106 所示为压缩式真空规的三种定标方法。

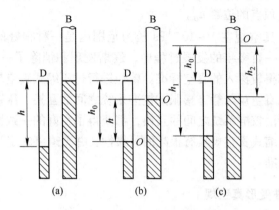

图2-106 压缩式真空规的三种定标法
（a）平方定标法；（b）直接定标法；（c）无标定标法

如把 B 中的水银面提升到 D 顶点进行读数（图2-106a），则得到平方定标公式：

$$pV = \rho ghv = \rho gh(\pi d^2/4)gh = \rho g\pi d^2 h^2/4$$

令 $A = \rho g\pi d^2/4$，其中 $\pi d^2/4$ 为毛细管截面面积：

$$p = \frac{A}{V}h^2 \qquad (2\text{-}45)$$

如把 D 中水银面提到一固定参考点 O 进行读数（图2-106b），则得到直线定标公式：

$$pV = \rho ghv = hAh_0$$

$$p = \frac{h_0 A}{V}h \qquad (2\text{-}46)$$

式中，h_0 为常数。

如任选一固定参数点 O，将水银面提升到毛细管 D 中任意位置进行读数（图2-106c），则得到无标定标公式：

$$pV = (h_1 - h_2)A(h_1 - h_0)$$

$$p = \frac{A}{V}(h_1 - h_2)(h_1 - h_0) \qquad (2\text{-}47)$$

一般情况下，只有在高精度测量中才采用无标定标法。毛细管 D

的有效顶点与实际观察到的顶点有差别，采用无标定标法可以从实验中求出有效顶点的位置 h_0。

压缩式真空规在 $1 \sim 10^{-3}$ Pa 压力范围内是一种很好的真空测量标准，在它一百多年的发展过程中，逐渐发现和消除了一些误差源，是一种研究得较深入的真空标准。曾经进行过压缩式真空规之间的互换、压缩式真空规与静态膨胀式校准系统之间的互换、压缩式真空规与动态流量法校准系统之间的互换，都获得了良好的一致性。在国际上已公认压缩式真空规具有很高的可靠性，并普遍将它定为国家级的真空测量标准。

2.6.2 弹性变形真空规

弹性变形真空规是利用弹性元件随气压变化所产生的变形来测量压差的一种真空规。它的特点是：规管灵敏度与气体种类无关，对被测气体干扰小，可测腐蚀性气体和可凝蒸气的压力。此类规存在的主要问题是，金属弹性元件的蠕变和弹性系数的温室效应。

2.6.2.1 布尔登规

如图 2-107 所示，布尔登规是一种用富有弹性的金属材料制成的椭圆形截面的空心管，全管弯成弧形，一端封死并与指针相连，另一端与被测系统相连。当管内压力增高时，截面形状向圆形变化，使弯管向外扩张而拉动指针偏转。反之，当管内压力下降时，指针则朝向相反方向偏转。

金属布尔登规主要是用于测量高压力，很少作为真空规使用。指示大气压以下的压力，表盘上用红线来标度，这种标度是很粗略的。

图 2-108 所示是用石英制成的布尔登规，空心的扁平石英管被绕成螺旋形，在封死的一端吊一个小镜，通过小镜用光杠杆的方法来测量布尔登管上下运动的距离，再求得压差值。此规灵敏度较高，可检测出 10Pa 的压差。

2.6.2.2 波纹管规

此规的波纹管一端封死，另一端与被测系统相连，当管中压力变化时，波纹管内外的压力差产生变化，使得波纹管随之伸缩。规的灵

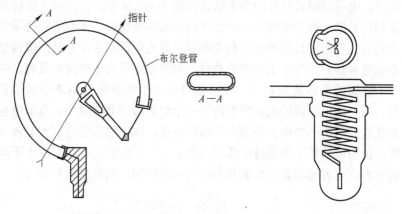

图 2-107　布尔登规　　　　　图 2-108　石英布尔登规

敏度与波纹管的壁厚和形状有关。此规的主要误差是由于波纹管材料的弹性系数随温度变化而变化产生的。

图 2-109 所示是一种用玻璃制作的波纹管规。当波纹管伸缩变化时，毛细管中的水银位置也随之变化。此种结构可提高仪器灵敏度，当压力从较高的真空度变到大气压时，水银位移可达 600mm。此规的缺点是对温度变化敏感，使用时要求恒温。

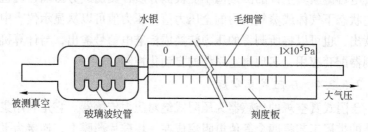

图 2-109　具有毛细管结构的波纹管规

2.6.2.3　薄膜真空计

用金属弹性薄膜把规管分隔成两个小室，一侧接被测系统，另一侧作为参考压力室。当压力变化时薄膜随之而变化，其变形量可用光学方法测量，也可转换为电容或电感量的变化用电学方法来测量，还可用薄膜上黏附的应变规来进行测量。

近年来，电容薄膜真空计的发展很快，被广泛应用于科研和工业领域。电容薄膜真空计的基本结构如图 2-110 所示。它由两个结构完全相同的圆形固定电极和一个公用的活动电极组成。活动电极薄膜将空间分成互相密封的测量室和参考室，固定电极和活动电极薄膜构成差动电容器并作为电桥的两个桥臂。当活动电极处于中间位置时，两个电容器的电容量相等，一旦活动电极由于压差作用偏离中间位置时，则一个电容器的电容增加而另一个电容器的电容减小，由于电容变化造成电桥不平衡，因而产生输出电压，这个电压经过放大器放大后，由检波器转换成直流电压进行测量。不同的输出电压对应于不同的压力，电容薄膜真空计就是利用这样的原理达到测量的目的。

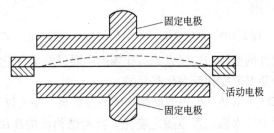

图 2-110　电容薄膜真空计结构示意图

电容薄膜真空计的测量值不受被测介质种类的成分影响，可检测真空状态下气体或蒸气压力的全压力值，压力值可以从显示仪表中直接读出，也可以将所测得的压力转换成标准电信号输出，与计算机或控制器配套应用，实现真空系统的自动化控制。

2.6.2.4　压阻式真空规

压阻式真空规的传感器为压阻式绝对压力传感器。它是利用集成电路的扩展工艺将四个等值电阻集成在一块硅片薄膜上，连接为平衡电桥。硅膜片利用机械加工和化学腐蚀方法制成硅环，然后用金硅共融工艺或用其他特殊工艺将硅环与衬片烧结在一起。硅膜片内侧为标准压力（约 1×10^{-3} Pa），外侧为待测压力。结构如图 2-111 所示。当硅膜片外侧的压力变化时，由于硅的压阻效应使电桥四个臂的阻值发生变化，电桥失去平衡，得到对应于待测压力的电压信号。信号经过放大器、控制单元、显示单元等，显示出相应的压力数值。此规的测量范围为 $10^5 \sim 10$ Pa。

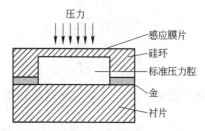

图 2-111　压阻式绝对压力传感器结构示意图

2.6.3　辐射计型真空规

2.6.3.1　原理

将两块间距为 d 的平行板 A 和 B 放置在低压气体中，如热板 A 温度为 T_1，冷板 B 温度为 T_2，气体温度为 T，如图 2-112 所示，则在两板上会产生一对方向相反的作用力，作用力的大小与气体压力 p 成正比，这就是辐射计效应。1910 年克努曾利用此效应制成了辐射计型真空规，故又称克努曾规。

如果假定：（1）d 小于平板的线性尺寸；（2）d 小于气体的平均自由程 $\bar{\lambda}$；（3）$T_2 = T$；（4）热适应系数 $\alpha = 1$，那么从气体运动论可以导出：

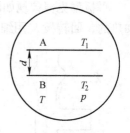

图 2-112　辐射计效应

$$f = \frac{p}{2}\left(\sqrt{\frac{T_1}{T_2}} - 1\right) \qquad (2\text{-}48)$$

式中，f 为两板单位面积上的作用力。

从式（2-48）可知，f 值与气体种类无关，也与规的结构无关，仅与两板的温度有关，并正比于气体压力，故克努曾规基本上是一种绝对真空规。

由于式（2-48）要求满足上述四个假定条件，而实际上这是很难完全满足的，所以要把克努曾规制成高准确度的绝对规并非易事。

如热适应系数 $\alpha \neq 1$，则式（2-48）变为：

$$f = \frac{p}{2} \times \frac{\alpha_1(2 - \alpha_2)}{\alpha_1 + \alpha_2 + \alpha_1\alpha_2}\left(\sqrt{\frac{T_1}{T_2}} - 1\right) \qquad (2\text{-}49)$$

$$\alpha_1 = \frac{T'_1 - T_2}{T_1 - T_2}$$

$$\alpha_1 = \frac{T'_2 - T_1}{T_2 - T_1}$$

式中，T_1、T_2 为两板温度；T'_1、T'_2 为与两板碰撞后的气体分子的温度。

此外，热适应系数还与气体种类和板的表面状态有关。采取适当的表面处理，如将表面涂黑，可使热适应系数 $\alpha \to 1$。

2.6.3.2 规管结构

A 箔片型克努曾规

箔片型克努曾规如图 2-113 所示，测量极板间作用力 f 的最简便的仪器是金箔验电器，箔的自身质量要和 f 相匹配。用显微镜读出可动箔片的偏转，并作出此偏转量与 f 之间的校准曲线。此法虽简便，但不够精确，仅可测量 10^{-3}Pa 的压力。

B 平板型克努曾规

平板型克努曾规如图 2-114 所示，这种规的热板 H 是通过电流加热的，回转板 V 用细丝悬吊起来，丝上附有平面镜 M。在辐射计力

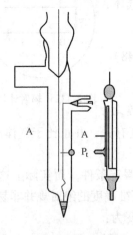

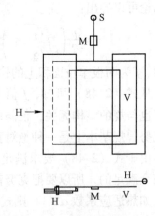

图 2-113 箔片型克努曾规　　　　图 2-114 平板型克努曾规

A—可动片；P_t—加热片　　　H—热板；V—回转板；M—小镜；S—吊丝

作用下使板 V 产生偏转，在平衡条件下，悬丝的扭转力矩是与板 V 的转动力矩相等的。因此可用光学的方法测出平面镜 M 的偏转角，计算出气体压力。平板型结构的一个缺点是当板 V 偏转时，两板之间的距离 d 变大，这就可能破坏 d 应小于平板线性尺寸的条件。

C　圆筒型克努曾规

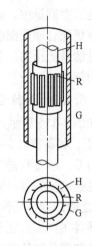

如图 2-115 所示，圆筒型克努曾规的涡轮状回转圆筒 R 是用细丝悬吊起来的，在回转圆筒内部装有热筒 H。当热筒 H 加热时，在辐射计力作用下会使涡轮状圆筒 R 旋转，两圆筒之间的距离则可保持不变，这是圆筒结构的一个优点。圆筒型克努曾规还具有高灵敏度和小型化等优点。偏转角的计算公式如下：

图 2-115　圆筒型
克努曾规
H—热筒；R—涡轮状回转
圆筒；G—玻璃管

$$\theta = Kp\left(\sqrt{\frac{T_1}{T_2}} - 1\right) \qquad (2\text{-}50)$$

式中，θ 为偏转角；K 为常数。

此规在 $1 \sim 10^{-5}$ Pa 的压力区间内，偏转角 θ 与压力 p 之间具有线性关系。

2.6.4　电离真空规

2.6.4.1　概述

在低压力气体中，气体分子被电离所生成的正离子数通常是与气体分子密度成正比的，利用此关系可制成各种类型的电离真空规。

使气体分子电离有各种方法。例如可采用在电场中或在电磁场中被加速的电子去轰击气体分子使其电离，也可采用从放射性物质中放射的具有一定能量的粒子（α 粒子或 β 粒子）去轰击气体分子使其电离等。

在真空测量中，电离真空规是最重要的一种规型。不同类型的电离真空规配合使用能够测量的压力范围，可以从大气压起直至目前所能测量的最低压力。在超高真空和极高真空区域中，电离真空规是最实用的规型。

2.6.4.2 圆筒型电离规

如图 2-116 所示，规管中心热阴极 F 的电位为零，栅极 G 的电位 V_g 为正，收集极 C 的电位 V_c 为负。从 F 上发射的电子在 V_g 的作用下飞向 G，越过 G 趋向 C，在 G、C 之间的排斥场作用下电子逐渐减速，在速度变为零以后，电子返转并飞向 G，再超过 G 趋向 F，又在 G、F 之间的排斥场作用下逐渐减速，在速度变为零以后，电子再一次返转并飞向 G。在这样的往返运动中，电子不断地与气体分子碰撞，把能量传递给气体分子，使气体分子电离，最后被栅极捕获。在 G、C 空间产生的正离子被收集极 C 接受形成离子流。离子流与气体压力 p 的关系如下：

$$p = \frac{1}{K} \cdot \frac{I_+}{I_e} \tag{2-51}$$

式中，K 为规管常数，Pa^{-1}；I_+ 为离子流，A；I_e 为电子流，A。

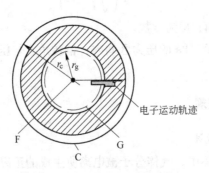

图 2-116 圆筒型电离规原理图

F—阴极；C—收集极；G—栅极

由于各种气体的电离电位 V_i 是不同的（表 2-30），所以电离规的常数 K 与气体种类有关。电离规的相对常数 R 被定义为：

$$R = K/K_{N_2} \tag{2-52}$$

式中，K 为电离规对某种气体的常数，Pa^{-1}；K_{N_2} 为电离规对氮气的常数，Pa^{-1}。

表 2-30　气体电离电位 V_i　　　　（V）

气体	V_i	气体	V_i	气体	V_i	气体	V_i
He	24.5	Na	5.1	Fe	7.9	O_2	12.2
Ne	21.5	K	4.3	Ni	7.6	Cl_2	11.6
Ar	15.7	Rb	4.2	W	8.0	CO	14.1
Kr	14	Ca	3.9	CO_2	13.7	H_2O	12.6
Xe	12.1	Hg	10.4	NO_2	11		
Rn	10.7	Cl	13	H_2	15.4		
Li	5.4	Ca	6.1	N_2	15.5		

2.6.5 真空测量技术

2.6.5.1 概述

在真空测量实践中，要用真空规比较精确地去测量被研究的稀薄气体压力，以达到预期的目的，必须考虑下列问题：

（1）要对被研究的对象有一般性的了解：

1）是非可凝的气体还是可凝的蒸气，是单一气体还是混合气体，是惰性气体还是活泼气体或腐蚀性气体；

2）气流状态是稳态还是瞬态，是均匀气流还是非均匀气流；

3）所处的温度是等温还是不等温，是高温还是低温；

4）有无磁场、电场、振动、加速度、带电粒子、辐射等特殊条件。

（2）根据研究对象的情况和研究的目的，正确选用真空规，并需对所选的真空规有较深入的了解，即了解其原理、量程、特殊和局限性，以便正确地使用。

（3）要研究真空规与被测对象之间的相互作用。规的引入可能会使被测对象的原来状态发生畸变，同时被测对象也可能改变规的性能、干扰规的正常工作。

由此可知，要比较精确地进行真空测量，仅仅孤立地去研究真空规还是不够的，必须全面地研究与上述三个方面有关的测量技术。

从真空应用角度看，多数情况并不需要过高的精确度，只有在少数情况下（例如空间研究中），才要求高的测量精度（误差不大于1%）。目前的精度可以满足粗低真空范围的真空测量要求，但在更宽的量程内不能达到。

2.6.5.2　气体的种类与真空规

如果被测气体是氮气或惰性气体（如氦气、氖气等），测量就比较简单。但多数情况下，系统中的气体是氮、氧、氢、一氧化碳、二氧化碳、水蒸气、氩、氖、甲烷、汞和油蒸气等多种气体和蒸气的不同组合，其中尤以氧、水蒸气、油蒸气等会影响真空规，在选用真空规时必须认真考虑气体组分对真空测量的影响。

A　氧气

氧是理想气体，所以可用压缩式真空规进行测量，但分压过高时，会使水银表面发生氧化，从而污染玻璃毛细管的内表面，导致水银毛细压低值无规则变化，产生很大的测量误差。氧对水银 U 形压力计也有同样的影响。

氧气会使热传导规的热丝氧化，改变热丝的表面状态，引起规管零点漂移和灵敏度的改变。如采用抗氧化性好的白金丝作热丝，则能使规管性能稳定。

电离规的热阴极在氧气中工作会有明显的损耗。如果在高于 10^{-2}Pa 的氧压下工作，钨阴极很快就会被烧坏。如果在低于 10^{-8}Pa 的氧压下工作，钨阴极就可以长时间使用。热阴极电离规对氧气有较大的抽速，冷阴极电离规对氧气的抽速更大。

在粗低真空区间测定氧压的最好规型是薄膜规（尤其是不锈钢制的电容薄膜真空计），也可采用 α 规和 β 规。

测量空气（N_2、O_2）压力时应考虑规与氧气的作用。

B　水蒸气

可凝性水蒸气的压力一般不能用压缩式真空规来测量。

若用热传导真空规测量水蒸气的压力，也会与测氧压一样，引起规管零点的漂移和灵敏度的改变。

用具有钨阴极的电离规测量水蒸气气压时，水蒸气会被高温钨表面分解并与钨反应生成氧化钨和原子态氢，氧化钨蒸发后附着在玻璃壁上，原子态氢则从玻璃壁上的氧化钨中夺取氧再变成水蒸气，这样循环下去，水蒸气就起着"输运"钨的作用，致使钨不断地"蒸发"。在高于 10^{-2}Pa 的水汽压力下使用钨阴极时，会使钨严重"蒸发"，此时钨的消耗速率相当于在氧中的 1/5，与在大气中的消耗速率差不多。如在电离规中采用铼或铼钨阴极，则可用来测量高达 10^{-1}Pa 的水蒸气压力。

通常对可凝性水蒸气测量，在粗真空区间可用 U 形计，在低真空区间可用薄膜规和 α 规，在高真空区间可用黏滞规和克努曾规。

真空规对水蒸气的可靠的校准方法至今还没有建立，一般只是用氮气校准过的真空规来测量，以等效氮压力来表征水蒸气压力。

C 油蒸气

在用有油的抽气手段（扩散泵和机械泵）抽气的系统中存在相对分子质量很大的有机油蒸气及其分裂物。它们的蒸气压一般比较低，因此不能用压缩式真空规测量。如用压缩式真空规测量机械泵的极限压力时，要比热传导规测出的数据约低一个数量级。

用油 U 形压力计测量油蒸气压力时，因工作油可以溶解油蒸气，所以也不能得到正确的指示。

用热传导规测量时，油蒸气附在热丝和规壁上，会改变表面性能，引起热传导规零点漂移和灵敏度的改变。用电离规测量时，油蒸气会被高温阴极表面分解或由电子轰击而分解，生成碳氢化合物，污染电极和壁管，使规管的灵敏度和特性发生明显的改变。规管对油蒸气的灵敏度要比氮气高 10 倍。要校准电离规对高分子碳氢化合物的灵敏度是困难的，不同资料对低分子碳氢化合物校准的结果也不一致，但综合有关数据，可得出电离规对不同碳氢化合物的相对灵敏度的规律性。图 2-117 表明，电离规对不同碳氢化合物的相对灵敏度与这些碳氢化合物分子的电子数之间有线性关系。由图 2-117 所示的曲线线性外推，可以估算大分子碳氢化合物的相对灵敏度。

2.6.5.3 非均匀环境下的真空测量

实际真空系统中，存在着从气源流向泵的气流，这些气源有的是经过漏孔注入的气流，有的是由于各种出气效应造成的气流，而且各种真空泵和清洁表面也有吸附气体作用。因此，实际的真空系统中气

流分布通常是不均匀的。流经管
状导管的气体会被管子聚束，导
致流入容器的气流分布更不均匀。
真空系统中稀薄气流非均匀分布
的影响，已成为近年来详细研究
的课题，而这些研究结果又促进
了精算测量气体压力技术的发展。

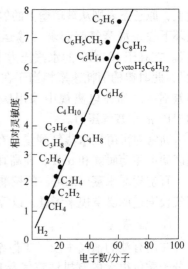

图 2-117 电离规对各种碳氢化合物
的相对灵敏度

一般情况下，在讨论压力测
量时，假定了两个条件：

（1）在一包壳中，单位立体
角的气流密度与方向和位置无关，
在给定空间的一点只存在一个压
力，此压力与在此点的压力规的
方位无关，即气流各向同性。

（2）系统所有部分是处于在
同一温度下，被引用的气体压力指的是此温度下的压力，即等温
假设。

事实上，这两个条件在许多实际系统中是不满足的，以下举两个
例子加以说明。

（1）如容器中的气流沿同一方向黏着系数为 1 的表面流动，那
么当规管的开口对着此表面时，则读数为 0，而规管开口对着气流时
读数则最大。这例子说明气流方向对测量的影响。

（2）一封闭的电离规，其中充有静压为 p_1（T_1 为 300K）的氮
气，若将其浸入液氮中（T_2 为 77K），则其中压力 p_2 为：

$$p_2/p_1 = T_2/T_1 = 0.257 \tag{2-53}$$

虽然压力降低了约 3/4，但因气体密度没变，所以电离规的指示
不变。这例子说明温度对测量压力的影响。

在超高真空系统中，定向流动和不等温状态往往同时存在，可
见研究非均匀环境下压力测量问题是实际中提出的一个十分重要的理
论问题。

研究非均匀气流测量问题，导致碰撞压力转换器规的发展。如图

2-118 所示，碰撞压力转换器规是一种由两个小室构成的、具有小孔入口的管规。第一个室是球形的，它的作用是使经过小孔注入的定向分子束气流变成随机状态，然后由与此室相连的、具有挡板作用的管状电离规测量，此规的压力读数可用来监测定向分子流量。规中的分子密度 n（其相应的压力为 $p = nkT$）和规孔面对着气流方向时所进入的分子入射率 Γ_n（分子数/$(s \cdot cm^2)$）之间的关系如下：

$$\Gamma_n = n(kT/2\pi m)^{1/2} = p/\sqrt{2\pi mkT} \tag{2-54}$$

式中，k 为玻耳兹曼常数；T 为热力学温度。

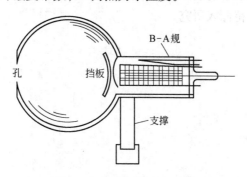

图 2-118　碰撞压力转换器规

采用装在移动臂上的压力转换器规的实验不但证明了通过薄孔和短管的气流花样是与理论相符的，同时还可研究球形容器中分子流分布。

在航天科学的空间环境模拟容器中模拟外层空间的分子沉条件时，从容器中心的试件上发出的分子在被容器壁捕集之前，要经碰撞多次才返回到试件上。返回次数 N 为

$$N = g(1 - \alpha_c)\alpha_c \tag{2-55}$$

式中，α_c 为壁的黏着系数；g 为几何因素。

模拟的理想目标是使 $N \to 0$（分子沉），这就要求 $\alpha_c \to 1$。为了用电离规监测模拟分子沉的效果，将规管放在容器中心，测量从壁上返回的分子流，用所谓的"有效压力"来表征分子沉模拟的效果。

在分子流情况下，两容器间被一理想小孔分开，通过小孔没有有效的气流流动。如两容器处在不同的温度下（T_1、T_2），则两处相应

压力为 p_1 和 p_2：

$$p_1/p_2 = (T_1/T_2)^{1/2} \qquad (2\text{-}56)$$

这是热流逸定律，但是如果将两容器用一根玻璃管分开，则会发现：

$$p_1/p_2 = b(T_1/T_2)^{1/2} \qquad (2\text{-}57)$$

式中，b 为热流逸修正系数。

在 $T_1 > T_2$ 时，$b < 1$。这一结果说明导管聚束作用所产生的影响，导致状态偏离了热流逸定律。非均匀环境中压力测量的研究将更真实地反映了客观事物的状态，具有重大的理论和实践意义。在这方面还有很多问题有待深入研究。

3 真空密封连接

3.1 概述

真空系统与设备为了满足正常的工作要求，在它的各个部件的连接处，都应该有可靠的真空密封。真空密封性能是真空设备的重要指标，因此正确地设计各种密封结构、选择适当的密封材料，将真空系统的漏气率控制在允许的范围之内，就成为真空系统设计、制造过程中的重要环节。

对真空密封连接的具体要求如下：

（1）可靠的密封性。真空连接的密封性能取决于连接处的渗漏和密封材料的放气。由于漏放气量与密封形式、密封材料、密封部件的加工精度及装配质量等诸因素有关，故在密封连接处总会有一定的漏放气，因此可根据真空设备及系统的工作性质、真空室工作压力及其排气口处抽气速率，对真空密封连接处的漏放气量提出合理的要求。

（2）工作温度范围。真空密封连接处正常工作所允许的最低到最高温度的范围称为工作温度范围。如果超出这个温度范围，连接处的密封性能将明显下降，甚至完全失去密封作用。因此连接处的工作温度范围是选取密封材料和设计密封结构的重要参数。常用几种密封材料的工作温度范围见表3-1。

（3）要求连接处易于装拆和清洗，并具有足够的机械强度。

真空密封连接基本类型可按真空系统连接件之间的相互关系、密封结构形式及密封材料的不同进行分类，具体如图3-1所示。

表 3-1 常用密封材料的工作温度范围

密封材料	工作温度范围/℃	适用真空区域
天然橡胶	−30 ~ 90	低、中真空
丁基橡胶	−30 ~ 130	低、中、高真空
丁腈橡胶	−30 ~ 130	低、中、高真空
氟橡胶	−30 ~ 240	高、超高真空（少用）
硅橡胶	−100 ~ 260	低、中真空
聚四氟乙烯	−150 ~ 250	高、超高真空（少用）
铅	−200 ~ 170	高真空
铝	−200 ~ 350	超高真空
银	−200 ~ 450	超高真空
铜	−200 ~ 500	超高真空
金	−200 ~ 500	超高真空

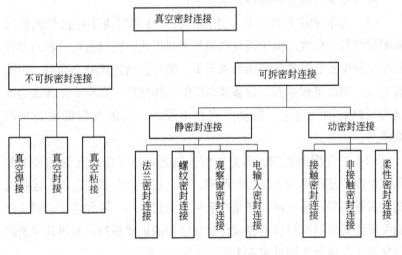

图 3-1 真空密封连接分类

3.2 不可拆密封连接

当真空系统中各元件连接处的机械强度及密封要求较高，且不需要经常装拆时，宜采用不可拆密封连接形式。它有真空焊接、真空封接和真空粘接等连接方式。

3.2.1 真空焊接

3.2.1.1 氩弧焊接

氩弧焊是一种利用氩气作为焊缝的保护性气体，避免焊缝氧化的电弧焊，是在高（超）真空设备制造中常用的焊接方法。氩弧焊几乎能焊接所有金属，特别是一些难熔金属、易氧化金属，如镁、钛、钼、锆、铝等及其合金，常用于真空系统中各种不锈钢和铝材料的焊接。其特点是：（1）氩气保护可隔绝空气中氧气、氮气、氢气等对电弧和熔池产生的不良影响，减少合金元素的烧损，可得到光洁致密、熔接质量高的焊接接头；（2）氩弧焊的电弧燃烧稳定，热量集中，弧柱温度高，热影响区窄，焊缝窄而深，焊件产生应力、变形及裂纹的倾向小；（3）电极损耗小，弧长容易保持，焊接时无熔剂、涂药层，容易实现自动化焊接。

氩弧焊分为不熔化电极氩弧焊和熔化电极氩弧焊。真空技术中大多采用不熔化电极氩弧焊。在氩弧焊工艺中，工件和电极间可采用直流电或交流电。一般焊接铝和铝合金时常采用交流氩弧焊（常用 250~300A；100V），碳钢、不锈钢、铜、银和钛等金属多采用直流氩弧焊（45~75V；15~200A）。

3.2.1.2 普通电弧焊接

普通电弧焊是低（粗）真空设备制造中常用的焊接方法。普通手工电弧焊，在焊接时其焊缝处没有惰性气体保护，容易出现氧化、气孔等焊接缺陷，一般仅用于普通碳钢材料的低真空零部件的焊接。

3.2.1.3 真空电（氩）弧焊对焊接工艺和焊缝结构的要求

从真空系统的密封性、系统检漏、清洗和机械强度等方面综合考虑，要求焊接处必须满足下列要求：

（1）保证良好的气密性。焊缝的真空密封性能要达到允许的气体密封性能（或漏气率）的要求。

（2）焊缝要有一定的机械强度，以保证设备的安全正常运行。

（3）焊缝应有利于获得光滑的真空"清洁"加工表面。

（4）超高真空设备上的零部件，应能承受450℃的烘烤。

在设计焊缝和制订焊接工艺时应注意：

（1）设计焊缝结构时，应避免产生聚集污物的有害空间（虚漏气源），焊缝结构应利于接缝焊透。对于厚板材的焊接，应尽可能将焊缝放在真空一侧并且进行深度熔焊。对于内焊操作不方便的小部件，焊缝可以在非真空侧，但焊缝接头必须焊透，避免产生死空间。对于薄板材或焊接条件允许，焊缝应尽量焊透，不能产生气孔、虚焊等焊接缺陷。表3-2给出了各种正确设计的与不正确设计的电弧焊接头实例。

表3-2 正确与不正确电弧焊接头实例

注：1—真空侧；2—大气侧；▲—连续焊；△—断续焊。

（2）对于厚板材的焊缝，因焊接条件所限或因强度需要进行两面焊接时，必须将连续焊缝置于真空侧，非真空侧采用断续焊缝（或设置钻孔和塞孔）以保证机械强度和检漏方便。

（3）焊缝应尽量避免交叉，而且应一次连续焊好，以避免两次焊接时焊缝形成有害空间，成为真空中的放气源。

（4）如真空容器内需要进行结构焊接时，其焊缝不应连续，以避免产生气穴等虚漏源，让连接处气体容易放出，而且结构焊缝不应与密封焊缝交叉。

（5）焊接的组件设计应使得最大数量的焊缝能在加工制造阶段分别测试检漏，并能在进行最终装配以前矫正。

（6）焊接密封的允许最大漏气率（对于空气），在焊缝长度上约为 $10^{-7}Pa\cdot m^3/(s\cdot m)$。如果漏气率较高，应当将焊缝磨掉，直到露出母材，然后重新焊接。不要在原来产生漏气的地方进行二次焊接，因为补焊不但不易堵住漏孔，而且容易形成虚焊气孔，还容易产生应力使焊缝产生新的裂缝。

奥氏体不锈钢（如 1Cr18Ni9Ti 等）是超高真空系统中的常用材料，焊接通常采用氩弧焊。该类材料焊接时常遇到的主要问题是热状态下的开裂问题，所以在设计不锈钢焊缝时应考虑消除应力问题。

不锈钢焊缝附近不允许有镀铜层及银铜焊料的残余存在，但是对镀有镍层的不锈钢，经氩弧焊后的焊缝有较好的气密性和较高强度。用氩弧焊焊制不锈钢工件时，需要注意下列问题：

（1）接头形式和坡口尺寸应根据工件厚度和焊接工艺来确定。坡口加工应尽量采用机械加工工艺来完成。

（2）焊接前应将坡口、焊丝用丙酮或酒精擦洗，除去油污。

（3）为了减小焊接材料的加热量，在保证焊透的情况下，尽量采用小电流、大焊速、短弧施焊，并应避免焊条横向摆动。

（4）施焊场地温度不应低于0℃，并且无对流空气，以免影响氩气保护效果。

（5）多层焊时，每道焊缝焊完后，应仔细清除残渣及表面水锈，并冷至100℃以下再焊下一道。

不锈钢材料氩弧焊焊缝结构如表 3-3 所示。

表 3-3　不锈钢氩弧焊的焊接结构

焊接形式	结构图示	说　明
薄板对焊		适用于不锈钢薄板对接焊
薄壁管对焊		适用于管壁厚 2.5～4.5mm 的管道对接焊

焊接形式	结构图示	说　明
厚壁管对焊	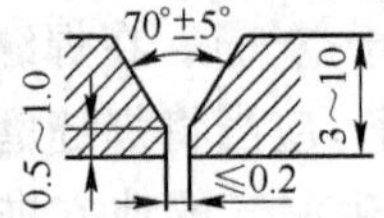	适用于管壁厚3~10mm的管道对接焊
厚板对焊		（见下表）
法兰-管道焊接	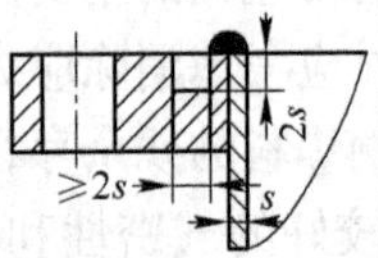	适用于通径500mm以下的法兰与管道的焊接
真空室法兰-室体焊接1	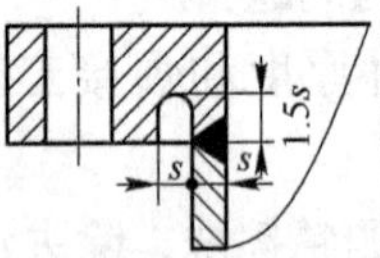	适用于通径2000mm以下的真空容器焊接，焊接时真空室体需要校正，室体与法兰均需要开坡口
真空室法兰-室体焊接2	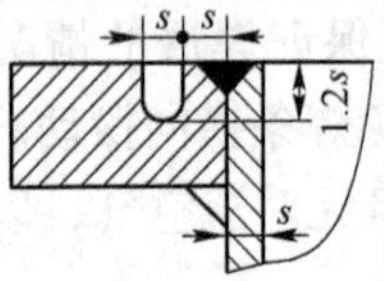	适用于大通径真空容器的法兰与室体的焊接，焊接时室体与法兰均需要开坡口，真空侧采用连续焊，大气侧采用断续焊
管道-厚平板焊接	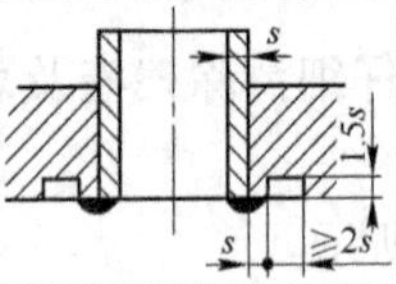	适用于薄壁管与厚壁板的焊接
真空室筒体-管道焊接	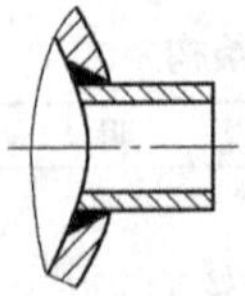	适用于真空室筒体与管道的焊接。筒体开坡口，焊缝在真空侧
管道-管道焊接	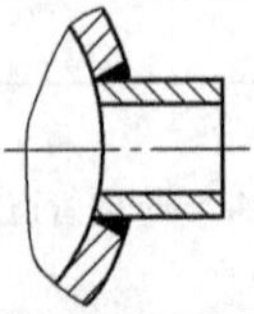	焊缝在大气侧

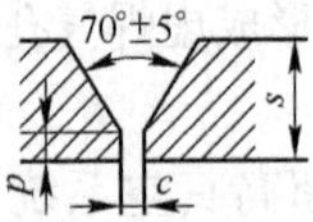

厚板对焊说明表：

s	3、4	5、6、7、8、9	10、11、12、13、14、15、16
c	1.5	2.0	2.5
p	1.0	1.5	

3.2.1.4 电子束焊接

A 电子束焊接原理及特点

电子束焊接的工作原理是：在 1.3×10^{-3} Pa 的高真空条件下，从电子枪中发射出来的电子在高电压（通常为 20~300kV）加速下，通过电磁透镜聚焦成高能量密度的电子束流。当电子束轰击工件时，电子的动能转化为热能，焊区的金属局部温度可以骤升到 6000℃ 以上，使工件材料局部快速熔融，然后迅速冷却以实现焊接的目的。

电子束焊接的特点为：（1）加热功率密度大。电子束功率为束流及其加速电压的乘积，功率可从几十千瓦到一百千瓦以上。电子束束斑（焦点）的功率可达 $10^6 \sim 10^8$ W/cm^2，比电弧功率密度约高 100~1000 倍。由于电子束功率密度大、加热集中、热效率高，所以可焊接一般电弧焊难以实现的焊缝，适用于焊接几乎所有的金属材料，适宜于难熔金属及热敏感性强的金属材料的焊接，尤其适合铝及铝合金材料的焊接。（2）焊缝的熔深熔宽比（深宽比）大。普通电弧焊的熔深熔宽比很难超过 2，而电子束焊接的比值可高达 20 以上，所以电子束焊可以利用大功率电子束对大厚度钢板进行不开坡口的单面焊，从而大大提高厚板焊接的技术经济指标。目前，电子束单面焊接钢板的最大厚度超过了 100mm，而对铝合金的电子束焊接，最大厚度已超过 300mm。（3）电子束焊接是在真空环境中进行的，熔池周围气氛的纯度高，焊缝的化学成分稳定且纯净，不存在焊缝金属的氧化污染问题，焊缝接头的强度高，焊缝质量好，所以特别适宜焊接化学活泼性强、纯度高和在熔化温度下极易被大气污染（发生氧化）的金属，如铝、钛、锆、钼、高强度钢、高合金钢以及不锈钢等。这种焊接方法还适用于高熔点金属，可进行钨-钨焊接。（4）电子束焊接速度快，热影响区小，焊接件热变形小，可对精加工后的零件进行焊接。（5）电子束焊接易于实现焊接工艺参数的精确控制，使焊接过程完全自动化。

由于电子束焊接是在真空工作室内用聚焦高能电子束（大于 10kV）把接头加热到熔化温度的焊接，加热区域非常集中，因此只能焊接真空室内放得下的零件。

电子束焊接主要用在以下方面：

（1）难熔金属的焊接，如对钨、钼等金属进行焊接，可在一定程度上解决此类材料焊接时产生的再结晶发脆问题。

（2）化学性质活泼材料的焊接，如对铌、锆、钛、铝、镁等金属及其合金进行焊接。

（3）耐热合金和各种不锈钢、镍基合金、弹簧钢、高速钢的焊接。

（4）对不同性质材料的焊接，如对钢与青铜、钢与硬质合金、钢与高速钢、金属与金属封接，以及对厚度相差悬殊零件的焊接。

B 电子束焊接工艺

真空电子束焊接由于在高纯度低压的气氛下进行，焦点尺寸小，能量密度集中，单道焊时可不开坡口，一般也不加填充材料，所以对焊接工艺提出如下特殊要求：

（1）电子束焦点必须正确对准焊接线，其偏差要求小于0.2~0.3mm。

（2）对接缝的间隙约为0.1mm的板厚，但不能超过0.2mm。

（3）焊前，焊缝附近必须进行严格的除锈和清洗，工件上不允许残留有机物质。

电子束焊接工艺的主要内容是：（1）选择合理的接头形式；（2）根据不同材料和工件选择不同的焊接规范。

电子束焊接的接头形式有对接、搭接和T形接（包括角接）等，具体接头形式如图3-2所示。

3.2.1.5 压力扩散焊接

压力焊是靠压力使需焊接材料的接触表面熔焊在一起，不用过渡金属。压力扩散焊接主要分电阻焊和扩散焊。

A 电阻焊

电阻焊是将金属被焊件组合后压紧于两铜电极之间，在焊接件相互压紧的情况下，对被焊工件通以大电流，利用高强度的电流流经工件接头的接触面及邻近区域所产生的电阻热效应将其加热到熔化或塑性状态，从而将被焊件结合的一种焊接方法。这种电阻焊通常称为点焊，广泛用于真空室内零件的焊接。特点是：焊接点牢固，没有污

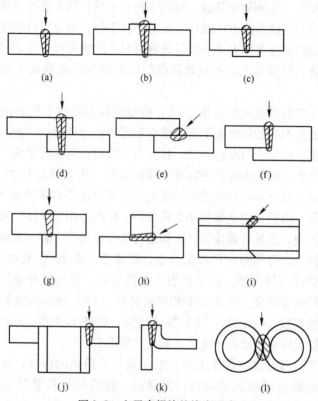

图 3-2　电子束焊接的接头形式

染，不影响真空系统达到超高真空状态。缝焊是点焊的发展形式，可用来焊接厚度小于2mm的迭片金属零件，而且接头很牢固。

B　真空扩散焊

a　真空扩散焊接原理与应用特点

真空（保护气体）扩散焊接技术是在一定的真空度条件下或保护气氛（氢、氩等）的保护下，将两个平整光洁的待焊接表面加热到一定的温度，在不加任何焊料或中间金属的情况下，在温度和压力的同时作用下，发生微观塑性流变后相互紧密接触，利用焊件接触表面的电子、原子或分子互相扩散转移，并且形成离子键、金属键或共价键，经一段时间保温，使焊接区的成分、组织均匀化，以达到完全的冶金连接过程。由此可见，扩散焊接主要是依靠焊接表面发生微观塑性流变后，达到紧密接触，使原子相互大量扩散而实现焊接的。它能够完成用其他焊接方法难以实现的焊接工作，而且还可以实现互不溶解、高熔点金属以及非金属等异种材料之间的焊接，使它们均能够获得优质的焊接接头。扩散焊接的焊面必须无氧化物和无油脂等污染物。

真空扩散焊接的特点是：（1）焊接过程是在完全没有液相或仅有极小过渡相参加的情况下形成接头后再经扩散处理的过程。焊缝成分和组织可以完全与基体一致，接头内不残留任何铸态组织，原始界面完全消失，因此能保持原有基金属的物理、化学和力学性能。（2）扩散焊由于基体不过热或熔化，因此几乎可以在不破坏被焊材料性能的情况下，焊接一切金属和非金属材料。特别适用于焊接一般焊接方法难以实现，或虽可焊接但性能和结构在焊接过程中容易受到严重破坏的材料，如弥散强化的高温合金、纤维强化的硼-铝复合材料等。（3）可焊接不同类型，甚至差别很大的材料，包括异种金属、金属与金属封接等冶金上完全互不相溶的材料。（4）可焊接结构复杂以及厚薄相差很大的工件。（5）加热均匀、焊件不变形、不产生残余应力，使工件保持较高精度的几何尺寸和形状。

真空扩散焊接的具体应用：铝合金与不锈钢的焊接；钛合金与95%氧化铝金属封接的封接；无氧铜、镀镍可伐及蒙乃尔合金与95%氧化铝金属封接和99.5%氧化铝的封接。

这些材料的主要特点是材料对氧的亲和力很大，并形成稳定致密的氧化膜，尤其是在高温状态下对气体具有很大的化学活泼性，晶体组织及性能容易发生变化。另外，它还具有很强的吸气现象，特别是对氧和氮更为严重等，这些特点是焊接钛合金时遇到的主要困难。

b　真空扩散焊接工艺

首先，对工件表面进行精细加工，经过预先研磨抛光，加工出合乎要求的表面粗糙度，然后将工件进行清洗。清洗的工序是为了除去材料表面的油脂、氧化膜及其他吸附层，因为这对获得优质的接头是最大的障碍，较好的清洗方法是将焊接工件在 HNO_2 - HF 溶液中进行酸洗，然后把清洗好的工件放入烘箱中烘烤。装配工件时必须使平整光滑的焊接面紧密贴合、定位、压紧、装配完毕后放入真空室内，当真空度达到所需要的数值时，焊接设备开始升温、加压，进行扩散焊接。

温度、压力、时间是真空扩散焊接的关键参数，这些参数对材料的性能和组织转变的动力学均有影响，因此必须根据不同焊接材料和对工件的要求合理选取，其中焊接温度是决定焊缝质量最有影响的因素。以钛合金（Ti-6%Al-4%V）材料的扩散焊接工艺过程为例，对于α-β型钛合金，它的温度要比β型钛合金的转变温度约低42~56℃，Ti-6%Al-4%V钛合金最佳的扩散焊接温度为927~945℃（β型钛合金的转变温度为996℃）。真空扩散焊接时，应注意对材料的过热度不能太大，否则会因晶粒长大而使接头的强度和塑性降低。压力应根据工件表面不同的粗糙度来选取，一般选择4.9~9.8MPa。焊接时间要根据焊接材料扩散系数的大小、表面状态、力学性能以及温度和压力的数值来确定。

扩散焊接时的工作真空度同样是一个重要的工艺参数。试验结果表明，虽然钛对氧的亲和力很大，但是在13.3Pa的真空度条件下就能得到光洁的焊接表面。为了获得优质高性能的焊接接头，焊接工作真空度保持在10^{-1}Pa以上比较合适。

3.2.1.6 真空钎焊

真空钎焊是在真空环境中将温度升至钎料的熔化温度，由高温液态焊料在毛细力作用下填满被焊接的固态基金属（钎焊金属或简称基金属）之间的间隙，而使被钎焊的金属达到结合的一种热连接工艺方法。具体工艺是先把被钎焊的零件用夹具夹持在一起，接头周围加上钎焊焊料，然后在真空炉内加热使焊料熔化流散于缝隙内，利用液相钎料与母材之间的扩散以及钎料的凝固使被钎焊的金属件结合在一起。

A 真空钎焊特点与应用

真空钎焊与其他焊接方法相比，具有以下优点：

（1）在全部钎焊过程中，被钎焊零件处于真空条件下（10~10^{-2}Pa范围），不会出现氧化、增碳、脱碳及污染变质等现象，在真空环境中，能够排除被焊接件在钎焊温度下释放出来的挥发性气体和杂质，可以得到光洁度很好的接头，而且焊接接头的清洁度好、强度较高。

（2）钎焊时，钎焊温度低于基体金属的熔点，对基材影响小，零件整体受热均匀，热应力小，可将变形量控制到最小限度，特别适宜于精密产品的钎焊。

（3）因不用钎焊剂，所以不会出现气孔、夹杂等缺陷，提高了基体金属的抗腐蚀性，避免了污染，可以省掉焊接后清洗残余焊剂的工序，改善了劳动条件，对环境无污染。

（4）可将零件热处理工序在钎焊工艺过程中同时完成。选择适当的钎焊工艺参数，还可将钎焊安排为最终工序，而得到性能符合设计要求的钎焊接头。

（5）可一次钎焊多道邻近的焊缝，或同炉钎焊多个组件，同时完成多个零件的连接，并可连接不同的金属，焊接效率高。

（6）可钎焊的基本金属种类多，可以钎焊用一般方法难以连接的材料和结构，特别适宜钎焊铝及铝合金、钛及钛合金、不锈钢、高温合金等，也适宜于钛、锆、铌、钼、钨、钽等同种或异种金属的钎焊连接。对于难熔金属的连接，真空钎焊是产生无疵接头的最佳方法之一。真空钎焊也适用于复合材料、金属封接、石墨、玻璃、金刚石等材料。

（7）由于钎焊钎料的湿润性和流动性良好，可以钎焊带有狭窄沟槽、极小过渡台、盲孔的部件和封闭容器、形状复杂的零部件，而且无需考虑由钎焊剂等引起的腐蚀、清洗、破坏等问题。

真空钎焊的缺点在于：

（1）在真空条件下金属易挥发，因此对含易挥发元素的基本金属和钎料不宜使用真空钎焊。如确需使用，应采用相应比较复杂的工艺措施。

（2）真空钎焊对钎焊前零件表面粗糙度、装配质量、配合公差等的影响比较敏感，对工作环境要求高。

B　真空钎焊接头的结构形式

通常在真空钎焊工艺中采用两种接头形式：搭接接头和对接接头。此外，具有 T 形接头和角接特点的钎焊接头，可以作为对接接头来处理。

a 搭接接头

搭接接头是钎焊连接的基本接头形式。在搭接接头中，可借助于搭接面积的改变，使接头的强度与较弱部件的强度相等，即使使用较低强度的钎料，或者在接头中存在少量缺陷时也是如此。通常搭接部分至少要3倍于较弱部件的厚度才能获得最大的接头效率。图3-3所示为低应力状态下的搭接接头。图3-4所示为高应力状态下的搭接接头，零件接头处的圆弧可使载荷均匀分配到基体金属中去，以避免出现应力集中现象。

搭接接头能够获得最大的接头效率，而且它的装配要求也相对地较为简单，容易制造。但是搭接接头形式也存在明显的缺点，一方面，增加了基材的消耗，增大了结构重量；另一方面，接头截面有突然变化，容易产生应力集中现象。

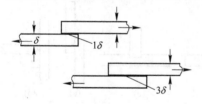

图3-3 低应力搭接接头

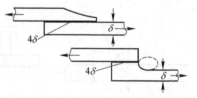

图3-4 高应力搭接接头

b 对接接头

对接接头具有均匀的受力状态，并能节省材料、减轻结构重量，成为熔焊连接的基本接头形式。但在钎焊连接中，过去由于钎料等原因，使对接接头常不能保证与焊件有相等的承载能力；加之装配时保持接头的对中和焊缝间隙的尺寸精度均较困难，故一般不推荐使用。现在，由于真空钎焊的发展，有些钎料的强度可以与基材强度相当，因此对接接头形式也时有采用。

一般地，对接接头多用于低应力状态。要求在高应力状态使用时，通过增设肋板补强，也可以设计成如图3-5所示的接头，大幅度增大对接面积，以提高强度；也可以采用分散钎缝应力的方法，在两侧增加肋板，改善在动载荷条件下的承载能力，如图3-6所示。另外，在钎料、钎焊间隙、钎焊方法及工艺过程一定的条件下，为获得高强度接头，也可以设计成如图 3-7 所示的斜对接形式，增大钎焊面积而不增加接头厚度，但这种形式不适于薄板结构。

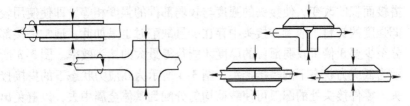

图 3-5   高应力状态使用的对接接头   图 3-6   对接接头用肋板补强

　c   其他形式接头

板状零件的接头形式见图 3-8；棒状零件钎焊结构见图 3-9；管状零件钎焊结构见图 3-10。

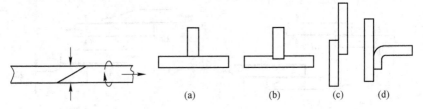

图 3-7   斜对接接头   图 3-8   板状零件钎焊结构
　　　　　　　　　　　（a）不受力、不密封结构；（b）~（d）受力结构

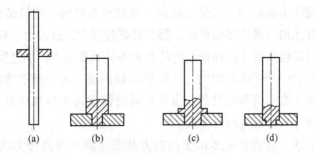

图 3-9   棒状零件钎焊结构
（a）不受力、不气体密封结构；（b）~（d）受力、气体密封结构

薄壁管和法兰的钎焊结构如图 3-11 所示，其中图 3-11（a）、

（b）为单边焊料槽的钎焊结构形式，加工简单，但焊料流失的可能性大；图3-11（c）为双边焊料槽，加工较复杂，但焊料不易流失；图3-11（d）、（e）为较高强度的钎焊结构形式。

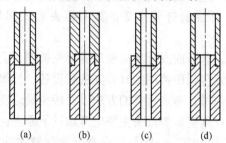

图 3-10　管状零件钎焊结构

（a）不易达到真空密封；（b）~（d）可靠的连接形式

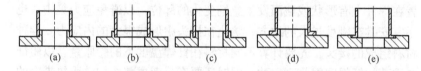

图 3-11　薄壁管和法兰的钎焊结构

在图3-12所示的接头结构形式中，图3-12（a）为薄边叠合结构；图3-12（b）为螺纹连接的钎焊结构；图3-12（c）为具有盲孔的接头形式。可在工件上加工气孔，用来防止焊接时因受盲孔内的气压增高而阻碍焊料填满焊缝。

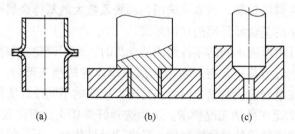

图 3-12　其他形式的钎焊结构

C　真空钎焊接头设计的依据和原则

钎焊接头是钎焊结构中的关键因素，它与钎焊结构的性能和安全等方面有着直接的关系。与被连接零件具有相等的承受外力的能力是任何钎焊接头必须满足的基本要求。接头的承载能力与许多因素有关，如接头形式、选用的钎料的强度、钎缝间隙值、钎料和基材间相互作用的程度、钎缝的钎着率等，其中接头形式起着相当重要的作用。

　　真空钎焊时，选择或设计所需使用的接头类型，会受到多种因素的影响。这些因素包括所使用的钎焊方法和设备、钎焊前零件的制造技术、钎焊件的数量、施加钎料的方法以及接头最终使用的要求等。

　　一般地，设计真空钎焊接头主要应考虑以下原则：

　　（1）防止应力集中。一般基材本身能承受较大的应力和动载负荷，因此，一个优良的钎焊件设计总是不使接头边缘处产生任何过大的应力集中，而应设法将应力转移到基材上去。为此，不应把接头布置在焊件上有形状或截面发生急剧变化的部位，以避免应力集中；也不宜安排在刚度过大的地方，防止在接头中形成很大的内应力。异种材料组成的接头，先要计算不同材料在钎焊温度下的膨胀量，以验证与推荐的钎焊间隙是否一致，同时还要充分考虑整个构件受热带来的不利因素。一般把热膨胀系数较大的材料设计在内部，热膨胀系数较小的材料设计在外部，以保证较小的钎焊间隙。如果二者的热膨胀系数相差很悬殊，则在接头中将引起较大的内应力，甚至导致开裂破坏。这时，在设计中应考虑采用适当的补偿垫片，借助它们在冷却过程中产生的塑性变形来消除应力。焊缝部位在冷却后希望获得压应力，以避免焊缝拉裂。通常均选用热膨胀系数大的基体金属围绕在热膨胀系数小的基金属外部的结构形式。

　　在设计由厚度不同的零件组成的接头时，为了避免在载荷作用下接头处发生应力集中，有时考虑局部加厚薄件的接头部分。图 3-13 中列举了在承受箭头所示方向的载荷时，接头的不同设计实例。

　　（2）满足工件的工况要求。正确选择钎焊接头及钎焊面的结构，以保证真空零部件的气体密封性、导电性及导热性。不同的构件有不同的使用要求和工况条件，设计接头时必须对具体情况采取相应的措施。

　　对于要求承压密封的钎焊接头，只要可能的话，都应采用搭接形

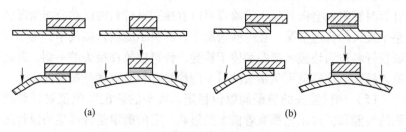

图 3-13 不同厚度零件的接头设计实例

(a) 不正确；(b) 正确

式的接头，因为这种接头形式具有较大的钎焊面积，发生漏泄的可能性比较小。图 3-14 所示为几种承压密封容器的典型钎焊接头。

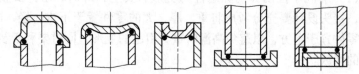

图 3-14 承压密封容器的典型钎焊接头

在导电接头的设计中，需考虑的主要因素是导电性。正确的接头设计不应使电路的电阻明显增大。

（3）有利于钎料的合理放置。真空钎焊中的钎料是预先放置的，设计接头时，应考虑钎料的装填方式和位置，限制焊料的流失及使焊料充满焊缝。需要在接头基材上开槽预置钎料，槽应开在截面较厚的零件上或易加工钎料槽的零件上，如图 3-15 所示。

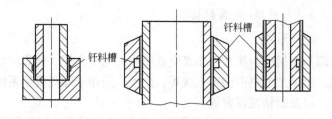

图 3-15 开钎料槽示意图

（4）便于检验。设计接头时应考虑将钎料安放在组件的内侧，钎焊时钎料就会向外流，检验者可以直接观察钎料的流动分布情况和整个接头的钎透情况。在一些情况下，钎料不能放入接头中，为了保证使钎料适当地流入接头和便于检验，钎料应放在接头的一侧，并能流入接头，这样就可从接头的另一侧检验钎料的流动分布情况。

（5）确保接头的装配间隙值稳定。接头的装配间隙值对钎焊接头的性能和钎焊工艺都有着极大的影响，它的确定是钎焊接头设计的一个重要内容。

（6）便于组件的定位及夹持。零件装炉准备钎焊时，要求零件彼此之间应能保持正确的相对位置；接头设计时，在不影响组件结构性能的前提下，尽可能为组件自重定位和装配设计凸台、凹槽及工艺台阶等。

（7）有利于控制和消除组件的变形。真空钎焊时，组件要整体受热，接头设计要充分考虑将重、厚、大的零件置于下方；轻、薄、小的零件置于上方，以避免高温时重力引起的变形，同时要利于装配应力的释放。

3.2.2　真空封接

真空封接工艺常用于某些真空室、真空炉体、真空规的各种电极、引线等零部件的金属材料与玻璃、金属封接等非金属材料之间的密封连接以及非金属材料之间的密封连接。为了使封接件工作可靠，真空封接应满足以下要求：（1）封接处的真空密封性好；（2）封接部位应有一定的机械强度；（3）封接的电引入线与封接基座之间有一定的电绝缘强度；（4）封接部位应耐高温（电极加热、引线发热等）及能耐450℃的除气烘烤。

3.2.2.1　玻璃-金属封接

A　封接形式

玻璃与金属的封接常用于真空系统中的电引入线，如真空规管的引入线、测温用的热电偶引入线等。此外，还用于超高真空系统中封接规管，以及封接观察窗等。

常用的玻璃-金属封接的类型有：（1）匹配封接；（2）不匹配封接；（3）过渡封接。具体如图3-16所示。

匹配封接是指玻璃与金属的线膨胀系数在一定温度范围内是相近

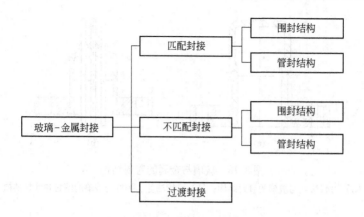

图3-16 常用的玻璃-金属封接类型

的（差值小于10%）。不匹配封接时，玻璃与金属的线膨胀系数差值较大（差值大于10%）。当玻璃与金属的线膨胀系数相差很大时，可采用线膨胀系数介于玻璃与金属之间的一种或几种玻璃进行过渡封接。

封接从结构上可分为围封结构和管封结构。围封结构是指封接金属杆的四周是用玻璃包围起来的结构，如真空规管引线等，见图3-17。常用的管封结构是金属圆管和玻璃圆管的对接结构，如可伐法兰接头与玻璃管的封接，见图3-18。

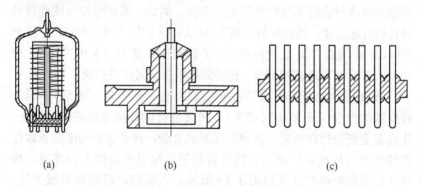

     (a)   (b)   (c)

图3-17 玻璃与金属的围封结构

（a）B-A规引线的围封结构；（b）振动薄膜规上盖的围封结构；（c）多头引线围封结构

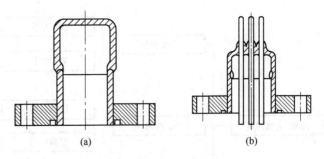

图 3-18　玻璃与金属的管封结构

（a）可伐法兰与玻璃的管封结构；（b）可伐法兰、钼杆与玻璃的围封和管封结构

B　封接材料与接头形式

玻璃-金属真空密封接头对膨胀系数匹配的要求，决定于接头形状、金属的塑性以及退火方法等。玻璃与金属间的封接质量决定于金属氧化物层。金属氧化物溶解在玻璃内并对金属产生很强的黏附作用。氧化物层有些是在封接过程中产生的，有些则是在封接前预先氧化处理形成的。匹配封接要求玻璃和金属间的膨胀系数值相近，设计时应仔细检查从室温到玻璃软化温度整个区域内的膨胀特性曲线。

玻璃直到退火温度，其膨胀曲线近似是直线，然后明显增大。纯金属的热膨胀特性曲线在同样温度范围内几乎是线性的，而且在更高温度时并不明显增大。在对玻璃的膨胀特性作比较后发现，有几种金属能和玻璃封接而不会产生很大的应变。例如，钨和钼能与硼硅玻璃进行较好地封接。钨的膨胀系数是 $44.5 \times 10^{-7} \, ℃^{-1}$（$0 \sim 500℃$），能和 DW-211 玻璃或 7720 玻璃封接。钼的膨胀系数是 $54.4 \times 10^{-7} \, ℃^{-1}$，能和 DM-305 或 7052 玻璃封接。这种封接限于金属丝或引线。

玻璃-金属匹配封接常用的封接材料有：铁合金（镍钢），通过改变镍的含量（从 35% 到 65%），可使合金的膨胀系数连续地变化，这样便能获得恰好与真空玻璃相匹配的合金。这些合金的膨胀系数在磁转变点（居里点）增大，这更有利于匹配退火温度下的玻璃。典型合金的膨胀特性曲线如图 3-19 所示。当镍钢内镍的含量减少时，其膨胀系数变小，居里点也降低。若要居里点高于 400℃，镍含量就必须大于 44%，此时膨胀系数大于 $70 \times 10^{-7} \, ℃^{-1}$，这只能与软玻璃封接。例如，50% Ni-50% Fe 合金，膨胀系数约 90×10^{-7}℃$^{-1}$，居里点约 500℃，能和 DB-401 玻璃或 0120 玻璃匹配封接。

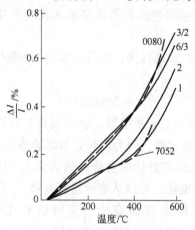

图中铁镍钴合金	成分组成/%				匹配玻璃	
	Fe	Ni	Co	Cu		
1	54	29	17		DM-305	7052
2	58	42				
3/2	49	47		5	DB-401	0080
6/3	50	50			DB-401	

图 3-19 几种玻璃封接合金的膨胀系数-温度曲线

可伐（Kovar）合金是在镍钢中添加钴，或者用钴部分地代替镍，使居里点升高，但基本上不影响膨胀系数，这种合金可用来和硬玻璃封接。其基本组成是 54% Fe、29% Ni 和 17% Co，膨胀系数约 50×10^{-7}℃$^{-1}$，居里点约 435℃，能和 DM-346 或 7052 玻璃匹配封接。可伐封接前在湿氢气炉内加热到 900℃ 处理 1h，或 1000℃ 处理 30min，封接时在空气中加热到 850℃，使其表面氧化，然后靠压力使它与加热到同样温度的玻璃封接在一起，真空密封接头应是灰白色。可伐接头允许烘烤到450℃，但是必须注意接头的正常工作温度应低于200℃。为了改善接头的真空密封性，可在合金中添加少量铬（0.8%~6%），封接时生成的氧化铬溶入玻璃内并牢固地黏附于合金表面。

若可伐管一端与玻璃封接，而另一端与不锈钢熔焊，则防止玻璃应变的最小长度为：

$$L = 3.5(rh)^{1/2}$$

式中，r 是可伐管半径；h 是壁厚。在超高真空系统中，可伐合金制作的壳体部分应尽量少些，因为氢对它的渗透率较大。

其他适于与软玻璃封接的合金是铬含量为23%~28%的铬钢，这种材料不会过分氧化，可以从容地进行封接，而且由于材料很硬，可以把引线直接插入到插座内。铬钢的膨胀系数约为108 × 10^{-7}℃$^{-1}$，能与 DB-494 或 8160 玻璃封接。

无氧铜和不锈钢的膨胀系数约为 160×10^{-7}℃$^{-1}$，与各种真空玻璃的膨胀系数相差较大。无氧铜和不锈钢的封接是一种非匹配封接，可以采用把金属管端加工成薄刀刃形状的薄边封接技术来制成真空接头，利用刀边的弹性变形使玻璃中的应力不超过其抗拉强度。铜管在封接端车削成极薄的刀刃，其斜度约5°。封接前铜在800℃下进行烧氢处理，然后在空气中加热到红色，在浓四硼酸钠溶液内淬火作硼酸处理。铜和玻璃在空气中加热到1000℃左右（暗橙色）使之粘在一起，密封接头呈深红色，然后退火，退火后进行化学清洗除去过剩的氧化铜。封接玻璃通常选用软玻璃。

不锈钢 0Cr18Ni9 或 1Cr18Ni9Ti 等无磁性高强度材料的管子，在封接端部应车削成如图 3-20 所示的刀刃形状，可以和 DM-305 或 7052 玻璃进行封接。不锈钢在车削刀刃时应先烧干氢，温度约1065℃，保温 15min，彻底消除应力。封接前烧湿氢处理，温度约800℃，使表面氧化生成氧化铬层。

另外，可将软金属铟或金垫片插到不匹配的玻璃和金属之间，进行加热加压使之实现封接，使用温度应低于玻璃的软化点。封接前要求将封接面抛光得很平而且非常清洁。

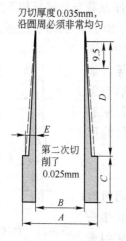

刀切厚度 0.035mm，
沿圆周必须非常均匀

第二次切削了
0.025mm

图中尺寸/mm	结构1	结构2
A	31.75	44.45
B	29.72	41.28
C	10.16	76.2
D	19.05	25.4
E	0.30	0.30

图 3-20 不锈钢刀刃的结构尺寸

C 封接方法与工艺

在封接进行前，金属件必须要彻底除气，否则在接头的玻璃内会出现气泡，造成接头漏气。

a 围封封接

围封封接结构为钨杆、钼杆、可伐杆等与线膨胀系数相近的玻璃进行封接的结构。封接前需将玻璃和金属杆进行清洗，最好经过烧氢退火处理，以去除应力和表面脱碳。

为了保证封接质量，在封接时一般先在金属杆的封接部位烧上玻璃珠使封接较容易进行并可避免引线过度氧化。其过程是：将内径略大于金属杆直径的玻璃套管切成适当的长度，先用煤气加氧气的氧化火焰均匀地烧金属杆，待金属杆上形成一层适当厚度的氧化层后，再将玻璃套管套在金属杆上，用氧化火焰从玻璃管的一端向另外一端均匀地烧，使玻璃管贴在金属杆上。此时钨杆呈金黄色，钼杆呈浅褐色，可伐杆呈鼠灰色，无氧铜杆则呈砖红色。如果金属杆过氧化或氧化不足，则封接后的金属杆发白、发黑或呈金属本色，而不能保持气密性。

烧好玻璃珠的金属杆可再与玻璃封接成单头或多头引线。若引出线的数目特别多则可采用烧结法，即将膨胀系数与金属杆相匹配的玻璃磨成粉末，用0.122~0.104mm（120~150目）的筛子过筛，所得的细粉填入预先插有引出线的石墨模子中，连同模子放进马弗炉中（也可采用高频炉等）加热，在800~900℃下维持5~10min，然后自然冷却即成。用烧结法制成的多头引出线粉末芯柱同样具有良好的气密性，其具体封接结构形式参见图3-17（c）。

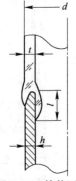

图3-21　管状匹配封接接头结构

b　管状封接

最常见的管状匹配封接是可伐管与钼组玻璃管（DM-305、DM-308 等）的封接，其接头结构形式见图3-21）；或可伐法兰接头与钼组玻璃管（DM-305、DM-308 等）的封接（其封接结构形式见图3-18）。

这类封接的玻璃管直径与金属管的壁厚、玻璃管壁厚和贴边长度之间都有一定的关系，详见表3-4。

表3-4　管状匹配封接的尺寸要求

玻璃管直径 d/mm	金属管壁厚 h/mm	玻璃管壁厚 t/mm	贴边长度 l/mm
5~8	0.4~0.6	0.6~1.0	1.0~1.5
8~15	0.6~1.0	1.0~1.5	1.5~2.5
15~30	1.0~1.5	1.5~2.2	2.5~3.0
30~70	1.5~2.0	2.2~3.0	3.0~4.0
70 以上	2.0~2.5	3.0~4.0	4.0~6.0

最常用的管状不匹配封接结构是无氧铜管（线膨胀系数为 16.8×10^{-6}）与玻璃管（线膨胀系数为 $4 \times 10^{-6} \sim 11 \times 10^{-6}$）的封接。为了减少由二者线膨胀系数的差别所引起的玻璃管的应力，无氧铜管的封接边缘应做成刃口形，其封接接头结构见图3-22。

玻璃与刃口内侧的贴边长度应大于外面的贴边长度。金属管直径 D 与刃口长度 L、外面贴边长度 l_1 之间的关系参见表3-5。

表 3-5 管状不匹配封接的尺寸要求

D/mm	< 10	10 ~ 15	15 ~ 25	25 ~ 60	> 60
L/mm	$(1.5 ~ 1.8)D$	$(1 ~ 1.5)D$	$(0.8 ~ 1.0)D$	$(0.5 ~ 0.8)D$	$(0.3 ~ 0.5)D$
l_1/mm	1 ~ 1.5	2 ~ 2.5	2 ~ 3.0	2.5 ~ 4.0	3.5 ~ 5.0

注：刃口厚度 $h = 0.04 ~ 0.06mm$，$\phi = 2° ~ 3°30'$，刃口的表面粗糙度为 $1.6 ~ 0.8$。

直径较小的金属管与玻璃管的封接可采用手工封接，对于直径较大的工件则需在玻璃车床上进行封接。管状封接的工艺与围封类似：首先用氧-煤气火焰中的氧化焰将金属管适当地氧化，然后套上玻璃管加热，使玻璃熔化贴到金属壁上，同时用石墨铲压、刮玻璃，得到一定形状的接头，再用火焰加热，适当吹气，使玻璃良好成型，最后用软火焰（温度较低的火焰）退火，在封接无氧铜管时，先用氧化焰加热铜管的封接边缘使之氧化，氧化层正常时表面应为砖红色（氧化亚铜），然后再与玻璃管进行封接。

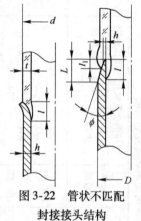

图 3-22 管状不匹配封接接头结构

封接可伐时，若没有烧氢的条件，也可将工件固定在玻璃车床上，用氧化焰将工件烧到发白，达到去气和去除表面杂质的目的，冷却后再用细砂纸将表面打光，用丙酮或无水乙醇将表面擦拭干净，即可进行封接。能与玻璃封接的金属和合金的性能见表3-6。

3.2.2.2 金属封接-金属封接

金属封接-金属封接件制造简单、使用可靠，而且在高温下有良好的密封性和电绝缘性能，作为电引入线广泛应用于高真空及超高真空系统中。

A 金属封接-金属封接结构形式

常用的几种采用过渡封接工艺的金属封接-金属引出电极结构见图3-23；图3-24所示为一种真空低压电极的可伐管-金属封接结构；图3-25所示为真空高压电极的金属封接-金属封接结构。金属封接-金属封接的基本形式及特点见表3-7。

表 3-6 适于玻璃封接的金属和合金的性能

金属	熔点/℃	平均线膨胀系数/℃⁻¹	热传导系数/W·(m·℃)⁻¹	最高工作温度/℃		相匹配的玻璃	封接前金属氧化物及其性能			封接中氧化膜成分	封接后的颜色
				真空中	空气中		成分	熔点/℃	线膨胀系数/℃⁻¹		
W	3410	44.4×10^{-7} (30℃) 51.9×10^{-7} (1030℃) 72.6×10^{-7} (2030℃)	129.79 (20℃) 117.23 (827℃) 100.48 (1727℃)	2560	300	DW-211 DW-216 DW-270 DW-203 DW-217	WO_3 WO_2 W_4O_{11} 钨酸钠	1475	108×10^{-7} 107×10^{-7}	WO_3, WO_2 或中间氧化物 如 W_4O_{11} 在几种封接中形成钨青铜	从金黄到浅黄褐色
Mo	2622	$(53\sim57)\times10^{-7}$ (20~400℃) $(58\sim62)\times10^{-7}$ (20~700℃) 72×10^{-7} (20~2127℃)	159.10(20℃) 108.86(1473℃) 71.18(2173℃)	1700	200	DM-305 DM-308 DM-346	MoO_3 MoO_2	790	83×10^{-7}	MoO_2	浅褐色
4J29 可伐 (Ni29Co18Fe)	1450	$(45\sim55)\times10^{-7}$ (20~300℃) $(44\sim52)\times10^{-7}$ (20~400℃) $(56\sim64)\times10^{-7}$ (20~500℃)	19.26 (20℃)	1000	600	DM-305 DM-308 DM-346	Fe_3O_4	—	54×10^{-7}	主要是 Fe_3O_4, 但在带金属光泽的封接中不出现	鼠灰色

金属	熔点/℃	平均线膨胀系数/℃⁻¹	热传导系数/W·(m·℃)⁻¹	最高工作温度/℃		相匹配的玻璃	封接前金属氧化物及其性能			封接中氧化膜成分	封接后的颜色
				真空中	空气中		成分	熔点/℃	线膨胀系数/℃⁻¹		
4J8 低钴可伐 (Ni36Co8Fe)	—	$(4.2 \sim 5.6) \times 10^{-7}$ (20~300℃) $(4.6 \sim 5.8) \times 10^{-7}$ (20~400℃) $(6.4 \sim 7.0) \times 10^{-7}$ (20~500℃)	—	—	—	DM-305 DM-308 DM-346	—	—	—	主要是 Fe_3O_4，但在带金属光泽的封接中不出现	鼠灰色
杜美丝 (Fe58Ni42合金杆上镀铜)	—	径向 92×10^{-7} 纵向 65×10^{-7} (20~350℃)	167.47 (20℃)	400	150	DB-402 DB-404	CuO Cu_2O	1820 1235	100×10^{-7} 25×10^{-7}	Cu_2O	砖红色
高铬钢 (Cr26Fe74)	约 1480	108×10^{-7} (20~100℃)	20.93 (20℃)	1000	1000	DB-402 DB-404	$Cr_2O_3 + Fe_2O_3$ 之混合物	—	从 $(82 \sim 100) \times 10^{-7}$ 或 从 $(54 \sim 100) \times 10^{-7}$ 视成分而定	绿色封接件中灰色 同封接前 Fe_2O_3，封接件中成为 Fe_3O_4	浅绿色或灰色

续表 3-6

金属	熔点/℃	平均线膨胀系数/℃⁻¹	热传导系数/W·(m·℃)⁻¹	最高工作温度/℃ 真空中	最高工作温度/℃ 空气中	相匹配的玻璃	封接前金属氧化物及其性能 成分	封接前金属氧化物及其性能 熔点/℃	封接前金属氧化物及其性能 线膨胀系数/℃⁻¹	封接中氧化膜成分	封接后的颜色
铁镍合金 (Ni50Fe50)	约 1456	$92×10^{-7}$ (20~100℃)	10.47 (20℃)	1000	600	DB-402 DB-404	主要是 Fe_2O_3，也有 $FeO·Fe_2O_3$ + $NiO·Fe_2O_3$	—	—	主要为 Fe_3O_4	灰色覆铜后为红色
铁镍铬合金 (Ni42CrFe)	—	$69×10^{-7}$ (20~100℃) $72×10^{-7}$ (20~200℃) $83×10^{-7}$ (20~300℃) $101×10^{-7}$ (20~400℃) $114×10^{-7}$ (20~500℃)	13.82 (20℃)	700	—	DB-402 DB-404	$FeO·Fe_2O_3$ + $NiO·Fe_2O_3$ + $NiO·Cr_2O_3$ 复合尖晶石	—	$(54~62)×10^{-7}$ 视成分而定	主要为 Fe_3O_4 + Cr_2O_3	灰色

金属	熔点/℃	平均线膨胀系数/℃⁻¹	热传导系数/W·(m·℃)⁻¹	最高工作温度/℃ 真空中	最高工作温度/℃ 空气中	相匹配的玻璃	封接前金属氧化物及其性能 成分	封接前金属氧化物及其性能 熔点/℃	封接前金属氧化物及其性能 线膨胀系数/℃⁻¹	封接中氧化膜成分	封接后的颜色
Cu	1083	165×10^{-7} (20~100℃) 177×10^{-7} (20~300℃) 186×10^{-7} (20~500℃) 193×10^{-7} (20~800℃)	393.98 (20℃) 376.81 (100℃) 351.69 (700℃)	500	200	不匹配封接				Cu_2O	砖红色
Fe	1532	125×10^{-7} (20~100℃) 131×10^{-7} (20~300℃) 140×10^{-7} (20~500℃) 145×10^{-7} (20~700℃)	72.85 (20℃) 29.73 (800℃)			DG-502 或不匹配封接				主要为 Fe_3O_4	灰色
Ti	1690	82×10^{-7} (20~300℃)	0.0407 (20℃)	—		DB-402 DB-404	—	—	—	—	—

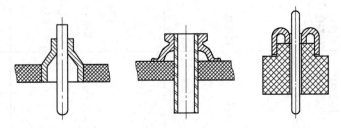

图 3-23 几种金属封接-金属过渡封接电极引线结构

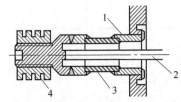

图 3-24 可伐管-金属封接低压封接电极结构

1—可伐管；2—接线柱；3—金属封接管；4—散热片

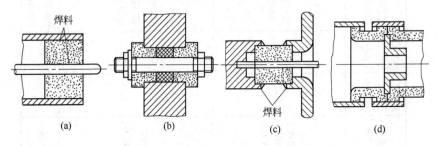

图 3-25 金属封接-金属封接高压电极结构

表 3-7 金属封接-金属封接的基本形式及特点

基本形式	说　明	封接结构类别	特　点	结构图示
平封	金属封接环、片的端面与金属件平面之间的封接的封接	单面封接	具有较大的封接应力，热冲击性差，机械强度低，要求金属封接与金属的线膨胀系数接近或用薄壁金属件	
		夹封	可减少封接应力，可封接失配较大的金属封接与金属件	

基本形式	说　明	封接结构类别	特　点	结构图示
套封	金属圆筒与金属封接环或片相互套起来封接。强度高，耐热性好。金属和瓷件加工精度要求高，瓷件内（或外）圆面需研磨加工	外套封	金属封接件承受压力状态，可靠性高，耐热冲击性能好，机械强度高，能封接失配较大的材料	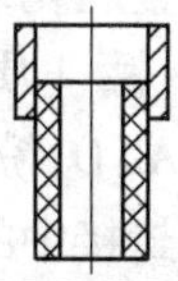
		内套封	封接应力大，多数情况下金属封接受拉应力，耐热冲击性差，强度低。宜选用线膨胀系数比金属封接小的或接近的金属材料封接	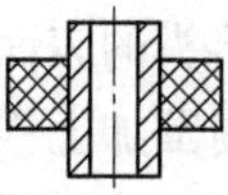
针封	实体金属针封于金属封接孔中	直接针封	与内套封相似，封接应力大，耐热冲击性差。适于细丝（细丝的直径不大于 1mm）、线膨胀系数比金属封接小或接近的金属材料封接	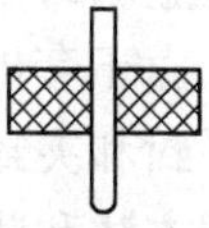
		过渡针封	封接可靠性强，与金属封接失配较大的金属针也能封接	

B　金属封接-金属封接方法与材料

金属封接-金属封接方法主要有以下几种：（1）烧结金属粉末法，包括活性 Mo-Mn 法、Mo-Fe 法等；（2）活性金属法，包括 Ti-Ag-Cu 法、Ti-Ni 法、Ti-Cu 法、Ti-Ag 法等；（3）蒸镀金属化、溅射金属化、离子涂覆等气相沉积工艺；（4）其他封接方法，主要包括氧化物焊料法、扩散钎焊和电子束焊等。

烧结金属粉末法是用悬浮在有机载体（硝棉）中的钨、钼、铁、镍粉或 Mo-Mn 粉末混合物对金属封接的封接部位进行刷涂，然后刷涂的涂层在氢气气氛中，1300～1600℃的高温下烧结到金属封接上，使金属封接金属化。这种烧结到金属封接上的涂层具有导电性，然后在涂层上电镀厚 30～50μm 的镍、铬或铜，这样会使金属封接的钎焊变得像金属钎焊一样，即与金属零件钎焊。使用的钎料可根据工件需要选定，但是钎焊温度不宜过高，否则会破坏镀层，通常在 900℃

以下进行钎焊。为了提高金属对金属封接的黏附力，通常应在上述粉末内混入锰粉。不同金属封接金属化的配方是不相同的。对于滑石瓷，金属化采用钼-铁（质量比 50:1）；对于 75 瓷和镁橄榄石瓷，采用钼-锰（质量比 4:1）；对于 95 瓷，采用 70% Mo 粉、9% Mn 粉、12% Al_2O_3 粉、8% SiO_2 粉和 1% CaO 粉的配方。在烧结时锰氧化并和金属封接中的 SiO_2 形成低熔相，钼粉粒弥漫于其中形成牢固的黏结。

常用的活性金属法是将钛或锆的氢化物膏涂覆于需钎焊的金属封接接头的表面，然后将该金属封接件与可伐或铜零件进行组装，在接头周围加上银铜焊料后，在真空环境中加热到 800～900℃ 左右进行钎焊，这时氢化物分解生成的活性金属钛或锆溶入到银铜合金液中，并与金属封接充分地接触并发生反应牢固地黏附在金属封接上形成封接。由于套封结构在装配时容易将钛刮掉，所以活性金属法大多用于平封和夹封结构。如果套封结构采用活性金属法，需要采取合理的装配方法和装配结构，例如将封接面设计成锥形等。

在金属封接表面用真空溅射沉积铂涂层能有效地促进钎料的润湿。例如在金属封接零件表面采用真空溅射方法沉积 5μm 的铂涂层，用纯银钎料在 1070℃ 下进行钎焊，钎焊保温时间为 5min，能够获得完整接头，但这种接头抗热冲击性能较差。

对于氧化铝、氧化锆、氧化铍、硅酸铝金属封接等，可在其表面喷镀一层镍或钼，选用铌基、铜基或金基钎料进行真空钎焊，获得的接头强度较高。

金属封接进行金属化预处理后获得的金属封接钎焊接头能承受 1000℃ 的温度。高纯氧化铝金属封接很难金属化，但使用熔点约 1200℃ 的 $Al_2O_3 \cdot CaO \cdot MgO \cdot SiO_2$ 系的氧化物金属封接钎料，便能获得牢固的高温接头。

不论采用什么样的封接方法，都要求被封接的零件彻底除气，封接面不得有机械损伤，例如裂缝或发纹等。

金属封接-金属封接中材料的选用原则：

（1）所选用的金属、金属封接、焊料从室温到略高于使用焊料的熔点范围内，应具有相同或接近的线膨胀系数。

（2）在不匹配封接中，要选择屈服极限低、塑性好、弹性模量低的金属材料作为封接用金属和焊料。

（3）根据封接件的具体工作要求，选择金属封接材料的强度、软化温度、电阻率和导热系数。

3.2.3 真空粘接

真空粘接一般用于真空系统中对机械强度和真空度要求不高，且不宜采用封接的场合。

真空粘接常用的材料为环氧树脂，可以用来堵真空系统的漏孔，也可以用来粘接玻璃-金属或金属封接-金属。环氧树脂粘接件具有良好的力学性能和绝缘性能，拆除方便，拆除时只要加热到150℃就可以拉开，使用方便。环氧树脂粘接件的工作压力可到 6×10^{-4} Pa，工作温度在100℃以下，不能在更高的温度下使用。

粘接过程包括环氧树脂的混合、涂敷和热化几个过程。环氧树脂在使用时需要与固化剂混合后制成粘接剂。环氧树脂粘接剂的配制如下：将环氧树脂、石英粉和苯二甲酸酐按质量比100：35：40混合后加热到120～140℃制成粘接剂。

粘接时，将配制好的粘接剂灌注到（或涂于）经过清洗的工件之间的结合部位上进行粘接。粘接后需要在固定的温度下，经过一定的时间进行热固化，热固化后即可使用。一般在粘接后将粘接件放在加热炉内恒温14h左右进行固化，固化后冷却到室温便可以使用。

3.2.4 真空系统密封构件的焊接与组装

真空容器与管路的焊接，也是组成真空系统的关键步骤。各种大型真空容器（如真空镀膜机室体、真空电炉炉体等）以及管路的焊接质量直接影响真空系统的密封可靠性以及外观等。要想满足焊接精度、密封可靠性以及美观等方面的要求，对于各种真空密封构件以及真空管路，应采用不同的焊接方法。

3.2.4.1 大型真空容器密封法兰的焊接

对于需要经常开关的真空容器的箱门、炉盖或不用紧固件而直接靠负压密封的部位，必须保证可靠的气密性。要保证这一点，各密封部位的密封表面必须保证一定的平面度，如需要密封连接的法兰，不能机械精加工完后再与室体进行焊接，因为在焊接过程中，焊缝收缩、应力集中等因素会导致密封表面变形，如图 3-26 所示。类似这样的部位最好采取二次加工的办法。首先加工相互配合的法兰内径，然后焊接在主体上后再进行第二次加工，这样就可以保证密封表面的精度。需要注意的是，由于焊接后的应力变形，第一次加工时要留有足够的加工余量以保证密封表面的直线度。图 3-27 所示为采取二次加工的方法焊接的密封法兰。

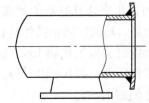 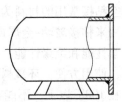

图 3-26　法兰加工好后，焊接后　　　图 3-27　留有加工余量
　　　　　变形的形状　　　　　　　　　采取二次加工

　　对于大直径、长管路的管道与连接法兰的焊接，也有不同的焊接方法。一般是将法兰一次加工好后再与管道进行焊接。为了保证法兰盘无变形，可以先加工一个盲板，用螺栓连接在待焊接的法兰上，然后再与管道进行焊接，如图 3-28 所示。如果不用盲板连接焊接的方法，还可以采用改变法兰结构形式的方法，即将法兰密封面的背面，也就是在法兰的焊接面上加工一个槽，一般槽深槽宽各取 5mm，这样即使焊缝部位收缩，整个法兰的变形也不大，不会影响法兰和管道的垂直度。法兰开槽结构如图 3-29 所示。

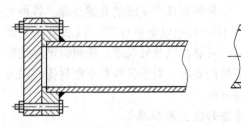 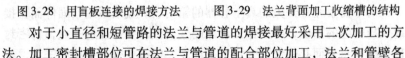

图 3-28　用盲板连接的焊接方法　　　图 3-29　法兰背面加工收缩槽的结构

　　对于小直径和短管路的法兰与管道的焊接最好采用二次加工的方法。加工密封槽部位可在法兰与管道的配合部位加工，法兰和管壁各

占密封槽宽度的一半，其结构如图 3-30 所示。

真空炉体或容器、冷阱、除尘器、管路等单体部件制作好以后，分别进行打压和检漏。在有条件的情况下，在待检漏的真空容器中充入压缩空气，其压力为 0.4 ~ 0.6MPa，然后放入水槽里持续 15min，查看是

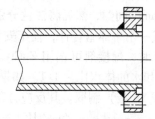

图 3-30　二次加工改变密封部位的结构

否有气泡溢出，如有泄漏点再进行补焊。

如以上这些单体部件确认没有问题，可把这些部件进行去油污真空清洗，将表面处理干净，等待进行整个真空系统的组装。

3.2.4.2　真空波纹管的焊接

波纹管是一种弹性管路连接元件，经常用的真空波纹管的材料一般为黄铜和不锈钢。不锈钢波纹管用于周围有腐蚀环境的地方，造价比黄铜高。黄铜波纹管减振的效果比较好，造价也比较便宜，但使用寿命短。在真空系统中，波纹管常用于连接机械真空泵和抽气管路，其目的是起减振作用。波纹管的焊接并不复杂，焊接好以后的真空波纹管部件，如图 3-31 所示。

波纹管的焊接目前多采用氩弧焊方法。如果焊接时没有氩弧焊设备（如在真空设备的检修现场），则可采用电炉熔锡焊方法。但该方法焊接的质量受与波纹管连接的法兰的结构影响很大，目前多采用的法兰的结构形式如图 3-32 所示。

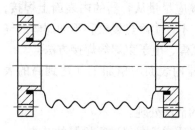

图 3-31　焊接好后的波纹管部件

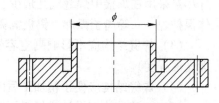

图 3-32　与波纹管焊接的法兰

电炉熔锡焊方法的焊接步骤为：首先加工一对如图 3-32 所示结

构的连接法兰，法兰的接管外径与波纹管内径要保证有 0.05 ~ 0.10 mm 的间隙，然后将法兰分别焊在波纹管的两端，使波纹管和法兰组成一个单体组合件，便于安装与拆卸。

此时，焊接剂可选用 $ZnCl_2$。首先把 $ZnCl_2$ 溶解在一个容器里，$ZnCl_2$ 和水的体积比为 1:1。如果没有现成的 $ZnCl_2$ 可以用 HCl 加 Zn 粒（或 Zn 板）制取。其反应方程式为：

$$Zn + 2HCl \longrightarrow ZnCl_2 + H_2 \uparrow$$

H_2 气跑掉后剩下的溶液就是 $ZnCl_2$。

将加工好的连接法兰，放在电炉上加热，同时用毛刷沾 $ZnCl_2$ 液在法兰的沟槽表面刷一层 $ZnCl_2$，待 $ZnCl_2$ 溶液蒸发后法兰上的温度达到焊锡的熔点时，再刷上一层 $ZnCl_2$，然后把焊锡熔在沟槽里，这时把波纹管的待焊部位处理干净，再用毛刷刷上一层 $ZnCl_2$ 溶液，将波纹管插入熔满焊锡的沟槽里面，用手左右摇动几下后，用一根细竹棒沾上 $ZnCl_2$ 在波纹管和熔化焊锡的交接处（即一个圆周）点一层 $ZnCl_2$，这样可使接触部位光滑平整气密性可靠。这时电炉可以断电降温，降到焊锡硬固以后，再翻过来焊接另一端法兰。两端焊好以后，用水刷净焊接处的 HCl，以免残留的 HCl 对部件产生腐蚀。这样焊接的波纹管密封非常可靠，不会发生漏气现象。

3.2.4.3 不锈钢超高真空容器的焊接

A 焊接结构设计

超高真空不锈钢容器焊接的结构设计原则为：

（1）尽可能地减少真空容器表面上的焊缝和焊缝长度。

（2）所设计的真空容器上的焊缝应尽量从容器的内表面上焊接，并尽量采用在焊接中焊缝气孔最少、不产生冷热裂纹和不加焊丝的气体保护焊——等离子弧焊、钨极氢弧焊、电子束焊等焊接方法。

（3）焊缝结构应不影响真空容器内表面的精加工（达到高的表面光洁程度）。

（4）焊缝结构应便于精加工后的清洗处理。

（5）焊缝结构应设计成便于用氦质谱检漏仪进行检漏的结构。

B 不锈钢焊接中存在的问题

不锈钢材料的耐腐蚀的性能和耐高、低温应用的性能都是很好的，但是经过焊接后的不锈钢焊缝及其热影响区的情况就大为不同了，它存在着裂纹、气孔、脆化、晶粒粗大的现象。因此，在制造超高真空和一般的高真空容器时，必须十分重视这个问题。

奥氏体不锈钢在焊接中及焊接后存在的问题主要有：

（1）焊缝中的热裂缝。奥氏体不锈钢焊接工艺中应该注意的问题是焊缝金属的热裂缝（图3-33），在焊接热影响区的晶界上析出铬的碳化物以及产生焊接应力。

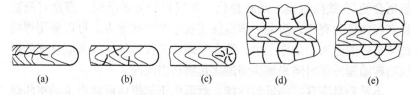

图 3-33　焊接奥氏体不锈钢时产生的热裂缝
（a）焊缝中的纵向裂缝；（b）焊缝中的横向裂缝；（c）焊缝中弧坑裂缝；
（d）热影响区内的横向裂缝；（e）热影响区内的纵向裂缝

热裂缝也称为结晶裂缝，是在焊接熔池的一次结晶过程中，当焊缝金属处于固-液体状态时形成的，它们是由于相邻的晶体沿晶间夹层被分开的结果。

热裂缝产生的位置和形状是不规则的。在金属组织方面，纯奥氏体组织容易产生焊接裂缝。目前的研究表明，奥氏体不锈钢焊接裂缝产生的原因之一，就是存在于奥氏体晶界上低熔点杂质的影响。因为奥氏体不锈钢具有相当宽的凝固点温度范围，在凝固过程中，低熔点的杂质处于液体状态，聚集在晶界上，这些杂质在冷却收缩时，产生拉应力，在这个拉应力的作用下，晶间产生空隙，就成为热裂缝的来源。

焊接奥氏体不锈钢时，最常见的缺陷就是热裂缝，它是异常危险的，因为它一般不暴露在焊缝的表面，不易被发现。在使用的过程中，热裂缝可能发展成为冷裂缝，使焊接密封结构开裂失效。一般的焊接结构质量检验方法，其中包括 X 射线透视探伤在内，往往不能发现焊缝金属中的热裂缝。

产生热裂缝的原因是多方面的，现已发现焊缝渗入碳、氢、氮、铜、锌等元素时，热裂缝数急速增加。调节铬镍在焊缝金属中的比例，可以降低热裂倾向。另外，在焊接过程中，要采取措施防止上述有害元素侵入焊缝。有关资料指出，焊缝金属中含有一定量的铁素体也可以降低热裂倾向。

（2）晶界上铬的碳化物析出。不锈钢材料晶界上铬的碳化物析出温度为550~850℃，而且在焊接时加热的时间越长，铬的碳化物析出越多，这将影响到奥氏体抗晶间腐蚀的能力。同时，铬的碳化物析出会使/合线附近发生晶粒粗化，形成粗的铸态组织，而这对超高真空容器极为有害，渗漏、脆裂往往发生在这些地方。可以采用焊接加热集中的方法，如电子束、等离子焊、氢弧焊等，并采取合理的焊接结构缩短冷却时间来解决铬的碳化物析出问题。

不锈钢具有良好的低温性能，然而由于其焊后可能产生的铬的碳化物析出会使它的低温性能变坏，在低温下材料严重变脆，韧性大大降低，这一点对于真空系统中的低温冷阱来说，产生的危害严重。应用实践证明，冷阱的渗泄多数是由于焊缝的脆裂造成的，而且渗漏的部位多产生在经过修补的焊接部位。在不锈钢真空容器的制造工艺中，可以采用焊后固溶处理工艺来改善焊缝的脆性，焊后的完全退火也是改善其冷脆的一种方法。因此，应该重视不锈钢真空容器的焊后热处理工艺。

（3）焊接缺陷。焊缝区所产生的焊接缺陷有裂缝、气孔、夹渣、咬边、焊瘤、未焊透等，这些缺陷都对超高真空容器的制造和应用有害，特别是气孔、夹渣给真空容器增加了放气源，必须想方设法消除。

焊缝中的气孔多数是由于材料清洗的不干净、潮湿、油脂、锈以及保护气体氩气中的氢、氧引起的，因此要重视焊前的清洁处理，氩气的净化。焊前如能对焊接部位预热到200℃，可以消除水分造成的影响。.

C 超高真空不锈钢容器的焊装工艺

a 筒体的卷焊

在无法使用旋压和拉延制筒的情况下，卷焊筒体成为必不可少的手段。根据不锈钢焊接的要求，卷筒压弯必须使用压机，不许锤击，下料划线不许用划针，要使用金属铅笔，剪板、卷板等成型过程所使用的工夹具应采用奥氏体不锈钢材料制成，如锤、夹子、压板等；必须注意防止光洁的轧制表面被划伤及轧成凹坑；剪后的切口要留取切削加工余量（参见表3-8），这主要有两个目的：一是为了加工出需要的焊接坡口；二是为了加工去掉由于剪切可能形成的冷裂缝，这种裂缝在焊接应力的影响下会扩展。

表3-8 剪切时的加工余量

材料厚度 S/mm	剪刃间隙/mm	剪后切削余量（单边）/mm
≤4	$(0.02 \sim 0.03) \times S$	2 ~ 3
>4	$(0.04 \sim 0.06) \times S$	4 ~ 6

特别厚的板，可以用等离子切割，但切割后的表面必须留一定的加工余量，切出新鲜的焊接坡口才能焊接。

简体的纵向焊缝最好采用自动或半自动焊机进行双边氩气保护焊接，并事先调整好焊接规范。

简壁厚度小于3mm者，最好采用穿透等离子弧氩气保护焊，总之必须使简体的内部焊缝平整而光滑。

b 焊前的清洁处理

经过切削加工过的坡口和板材的表面仍然有各种污染物质吸附在金属表面上，实际的金属表面具有如图3-34所示的复杂的吸附体系。

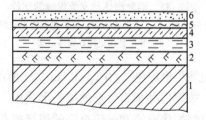

图3-34 工业用金属表面吸附层的基本形式示意图

1—金属；2—变形区；3—氧化层；4—气体吸附层；5—水吸附层；6—极性分子层

机械加工时残留的油脂或有机化合物有时比较厚，而且油分子还具有渗入到金属表面微裂纹中去的能力，因此，焊接前如不进行很好的清洁处理，焊接时在焊接区内会产生明显的油雾，使焊缝区域发黑，并产生大量渗碳现象，甚至使焊缝产生裂纹。焊前对焊缝区的清洗可用汽油除油脂后，再用丙酮溶剂清洗后进行焊接；也可以用酸洗，然后用水冲洗、烘干后进行焊接。如果采用真空条件下的焊接则更为有利。

　c　筒体与筒体支管的焊接

　　筒体与支管间的焊缝，最好设计成正交连线，这样可以保证焊后应力分布均匀而对称。另外，最有利的焊接结构为对接焊接，如图3-35所示，一般不使用T字形结构（图3-35b），因为后者易产生张应力裂缝。在焊缝的结构设计时，应尽可能使焊缝位于能在容器内表面施焊的位置（图3-35d）。

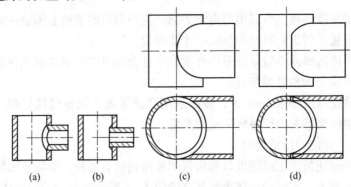

图3-35　两种筒体与支管焊缝的比较
(a) 对接焊结构；(b) T形焊结构；(c) 等径管正交焊接结构；
(d) 等径管相交较好焊接结构

　　等直径筒体应该尽量避免采用图3-35（c）中所示的焊缝结构，在这种焊接结构中，被焊件处于刀刃形的接头形式中，使相连处的壁厚相差甚大，不易控制焊接电流和采用合理的焊接规范，往往造成焊缝疏松而使容器泄漏。等径筒体采用图3-35（d）所示的焊接结构较好。

　　焊接结构以不产生刚性的焊接接头为原则，以便于在焊接应力作用下产生的焊接变形能够自由伸展，不增加焊缝应力，防止裂缝。同时焊接结构还应满足在不能从容器内部焊接时，从外部焊接而达到焊透双边成型的目的。

为了使焊缝的质量满足超高真空系统放气率的要求，防止管子内壁由于焊接产生氧化，必须充氩气保护，所有其他形式的焊接接头，焊接时都需双面气体保护，尽量采用铜垫板和辅助导热夹具，使焊接区域迅速降温，以达到防止裂缝和铬的碳化物析出的目的。

d 冷却水套的制造

超高真空容器中常见的水套结构见图 3-36。一般情况下水套是焊在容器壁上的，如上所述，真空容器一般均为薄壁件，焊接水套将直接影响器壁的金属组织，焊接操作不当会焊穿器壁。与器壁焊接的水套材料必须采用与器壁相同的不锈钢材料，以防止造成焊接裂缝。包制水套时，防止水套的焊缝与容器的原有焊缝交叉焊接，所有容器上的原有焊缝都应尽可能地包在水套以外，这样做是便于容器的整体检漏，或者当某焊接处有泄漏时便于修补。

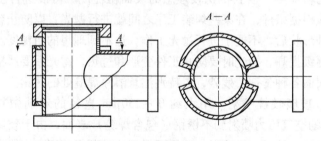

图 3-36 复杂水套焊缝位置间的关系

e 不锈钢超高真空容器焊装后的检漏

在容器的制造过程中进行多次检漏是超高真空容器制造工艺不同于一般机械制造工艺的主要方面。超高真空容器的检漏不同于一般的高真空检漏，一般来说，不允许使用容器内打水压和气压的正压检漏方法。因为超高真空容器的壁薄，焊接接头强度低，正压检漏可能会对容器造成损坏，而且会污染清洁的真空容器。所以，超高真空容器的检漏均使用氦质谱检漏仪，这种检漏方法可以发现极微小的渗漏，检漏精度可达 $10^{-10}\mathrm{Pa \cdot L/s}$。

检漏工作应先从容器的真空密封表面开始，然后检查焊缝。首先应对焊缝进行外观检查，检查是否存在裂缝、气孔等焊接缺陷，然后用氦质谱检漏仪进行检测。

在检漏过程中不要轻易修补焊缝，应注意识别虚漏及表面放气现象。如果焊缝焊接修补不当，会越修越坏。超高真空容器制造工艺过程中，一般规定对焊缝的修补不超过两次。

f　容器内表面的焊后抛光

真空容器的内表面应该非常光洁，使其真实表面积与几何表面积的差距缩小，以达到减小放气表面积的目的。在不锈钢表面覆盖的锈、有机物、机械及焊接加工时造成的表面粗糙等可以通过最后的精抛光来消除。使不锈钢材料获得光滑表面的方法有许多，在不锈钢真空容器制造工艺中使用的方法有：机械抛光、喷丸、化学清理或电解抛光。

（1）机械抛光。目前国内多用机械抛光的方法来获得真空容器内表面的粗糙度。欲获得比较理想的表面粗糙度，可以进行多次抛光，应该根据条件，在某些焊装工序之间就进行抛光，以防止容器在制成某种形状后，不便于进行抛光工作，达不到理想的粗糙度。抛光等级要逐级提高，抛光时要防止工件变形和过热，抛光后要严格仔细地清除表面各种膏剂、残砂，要特别注意清除焊缝处的污物。

（2）玻璃微粒喷射。用大约 $0 \sim 150\mu m$ 直径的玻璃微粒，以 0.4MPa 的空气压力喷射到不锈钢（包含焊缝）表面，由于玻璃材料硬度高而且为球面，经喷射加工后可得到比较理想的真空容器表面。

由于玻璃微粒在反复使用的过程中被粉碎，已不是球面，所以应该经常更换。

（3）电解抛光。电解抛光虽然能够得到粗糙度很小的良好真空表面，但不适用于较大的焊接容器，比较适宜于较小的零件，如超高真空容器内使用的零件。

g　酸洗、钝化

对于有些超高真空用的零部件或表面质量一般的不锈钢原板，在焊装后应对其进行酸洗、钝化处理，以得到粗糙度小的良好真空表面。

钝化前必须进行酸洗处理。酸洗前，工件应用汽油、碱液或清洗剂除去油污，并用热水、冷水冲洗干净，不允许用炭钢刷刷洗工件表面。酸洗后用水冲净，不允许有残存酸洗液，而后将工件置于钝化液中钝化。不锈钢件的酸洗以浸渍法为主，大件可用湿拖法，钝化前的酸洗规范和钝化规范如表3-9和表3-10所示。

表3-9　酸洗规范

酸洗液成分（工业浓度体积比）	温度/℃	时间/min	备　　注
HNO$_3$(5% ~20%)			
HF(1% ~5%)	室温	30	抛光件和焊接件均可
H$_2$O(75% ~94%)			

表3-10　钝化液成分和钝化规范

钝化液成分（工业浓度体积比）	钝化规范 （推荐）	
	时间/h	温度/℃
HNO$_3$(50%)		
H$_2$O(50%)	2 ~3	室温

钝化后，用水冲洗，最后用去离子水（或蒸馏水）冲净，用石蕊试纸检查呈中性后，再冲洗一下，烘干水迹，放入清洁的干燥箱内保存，装配时再领取。

h　质量检验

真空容器制造的最后一道工序是检验，对不锈钢超高真空容器的质量检验，首先要根据工艺文件对工艺过程进行检查，然后根据设计图纸的技术要求对产品进行质量检验。一般应包括如下几方面的检查：焊缝外观检查、容器的表面质量（粗糙度、清洁度等）检查、真空密封表面（连接螺孔、尺寸精度、粗糙度、形位公差等）的检查、容器的漏气率（用氦质谱检漏仪）检测等。

3.3　可拆静密封连接

可拆静密封是指连接处由于安装结构要求或工艺要求的需要经常拆装的密封。其特点为：经过多次拆装仍能保持密封性能，可以更换已经老化或损坏的密封件（或材料）。

在真空系统需要经常拆卸的地方，应采用可拆静密封连接，这种连接在真空系统中应用较多。

3.3.1 密封材料与密封结构形式

3.3.1.1 密封材料的工作温度

真空密封连接处正常工作所允许的最低温度至最高温度范围称为工作温度范围。如果超出这个温度范围，连接处的密封性能明显下降，甚至完全失去密封作用。因此连接处的工作温度范围是选取密封材料和设计密封结构的重要参数。常用几种密封材料的工作温度范围见表3-1。

3.3.1.2 橡胶密封材料

在真空系统中，橡胶作为密封材料应用最为普遍，主要是因为它具有高弹性，较高的耐磨性和适宜的机械强度，并且具有在常温下密封可靠，可反复拆卸安装，易于加工，价格低廉等优点。缺点是不能承受高温和低温的环境，与金属密封材料相比有较大的出气率和净透率，通常只能用于低真空和高真空系统中。

用于真空密封的橡胶材料，要求具有光滑表面，无划伤、无裂纹、具有低的出气率、挥发率和透气率，良好的耐热性、耐油性、抗老化能力，耐压缩变形（其值小于35%）和适宜的压力松弛系数（不小于0.65）。常用于真空密封的橡胶材料有下列几种：

（1）天然橡胶。天然橡胶透气率很大，耐油性、抗老化性较差，使用温度在100℃以下，只用于粗真空和低真空密封。

（2）丁基橡胶。丁基橡胶的透气率很小，可用于 10^{-5} Pa 的真空密封。在超高真空环境下材料出现升华现象，其质量损失可达30%，因此不适于 10^{-6} Pa 以上的超高真空。

（3）丁腈橡胶。丁腈橡胶是耐油性和综合性能都较好的一种橡胶，具有优异的耐油性、耐水性、耐热性和较低的透气性，压缩永久变形小，使用寿命长，价格便宜，在高真空范围内广泛用于烘烤温度在150℃以下的各类真空密封结构中。

丁腈橡胶是耐油合成橡胶，品种主要有低温聚合丁腈橡胶、易加工的软橡胶及改性丁腈胶。丁腈 18-26-40 的性能依据丙烯腈含量多少而不同，丙烯腈含量越高，耐油性、耐水性越好；含量越低，耐寒性越好，弹性也随之增加。

丁腈胶可以加入其他材料改进性能，常见的混用材料有：尼龙、聚乙烯、ABS 树脂、DAP 树脂、氯化聚醚、聚四氟乙烯等，其中以掺混三元尼龙效果最好，尼龙用量为 10% ~25%，使用温度为 150 ~160℃。加入尼龙改性的丁腈橡胶具有耐磨、耐寒、耐热、耐臭氧等特点，适宜制作各类密封件。丁腈胶混入 30% 的聚氯乙烯，不仅保持了丁腈胶的耐热性、耐透气性，而且提高了耐臭氧性、耐磨性、耐油性和抗断裂性能，改善了加工性能，提高了使用温度。丁腈橡胶与氯化聚醚并用，压缩永久变形最小，用于制作橡胶 O 型密封圈最合适。

（4）聚氨酯橡胶。聚氨酯橡胶是由聚酯与二异氰酸酯共聚而成的一种弹性体。按制造方法的不同可分为混炼型聚氨酯、浇注型聚氨酯和热塑型聚氨酯。目前浇注型聚氨酯的产量最大。聚氨酯橡胶能达到 20 ~74MPa 的机械强度，是丁腈橡胶的 1 ~4 倍，耐磨性能优异，是天然橡胶的 5 ~10 倍；具有较强的抗断裂强度，同时还具有较高的耐油、耐磨、耐臭氧、耐辐射、耐冲击性等优点。聚氨酯橡胶可用于真空室门、各类真空阀门、真空低速传动部件上，可获得良好的密封效果。

聚氨酯橡胶的主要缺点是不耐高温和水，特别不宜在高温、湿度大的环境中使用，易水解乳化，其使用温度范围为 - 30 ~100℃，最佳应用温度为 70 ~80℃。不宜长期在高速转动或摩擦力大的动负荷下使用，只能在低速和良好的散热条件下使用。此外，聚氨酯橡胶不耐酸碱，不能用于带有酸碱的介质中。

（5）氟橡胶。氟橡胶是一种耐高温、耐各种介质腐蚀的密封材料。各种气体在维通（Viton）型氟橡胶中有较小的扩散速度和较大的溶解度，透气性很小，与丁基橡胶相当，在高温、真空中出气率很低（在 2.6×10^{-7} Pa 下的失重为 2.3%），可用于 $10^{-5} \sim 10^{-7}$ Pa 的真空密封；采用双 O 型圈密封结构，烘烤到 200℃，并加上冷却措施，可达到 10^{-8} Pa 的超高真空。一般可用于需要烘烤的高真空及超高真空系统中。氟橡胶在常温下具有较高的断裂强度，但是在高温下其断裂强度明显降低，其在 205℃ 温度下的断裂强度仅为 2.25MPa 所以氟橡胶不能用在应力集中的地方，否则容易过早损坏。氟橡胶的力学性能见表3-11。

表3-11　氟橡胶的力学性能

氟橡胶品种	抗张强度/MPa	伸长率/%	硬度（HS）	断裂强度/MPa
26 型氟橡胶	10.0～16.0	150～300	70～85	2.5～4.0
23 型氟橡胶	13.0～25.0	200～600		2.0～7.0

氟橡胶的耐高温性能特别优异，F26 氟橡胶可在250℃温度下长期工作，在300℃温度下短期工作。氟橡胶的耐热老化性及在各温度下的使用寿命见表3-12 和表3-13。

表3-12　各种橡胶的耐热老化性

橡胶名称	具有工作能力[①]的极限温度/℃
26 型氟橡胶	320
硅橡胶	320
23 型氟橡胶	250
丁腈橡胶	180
天然橡胶	130

① 橡胶在该温度下经24～36h 老化后，抗张强度不小于7.0MPa，伸张率不小于100%，就称为具有工作能力。

表3-13　氟橡胶（Viton A-HV）在各温度下的使用寿命

温度/℃	200	230	260	290	320
使用寿命/h	很长	>2500	500	140	36

氟橡胶的透气性较低，气体在氟橡胶中的溶解度较大，但扩散速度较慢。另外，氟橡胶在日光、臭氧和环境大气的作用下性能十分稳定。

（6）硅橡胶。硅橡胶是一种耐热橡胶。在各种橡胶中，它的工作温度范围最宽（-100～350℃），即使在200℃高温下也可长期使用。缺点是气体渗透率较普通橡胶大数十至数百倍，线膨胀系数也比其他橡胶大（250×10^{-6}℃$^{-1}$）。因此，设计密封槽要留有足够的余地。图 3-37 所示为两种硅橡胶密封槽尺寸。

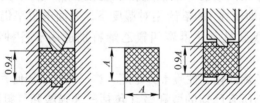

图 3-37 耐 150℃加热烘烤温度的硅橡胶圈及槽沟

(橡胶：Silastic 160；截面 $A \times A = 6mm \times 6mm$)

3.3.1.3 聚四氟乙烯密封材料与密封结构

聚四氟乙烯俗称塑料王，为四氟乙烯的聚合物，呈白色或灰白色。它是在高压下由三氯甲烷与氢氟酸聚合制成的四氟乙烯（粉末），在 370℃时，将得到的四氟乙烯粉末装模、烧结，产生一种坚韧的、非热塑性和非多孔性的树脂。聚四氟乙烯虽然大多是结晶体，但却没有熔点。它的塑性随温度升高而增加，力学性能则急剧变坏，而且在高于 327℃时，转变为非流动无定形的胶状物。在温度高于 400℃时，聚四氟乙烯分解，放出有毒的挥发性氟化物气体。氟塑料的低温性能很好，温度低于 −80℃时仍能保持韧性。在真空系统中，聚四氟乙烯可用作密封垫片、永久或移动的引入装置的密封、绝缘元件和低摩擦的运动元件等。聚四氟乙烯的应用温度范围为 −80 ~ 200℃，在 100 ~ 120℃温度范围内可长时间工作，其最高工作温度可达到 250℃（只可短时工作）。

聚四氟乙烯的结构致密，具有优良的真空性能。它的渗透率以及在室温下的蒸气压和放气率都很低，比橡胶和其他塑料都好。其 25℃时的蒸气压为 10^{-4}Pa，350℃时为 4×10^{-3}Pa。

聚四氟乙烯与其本身或与钢之间的摩擦系数很低，对钢的摩擦系数为 0.02 ~ 0.1，可用作无油轴承材料，也可用于真空动密封。聚四氟乙烯作为轴密封填料必须加润滑剂，以降低氟塑料对金属的摩擦系数，不加润滑剂时必须保证密封结构有良好的导热性（或用改性氟塑料），以避免因摩擦过热而导致密封材料损坏。

聚四氟乙烯具有优良的电绝缘性能。它的电阻率极高，电介质损耗很低。由于聚四氟乙烯不吸附和不吸收水蒸气（不吸水也不被水浸润），因此即使在100%的相对湿度下，表面电阻率仍很高。这一特性及其抗飞弧性，使得聚四氟乙烯特别适用于各种需要绝缘的场合。

聚四氟乙烯的化学性质十分稳定，这一点优于任何其他的弹性塑料材料。它与所有已知的酸和碱（包括三大强酸和氢氟酸）都不发生反应。聚四氟乙烯也不溶解于任何已知的溶剂（但能溶解于熔融的碱金属）。常温下聚四氟乙烯不可燃、无毒，只有当加热温度高于400℃时，能放出有毒气体。由于聚四氟乙烯的性质不活泼，因此只能采用特殊的方法对它进行黏结。在黏结时应注意黏结剂的最高工作温度。

聚四氟乙烯能用普通的刀具进行高速切削加工。在聚四氟乙烯烧结成型时加入不同的添料（如石墨、玻璃纤维、铜粉等），可得到改性聚四氟乙烯，主要是改善其力学性能和热学性能。

聚四氟乙烯的弹性和压缩性不如橡胶，而且在高负荷时趋于流动，甚至破裂。当其加载高于3MPa时，可产生残余变形；当加载到20MPa左右时，会被压碎。因此聚四氟乙烯一般只用作带槽法兰的垫片材料，而且负荷不超过3.5MPa。在密封结构设计中，可以用橡胶或弹簧补偿器弥补聚四氟乙烯弹性较差的弱点。用氟塑料作胀圈的结构材料时，不仅要依靠被密封的介质压力，而且还要依靠密封衬套的外部压紧力方能形成可靠的密封，所以在使用时要注意定期拧紧连接法兰的螺母，以保证法兰的密封性能。氟塑料用于静密封的结构形式如图3-38和图3-39所示。图3-39（b）中氟塑料厚度为0.3mm；图3-39（c）为图3-39（b）的放大图。

3.3.1.4 金属密封结构

A 金属密封的特性及密封材料

橡胶密封圈的主要缺点是不耐烘烤且放气量较大，所以许多要求高温烘烤（大于200℃）和只准使用低蒸气压（室温时蒸气压小于10^{-10}Pa）材料的超高真空系统装置，不能使用橡胶密封，而需用金属密封圈密封。

金属密封圈有两个突出的优点：（1）放气远比橡胶少；（2）用

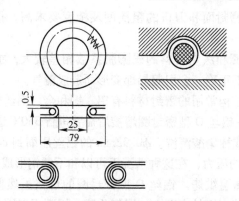

图 3-38 带有弹簧补偿器和橡胶内芯的氟塑料垫圈

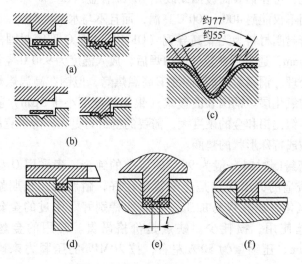

图 3-39 氟塑料的各种密封形式

它密封的系统和装置可以在高温下烘烤除气，因此能满足超高真空的要求。金属密封的缺点如下：

（1）金属密封圈弹性差，需要很大的密封力才能保障可靠的真空密封。

（2）需要有较大的压紧力，重复使用性差，有些金属密封圈只能使用一次。

（3）法兰密封面和刀口的粗糙度及精度要求高，很小的伤痕都能破坏密封。

（4）密封圈和法兰材料的线膨胀系数相差较大，加热不均匀或密封结构设计不正确，会引起局部变形而造成漏气。

金属密封结构常用的密封材料有铝、铜和金。铝丝材料的纯度一般为99.99%。铝丝O型密封圈熔接后需要进行350℃退火1h，使用前要用NaOH或稀硝酸清洗。$\phi 0.92$mm的铝丝压缩到$\phi 0.28$mm时须施加1600MPa的压力，在这种情况下可以和不锈钢形成冷焊，并能耐250~370℃的高温烘烤。铝丝O型密封圈的价格虽然便宜，但只能使用一次。另外，铝丝表面有一层氧化膜，因而焊接困难，为了避免铝的氧化，可在铝表面镀铟或改用Al-Si合金（Si 3%~5%）。Al-Si合金垫圈不仅能耐400~500℃高温，而且不与水银反应。

铜密封圈材料为无氧高导铜（OFHC）。铜O型密封圈的常用直径为1.5mm，通常可在氢气中熔焊后，放入温度为950℃烧氢炉中进行烧氢处理。铜密封圈能耐450℃高温烘烤，但铜在高温烘烤中容易产生硬的氧化层。铜圈表面镀银（银层厚度不小于5μm）就可以避免氧化。铜比铝和金的硬度大，需要的密封力更大，为了克服这一缺点可以做成特殊形状的垫圈。

金密封圈材料一般为99.7%以上的纯金，多采用O型密封圈形式。黄金的突出优点是化学稳定性好，耐腐蚀，长期暴露在空气中不氧化，质软容易加工，延展性特别好。用过的金丝可回收重新拉丝使用，损耗少。缺点是价格昂贵。常用的金丝直径为0.5~2mm，压缩量为50%左右，按20MPa的压紧力来确定螺栓数目。

B　常用金属法兰密封形式

a　平面法兰金属丝密封

平面法兰是金属密封法兰形式中最简单的一种，如图3-40所示，其密封没有配合问题，容易达到表面粗糙度（1.6~0.25）的要求。主要缺点是密封圈的定位问题不易解决，另外由于接触面较大，需要很大的密封力。一般只适用于小直径的法兰连接密封。

b 直角 L 形密封

图 3-41 为直角 L 形密封结构。密封台阶间隙0.025mm，以保证密封圈受压后呈 L 形。下法兰台阶利于 O 型密封圈定位，表面粗糙度小于 1.6。O 型密封圈压缩量为 50%，常用 O 型密封金属丝圈直径为 0.5mm、0.6mm、0.8mm、1mm、1.5mm 五种，一般情况下密封圈只能使用一次。图 3-42 所示的法兰角密封结构适用于可重复烘烤到450℃温度的金属丝密封垫圈。

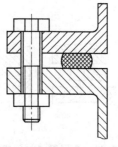

图 3-40 圆截面金属丝密封圈平面法兰密封结构

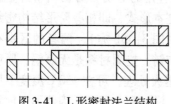

图 3-41 L形密封法兰结构

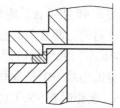

图 3-42 金属丝垫圈法兰角密封形式

c 刀口密封与斜楔密封

刀口密封结构中所用的密封圈为 0.5mm 的环形铜皮或铝片，密封力为 280MPa，能耐 450℃烘烤，可承受多次加热-冷却循环而不漏气。刀口密封结构的配合精度要求高，只用于小尺寸法兰密封。刀口密封结构如图 3-43（a）所示。

斜楔密封结构如图 3-43（b）所示。斜楔密封结构的刀口角度一般为 70°，刀口高度为 1.2mm，深度公差为 ±（0.075~0.1）mm，刀尖圆角半径为 0.1mm，刀口直径误差为 0.05mm，垫圈材料为厚 2mm 的无氧铜。采用这种密封结构的真空系统，经 250℃、5h 高温烘烤后，能使真空系统获得 2.6×10^{-9}Pa 的真空度。采用金属斜楔密封的法兰结构如图 3-44 所示。

一般情况下，刀口和斜楔密封结构中的金属密封圈可以重复使用。

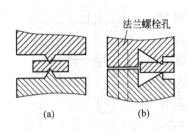

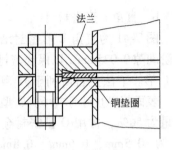

图 3-43 金属刀口与斜楔密封结构
(a) 刀口密封结构；(b) 斜楔密封结构

图 3-44 金属斜楔密封法兰结构

d 台阶密封

如图 3-45 所示台阶密封是利用两直角的剪切力剪切出新鲜金属面形成密封的。两直角的剪切有两种基本形式，即相叠阶形结构密封（图 3-45b 左）和交错阶形结构密封（图 3-45b 右），两者的区别在于法兰盘的边缘一个是重叠、一个是交错。垫圈材料是无氧铜，厚度 1~2mm。制作时在 950℃的烧氢炉中退火处理，可在 450℃温度下反复烘烤使用。上下两直角的公差较大，没有配合问题，因此加工比较容易。

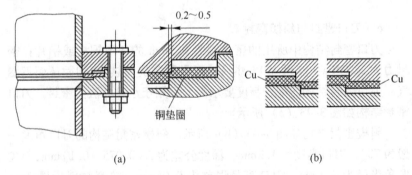

图 3-45 台阶法兰密封结构

e 铝箔密封

铝箔密封法兰结构如图 3-46 所示，A 部放大图所示为压紧后的剖面形状。当上、下法兰密封面以相同的压缩量（30%）压紧时，中间铝箔被封入，两端保持很大的压力，形成密封。加工的挠曲角比螺栓所引起的角度要大。挠曲角 θ 和最大应力 σ_{max} 可由下式求出：

$$\theta = \frac{MR^2}{EI} \qquad (3-1)$$

$$\sigma_{max} = \frac{MR}{Z} \qquad (3-2)$$

式中，M 为锁紧螺栓引起的挠矩，N·m/m；E 为弹性模量，Pa；I 为截面惯性矩，m^4；Z 为截面模量，m^3；R 为法兰半径，m。

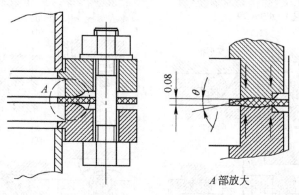

图 3-46 铝箔密封法兰

一般铝箔密封所需的锁紧力矩为 40~50N·m。当密封面的粗糙度在 0.5~4.4μm 范围内、垫片厚度为 40~100μm 时，铝箔密封能承受 250~350℃ 的反复烘烤。当锁紧力矩为 45N·m，烘烤温度为 300℃ 以上时，铝箔垫圈会熔结在密封面上，可得到更好的真空密封性能，但下次使用时要将熔化的铝箔清除干净。

3.3.2　真空橡胶密封结构设计

3.3.2.1　密封槽的结构形式

用于真空橡胶密封的密封槽有各种形式，如图 3-47 所示，其中图 3-47（a）、（b）、（f）、（i）、（j）为最常用的形式。设计密封槽的截面面积要求稍大于橡胶密封圈的截面面积，橡胶压缩后的充填因数 φ>1，橡胶的压缩量通常为 15%~30%。

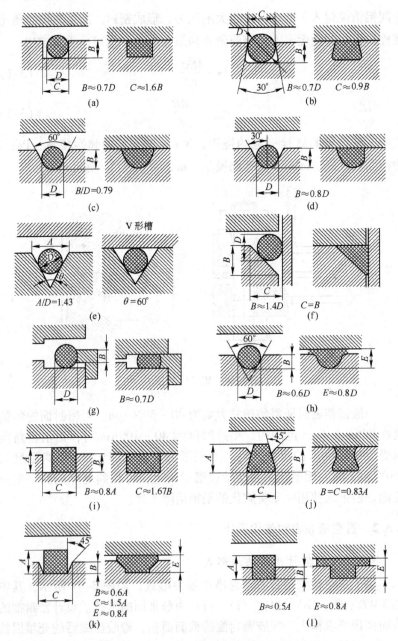

图 3-47 用于橡胶密封的密封槽的形式

在矩形和梯形截面的密封槽中，橡胶圈无法充满整个密封槽截面，在尖角处存在积存气体的死空间，这在真空技术上是不希望有的，但因矩形截面密封槽具有加工容易，梯形截面密封槽具有密封圈不易脱落的优点而被广泛地应用于真空工程结构中。矩形截面槽常用于一般的法兰连接，梯形截面槽用于真空阀门的阀口及真空室大门密封。半圆形界面密封槽没有死空间，但因加工比矩形槽难，故目前使用较少。

O 型密封圈适用的密封槽结构形式及结构特点如表 3-14 所示。

表 3-14 **O 型密封圈适用的各种密封槽的结构形式**

密封槽形状	密封槽名称	密封槽特点
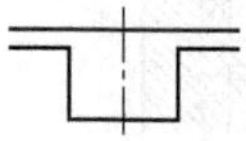	矩形槽	应用最多的槽，适用于方形或圆形密封圈
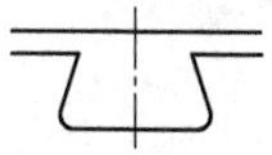	燕尾槽、梯形槽	便于密封圈固定，密封圈不易跑出槽，安装方便
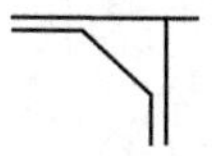	三角形槽	可用于小尺寸处的静密封或转动轴密封
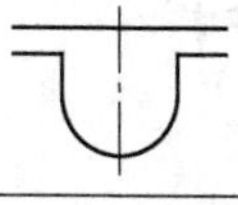	半圆形槽	密封接触面积大
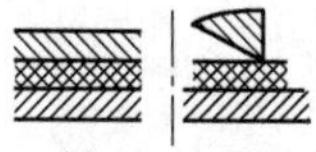 (a) (b)	平面形	（a）—所需密封力大；（b）—所需密封力小
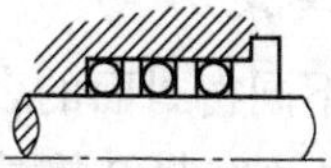	圆筒形槽	用于转动轴或直线运动轴密封

对于较大型的矩形法兰密封的角密封结构，考虑到加工方便和成本，可以采用如图 3-48 所示的转角密封结构形式，该结构要求转角处的密封槽底部的镗铣加工接缝控制在一个平面上。

梯形密封槽的结构形式如图 3-49 所示，图 3-49（a）为开口梯形槽，$B/d = 1.37 \sim 1.67$；图 3-49（b）为梯形槽，$C/d = 0.75 \sim 0.80$；图 3-49（c）为用于阀板密封的窄口梯形槽。为避免 O 型密封圈从槽中掉出，$H/d = 0.74 \sim 0.75$。

在实际应用中，一般密封槽体积稍大于或等于橡胶密封圈体积，橡胶压缩量通常为 $15\% \sim 30\%$。

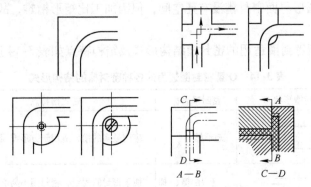

图 3-48　矩形法兰密封面的角密封结构

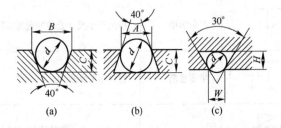

图 3-49　O 型密封圈梯形密封槽结构

3.3.2.2　密封槽的各密封面表面精度及装配要求

为了保证真空密封的可靠性，对密封配偶件的不同密封面的表面精度和装配都有一定的要求。图 3-50 所示为橡胶法兰密封结构的密封受力情况和各密封面的作用。

密封配偶件（密封槽和密封橡胶圈）的各密封面的表面粗糙度对密封性能及动密封产生的焦耳热影响很大。一般要求主密封面的粗糙度小于 1.6，辅密封面的粗糙度小于 3.2。

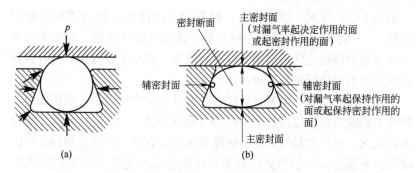

图 3-50 橡胶法兰密封结构的密封受力情况和各密封面的作用

为了避免损伤密封圈和改善密封性能，在安装密封圈时应涂高真空润滑脂。特别是动密封传动轴装入内孔前，为了便于安装，在轴、密封圈和内孔表面都要均匀涂真空脂。带有螺纹端的传动轴，应采用图 3-51 所示的导套管来安装密封圈，以避免螺纹划伤密封圈的表面。

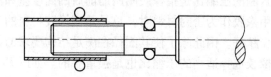

图 3-51 通过导套管安装螺纹端的密封圈

3.3.2.3 O 型密封圈密封的设计计算

在真空可拆卸密封连接中所使用的橡胶密封圈主要有两种断面形状：圆形和矩形（其他还有锥形、碗形等），其中圆形截面的橡胶密封圈应用最广泛。圆形截面橡胶密封圈又称 O 型密封圈，是最常用的一种密封圈。其密封特点是在相同压缩比时，与矩形截面垫圈相比较密封宽度小；若密封宽度相同时压缩比大且可实现锥形密封；不足之处是 O 型密封圈制造较困难，而且密封时易产生气穴。

应用密封圈进行真空密封，主要是靠连接件压缩密封圈，使其产生弹性变形以堵塞或减小泄漏缝隙，达到真空密封的目的。设计真空密封时，必须正确地选择施加到橡胶圈上的压力（称为密封力）。该压力不但与密封表面状况、密封材料的成分、硬度及压缩比有关，而且也和橡胶圈受压时侧面是否受到约束有关。如果从理论上找出这些关系是十分困难的。根据实验，把各种不同线径（橡胶圈圆形断面直径）、不同圈径（橡胶圈中径）和不同硬度的橡胶圈，放在平面法兰和带密封槽法兰的矩形槽之间进行压缩，测得实验数据，然后根据这些实验数据进行密封力的计算。

为了保证高真空的密封性能，在设计真空密封时，必须正确地选择施加到橡胶圈单位面积上的压力（称比压力）。该压力不但与密封表面状况、密封材料的成分、硬度及压缩比有关，而且也和橡胶受压时侧面是否受到限制有关。如果从理论上找出这些关系是比较困难的。但是根据实验，把各种不同线径（橡胶圈圆形断面直径）、不同圈径（橡胶圈中径）和不同硬度 O 型密封圈，放在平面法兰和法兰的矩形槽之间压缩到需要的压缩比，这时，在最坏情况下，其比压力约为 1.27MPa 左右。

A　压缩比的选择

橡胶密封圈的压缩比是指橡胶圈压缩前后的高度差和压缩前的高度之比。采用橡胶作为密封材料时，总是希望橡胶材料的表面在真空中暴露得越少越好。因此除了使其圈径在满足结构要求的条件下尽量小之外，对橡胶选择适当的压缩比也是很重要的。如以 K_j 和 K_y 分别表示矩形和圆形断面橡胶密封圈的压缩比，则有：

$$\left.\begin{aligned} K_j &= \frac{h_0 - h}{h_0} \times 100\% \\ K_y &= \frac{d_0 - d}{d_0} \times 100\% \end{aligned}\right\} \tag{3-3}$$

式中，h_0、h、d_0、d 分别为矩形和圆形橡胶圈压缩前与压缩后的高度。

橡胶圈压缩比的大小，直接影响着密封性能。根据 S. 考贝亚胥和 H. 亚达的对通径72mm、截面直径（或高度）4mm 的各种橡胶密封圈所做的渗漏实验所得的实验结果表明，当橡胶密封圈的硬度在邵氏硬度 50 以上，而且表面没有任何径向擦伤时，橡胶密封圈的高度压缩比为 15% 以上就可以达到漏气率小于 1.3×10^{-10} Pa·m³/s 的密封性能。这个漏气率，对于一个容积为 4L 的容器，如果允许压强从 1.3×10^{-2} Pa 升高到 1.3×10^{-1} Pa，则可以保持 1000h，即 40 多天，这对普通真空系统的使用是足够的。因此把压缩比 15% 定为真空橡胶密封的最小压缩比，是较适宜的。

压缩量与橡胶硬度的关系如图 3-52 所示。

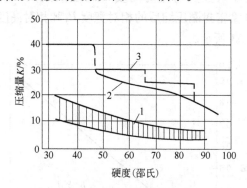

图 3-52 橡胶圈压缩量与硬度的关系
1—真空密封必须的压缩量；2—压缩量的许用值；
3—根据美国 ASTM 395—49T 标准试验的收缩比的最大压缩量

一般情况下，可用图中曲线 2 为标准来确定橡胶圈的压缩量。

目前在国外，日本对橡胶圈公称直径在 12 ~ 400mm 时，采用的压缩比是 25%，通径 450 ~ 1000mm 时则采用 30%。俄罗斯的压缩比选择在 20% ~ 25% 之间，25% 用于矩形，20% 用于圆形和较大尺寸的矩形。英国的压缩比选在 12.5% ~ 42% 之间，而以 25% 为最多，用于矩形时尺寸小的选用 42%，大尺寸选用 12.5%。瑞士和德国均采用 40%。

我国有关单位所选用的压缩比多为 25%，有的单位在矩形断面上采用 25%，而在圆形断面上则采用 20%。根据公称直径大小的不同，国内有人推荐公称直径在 10 ~ 300mm 时压缩比可选用 25%；在 350 ~ 1000mm 时，可采用 30%。

B O 型密封圈的密封接触面宽度 B

自由 O 型密封圈是指 O 型密封圈在两个平面法兰之间被压缩后不受其他条件限制，O 型密封圈受压后可以自由地向两侧伸展。

在 O 型密封圈设计中要涉及到不同的线径和不同的硬度，如采用绝对尺寸和绝对压力的概念会使问题过于复杂，因此在 O 型密封圈密封的设计计算时可采用相对尺寸和相对压力的概念。因为 O 型密封圈受压后可以自由地向两侧伸展，令 B_x、X_x 分别为 O 型密封圈相对宽度（宽度系数）与相对高度（高度系数），即：$B_x = B/d$；$X_x = X/d$。O 型密封圈压缩后的相对宽度 B_x 和相对高度 X_x 的试验关系曲线如图 3-53 所示。

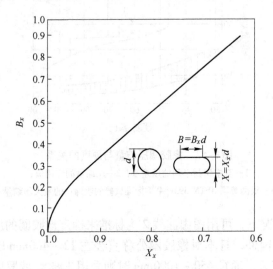

图 3-53　接触面压缩后密封的相对宽度 B_x 与相对高度 X_x 的关系曲线

由图 3-53 可见：当 $0.7 < X_x < 0.95$ 时，B_x 与 X_x 的关系曲线近似直线关系，因此用最小二乘法可得：

$$B_x = 2.2(1.02 - X_x) \tag{3-4}$$

式中，B_x 为 O 型密封圈压缩后的相对宽度系数，$B_x = B/d$；X_x 为 O 型密封圈压缩后的相对高度系数，$X_x = X/d$；X 为 O 型密封圈压缩后的高度；d 为 O 型密封圈的截面直径。

所以，O 型密封圈压缩后的实际接触面 B 可用下式近似计算：

$$B = 2.2(1.02 - X_x)d$$

式中，d 为 O 型密封圈截面直径；其余各符号意义同前。

　　C　O 型密封圈压缩到一定高度时所需的密封力 F

　　为了找出 O 型密封圈的压缩密封力 F 与压缩时的残余高度 X_x 之

间的关系，可用拉力机和位移测量器对各种不同线径、不同圈径和不同杨氏模量的 O 型密封圈进行测量，并把测量的结果用压缩密封力系数（相对密封力）$F_x = F/dEL(L = \pi D)$ 和相对残余高度 $X_x = X/d$ 表示，这时可得到如图 3-54 所示的曲线。

压缩密封力系数 F_x 是相对高度系数 X_x 的函数，其数值由图 3-54 可查得，因此，密封力 $F(N)$ 为：

$$F = F_x dLE \tag{3-5}$$

式中，F_x 为压缩密封力系数，是相对高度系数 X_x 的函数，其数值由图 3-54 查得；d 为 O 型密封圈的截面直径，m；L 为 O 型密封圈平均周长，$L = \pi D$，m；D 为 O 型密封圈内径，m；E 为与橡胶硬度有关的弹性模量，MPa，与橡胶硬度的关系见图 3-55。

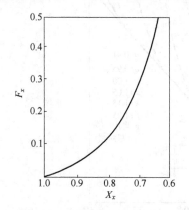
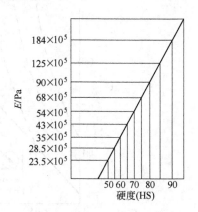

图 3-54　相对密封力 F_x 与 X_x 的关系　　图 3-55　弹性模量 E 与橡胶硬度的关系

D　O 型密封圈压缩到一定高度时所承受的比压力 σ_s

O 型密封圈在密封力 F 作用下，与法兰相接触的单位面积上所受的压力即比压力 σ_s，可用下式确定：

$$\sigma_s = \frac{F}{BL} \tag{3-6}$$

式中，B 为橡胶与法兰的接触宽度；L 为 O 型密封圈平均周长。

如果以相对比压力 $\sigma_x = \dfrac{\sigma_s}{E}$ 表示，则：

$$\sigma_x = \frac{F}{BL}/E = \frac{F/dEL}{B/d} = \frac{F_x}{B_x}$$

因为 F_x 与 B_x 都是 X_x 的函数，因此 σ_x 也是 X_x 的函数。国产真空耐油橡胶圈在两个法兰平面间被压缩时所测得的相对比压力 σ_x 与相对高度系数 X_x 的关系曲线如图 3-56 所示。对自由 O 型密封圈，可以发现 σ_x 随 X_x 变化的值相当近似于 $0.5 B_x$ 值，故当 $0.7 < X_x < 0.95$ 时可近似用下式计算：

$$\sigma_x = 1.1(1.02 - X_x) \tag{3-7}$$

$$\sigma_s = 1.1(1.02 - X_x)E \tag{3-8}$$

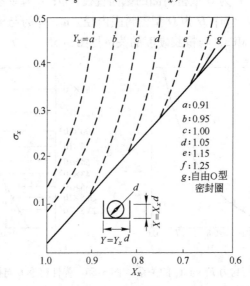

图 3-56　相对比压力 σ_x 与相对高度系数 X_x 的关系曲线
（国产真空耐油橡胶圈压缩所测）

国内外有关的实验表明，保证橡胶密封良好的比压力一般均选在 $0.5 \sim 1.5\text{MPa}$ 的范围内。经验证明，对于普通橡胶，压力取 1.3MPa 为宜。

E　O 型密封圈的最小截面直径 $d_{\min}$

在设计 O 型密封圈截面直径尺寸时，除了考虑 O 型密封圈截面直径的公差外，还必须考虑因 O 型密封圈的伸展引起的截面直径变化。由于橡胶体积是不变的，故 O 型密封圈直径增加必然会引起其截面直径减小，例如 O 型密封圈直径增大 10%，其截面直径就会减小5%，因此，考虑 O 型密封圈直径和截面直径的变化甚至要比考虑公差更为重要。根据制造公差所确定的最小截面直径 d_{min} 应为 O 型密封圈截面公称直径尺寸 d 及其下偏差 Δ 之差，即 $d_{min} = d - \Delta$。

若从 O 型密封圈直径伸展增大时，橡胶变形前后的体积不变考虑，则：

$$\pi D \frac{\pi d^2}{4} = \pi D' \frac{\pi d'^2}{4}$$

即 $\dfrac{d'}{d} = \sqrt{\dfrac{D}{D'}}$，故：

$$d' = \sqrt{\frac{D}{D'}} \times d \tag{3-9}$$

式中，D 为自由状态下的 O 型密封圈内径；D' 为矩形密封槽内径（O 型密封圈伸展后的内径）；d' 为 O 型密封圈直径伸展后的截面直径。

如果同时考虑上述两个因素，既考虑截面直径公差，又考虑 O 型密封圈直径的伸展，则 O 型密封圈的最小直径可用下式求得：

$$d_{min} = (d - \Delta)\sqrt{\frac{D}{D'}} \tag{3-10}$$

式中，d 为 O 型密封圈截面公称直径；Δ 为 O 型密封圈截面公称直径 d 的尺寸公差下偏差；D 为自由状态下的 O 型密封圈内径；D' 为矩形密封槽内径（O 型密封圈伸展后的内径）。

3.3.2.4 矩形截面密封槽的设计计算

A 密封槽宽度

密封槽宽度是密封设计中另一重要参数。由于安装在密封槽里的橡胶圈受压前后，形状发生变化而体积不变（橡胶本身不可压缩），因此，密封槽要有容纳密封圈变形的空间。在受压密封状态下，密封圈不可能将密封槽完全充满，在不同的介质和温度下，要求 O 型密封圈产生轻微的滚动，因此，通常要求矩形密封槽的容积比密封圈的体积大 15% 左右。

B 密封槽深度

设计橡胶密封槽，要充分考虑橡胶密封圈（截面为圆形或矩形）的特点，橡胶圈受力后形状改变而体积保持不变，即不可压缩的弹性压缩能力，超过这种能力就会产生塑性变形，严重时造成表皮破损，因此，确保橡胶密封圈最适宜的压缩量是密封槽设计中重要的参数之一，过小不能形成长期稳定的可靠密封，过大会影响橡胶圈的使用寿命。静密封法兰连接矩形密封槽深度和 O 型密封圈压缩率参数见表3-15。

表 3-15 矩形密封槽深度和 O 型密封圈压缩率参数

密封圈截面直径 d/mm	1.9	2.4	3.1	4	5.7	6	8	8.6	10	14	18	20
密封槽深 h/mm	1.4	1.8	2.4	2.6	4.5	3.6	4.8	6.9	6.0	9.0	12.0	13.0
压缩量 Q/mm	0.5	0.6	0.7	1.4	1.2	2.4	3.2	1.7	4.0	5.0	6.0	7.0
压缩率/ %	26.3	25	22.5	35	21	40	40	19.8	40	35.7	33.3	35

注：1. 截面直径 4、6、8、10、14、18、20 几种规格为中国法兰标准；

2. 密封槽深数据是按 O 型密封圈压缩量给出的，如果法兰紧固后留有间隙，则需相应减小密封槽的深度值。

C 密封槽宽度 Y 和密封槽深度 X 的设计计算

O 型密封圈在矩形断面密封槽中受到压缩时，有可能受到槽宽的限制，此时如图 3-56 所示，密封比压力将随压缩量增加而急剧增加。

当 O 型密封圈压缩受到槽宽限制时，相对比压力 σ_x 与相对高度 X_x 的关系由图 3-57 所示，图中的横坐标表示相对宽度，其值为：

$$Y_x = \frac{Y}{d} \tag{3-11}$$

式中，Y 为矩形槽的宽度；d 为 O 型密封圈的截面直径。

由图 3-57 可知，当 O 型密封圈的压缩比一定时（$X_x = $ 常数），槽越窄（Y_x 越小），密封比压力 σ_s 就越高。如果密封比压力 σ_s 一定（如各种橡胶均取 1.3MPa），则相对比压力 σ_x 将随 E 的增大而减小。

相对比压力不仅与槽宽 Y 和槽深 X 有关，而且还与 X、Y 的公差有关，设计计算时应从最坏的情况考虑，即考虑在 O 型密封圈截面直径最小，槽宽又最大的情况下，也能保证 O 型密封圈产生 1.3MPa 的比压力。如果设最坏情况下槽的最大相对深度为 $X_{x\max}$，最大相对宽度为 $Y_{x\max}$，则：

$$\left.\begin{array}{c} X_{x\max} = \dfrac{X_{\max}}{d_{\min}} \\[3mm] Y_{x\max} = \dfrac{Y_{\max}}{d_{\min}} \end{array}\right\} \tag{3-12}$$

式中，X_x 与 Y_x 可以从图 3-57 中查得。

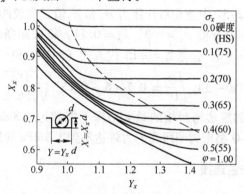

图 3-57　σ_s 值为 1.3MPa 时各种相对比压力 $\sigma_x = \sigma_s/E$
所决定的 X_x 与 Y_x 关系曲线

图中虚线表示 O 型密封圈受压后的换算宽度，在其右侧 O 型密封圈处于自由态；最下面一条曲线为装填因数 $\varphi = 1.00$（$\varphi = \dfrac{\text{O 型密封圈截面面积}}{\text{密封槽断面面积}} \times 100\%$）。

保证比压力不小于 1.3MPa 时所需的密封槽最大深度 $X_{\max}$ 和最大槽深所对应的密封槽宽度 Y，可用下式求得：

$$X_{\max} = X_x d_{\min} = X_x(d - \Delta)\sqrt{\dfrac{D}{D'}} \tag{3-13}$$

$$Y = Y_x d_{\min} = Y_x(d - \Delta)\sqrt{\dfrac{D}{D'}} \tag{3-14}$$

式中，D 为自由状态下的 O 型密封圈内径；D' 为矩形密封槽内径（O 型密封圈伸展后的内径）；d 为 O 型密封圈截面公称直径；Δ 为 O 型密封圈截面公称直径 d 的尺寸公差下偏差；d_{min} 为 O 型密封圈的最小截面直径，$d_{min} = d - \Delta$。

D 设计举例

某橡胶 O 型密封圈的橡胶材料硬度为 65HS，O 型密封圈截面直径 $d = (6 \pm 0.15)$ mm，内径 $D = 154$mm。O 型密封圈放入内径为 156.5mm 的矩形槽内，受压后其外侧为自由状态，比压力取 1.3MPa，计算密封槽深。

首先从图 3-57 中查相对比压力 σ_x 和 X_x 值，当胶圈硬度为 65HS 时，由图 3-57 中查得 $\sigma_x = 0.3$，$X_x = 0.74$。将已知条件：$D = 154$，$D' = 156.5$，$d = 6$，公差 $\Delta = 0.15$ 代入式（3-13）得：

$$X_{max} = X_x (d - \Delta) \sqrt{\frac{D}{D'}} = 0.74(6 - 0.15) \sqrt{\frac{154}{156.5}} = 4.3 \text{mm}$$

即所设计的矩形密封槽的最大槽深不能超过 4.3mm。当槽深大于 4.3mm 时，O 型密封圈所受的力将达不到 1.3MPa 的压力。

3.3.3 真空法兰连接

真空法兰连接属于可拆密封连接。真空系统中常用的法兰有橡胶密封法兰、氟塑料密封法兰、金属密封法兰、快卸法兰。

3.3.3.1 橡胶密封真空法兰

法兰与橡胶垫圈相结合的真空静密封连接是真空系统中应用最多的一种可拆密封连接结构，只靠两个法兰之间的密封面进行密封是达不到保证连接部位的气密性要求的。实验表明，即使法兰平面加工十分平整，表面粗糙度极低，但只要出现一条 0.25nm 的刀痕，其漏气率即可达到 10^{-8}Pa·L/s。因此可将氯丁橡胶、丁腈橡胶、氟橡胶、硅橡胶、聚四氟乙烯等弹性体制成不同形状截面的垫圈或 O 型密封圈，然后将其夹在两个连接件之间，以达到真空静连接及密封的目的。这种结构的密封性能主要取决于弹性体和被连接件之间接触面的粗糙度及弹性体本身的透气性、放气率和蒸气压等因素。为了消除这些因素对密封性能的影响，接触表面的粗糙度至少要求加工到

1.6μm，而且设计时，尽量使弹性体暴露在真空一侧的表面最少。

橡胶密封法兰用于低、中及高真空系统中，也可用于超高真空装置的真空室门密封。用于超高真空系统密封时，为了减少密封圈出气量，常采用氟橡胶密封圈，或用低温冷却结构冷冻密封圈。

目前，真空法兰执行 GB/T 6070—2007 标准。此标准适用于低、中、高真空设备所用的连接法兰（包括：固定法兰、活套法兰和卡钳法兰）。

A　法兰用材料与法兰公称通径

真空法兰所用材料一般为 Q235A 或 20 号钢，要求防磁；用于腐蚀介质的法兰材料可采用奥氏体不锈钢，选用其他材料时应满足国家标准规定的真空法兰线密封载荷和焊接性能的要求。

真空法兰（包括导管）的公称通径即公称内径，一般应等于或稍小于实际内径。法兰连接的所有结构尺寸及密封圈的尺寸均根据连接导管的内径，即公称通径来决定。公称通径、实际内径与法兰接管的尺寸关系见图 3-58 和表 3-16。

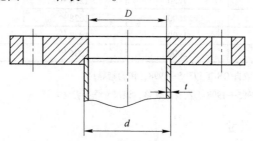

图 3-58　真空法兰与接管

表 3-16　真空法兰公称通径、实际内径与法兰接管的尺寸　（mm）

公称通径 DN	实际内径 D	法兰接管外径 d	接管壁厚 t
10	12.2	16	2
16	17.2	20	2
20	22.2	25	2
25	26.2	30	2
32	34.2	38	2
40	41.2	45	2

公称通径 DN	实际内径 D	法兰接管外径 d	接管壁厚 t
50	52.2	57	3
63	70	76	3
80	83	89	3
100	102	108	3
125	127	133	3
160	163	159	3
200	213	219	3
250	261	267[①]	3
320	318	325	3
400	400	406	3
500	501	509[①]	4
630	651	660[①]	5
800	800	812[①]	6
1000	1000	1016[①]	8
1250	1250	1274[①]	12
1600	1600	1628[①]	14
1800	1800	1832[①]	16
2000	2000	2036[①]	18

注：d、t 数值取自 GB/T 17395—1998，作为指导用。

① 在 GB/T 17395—1998 中没有此规格，该尺寸作为参考。

B 法兰尺寸

a 固定法兰

固定法兰的各部配合、连接尺寸由图 3-59 和表 3-17 给出。

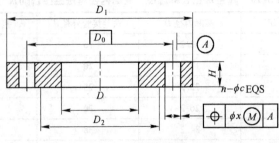

图 3-59 真空固定法兰

表3-17 真空固定法兰公称通径及尺寸 （mm）

公称通径 DN	D	D_0	D_1	D_2	H (js16)	c (H13)	x	螺栓	
								d	n
10	12.2	40	55	30	8	6.6	0.6	6	4
16	17.2	45	60	35	8	6.6	0.6	6	4
20	22.2	50	65	40	8	6.6	0.6	6	4
25	26.2	55	70	45	8	6.6	0.6	6	4
32	34.2	70	90	55	8	9	1	8	4
40	41.2	80	100	65	12	9	1	8	4
50	52.2	90	110	75	12	9	1	8	4
63	70	110	130	95	12	9	1	8	4
80	83	125	145	110	12	9	1	8	8
100	102	145	165	130	12	9	1	8	8
125	127	175	200	155	16	11	1	10	8
160	153	200	225	180	16	11	1	10	8
200	213	260	285	240	16	11	1	10	12
250	261	310	335	290	16	11	1	10	12
320	318	395	425	370	20	14	2	12	12
400	400	480	510	450	20	14	1	12	16
500	501	580	610	550	20	14	2	12	16
630	651	720	750	690	24	14	2	12	20
800	800	890	920	860	24	14	2	12	24
1000	1000	1090	1120	1060	24	14	2	12	32
1250	1250	1404	1440	1340	28	19	2.5	16	32
1600	1600	1755	1790	1705	30	19	2.5	16	32
1800	1800	1940	1980	1920	32	24	2.5	20	32
2000	2000	2205	2245	2140	32	24	2.5	20	32

注：表中 D、D_2 的尺寸决定了法兰的最小密封面。

b 活套法兰

活套法兰的公称通径尺寸和其他各部配合、连接尺寸由图3-60和表3-18给出。

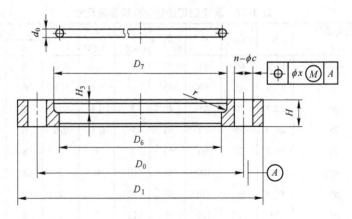

图 3-60 活套法兰

表 3-18 活套法兰公称通径及尺寸 （mm）

公称通径 DN	D_0	D_1	D_6 (H11)	D_7 (H14)	H (js16)	H_3	r (B10)	d_0	c (H13)	x	螺栓	
											d	n
10	40	55	30.1	32.1	8	3	1	2	6.6	0.6	6	4
16	45	60	35.1	37.1	8	3	1	2	6.6	0.6	6	4
20	50	65	40.1	42.1	8	3	1	2	6.6	0.6	6	4
25	55	70	45.1	47.1	8	3	1	2	6.6	0.6	6	4
32	70	90	55.5	57.5	8	3	1	2	9	1	8	4
40	80	100	65.5	68.5	12	5.5	1.5	3	9	1	8	4
50	90	110	75.5	78.5	12	5.5	1.5	3	9	1	8	4
63	110	130	95.5	98.5	12	5.5	1.5	3	9	1	8	4
80	125	145	110.5	113.5	12	5.5	1.5	3	9	1	8	8
100	145	165	130.5	133.5	12	5.5	1.5	3	9	1	8	8
125	175	200	155.7	160.7	16	6.5	2.5	5	11	1	10	8
160	200	225	180.7	185.7	16	6.5	2.5	5	11	1	10	8
200	260	285	240.7	245.7	16	6.5	2.5	5	11	1	10	12
250	310	335	290.7	295.7	16	6.5	2.5	5	11	1	10	12
320	395	425	370.8	375.8	20	8.5	2.5	5	14	2	12	12

续表 3-18

公称通径 DN	D_0	D_1	D_6 (H11)	D_7 (H14)	H (js16)	H_3	r (B10)	d_0	c (H13)	x	螺栓	
											d	n
400	480	510	450.8	458.8	20	10	4	8	14	2	12	16
500	580	610	550.8	558.8	20	10	4	8	14	2	12	16
630	720	750	691	701	24	12	5	10	14	2	12	20

注：卡环直径 d_0 建议用下列公差：$d_0 = 2$mm，公差为 ± 0.02mm；$d_0 = 3 \sim 5$mm，公差为 ± 0.025mm；$d_0 = 8 \sim 10$mm，公差为 ± 0.030mm。

c 卡钳法兰

卡钳法兰的公称通径尺寸和其他各部配合、连接尺寸由图 3-61 和表 13-19 给出。

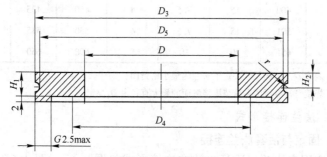

图 3-61 卡钳法兰

表 3-19 卡钳法兰公称通径及尺寸　　　　　（mm）

公称通径 DN	D	H_1(js16)	H_2(H14)	r(B10)	D_3(h11)	D_4	D_5(h11)
10	12.2	6	3	1	30	15	28
16	17.2	6	3	1	35	20	33
20	22.2	6	3	1	40	25	38
25	26.2	6	3	1	45	30	43
32	34.2	6	3	1	55	40	53
40	41.2	10	5	1.5	65	50	62

公称通径 DN	D	H_1(js16)	H_2(H14)	r(B10)	D_3(h11)	D_4	D_5(h11)
50	52.2	10	5	1.5	75	60	72
63	70	10	5	1.5	95	80	92
80	83	10	5	1.5	110	95	107
100	102	10	5	1.5	130	115	127
125	127	10	5	2.5	155	140	150
160	153	10	5	2.5	180	165	175
200	213	10	5	2.5	240	225	235
250	261	10	5	2.5	290	275	285
320	318	15	7.5	2.5	370	355	365
400	400	15	7.5	4	450	435	442
500	501	15	7.5	4	550	535	542
630	651	20	10	5	690	660	680

注：1. 表中 D、D_4 的尺寸决定了法兰的最小密封面；

2. 焊接管径等所用夹紧装置接触面的最大直径由 D_4 决定。

C 法兰连接形式

a 固定与活套法兰连接

真空固定法兰与活套法兰的连接形式如图 3-62 ~ 图 3-65 所示。该连接形式适用于低、中、高真空设备和管路的法兰连接。在法兰连接安装时，法兰的密封槽应开在面向气流方向的法兰平面上。

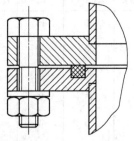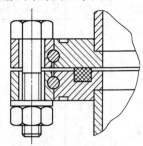

图 3-62 固定法兰与固定法兰连接　　图 3-63 活套法兰和活套法兰连接

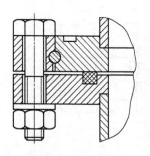

图 3-64 固定法兰与活套法兰连接

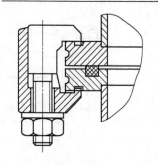

图 3-65 活套法兰用钩头螺栓连接

真空固定法兰和活套法兰的螺栓孔位置应按图 3-66 所示排列，图中 α 角是螺栓孔数的函数，螺栓孔数 n 根据法兰线密封载荷及给定的螺栓应力得出。

b 卡钳法兰连接

卡钳真空法兰连接采用橡胶密封圈密封，特点是：使用方

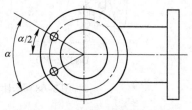

图 3-66 真空法兰的螺栓孔位置

便，便于快速安装和拆卸，适用于低、中、高真空管路连接用。卡钳真空法兰连接有三种形式：卡钳螺钉连接、卡钳垫块连接、卡钳螺栓连接，如图 3-67 ~ 图 3-69 所示。

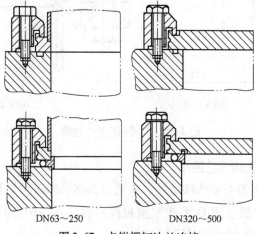

DN63~250   DN320~500

图 3-67 卡钳螺钉法兰连接

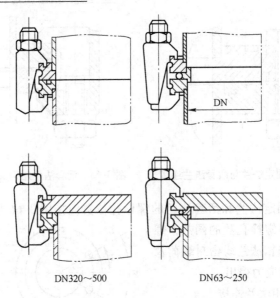

DN320～500　　　　　　DN63～250

图 3-68　卡钳垫块法兰连接

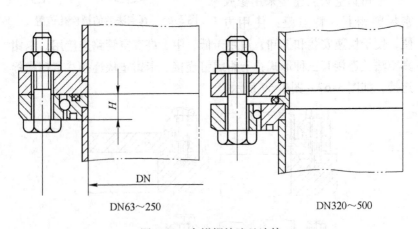

DN63～250　　　　　　　　DN320～500

图 3-69　卡钳螺栓法兰连接

　　c　真空快卸法兰连接

　　（1）夹紧型真空快卸法兰。夹紧型真空快卸法兰适用于低、中、高真空管路，法兰用 O 型橡胶密封圈密封，其结构形式见图 3-70，卡箍材料推荐采用铸铝 ZL7。

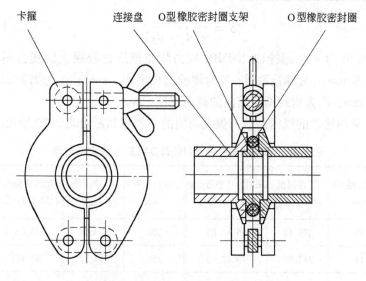

卡箍　　　连接盘　O型橡胶密封圈支架　　O型橡胶密封圈

图 3-70　夹紧型真空快卸法兰结构形式

（2）拧紧型真空快卸法兰。拧紧型真空快卸法兰适用于低、中、高真空管路，其公称通径为 10～40mm，用 O 型橡胶密封圈密封。拧紧型真空快卸法兰的结构形式如图 3-71 所示。

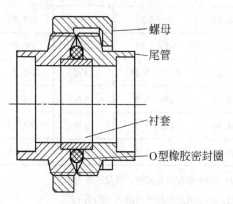

螺母

尾管

衬套

O型橡胶密封圈

图 3-71　拧紧型真空快卸法兰结构形式

D　法兰线密封载荷及对应的 O 型密封圈

真空法兰的线密封载荷 δ 为：

$$\delta = \frac{200nS}{\pi(d_1 + d_2)} \tag{3-15}$$

式中，δ 为 n 个螺栓以 200MPa 应力均布施压在胶圈上的线密封载荷，N/mm；n 为螺栓数量；S 为螺栓截面面积，mm^2；d_1 为密封圈内径，mm；d_2 为密封圈压缩前的截面直径，mm。

常用法兰的线密封载荷值及对应的 O 型密封圈由表 3-20 给出。

表 3-20　常用的法兰线密封载荷及对应的 O 型密封圈

公称通径 DN /mm	$\delta^{②}$常用值 /N·mm^{-1}	采用的 O 型密封圈（GB/T 3452.1）	公称通径 DN /mm	$\delta^{②}$常用值 /N·mm^{-1}	采用的 O 型密封圈（GB/T 3452.1）
10	273.18	15×2.65	200	188.24	218×5.3
16	212.88	20×2.65	250	155.51	265×5.3
20	174.38	25×2.65	320	185.31	325×5.3
25	147.67	30×2.65	400	194.77	412×7
32	214.28	38.5×2.65	500	156.34	515×7
40	185.06	45×2.65	630	153.20	658.88×6.99[①]
50	148.07	56×3.55	800	149.83	810×7[①]
63	112.26	75×3.55	1000	160.49	1010×7[①]
80	193.69	87.5×3.55	1250	240.97	1260×10^4
100	158.45	106×5.3	1600	188.91	1610×10[①]
125	204.10	132×5.3	1800	262.52	1810×12[①]
160	169.52	160×5.3	2000	236.55	2010×12[①]

① 在 GB/T 3452.1—2005 中没有此规格，该尺寸作为参考。

② 该值作为指导用，根据所选用的密封圈的不同而不同。

E　真空法兰密封槽结构形式及尺寸

如图 3-72 和图 3-73 所示，真空法兰密封槽的结构形式为在法兰面上开槽（矩形、梯形等），或采用平面法兰加内定位圈形式（此时采用圆形密封圈），内定位圈的结构如图 3-74 所示。密封槽应开在面向气流方向的法兰平面上。

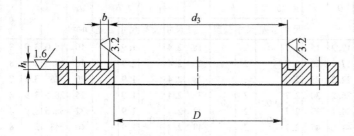

图 3-72　O 型密封圈矩形密封槽结构

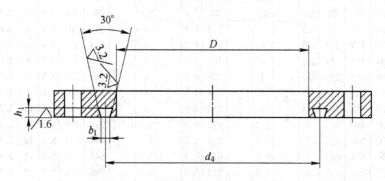

图 3-73　O 型密封圈梯形密封槽结构

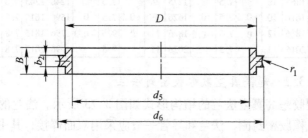

图 3-74　O 型密封圈内定位圈

密封槽对于所用的密封圈规格和密封槽及内定位圈的尺寸见表 3-21，内定位圈所用密封圈的截面直径分别为 5.3mm、7mm 和 10mm 三种规格。

表 3-21 密封槽及内定位圈尺寸　　　　　　　　　　（mm）

公称通径 DN	D	矩形密封槽					梯形密封槽					内定位圈				
		d_3	b		h		d_4	b_1		h_1		d_5 (max)	d_6	b_2	B	r_1
			尺寸	公差	尺寸	公差		尺寸	公差	尺寸	公差					
10	12.2	15	2.7		2		18	2.4		1.9		10	15.3	3.9	8	2.6
16	17.2	20	2.7		2		23	2.4		1.9		16	18.5	3.9	8	2.6
20	22.2	25	2.7		2		28	2.4		1.9		20	25	3.9	8	2.6
25	26.2	30	2.7	+0.1	2	0	33	2.4	+0.1	1.9	0	25	28.5	3.9	8	2.6
32	34.2	39	2.7	0	2	−0.1	42	2.4	0	1.9	−0.1	32	36.5	3.9	8	2.6
40	41.2	45	2.7		2		48	2.4		1.9		40	43	3.9	8	2.6
50	52.2	56	3.6		2.6		60	3.2		2.6		50	55	3.9	8	2.6
63	70	76	3.6		2.6		80	3.2		2.6		67	76	3.9	8	2.6
80	83	88	3.6		2.6		92	3.2		2.6		80	88	3.9	8	2.6
100	102	107	5.3		4		113	4.8		4		99	107	3.9	8	2.6
125	127	133	5.3		4		140	4.8		4		124	132	3.9	8	2.6
160	153	161	5.3		4		168	4.8		4		150	159	3.9	8	2.6
200	213	220	5.3		4		226	4.8		4		210	219	3.9	8	2.6
250	261	268	5.3	+0.2	4	0	274	4.8	+0.2	4	0	258	267	3.9	8	2.6
320	318	328	5.3	0	4	−0.2	334	4.8	0	4	−0.2	314	328	5.6	12	3.5
400	400	415	7		5.2		422	6.3		5.2		396	409	5.6	12	3.5
500	501	518	7		5.2		525	6.3		5.2		496	511	5.6	12	3.5
630	651	663	7		5.2		670	6.3		5.2		646	663	5.6	12	3.5
800	800	815	7		5.2		822	6.3		5.2		796	815	5.6	12	3.5
1000	1000	1015	7		5.2		1022	6.3		5.2		996	1010	5.6	12	3.5
1250	1250	1265	10		7.5		1275	9		7.5		1246	1265	7.8	15	5
1600	1600	1616	10	+0.3	7.5	0	1626	9	+0.3	7.5	0	1596	1615	7.8	15	5
1800	1800	1816	12	0	7.5	−0.3	1826	11	0	9.5	−0.3	1796	1815	7.8	15	5
2000	2000	2016	12		7.5		2026	11		9.5		1996	2015	7.8	15	5

3.3.3.2　超高真空氟橡胶密封法兰

　　氟橡胶超高真空法兰的结构形式如图 3-75 所示。法兰的密封材料采用氟橡胶密封圈，法兰和导管一般应采用双面焊接，其中位于法兰顶端的内焊缝采用连续氩弧焊，以保证密封性能。外焊缝采用连续电弧焊，以增加强度。当 DN < 400mm 时，其断续外焊缝可以不焊。

　　法兰与连接导管一般在焊接后进行精加工。法兰密封槽的密封表面应光滑，不得有气孔、裂纹、斑点、毛刺、锈斑以及其他降低强度和密封要求的缺陷。法兰焊接前，焊接部位应进行除油清洗，并吹干。法兰焊接后应对其气密性采用氦质谱检漏仪进行检测。一般情况下，焊接后的焊缝不允许再进行加工，加工焊缝要求平整、光滑美观，不得有气孔、裂纹和毛刺。

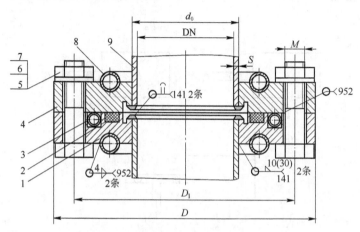

图 3-75 氟橡胶密封的超高真空法兰连接

1—下法兰；2—氟橡胶密封圈；3—冷冻管；4—上法兰；
5—六角螺母；6—螺栓；7—垫圈；8—冷水管；9—导管

3.3.3.3 双重橡胶密封法兰

真空橡胶圈密封时所渗漏的气体量与许多因素有关，其中重要的影响因素是密封圈内外两侧的压力差和橡胶圈的出气和渗漏。减小密封圈两侧的压差和胶圈的出气量，可大大地提高其密封性能。

A 双重密封圈的密封原理

真空橡胶圈在密封时，通过它所渗漏的气体量与许多因素有关，例如橡胶的种类、硬度、蒸气压、压缩量、密封面的表面粗糙度、温度等，但最重要的影响因素是密封圈内外两侧的压力差。实验证明，密封圈两侧压差减小，可极大地提高其密封性能。

图 3-76 所示为双重密封圈密封的原理。图 3-76（a）所示是单垫圈的结构。如果设大气压为 p_a，真空泵的有效抽气速率为 S_e，由 S_e 而获得的被抽容器内的压力为 p，经过密封垫圈漏隙由大气压 P_a 漏入到真空容器中的气体量为 Q。根据气体连续性方程，则：

$$Q = S_e p = C(p_a - p) \tag{3-16}$$

式中，C 为密封圈与法兰漏隙间的流导。

显然

$$p = \frac{C}{S_e + C} p_a \tag{3-17}$$

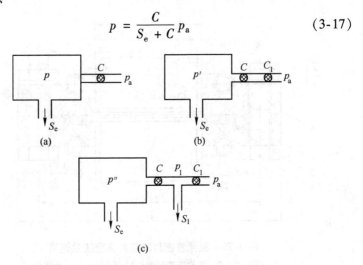

图 3-76 双重密封圈的密封原理

（a）单垫圈密封；（b）双垫圈密封；（c）双垫圈中间减压密封

若其他条件不变，如图 3-76（b）所示，再增加一层密封圈，并设其漏隙的流导为 C_1，这时真空容器内的压力为 p'，因为两层垫圈漏隙为串联，故：

$$S_e p' = \frac{1}{1/C + 1/C_1}(p_a - p')$$

即

$$p' = \frac{CC_1}{S_e(C + C_1) + CC_1} p_a \tag{3-18}$$

当 $C = C_1$ 时，则：

$$p' = \frac{C}{2S_e + C} p_a = \frac{S_e + C}{2S_e + C} p$$

其中

$$p_a = \frac{S_e + C}{C} p$$

可见

$$p' > \frac{p}{2}$$

从这里不难看出，如果只增加一层胶圈，对降低真空容器内压力 p' 的效果是不大的。

如图3-76（c）所示，如果在两层密封圈之间用抽气速率为 S_1 的真空泵抽空，并在密封圈中间建立起 p_1 的压力值。这时，真空室内的压力为 p''，则：

$$p'' = \frac{C}{S_e + C} p_1 = \frac{C}{S_e + C} \times \frac{C_1}{S_1 + C_1} p_a$$

将 $\dfrac{C}{S_e + C} p_a = p$，$\dfrac{C_1}{S_1 + C_1} p_a = p_1$ 代入上式，则有：

$$p'' = p \frac{p_1}{P_a} \tag{3-19}$$

当 $p_1 = 13.3\text{Pa}$，$p_a = 10^5\text{Pa}$ 时，则 $p'' \approx 1.3 \times 10^{-4}\text{Pa}$。

即 p'' 几乎降低了1万倍，因此采用双重密封圈并且在两层密封圈中间进行抽空的办法，对提高真空容器内的密封效果是十分显著的。

B 双重密封的法兰结构

橡胶圈的出气会影响超高真空的获得，为减小橡胶密封圈的出气或漏气量，可采用双重橡胶密封法兰或者双重橡胶金属组合密封法兰来消除这些影响。图3-77所示的双重橡胶圈密封法兰的冷却管中通冷冻剂来冷冻橡胶，以降低橡胶材料的出气率。图3-78所示的双重橡胶圈密封法兰结构是在法兰上设置两个O型橡胶密封圈，在内外

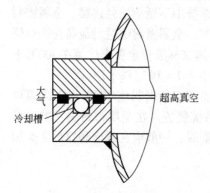

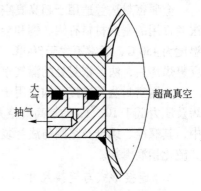

图 3-77 带冷却槽的双重
橡胶圈密封法兰

图 3-78 中间抽气的双重
橡胶圈密封法兰

橡胶 O 型密封圈中间设有排气空腔
抽真空，以减少渗漏的影响。图 3-
79 所示是橡胶 O 型密封圈与金属 O
型密封圈相结合的用于超高真空系
统中的法兰密封结构。因为在真空
度高于 1.3×10^{-3} Pa 的真空系统中
采用橡胶 O 型密封圈对真空度的影
响主要有两个因素：一是橡胶材料
的透气性；二是橡胶材料本身的升
华。前者在真空度为 1.3×10^{-3} ~
1.3×10^{-4} Pa 时的影响最显著，后
者在真空度为 1.3×10^{-5} ~ $1.3 \times$
10^{-7} Pa 时的影响最显著。因此在这

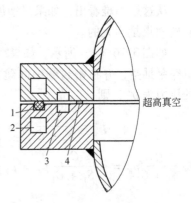

图 3-79　超高真空双重密封结构
1—橡胶密封圈；2—冷却水道；
3—抽真空腔；4—金属密封圈

种结构设计中，超高真空侧的密封圈选用金属材料。当内侧真空容器
的温度较高时，外环应采用水冷，以防止橡胶过热老化。此外，在金
属 O 型圈的外表面上还可以涂上聚四氟乙烯，使 O 型密封圈与相应
密封接触面间的凸凹完全填满、紧密贴合，从而进一步提高其密封性
能。这种密封装置只要把空腔抽空到 1.3×10^{-3} Pa，则能够获得 1.3
$\times 10^{-9}$ Pa 的超高真空。

3.3.3.4　金属密封法兰

金属密封法兰适用于超高真空系统中不锈钢法兰连接。金属密封
法兰常用的密封材料有铝、铜和金等。金属密封法兰的最高允许烘烤
温度为 450℃，通常不大于 300℃。国家标准规定要求法兰在 300℃下
反复烘烤后，法兰密封处的漏气率小于 1×10^{-8} Pa·L/s。

金属密封法兰连接结构适用于要求密封材料耐 200℃ 以上高温烘
烤及压力低于 10^{-7} Pa 的超高真空系统装置。在金属密封法兰的连接
中，其螺栓、螺母及垫圈与法兰装配时，一般应在螺栓和螺母之间加
二硫化钼润滑剂。

A　连接形式与连接尺寸

国家标准 GB/T 6071—2003 规定了内焊型、松套型和盲型超高真
空金属密封法兰的结构形式，其连接形式如图 3-80 所示，法兰与接

管的连接尺寸见表3-22。

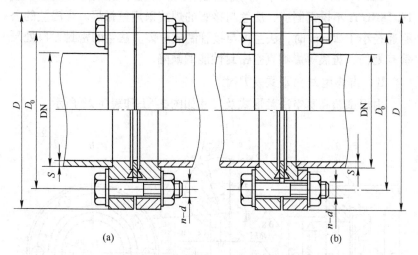

(a)   (b)

图 3-80　金属密封超高真空法兰结构形式

（a）内焊型；（b）松套型

表 3-22　金属密封真空法兰与接管的连接尺寸 　　（mm）

公称通径	法　兰		接　管		螺　栓	
DN	D	D_0	DN	$2S$[4]	n	$d \times L$
16[1]	34	27.0	16.0	2.0	6	M4×20
20	54	41.3	20.0	4.0	6	M6×30
(25)[2]	54	43.0	25.0	3.0	6	M6×30
25	60	47.0	25.0	4.0	6	M6×30
32	70	54.0	32.0	4.0	6	M6×35
40[1][3]	70	58.7	35.0	3.0	6	M6×35
50	86	72.4	50.0	3.0	8	M8×45
63[1]	114	92.2	63.0	3.0	8	M8×50
80	130	110.0	80.0	5.0	16	M8×50
100[1]	152	130.3	100.0	4.0	16	M8×55
160[1][3]	202	181.0	150.0	4.0	20	M8×55
200[1]	253	231.8	200.0	5.5	24	M8×60
250	305	284.0	250.0	6.5	32	M8×70

①优先采用；

②括号内规格为限制采用规格；

③DN40 的实际公称通径为35mm，DN160 的实际公称通径为150mm；

④为推荐值。

GB/T 6071—2003 标准规定法兰材料推荐采用 0Cr18Ni9 或 1Cr18Ni9Ti 不锈钢制造，法兰与接管的焊接采用氩弧焊。当法兰的公称通径小于25mm 时，法兰可与接管制成一体。法兰的密封刀口处严禁有划伤、斑痕等影响真空密封性能的缺陷。

B 内焊型法兰形式及尺寸

内焊型超高真空法兰形式及尺寸如图3-81 和表3-23 所示。

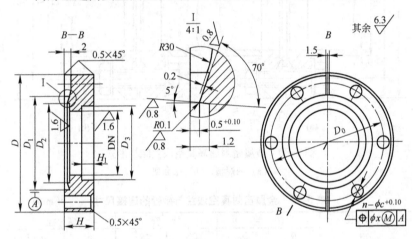

图3-81 内焊型法兰结构形式

表3-23 内焊型法兰尺寸 （mm）

公称通径 DN	D	D_0	D_1 基本尺寸	D_1 公差	D_2	D_3 基本尺寸	D_3 公差	H	H_1	x	n	c
16[1]	34	27.0	21.4	+0.033 0	18.0	18.0	+0.043 0	7.3	3.0	0.20		4.3
20	54	41.3	32.9	+0.039 0	27.6	24.0	+0.052 0	10.5	5.5			
(25)[2]	54	43.0	35.0	+0.039 0	29.5	28.0	+0.052 0	10.5	5.5		6	
25	60	47.0	39.0	+0.039 0	34.0	29.0	+0.052 0	10.0	5.0	0.40		6.6
32	70	54.0	46.0	+0.039 0	41.0	35.0	+0.062 0	12.0	6.0			
40[1][3]	70	58.7	48.3	+0.039 0	42.0	38.0	+0.062 0	13.0	7.5			

续表 3-23

公称通径 DN	D	D_0	D_1 基本尺寸	公差	D_2	D_3 基本尺寸	公差	H	H_1	x	n	c
50	86	72.4	61.6	+0.046 0	55.6	53.0	+0.074 0	16.0	8.0		8	
63①	114	92.2	82.4	+0.054 0	77.0	66.0	+0.074 0	17.5	8.0		8	
80	130	110.0	99.0	+0.054 0	93.0	85.0	+0.087 0	18.0	8.0		16	
100①	152	130.3	120.6	+0.063 0	115.0	104.0	+0.087 0	20.0	9.0	0.25	16	8.4
160①③	202	181.0	171.4	+0.063 0	166.0	154.0	+0.100 0	22.0	9.5		20	
200①	253	231.8	222.1	+0.072 0	217.0	205.5	+0.115 0	24.5	12.0		24	
250	305	284.0	273.1	+0.081 0	267.0	256.5	+0.130 0	26.0	13.0		32	

①优先采用；

②括号内规格为限制采用规格；

③DN40 的实际公称通径为 35mm，DN160 的实际公称通径为 150mm。

C 松套型法兰形式与尺寸

松套型超高真空法兰形式及尺寸如图 3-82 和表 3-24 所示。

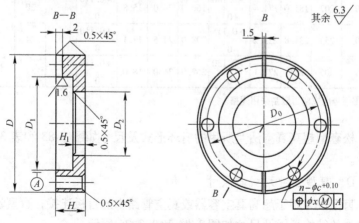

图 3-82 松套型法兰结构形式

表3-24 松套型法兰尺寸 （mm）

公称通径 DN	D	D_0	D_1		D_2	H	H_1		x	n	c
			基本尺寸	公差			基本尺寸	公差			
16	34	27.0	21.4	+0.052 0	18.5	7.3	5.8	+0.075 0	0.20		4.3
20	54	41.3	32.9	+0.062 0	25.0	10.5	7.0	+0.090 0	0.20		
(25)[①]	54	43.0	35.0	+0.062 0	29.0	10.5	6.9	+0.090 0		6	6.6
25	60	47.0	39.0	+0.062 0	30.0	10.0	7.0	+0.090 0	0.40		6.6
32	70	54.0	46.0	+0.062 0	39.0	12.0	7.6	+0.090 0			
40	70	58.7	48.3	+0.062 0	39.0	13.0	7.7	+0.090 0			
50	86	72.4	61.6	+0.074 0	56.0	17.5	9.7	+0.090 0		8	
63	114	92.2	82.5	+0.087 0	71.0	19.0	12.7	+0.110 0			
80	130	110.0	99.0	+0.087 0	87.0	18.0	12.7	+0.110 0		16	
100	152	130.3	120.6	+0.100 0	109.0	21.5	14.3	+0.110 0	0.25		8.4
160	202	181.0	171.4	+0.100 0	160.0	24.0	15.8	+0.110 0		20	
200	253	231.8	222.2	+0.115 0	208.0	24.5	17.1	+0.110 0		24	
250	305	284	273.1	+0.130 0	262.0	26.0	18.0	+0.110 0		32	

①括号内规格为限制采用规格。

松套型超高真空法兰所用的肩环形式及尺寸如图3-83和表3-25所示。

D 盲型法兰形式与尺寸

盲型法兰用于超高真空容器或真空管路中的盲板连接，盲型超高真空法兰结构形式及尺寸如图3-84和表3-26所示。

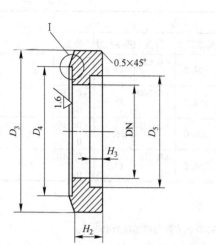
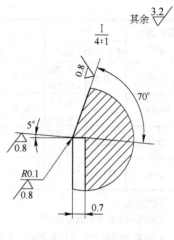

图 3-83 松套型法兰肩环结构形式

表 3-25 松套型法兰肩环尺寸 （mm）

公称通径 DN	D_3		D_4	D_5		H_2		H_3
	基本尺寸	公差		基本尺寸	公差	基本尺寸	公差	
16[1]	21.4	-0.110 -0.142	18.0	18.0	+0.043 0	5.3	+0.075 0	
20	32.9	-0.120 -0.159	27.6	24.0	+0.052 0	6.5	+0.090 0	
(25)[2]	35.0	-0.120 -0.159	29.5	28.0	+0.052 0	6.4	+0.090 0	1.5
25	39.0	-0.120 -0.159	34.0	29.0	+0.052 0	6.5	+0.090 0	
32	46.0	-0.130 -0.169	41.0	35.0	+0.062 0	7.1	+0.090 0	
40[1][3]	48.3	-0.130 -0.169	42.2	38.0	+0.062 0	7.2	+0.090 0	2.2
50	61.6	-0.140 -0.186	55.6	53.0	+0.074 0	9.2	+0.090 0	
63[1]	82.5	-0.170 -0.224	77.0	66.0	+0.074 0	12.2	+0.110 0	3.2
80	99.0	-0.170 -0.224	93.0	85.0	+0.087 0	12.2	+0.110 0	

续表3-25

公称通径 DN	D_3		D_4	D_5		H_2		H_3
	基本尺寸	公差		基本尺寸	公差	基本尺寸	公差	
100[1]	120.6	−0.180 −0.234	115.0	104.0	+0.087 0	13.8	+0.110 0	3.2
160[1][3]	171.4	−0.230 −0.299	166.0	154.0	+0.100 0	15.3	+0.110 0	
200[1]	222.2	−0.260 −0.332	217.0	206.0	+0.115 0	16.6	+0.110 0	4.5
250	273.1	−0.330 −0.411	267.0	256.5	+0.130 0	17.5	+0.110 0	5.0

①优先采用；

②括号内规格为限制采用规格；

③DN40 的实际公称通径为 35mm，DN160 的实际公称通径为 150mm。

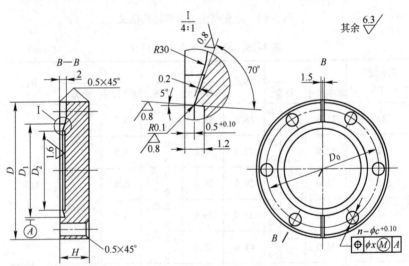

图 3-84 盲型法兰肩环结构形式

表 3-26 盲型法兰肩环尺寸 （mm）

公称通径 DN	D	D_0	D_1		D_2	H	x	n	c
			基本尺寸	公差					
16	34	27.0	21.4	+0.033 0	18.0	7.3	0.20	6	4.3

公称通径 DN	D	D_0	D_1		D_2	H	x	n	c
			基本尺寸	公差					
20	54	41.3	32.9	+0.039 0	27.6	10.5	0.20		
(25)[①]	54	43.0	35.0	+0.039 0	29.5	10.5		6	6.6
25	60	47.0	39.0	+0.039 0	34.0	10.0	0.40		
32	70	54.0	46.0	+0.039 0	41.0	12.0			
40	70	58.7	48.3	+0.039 0	42.0	13.0			
50	86	72.4	61.6	+0.046 0	55.6	16.0		8	
63	114	92.2	82.5	+0.054 0	77.0	17.5			
80	130	110.0	99.0	+0.054 0	93.0	18.0	0.25	16	8.4
100	152	130.3	120.6	+0.063 0	115.0	20.0			
160	202	181.0	171.4	+0.063 0	166.0	22.0		20	
200	253	231.8	222.2	+0.072 0	217.0	24.5		24	
250	305	284.0	273.1	+0.810 0	267.0	26.0		32	

①括号内规格为限制采用规格。

E 法兰用铜密封垫形式及尺寸

超高真空法兰金属密封用的铜密封垫形式及尺寸如图 3-85 和表 3-27 所示。

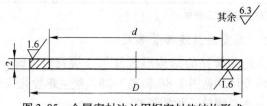

图 3-85 金属密封法兰用铜密封垫结构形式

表3-27 法兰用铜密封垫尺寸 （mm）

公称通径 DN	D		d
	基本尺寸	公 差	
16	21.4	−0.060 −0.095	16.2
20	32.9	−0.075 −0.115	21.0
(25)[①]	35.0	−0.075 −0.115	25.6
25	39.0	−0.075 −0.115	25.6
32	46.0	−0.075 −0.115	33.0
40	48.3	−0.075 −0.115	36.8
50	61.6	−0.095 −0.145	52.0
63	82.5	−0.120 −0.175	63.6
80	99.0	−0.120 −0.175	82.0
100	120.6	−0.120 −0.175	101.7
160	171.4	−0.150 −0.210	152.5
200	222.2	−0.180 −0.250	203.3
250	273.1	−0.210 −0.290	254.0

①括号内规格为限制采用规格。

3.3.3.5 真空法兰连接管路尺寸

真空法兰连接管路的结构形式及尺寸应符合 GB/T 16709 的规定，具体结构及尺寸见图 3-86 和表 3-28。法兰螺栓孔位置如图 3-87 所示，图中 α 角是螺栓孔数的函数。

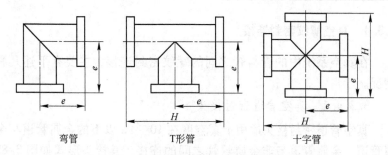

弯管　　　　　　　　　T形管　　　　　　　　　十字管

图 3-86　真空管路接管的结构形式及尺寸

表 3-28　真空管路及接管的尺寸　　　　　　（mm）

公称通径 DN	e		H		在 GB/T 6070 和 GB 4982 中规定的真空法兰在连接中两个匹配面的垂直度公差	
	基本尺寸	公差	基本尺寸	公差	GB 4982	GB/T 6070
10	30 40①		60 80①	±1.5	±2°	±1°
16	40		80			
25	50	±1.5	100			
40	65		130			±0°30′
63	88		176	±2		
100	108		216			
160	138	±2	276			
250	208		416	±3		

①该值仅用于 GB/T 6070 规定的法兰。

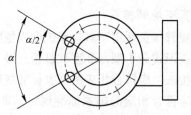

图 3-87　真空法兰螺栓孔的位置

3.3.4 真空螺纹密封连接

在真空系统中的管与管之间的螺纹密封连接，主要有下述几种情况。

3.3.4.1 真空管道密封接头

真空管道密封接头适用于真空度在 10^{-4} Pa 以下的金属管道与金属管道，金属管道与非金属软管之间的连接，其接头形式如图 3-88 所示。图 3-88 中 A 型为橡胶软管与金属法兰接管连接，B 型为金属管道与法兰接管连接，C 型为盲堵头与金属接管连接，D 型为金属管道之间的连接。

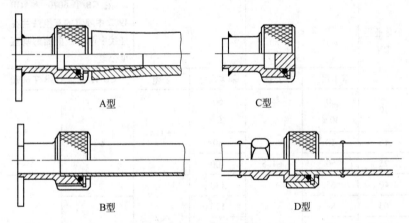

A型   C型

B型   D型

图 3-88 真空管道密封接头形式

各种形式接头的尺寸见表 3-29。

3.3.4.2 真空规管密封接头

A 橡胶密封真空规管接头

橡胶密封真空规管接头适用于真空系统中用橡胶圈密封的测量规管接头连接。该接头形式分Ⅰ型、Ⅱ型和Ⅲ型三种。Ⅰ型接头为快速连接型，其快速连接法兰应符合相应的国家标准规定；Ⅱ型接头为法兰连接型，其法兰应符合相应的国家标准规定；Ⅲ型接头为焊接型，其焊接方式与接管长度可以根据真空系统结构需要选取确定。要求各

（mm）

表3-29 真空管道接头尺寸

图中标注：锥度1:20、网纹滚花，角度标注 45°、75°、90°、120°、30°、a×45°，表面粗糙度 1.6、3.2，A—A 剖视，R0.6、R1 等。

d_0	d	d_1	d_2	d_4	d_5	d_6	d_7	d_8	d_9	L_1	L_2	L_3	L_4	L_5	L_6	L_7	L_8	L_9	L_{10}	L_{11}	L_{12}	L_{13}	L_{14}	I	I_1	a	S	H	D	O型密封圈内径	断面直径	橡皮管内径	橡皮管外径
5	7	9	11	M14×1.5	10.5	15	18	12	10	8	9	25	25	2	2.5	4	12	10	7	40	15	6	25	5	5	1.5	10	5	11.5	5.5	3	4	12
8	10	12	14	M18×1.5	13.5	19	22	16	13	9	11	28	28	2	2.5	4	14	10	7	40	20	6	30	6	6	1.5	14	8	16.2	9.5	3	8	16
10	13	14	16	M27×2	16.5	28	32	24	16	14	16	35	35	2.5	3.5	5	18	12	8	60	25	8	35	8	8	2	17	8	19.6	11.5	4	10	22
15	19	19	21	M33×2	21.5	34	38	30	21	14	16	40.2	40.2	2.5	3.5	5	20	12	10	60	25	8	40	10	8	2	22	10	25.8	17.5	4	15	30
20	24	24	28	M36×3	27.5	37	41	32	27	16	16	45	45	3	4.5	6	22	14	10	70	30	8	40	12	10	3				21	4	20	40
25	29	29	32	M45×3	38.5	46	51	41	33	16	20	50	50	3	4.5	6	25	14	12	85	30	8	40	15	12	3				27		25	50
32	36	36	40	M52×3	38.5	53	58	48	38	22	22	55	55	3	4.5	6	27	14	12	95	30	8	40	15	12	3				34		30	60

型规管接头装配后规管接头处的漏气率小于 $1.0 \times 10^{-7} \mathrm{Pa \cdot L/s}$，真空规管接头的结构形式及主要尺寸如图 3-89 和表 3-30 所示。

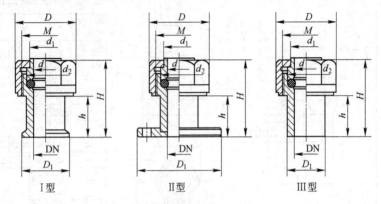

图 3-89　真空规管接头结构形式

表 3-30　真空规管接头结构尺寸　　　　（mm）

| 公称通径 | D_1 | | | H | h[①] | d | D | M | d_1 | d_2 |
DN	Ⅰ型	Ⅱ型	Ⅲ型							
16	30	60	22	约55	30	16.5	38	M30×2	20	24
15	40	70	30	约68	35	26	54	M40×2	30	34

①可按需要调整。

真空规管接头所用的橡胶密封圈的材料为丁腈橡胶或氟橡胶，橡胶密封圈的尺寸可按图 3-90 及表 3-31 的规定。

表 3-31　真空规管接头用橡胶密封圈尺寸

公称通径 DN	16	25
d/mm	15.5	24

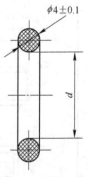

图 3-90　真空规管接头用橡胶密封圈

B　金属密封真空规管接头

金属密封真空规管接头适用于可烘烤真空系统中的真空测量用的规管接头，连接所用的法兰及铜密封垫应符合《超高真空法兰》（GB/T 6071）的规定。规管接头的烘烤温度不大于 300℃，规管接头密封处的漏气率不大于 $7.0 \times 10^{-8}\,\mathrm{Pa \cdot L/s}$。法兰与玻璃管之间采用过渡接管封接。

金属密封真空规管接头的结构形式与尺寸见图3-91及表3-32。

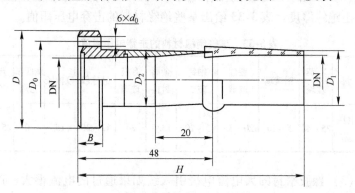

图 3-91 金属密封真空规管接头的结构形式（Ⅰ型）

表 3-32 金属密封真空规管接头的结构尺寸 （mm）

公称通径 DN	H	D	D_0	D_1	D_2	B	d_0
16	80	34	27	20	18.5	8	4.5
25	85	62	47	30	29	10	6.5

3.4 电输入密封连接

3.4.1 概述

为了给真空室中工作的机构供电，需采用真空电输入密封结构。电输入电极的引入导线与导线之间、导线与真空室壁之间应该满足电绝缘、真空密封和承受一定的电流负荷的要求。

电极及电极密封材料的选取取决于工作电压、电流、频率、温度等；电输入结构形式的选择取决于设备的工作压力范围。根据电输入结构的用途不同可分为：低压小电流引入结构、低压大电流引入结构和高压引入结构等。

在设计和确定电输入结构时应该注意以下问题：

（1）引入导线的截面积应根据通过电流及所选材料来确定。材料不同，允许通过的最大电流不同，所选择的引入线截面积应大于理论计算值。

（2）根据引入导线的工作电压不同，选择不同的绝缘材料，并计算出绝缘厚度。表3-33给出某些绝缘材料的击穿电压阈值。

表3-33 某些绝缘材料的击穿电压阈值

材 料	石英玻璃	铝玻璃	硼硅玻璃	钠钙玻璃	金属封接	有机玻璃	硅橡胶	氟橡胶	聚四氟乙烯	聚氯乙烯
击穿电压 /kV·mm^{-1}	25 ~ 40	5 ~ 20	20 ~ 35	5 ~ 20	13.5	20	12 ~ 20	15	40	25 ~ 50

（3）橡胶密封的大电流电极引入线如果通过的电流很大，产生的焦耳热会使密封材料失效，此时，引入线应该采用水冷结构。

（4）高真空系统的引入线应能承受450℃的烘烤。

（5）应该避免各种金属蒸镀或溅射到引入线的绝缘材料上，以避免造成漏电短路、放电等。

在各种真空设备上经常遇到将电流输入到真空容器中供电，对于金属真空系统，这种引电装置最好采用可拆卸的连接密封，以便于维修。

3.4.2 电极引入密封结构

3.4.2.1 常用的低真空低电压小电流电输入密封结构

A 接线柱式低电压小电流密封

图3-92和图3-93所示为普通低真空常用的接线柱式低电压小电流输入电极结构，这种结构是一般真空系统上最常采用的把电引入到真空室中的一种结构。例如在真空镀膜设备上常常用这种结构对镀膜室内的照明装置供电。

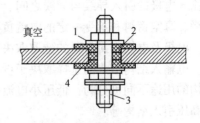

图3-92 接线柱式电极（一）

1，4—绝缘垫；2—密封圈；3—导电柱

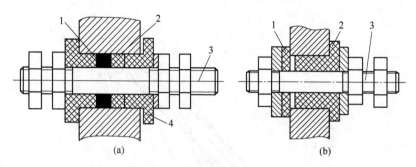

图 3-93 接线柱式电极（二）

1—密封圈；2—绝缘环；3—导电柱；4—绝缘套管

B 固定式绝缘套管导电杆密封

固定式导电杆密封的结构如图 3-94 所示。

C 导线的真空密封

将导线引入到真空系统或真空管壳中去，常采用永久密封引线的方法，这种永久引线基于玻璃与金属封接或金属封接与金属的封接。图 3-95 所示为棒形密封。这种密封的特点是将金属棒（钨、钼、铁镍钴等）密封在具有特殊设计形状的玻璃中以避免玻璃中产生应力。图 3-96 中给出了这种棒形密封导线中所通过的允许电流。在实际使用中，导线中所载的电流小于图中曲线所标的数值。

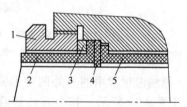

图 3-94 固定式导电杆的密封结构

1—压紧螺母；2，5—绝缘套管；
3—垫圈；4—真空密封圈

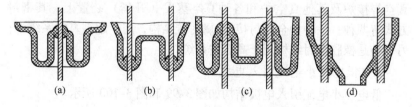

图 3-95 棒形电极引入密封结构

（a）单引线式；（b）~（d）双引线式

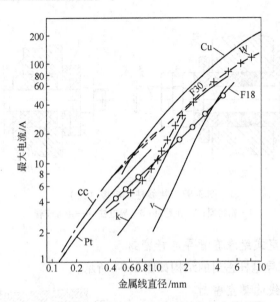

图 3-96 金属线（棒）电极密封结构的允许电流

cc—铜包线；k—可伐；v—瓦康；F18—铁铬（18% 的铬）；F30—铁铬（30% 的铬）

导线密封常用的另外两种形式是芯柱密封和销钉密封，如图 3-97 及图 3-98 所示，其中芯柱是通过将包有引线的玻璃管压扁制成的；销钉密封则是采用一个玻璃圆盘，盘中的金属销钉封接成与圆盘垂直。这些密封根据它们在电子管中所放置的位置构成基底，并且可以按它们在封入真空器件中的要求而分别制成图 3-98（a）和（b）两种形状。

3.4.2.2 高真空低电压电极引入结构

高真空低电压电极引入结构常用于真空镀膜设备、真空冶炼炉、真空焊接炉及其他真空炉和各种真空蒸发（升华）装置上。其密封方式有两种：一种为金属封接-金属封接结构，用于超高真空系统中；另一种是橡胶密封结构用于高真空系统。

A 低电压小电流引入电极

低电压小电流引入电极结构如图 3-99 和图 3-100 所示。

B 低电压大电流引入电极

图 3-101 ~ 图 3-105 所示为低电压大电流的电极密封结构。图 3-

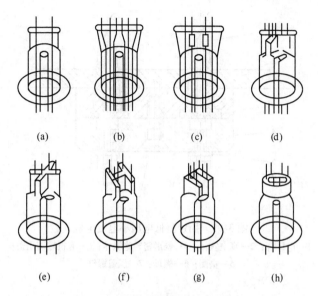

图 3-97 各种结构形状的芯柱密封

（a）双导线平芯柱；（b）6 导线平芯柱；（c）双单线和双多线的平芯柱；
（d）T 形芯柱；（e）X 形芯柱；（f）H 形芯柱；（g）U 形芯柱；（h）O 形芯柱

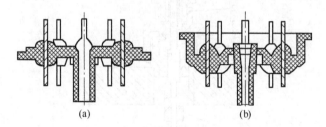

图 3-98 销钉密封

（a）盘形；（b）杯形

101（a）所示为可转动式电极，图 3-101（b）、（c）所示为固定结构式引入电极。图 3-102 所示为用于真空电炉的可升降和可倾斜式电极。图 3-103 所示为用于真空电炉的可移动式低电压大电流输入电极。图 3-104 所示为真空电阻炉所用的接线柱式镍铬电加热大电流输入电极密封结构。为了防止大电流电极工作时产生过热现象，图 3-103 ～图 3-105 所示的电极结构中均设有水冷结构，供水和回水均在

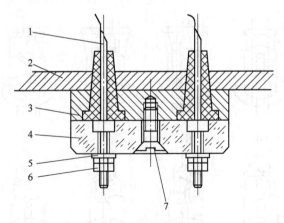

图 3-99 固定型低电压小电流电极

1—电极杆；2—真空室体；3—锥形密封绝缘体；4—有机玻璃压盖；

5—垫圈；6—螺母；7—压盖螺钉

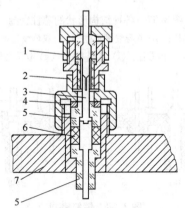

图 3-100 插入型低电压小电流电极

1—螺母；2—固定螺母；3—引入电极；4—垫圈；

5—绝缘套；6—密封圈；7—真空室体

真空室外进行。

图 3-106 和图 3-107 所示电极结构为固定型低电压超大电流输入电极密封结构，其可承载的输入电流可达几千安培，适用于需要大功率电阻加热电输入的真空系统中。图 3-107 所示为水冷式超大电流输入电极结构，其输入电流为 4000A。

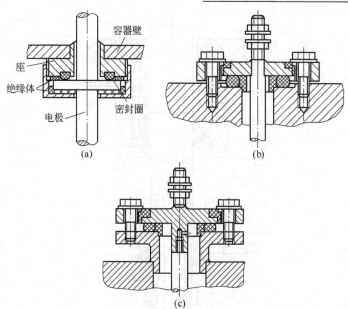

图 3-101 低电压大电流电极

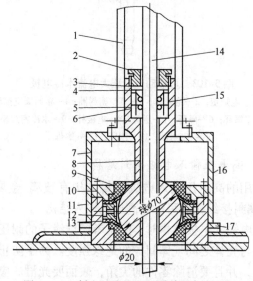

图 3-102 低电压大电流可升降可倾斜电极
1—上传动支架；2—螺母；3—垫；4，11，13—密封圈；5，12—压环；6—弹簧；7—托架（两半）；
8—倾斜球体；9—胶木垫；10—压盖；14—电极；15—毡垫；16—螺钉；17—炉盖

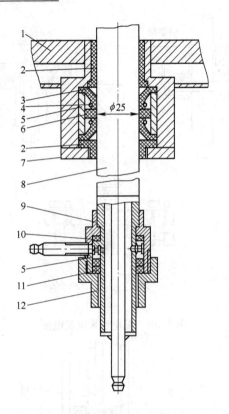

图 3-103 可移动低电压大电流水冷电极

1—真空电炉盖；2—绝缘体；3—真空密封圈；4—密封圈支撑环；
5—支撑环；6—隔环；7—压盖；8—电极杆；9—水冷密封座；
10—密封圈；11—压环；12— 螺母

3.4.2.3 高电压输入电极密封结构

真空中常用的高电压输入电极密封结构有玻璃-金属封接结构、金属封接-金属封接结构和可拆卸高压电输入结构。

设计高压电输入电极结构时，除了考虑绝缘子的耐压强度外，还要考虑接线柱与壳体之间气体间隙的绝缘强度。为了防止击穿，气体间隙要足够大，并且要清除零件的尖角，表面要光滑。应用在真空镀膜及气相沉积设备中的高压电极，在设计中还要考虑电极的屏蔽结构，以防镀膜材料或沉积物污染电极，降低电极的绝缘性能。

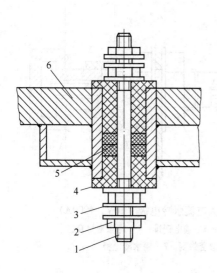

图 3-104 外套水冷式镍铬电加热
大电流输入电极

1—电极；2—螺母；3—垫片；4—绝缘
套管；5—密封圈；6—真空炉盖

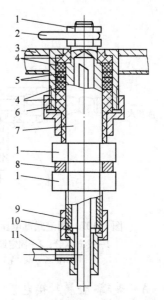

图 3-105 水冷式镍铬丝加热电极

1，6，9—螺母；2—镍铬丝；

3—炉体；4—绝缘体；5—密封圈；

7—电极；8—外接线排；

10—封水密封圈；11—水管接头

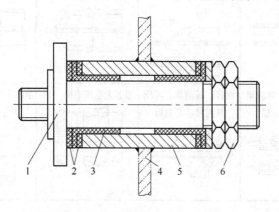

图 3-106 固定型可拆卸低电压超大电流电极（10V，3000A）

1—铜电极杆；2—密封垫圈；3—绝缘套；4—真空室体；

5—电极导入套；6—紧固螺母

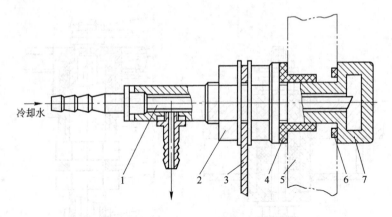

图 3-107 固定式低电压超大电流水冷电极 (10V, 4000A)

1—冷却水管；2—固定螺母；3—输电铜排；4—绝缘密封套；
5—真空室体；6—O 型密封圈；7—铜水冷电极

A 玻璃-金属封接电极

玻璃-金属封接电极形式见表 3-34。

表 3-34 玻璃-金属封接真空电极形式

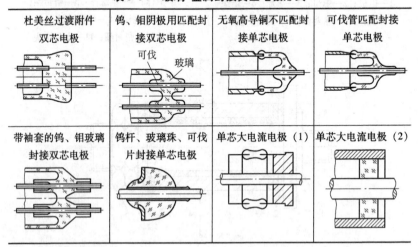

B 金属封接-金属封接电极

金属封接-金属封接电极形式见图 3-108。

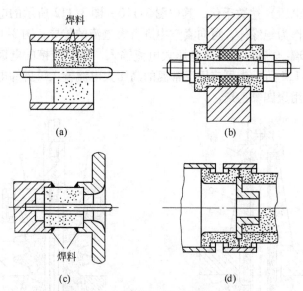

图 3-108　金属封接-金属封接电极形式

C　可拆卸高压电极引入结构

图 3-109 ~ 图 3-114 所示是可拆卸高压电极引入结构形式，该结构采用金属封接、玻璃或聚四氟乙烯等作为绝缘体，可耐电压（一

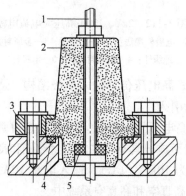

图 3-109　高压大电流可拆卸电极

1—电极杆；2—金属封接绝缘体；

3—法兰压板；4，5—密封圈

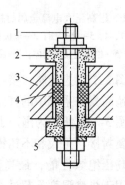

图 3-110　耐压数千伏大电流

金属封接密封电极

1—电极杆；2，5—金属封接绝缘体；

3—密封圈；4—真空室壁

般为直流电压）达数千伏，其中图 3-110 ~ 图 3-112 所示的电极采用金属封接作为绝缘体，可向真空中进行大电流的传导；图 3-113 所示为一种玻璃-金属封接的高电压大电流输入、法兰连接的电极密封结构；图 3-114 所示为可应用于常温的高压大电流输入可拆卸电极，其绝缘体采用聚四氟乙烯。

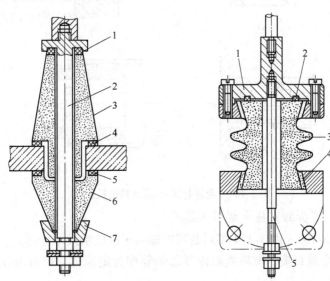

图-111　耐高压大电流金属封接密封电极　图 3-112　2kV、120A 高压大电流电极

　1, 4, 5—密封圈；2—电极杆；　　　　　1—电极外接法兰；2—密封圈；3—金属封接
　3, 6—绝缘金属封接体；7—稳固圈　　　　绝缘体；4—金属封接环；5—电极杆

　　图 3-115 为金属封接-金属封接式高电压传导输入电极结构，适用于超高真空系统中的直流高压电的引入。

　　图 3-116 所示为国产 JB 型真空高电压输入电极。该电极是由真空金属封接、可伐和不锈钢法兰焊接而成，具有可靠的密封性能和良好的高压绝缘性能，最高输入电压为 10kV（DC），输入电流 10A，可应用于烘烤温度不超过 400℃ 的超高真空和高真空系统中。

　　D　高频高电压真空输入电极

　　图 3-117 所示为传导高压高频电流的电极结构。该电极接头由无磁材料构成，在 RF 感应领域中具有优良特性，可广泛应用在大频率

高频感应的输入输出领域,特别是应用在真空感应加热线圈上。

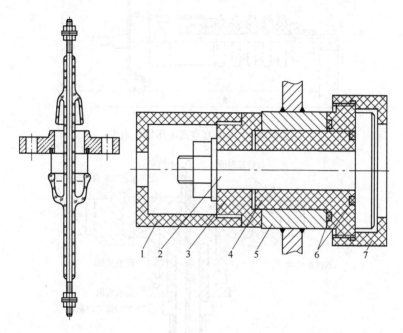

图 3-113　5kV、10A 高压　　图 3-114　5kV、20A 高压大电流可拆卸电极
大电流电极玻璃封接结构　　　　1—绝缘防护罩；2—铜电极杆；
　　　　　　　　　　　　　　3—绝缘座；4—绝缘套筒；5—真空室体；
　　　　　　　　　　　　　　6—密封圈；7—电极屏蔽罩

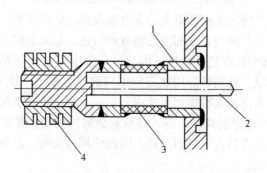

图 3-115　可伐管-金属封接封接电极
1—可伐管；2—电极杆；3—金属封接；4—散热片

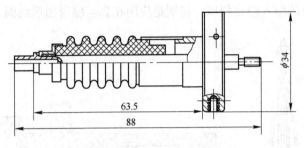

图 3-116   JB 型真空高电压输入电极

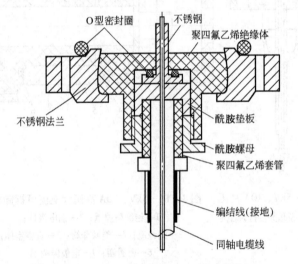

图 3-117   传导高压高频电流的电极结构

图 3-118 所示为高频率大功率电输入水冷电极接头。该接头为金属金属封接密封结构,全部由无磁材料构成,如无氧铜、不锈钢,在 RF 感应领域中具有优良特性,因此可广泛应用在大频率高频感应的输入输出领域,特别是应用在真空感应加热线圈上。接头成对使用,一个用于引入电源和冷媒到系统中,另一个用于引出系统。

由于 RF 电源的集肤效应,必须对金属封接和金属的密封面进行强制性冷却,以防止密封面过热,因此使用接头时,必须采用开式或闭式冷却系统。

目前,国产的高频大功率电输入水冷电极接头的传输功率从 10 ~ 35kW,频率从 450kHz ~ 13.5MHz,最高电压可达 10kV(DC)。

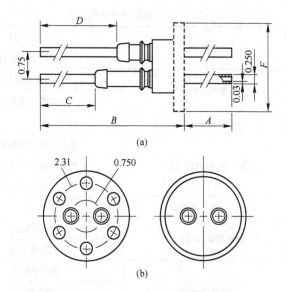

图 3-118 高频率大功率电输入水冷电极接头
（a）双芯 Del-seal Flange；（b）双芯 Kwik-Flange

3.5 真空动密封连接

3.5.1 概述

　　真空动密封连接主要用于向真空室中传递各种运动，以实现真空室中机构的运动，满足所进行的工艺过程的需要。这种密封除了要求连接结构本身有足够的强度、寿命和合理的外形尺寸，能向真空室中传递运动外，还要能保证其真空密封的可靠性，即动密封连接必须在长期工作中保证外界环境不向真空容器内漏气或使漏气维持在设计要求的范围之内。

　　真空设备中的动密封连接结构很多，如真空阀门的开启与关闭；真空熔炼炉、真空热处理炉的送料、拉锭、浇注等机构的传动；真空镀膜设备中工件架的转动、基片的取放等。动密封结构传递的运动形式一般有以下几种：（1）传动轴的转动；（2）传动轴的往复直线运动；（3）传动轴的摆动；（4）包括以上三种运动形式的复合运动。

　　真空动密封连接分类如表 3-35 所示。

表 3-35 真空动密封连接的分类

接触动密封	固体密封	橡胶圈密封
		氟塑料垫圈密封
	液体密封	液态金属密封
		磁流体密封
非接触动密封	间隙减压密封	
	磁力驱动连接密封	电磁式连接屏蔽密封
		永磁体磁力驱动密封
		线圈磁场磁力驱动密封
	分子运动连接密封	
软件变形动密封	非金属软件密封	柔性隔膜密封
		柔性管密封
	金属软件密封	波纹管密封
		膜盒密封
		波形摩擦传导软件密封

在选择运动传导密封形式时，应注意下列事项：

（1）从动密封处产生的气体量对真空室中工作压力的影响。此气体量包括动密封处的漏气、密封元件表面放气、高温下薄壁零件（波纹管）的渗漏。

（2）在真空室工作温度范围内，动密封元件能否正常工作。

（3）传递运动形式（直线、旋转、摆动）及传动精度。

（4）真空中从动部件的最大速度、位移以及密封轴的转速。

（5）使用方便，易更换易损零件，工艺性好，成本低。

3.5.2 接触式动密封连接

在接触式动密封中，根据采用的密封物质可分为固体密封和液体密封两种形式。

3.5.2.1 真空橡胶圈动密封连接

常见的橡胶密封结构形式为 O 型、J 型和 JO 型，其原理是把孔径小于轴颈的密封圈紧套在轴上，并依靠过盈和抽气时产生的压差使其紧贴于轴上，以达到可靠的密封。

该密封形式适用于外部为大气压力、真空室内压力高于 1×10^{-4} Pa 的真空机械设备的旋转轴密封。O 型、J 型和 JO 型橡胶密封圈的工作温度为 $-25 \sim 80℃$，在规定的温度下密封结构旋转轴的旋转线速度应低于 2m/s、转速低于 2000r/min。

A O 型橡胶密封圈的动密封结构

O 型橡胶密封圈的密封结构又称橡胶填料盒式密封装置，如图 3-119 所示。这种密封适用于传递在规定的温度下，真空室内压力值不低于 1.3×10^{-4}Pa，往复运动速度低于 0.2m/s 的直线运动。当传递直线往复运动的距离较长时，通常在孔壁上开密封槽。O 型密封圈动密封结构还可以用来密封转速小于 1000r/min 旋转运动轴，其转轴直径的范围应在 $\phi3 \sim 200$mm 之间。

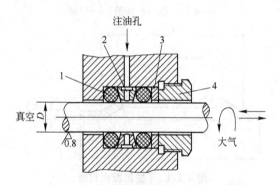

图 3-119 O 型密封圈动密封连接结构
1—O 型密封圈；2—密封压套；3—垫圈；4—压紧螺母

O 型密封圈工作时需要润滑，其润滑介质可用机械真空泵油、扩散泵油或真空润滑脂。采用 O 型密封圈结构的真空设备如需在充保护气体情况下工作时，其保护气体压力不应高于 5×10^4Pa。

B J 型橡胶密封圈的动密封结构

J 型橡胶密封圈的动密封结构又称威尔逊密封装置，其密封结构如图 3-120 所示。J 型真空橡胶密封圈的形式如图 3-121 所示。它的密封原理是利用安装后中央凸起并紧箍在旋转轴上呈现锥形的橡胶垫圈进行密封，当真空室内部达到真空时，外部大气压力即可把橡胶密

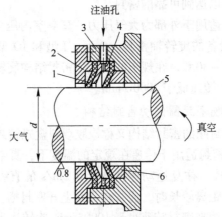

图 3-120 J 型密封圈动密封连接结构

1—J 型密封圈；2—紧固压盖；3—密封座；
4—密封压套；5—转轴；6—垫圈

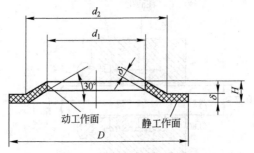

图 3-121 J 型橡胶密封圈

封圈紧紧压在转轴上从而达到真空密封的目的。密封结构中各零件的表面粗糙度为：密封面粗糙度为 $1.6\mu m$，其他面的粗糙度为 $3.2\mu m$，转轴密封表面粗糙度为 $0.8\mu m$。如果在 J 型密封圈密封结构中采用螺母压紧，在螺母与橡胶密封圈之间应装有金属垫圈。

J 型密封圈密封除了能传递圆周旋转运动的密封外，还能传递低速直线往复运动。J 型真空橡胶密封圈工作表面应平整光滑，不允许有气泡杂质、凹凸不平等缺陷。J 型密封圈工作时需要润滑，其润滑介质可用机械真空泵油、扩散泵油或真空润滑脂。采用 J 型密封圈结构的真空设备如需在充保护气体情况下工作时，其保护气体压力不应高于 $5 \times 10^4 Pa$。

C JO 型橡胶密封圈的动密封结构

JO 型橡胶密封圈动密封结构如图 3-122 所示，JO 型真空橡胶密封圈的形式如图 3-123 所示。这种带锁紧弹簧的结构是在 J 型橡胶密封圈结构的基础上经过改进而制成的，它的密封面的面积大，密封效果更好，但是密封圈与转轴之间的摩擦力也较大，适合于圆周旋转运动的密封。如果在 JO 型橡胶密封圈密封结构中采用螺母压紧，在螺母与橡胶密封圈之间应装有金属垫圈。

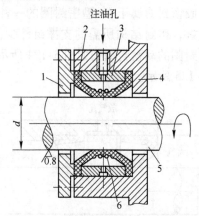

图 3-122 JO 型橡胶密封圈动密封结构
1—压紧螺母；2—JO 型密封圈；3—密封压套；
4—密封座；5—转轴；6—锁紧弹簧

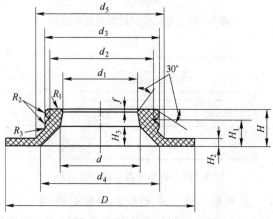

图 3-123 JO 型橡胶密封圈

JO 型密封圈密封结构是油封式机械真空泵主轴最常采用的一种动密封装置，密封轴径的范围通常在 $\phi 6 \sim 200$mm 之间。JO 型真空用橡胶密封圈工作表面应平整光滑，不允许有气泡、杂质、凹凸不平等缺陷。JO 型密封圈工作时需要润滑，其润滑介质可用机械真空泵油、扩散泵油或真空润滑脂。采用 JO 型密封圈结构的真空设备如需在充保护气体情况下工作时，其保护气体压力不应高于 5×10^4Pa。

D 骨架型真空橡胶密封圈动密封结构

骨架型真空橡胶密封圈属于 JO 型密封圈的一种形式，这种带骨架的密封圈刚性很好，密封结构所需的支撑组件少，密封效果较好。骨架型真空橡胶密封圈的动密封结构如图 3-124 所示，骨架型真空密封圈的形式如图 3-125 所示。

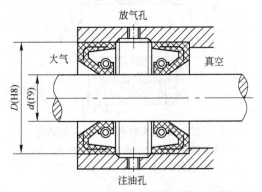

图 3-124　骨架型密封圈动密封结构

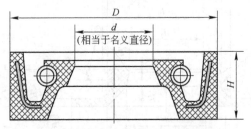

图 3-125　骨架型真空橡胶密封圈

3.5.2.2 聚四氟乙烯（氟塑料）动密封连接

在上述真空橡胶圈动密封结构中都需要采用真空润滑油润滑，为了实现密封装置本身能自给润滑、可采用氟塑料作为主要动密封材料。氟塑料是四氟乙烯的聚合物，化学稳定性好，耐酸碱腐蚀，不溶于任何一种溶液，不吸水也不被浸润；有优良的电绝缘性能，可以切削加工；能耐200℃工作温度，可在 100～120℃温度范围内长时间工作，室温下出气率较普通橡胶小，25℃时的蒸气压力为 10^{-4} Pa，350℃时为 4×10^{-3} Pa；对钢的摩擦系数为 0.02～0.1，可用于真空动密封，但是应保证密封结构有良好的导热性，以避免因摩擦过热而损坏。氟塑料有较大的残余变形，使用时要注意定期拧紧、压紧螺母，同时要考虑它的相对柔性（温度高，柔软性增加）和冷流动等特性。

图 3-126 所示是氟塑料密封装置的一种结构。图中所示的密封件2 是利用能自给润滑的氟塑料材料制成的。由于氟塑料本身的弹性较差，容易产生较大的残余变形，因此在结构上采用了附加橡胶垫圈3，把橡胶垫圈3 装在密封件2 的外面，再用螺母5 压紧，就可以保证氟塑料密封圈能与轴均匀而密实地压紧。这种结构要求转轴的表面粗糙度小，一般不应低于 0.4μm。

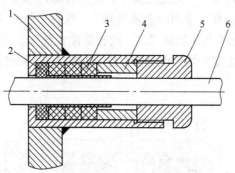

图 3-126　利用氟塑料衬套的动密封装置

1—密封座；2—氟塑料密封件；3—橡胶垫圈；

4—压垫；5—压紧螺母；6—转轴

图 3-127 所示是旋转轴自润滑动密封装置的另一种结构。图中法兰 3 内装一个聚四氟乙烯轴套2，它即是轴的轴承，又是辅助的密封件。动密封结构的基座 5 内装有支撑环 6、中间支撑环 9、聚四氟乙烯 O 型密封圈8、衬套 10 和压紧螺母 11。动密封结构的基座 5 通过橡胶密封圈 4 进行密封，三个外环橡胶密封圈 7 的作用在于补助氟塑

料密封圈8的弹性，以保证它对轴表面的弹性压缩并使密封基座5的
内表面和中间支撑环9的接合处保持气密性。

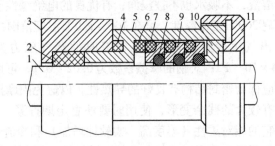

图3-127 用聚四氟乙烯密封圈和橡胶密封圈调节压紧的动密封结构
1—转轴；2—支撑轴套；3—法兰；4—橡胶密封圈；5—密封基座；
6—支撑环；7—O型密封圈；8—聚四氟乙烯O型密封圈；
9—中间支撑环；10—衬套；11—压紧螺母

图3-128所示是自润滑真空动密封装置的第三种结构。密封件为
氟塑料圈，密封部件中间抽成真空。在密封部件基座1内，中间抽气
口与两侧分别装有支承用的金属垫圈2、橡胶密封圈3、氟塑料密封
环4、密封隔套6和压紧螺母7。橡胶垫圈在压缩状态下能保证氟塑
料密封环与轴表面为恒弹性接触。这种结构对密封的线性磨损还可以
作机械补偿。

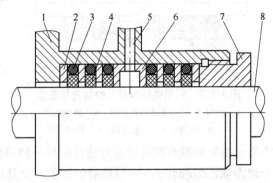

图3-128 聚四氟乙烯-橡胶组合动密封结构
1—密封基座；2—金属垫圈；3—橡胶密封圈；4—氟塑料密封环；
5—真空抽气口；6—密封隔套；7—压紧螺母；8—转动轴

3.5.2.3 液态金属动密封连接

液体用于真空动密封的结构原理如图 3-129 所示。

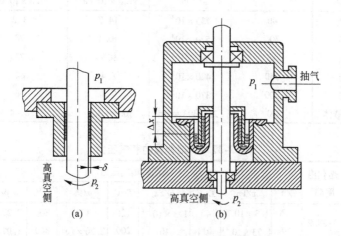

图 3-129 采用液体密封物质的真空动密封

(a) 液体薄膜密封；(b) 液体压差密封

图 3-129 (a) 所示是采用液体薄膜进行密封的结构，它是利用小间隙中液体薄膜的表面张力和压差的平衡状态来实现密封的，它的密封结构简单，只能用于转轴两端压差不大的密封装置中。在轴处于静止状态时，其可靠的密封条件是：

$$\delta < \frac{2\gamma}{p_1}$$

式中，δ 为转轴与密封套之间的间隙；γ 为液体的表面张力，其值示于表 3-36 中；p_1 为密封的高压侧压力。

图 3-129 (b) 所示是利用压差的液体动密封装置，其中 $p_1 - p_2$ 等于液柱高 Δx 的压力，为了减小所需的液柱高度，一般把液体密封容器设置在真空室与单独抽真空的中间室之间。这种装置的缺点是只能用于转轴处于垂直的位置，而且需要设置中间抽气室。一旦中间室的压力增大，则会发生向真空室喷射密封液体的危险。液体密封在高温下工作时，液体的蒸气有污染真空室的可能。表 3-37 给出了几种可以作为液态密封物质的易熔金属的蒸气压力值。

表 3-36 几种液体的表面张力

液体密封物质	温度/℃	表面张力/N·m^{-1}	对于不同压差的最大间隙 δ/μm	
			1.0×10^5 Pa	1.3×10^4 Pa
镓	40	735×10^3	14.7	112
锡	300	520×10^3	10.4	78
汞	15	487×10^3	9.5	72
铅	350	420×10^3	8.4	64
铋	300	370×10^3	7.4	56
有机液体	20	$(25 \sim 30) \times 10^3$	0.5 ~ 0.6	3.8 ~ 4.5

表 3-37 易熔金属的蒸气压力

金属	熔化温度/℃	温度和蒸气压力							
		T/℃	p/Pa	T/℃	p/Pa	T/℃	p/Pa	T/℃	p/Pa
汞	-38.9	-5	1.3×10^{-6}	40	1.3×10^{-4}	126	133	300	3.27×10^4
		20	1.73×10^{-1}	100	40	200	2.26×10^3	360	1.07×10^5
镓	29.8	500	$<10^{-10}$	711	1.3×10^{-7}	859	1.3×10^{-6}	965	1.3×10^{-5}
铟	156	500	$<10^{-10}$	600	1.3×10^{-8}	667	1.3×10^{-7}	746	1.3×10^{-6}
锡	232	500	$<10^{-10}$	823	1.3×10^{-7}				
铋	271	300	$<10^{-10}$	474	1.3×10^{-7}	536	1.3×10^{-6}	609	1.3×10^{-5}

3.5.2.4 磁流体动密封连接

A 磁流体动密封的原理与特点

磁流体是直径小于 10nm 的铁磁材料微粒通过分散剂的作用均匀分布，既显示磁性又呈现流动状态的一种胶状液体。由于这种液体在外场作用下呈现磁性，具有一定的耐压能力，因此在真空设备中作为一种液态密封物质，应用在真空动密封连接上。磁流体的组分材料概况如表 3-38 所示。

磁流体具有在通常离心力和磁场作用下即不沉降和凝集又能使其本身承受磁性，可以被磁铁吸引的特性。磁性流体密封就是利用磁流体在外加磁场作用下具有承受压力差的能力而实现的。其原理如图 3-130 (a) 所示。圆环形永久磁铁 1、极靴 2、旋转轴 3 构成磁性回路，在磁铁产生的磁场作用下，将放置在轴与极靴顶端缝隙间的磁流

表 3-38　磁流体的结构模型及组分材料概况

磁流体结构模型	磁流体组分	组分材料	组分材料的作用	组分材料的选取原则
1—载液；2—磁性微粒；3—分散剂	载液	水、煤油、烃氧化烃、双酯聚苯醚、镓、汞、钒、铟锡合金、金属有机化合物	保持磁流体的液体性质	根据磁流体的用途及价格选取
	磁性微粒（小于10nm）	Fe_3O_4、铁、钴、镍	显示磁性材料性能，使载液呈现磁性	磁性好、易于制取超细（小于10nm）微粒
	分散剂（活性剂）	油酸、丁二酸、氟醚酸	防止磁性微粒相互间的聚集或沉淀	根据载液性能选取

体 4 集中，使其形成一个 O 形环，将缝隙通道堵死而达到密封的目的。这种密封方式可用在转轴是磁性体，如图 3-130（b）所示和非磁性体，如图 3-130（c）所示的两种场合，前者磁束集中在间隙处并通过转轴而构成磁路，后者磁束不通过转轴，只是通过密封间隙中的磁流体，或通过套在轴上的导磁套而构成磁路。如果按极齿齿型的位置又分为图 3-131 所示的两种情况，图 3-131（a）的齿型加工在孔形极靴的内孔上，而图 3-131（b）的极齿齿型加工在轴或轴的导磁套上。

磁流体动密封技术的特点：

（1）磁流体密封的真空转轴可消除密封件间接触所产生的摩擦损失，大大提高轴的转数（可达 120000r/min），降低了气体的泄漏。如果采用低蒸气压的磁流体，可将真空室内的真空度维持在 1.3×10^{-7}Pa 以上，而且与固体密封相比，可大大地减少功耗。

（2）磁流体的密封结构简单，维护方便，轴与极靴间的间隙较

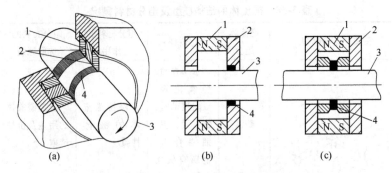

图 3-130 磁性流体的密封原理及密封方式
1—永久磁铁；2—极靴；3—旋转轴；4—磁流体

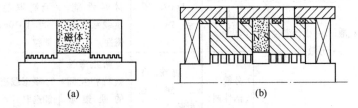

图 3-131 极齿齿型在密封组件中的位置

大，因此可不必要求过高的制造精度。

（3）磁流体在密封空隙中是由磁铁所产生的磁场所固定，因此轴的启动和停止较方便。

（4）磁流体在高温或低温下不稳定，因此磁流体密封结构适合于常温下工作，工作温度一般在 -30 ~ 120℃ 之间。轴在过高或过低温度下工作时须采用冷却或升温措施，从而使密封结构复杂化，而且适用介质的种类也比较窄。

B 磁流体动密封组件的结构形式

磁流体真空动密封的总体结构形式较多，例如有不同的转轴及密封组件的支撑方式；密封组件与真空容器之间的不同密封方式；密封组件是否要求水冷结构；是否采用磁流体补充装置等。

a 磁流体真空动密封组件的基本结构形式

图 3-132 所示是两种常用磁流体密封组件的结构简图。图 3-132（a）所示是磁流体位于两个支撑轴承一侧且具有轴承润滑的结构。这种结构因转轴径向跳动较大，故密封间隙不能做得太小。

图 3-132（b）所示的密封组件振动较小，而且轴向尺寸短，易于保证同心，但存在真空侧轴承污染真空室的问题，多用于转速不高，真空度要求较低的场合。

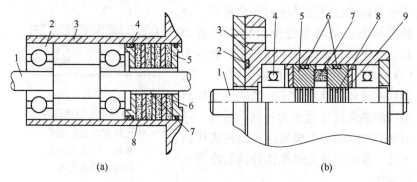

(a)　　　　　　　　　　　　　(b)

图 3-132　真空转轴密封装置的常用形式

（a）：1—转轴；2—轴承；3—箱体；4—密封圈；
5—挡盖；6—极靴；7—磁性流体；8—永磁体

（b）：1—转轴；2, 6—密封圈；3—箱体；4—轴承；
5—极靴；7—永久磁铁；8—环形空隙；9—磁流体

b　带有冷却系统的磁流体密封组件的结构形式

当轴的转速较高轴承发热量大时，或工作环境温度高于 80℃ 时，需对磁流体及永久磁铁加设冷却系统。一般地讲，单纯在密封组件外壳外面加水冷却套效果并不理想。为此，首先是在导磁极靴上部开设水冷槽，直接冷却磁极，这时应注意水冷槽不能太深，否则会影响导磁效果；二是将极齿开设在转轴上，而极靴加工成平端，这样磁流体距极靴内的水冷槽更近，冷却效果更好；三是将两片只设有两个极齿的薄片极靴与一个薄片永久磁铁用树脂黏合成一个整体单元，再将多个单元串联起来，并在单元之间隔以导热性好但不导磁的铜垫片，如图 3-133 所示，这样即可靠铜垫片将磁流体的热量及时传给外壳中的水冷套将热量带走，又可彻底避免冷却水向真空侧渗漏。

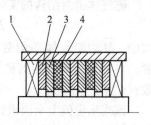

图 3-133　带有不导磁铜片的密封组件

1—轴承；2—冷却铜垫片；
3—薄片极靴；4—永久磁铁

c　带有磁流体补充装置的密封组件结构形式

对于工作环境恶劣，磁流体易于损失或设备要求连续运行，密封
组件寿命必须很长的场合，应加设磁流
体补充装置以确保其密封安全可靠。最
简单的方法是将单磁密封结构两套串
联，在中间开设磁流体补充孔，如图3-
134 所示，这会使总耐压能力增大一倍，
而且磁流体存储量较多。其缺点是密封
结构的轴向尺寸也加大一倍。另外，还
可在靠外侧的导磁极靴上开设磁流体注
入孔，及时地补充磁流体并同时将注入
孔封住。

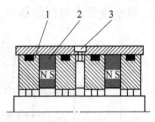

图 3-134　带有磁流体
补充装置的密封组件
1—极靴；2—永久磁铁；
3—磁流体补充孔

C　磁流体密封的耐压能力

磁流体密封结构设计的关键问题是保证密封组件具有足够的耐压
能力。磁流体密封破坏机理的研究表明，因磁流体材料蒸发、沉淀而
造成密封失效的情况较少，最主要的破坏机理是由于被密封气体的内
外压差过高，密封件本身不能提供足够的总耐压能力，从而使被密封
气体冲破各流体密封环，形成磁流体喷射状泄漏，同时携带走大量磁
流体，使之无法自动恢复耐压能力，造成磁流体密封的彻底失效。因
此，精确计算磁流体密封结构的实际耐压能力，是保证密封件可靠工
作的最基本条件。

磁流体密封结构的实际许用耐压能力 Δp（Pa）可由下式给出：

$$\Delta p = \overline{M} B_{max} \Delta \lambda \beta N n \tag{3-20}$$

式中，$\overline{M}$ 为磁流体平均磁化强度，A/m；B_{max} 为最大工作磁感应强
度，T；$\Delta \lambda$ 为最大相对磁导率差；β 为偏心影响系数；N 为密封级
数；n 为安全系数。

该式从量值上全面地计算了耐压值，可以作为密封结构设计的最
基本公式。公式右侧的六个因子分别反映了影响实际许用耐压能力的
一项因素，可以各自独立地进行研究，从而将耐压计算与结构设计直
接联系起来。影响磁流体耐压能力的有关因素如下：

（1）磁流体饱和磁化强度对耐压能力的影响。如图 3-135 所示，

磁流体的饱和磁化强度越高，其耐压能力越大。但是由于磁流体饱和磁化强度与磁性微粒的浓度有关，磁化强度愈高也就是体积中磁性微粒越多，即微粒浓度越大，而粒子浓度又与黏度有关，浓度越高，黏度越高，过高的黏度会增加磁流体的内摩擦，使轴转动时扭矩增加。所以从减小转动扭矩，即减小功耗的角度分析，磁化强度的取值不宜过大。其浓度取值以 0.3 ~ 0.35g/mL 为宜，这时所对应的磁化强度约为 0.035 ~ 0.04T。

（2）密封间隙对耐压能力的影响。如图 3-136 所示，当密封间隙增大时，磁流体的耐压能力显著降低。因为间隙越大，间隙中的漏磁越多，从而使间隙中的有效磁场减小，导致密封耐压能力降低。实验表明，密封间隙的取值范围在 0.05 ~ 0.30mm 之间较好。在轴径较小时，取值为 0.1mm 时密封效果最佳。

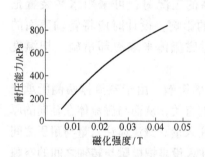
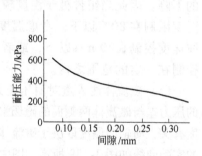

图 3-135　耐压能力与磁化强度的关系　　图 3-136　耐压能力与间隙的关系

（3）转数对磁流体耐压能力的影响。如图 3-137 所示，当密封轴转数增高时（此时磁流体与转轴接触表面间的相对速度增大）会导致摩擦功耗增加，内摩擦增大，从而使磁流体的温度升高。磁流体温度的升高会引起磁性流体载液的蒸发和表面活化剂的脱离，致使磁流体耐压能力下降，从而造成密封失效。低转速时由于黏性摩擦力产生的热量可通过磁极和转轴带走，因此耐压力的降低并不明显。为了减小转速对密封能力的影响，在设计高速旋转密封件时可增设冷却装置或把轴表面的线速度控制在 20m/s 以下。

（4）温度对磁流体耐压能力的影响。图 3-138 所示为磁流体密封耐压能力与温度的关系曲线。图中曲线表明，当温度升高时，磁性

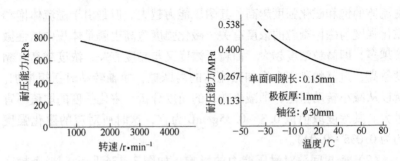

图 3-137　耐压能力与转速的关系　图 3-138　耐压能力与温度的关系

流体的耐压能力降低，这是因为随着温度的升高，分子热运动加剧，使永久磁铁和磁流体中磁畴的有序排列被局部破坏而引起磁铁矫顽力下降和磁流体饱和磁化强度降低，从而导致了耐压能力的下降。因此当组件处于温度较高的工况时，可采用水冷装置把温度限制在 80℃ 以下。考虑温度的影响，设计时应将转轴表面的线速度控制在 20 m/s 以下，或者对磁流体采取冷却措施，把温度控制在一定的范围之内。

　　(5) 磁流体注入量对耐压能力的影响。由于磁流体两侧所承受的压力差与磁流体两侧面的磁场强度有关，从而与磁流体在轴向的厚度有关，而轴向厚度取决于磁流体注入量。磁流体注入量与耐压之间的实验曲线如图 3-139 所示。图中注入量是把极靴与转轴之间的空隙体积作为单位注入量。可以看出，开始时增大磁流体的注入量，耐压总体上呈线性增大，但注入量达到一定值后，耐压不再增大，而是稳定在一个恒定状态。

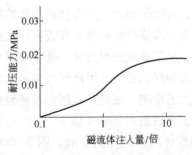

图 3-139　耐压能力与磁流体注入量的关系

D 极齿齿型的形状、尺寸及级数的确定

a 极齿齿型几何形状的选择及尺寸的确定

极齿齿型常用的几何形状如图 3-140 所示。试验表明，齿型结构参数是 B/L_g，B/L_t，L_t/L_g 及 α。图 3-140（a）、（b）所示的单级形式的齿型经多次试验与计算表明，在 $\alpha = 45°$、$B/L_g = 30$ 的条件下，两种结构的磁导率是不同的，其值如表 3-39 所示。由于磁导率大会增加耐压，所以选择和设计磁导率大的齿型结构时，找出齿型的最佳参数是必要的。试验表明，图 3-140（a）所示的极齿齿型结构的最佳参数是 $\alpha = 45° \sim 60°$；$B/L_g = 30 \sim 40$；$B/L_t = 20 \sim 10$；$L_t/L_g = 1.5 \sim 4.0$。对 $\alpha = 45°$，$L_g = 0.5mm$ 的图 3-140（a）所示齿型的磁流体密封结构进行了试验，当 L_t 在 $1 \sim 6mm$ 内变化、$L_t/L_g = 2$ 时具有较高的耐压能力。图 3-140（c）所示为多级结构形式的齿型。这种齿型各齿之间不能过于接近，否则磁场会产生相互干涉而减小单级耐压能力。

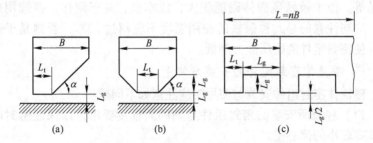

图 3-140 极靴顶端齿型常用的几种结构

表 3-39 图 3-140(a)、(b)齿型结构的磁导率

齿型	B/L 磁导率 λ	10	20	10	20	10	20
		λ_{max}（最大磁导率）		$\Delta\lambda$（相对磁导率）		λ_{cp}（平均磁导率）	
图 3-140（a）		1	0.975	0.90	0.87	0.295	0.248
图 3-140（b）		1	0.973	0.88	0.87	0.395	0.276

b 密封级数的确定

如果把单级磁流体密封耐压的最大值 Δp_{max} 的磁场强度 H_1 与 H_2

分别定为7000e和00e（10e相当于79.58A/m）时，计算表明，单级密封只能达到0.02MPa的压力值，所以达不到真空装置所要求的能够承受0.1MPa的压力。因此真空磁流体密封必须采用多级结构才能达到所要求的耐压能力。对矩形齿型组成的多级密封结构，当密封组件的旋转磁场强度一定时，如果级数较小则耐压能力将随级数增加而增加。在7~14级之间耐压能力最佳。

E 密封组件用磁流体及磁体的选择

在真空设备中，通常要求的真空度范围较宽，因此，可选用稳定性能好，即不易沉淀也不易产生磁性微粒间相互聚集，具有较低饱和蒸气压力的脂基磁流体。为了减小液环在转轴转动时的摩擦功耗，磁流体的黏度在满足密封要求的饱和磁化强度后不应过高。

密封组件中磁源的选择有两种：永久磁铁和电磁铁。前者由于使用方便，结构单一，实际应用中多选用此种。后者多用于磁流体及其应用的实验中。选用的永久磁铁主要有钕铁硼、锶铁氧体、钐钴、铝镍钴等。由于钕铁硼磁体磁能积大，成本低，易于制作，多选用此种。应当注意的是此种磁铁的使用温度不应超过80℃，否则易于退磁，使密封组件的耐压能力降低。

F 磁流体密封组件的安装与使用

磁流体密封组件安装与使用时应注意如下问题：

（1）注意所安装的密封组件与轴的同轴度要求，以保证密封间隙具有较小的偏心量。

（2）磁流体的注入量应适当，在保证各级密封间隙中具有足够量的前提下，不可过多地注入磁流体，以防抽空时多余的磁流体进入真空系统内污染真空室。

（3）安装前应对密封组件进行必要的清洗处理，应注意防止丙酮、乙醇等清洗剂滴入磁流体密封组件内，以免引起密封组件的失效。

（4）如发现密封组件泄漏时应从如下几点查找原因：1）磁流体是否失效；2）连接法兰与组件内静密封圈是否受到损坏；3）极齿齿型是否与转轴接触产生干摩擦；4）转轴与密封组件是否连接不当产生同轴度移位；5）永久磁铁是否退磁等。

3.5.3 非接触式动密封连接

3.5.3.1 减压动密封连接

减压密封也称通道式真空动密封，其结构简图如图 3-141 所示。这种动密封形式借助于压差减压和真空动平衡原理，允许系统中存在微小的漏隙，是一种较为简单的向真空系统内传递运动的方法。

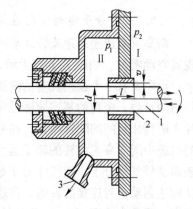

图中转轴 1 通过附加容器 Ⅱ 伸到高真空容器 Ⅰ 中。在附加容器的开口处 3 接入预抽真空泵对容器 Ⅱ 进行抽真空，轴在附加容器入口处的密封要求不严，通常可采用标准式的密封结构。轴在通过附加容器和高真空容器之间不采用接触密封，而是在轴表面与高真空容器壁之间建立缝隙通道，使附加容器与高真空容器间具有非常小的流导。

图 3-141 减压真空动密封
Ⅰ—高真空容器；Ⅱ—附加容器
1—转轴；2—间隙密封；
3—过渡真空抽气口

如设该通道的流导为 C，从附加容器漏入到高真空容器中的气流量为 Q，则在平衡状态下，从高真空容器端抽走该漏气量所需的抽气速率 S（密封抽速）为：

$$S = \frac{Q}{p_2} = \frac{C(p_1 - p_2)}{p_2} = C\left(\frac{p_1}{p_2} - 1\right) \tag{3-21}$$

式中，p_1 为附加容器内的压力；p_2 为高真空容器内的压力。

从式中可看出，若高真空容器处于大气压包围之下，即 $p_1 = 1 \times 10^5 \mathrm{Pa}$，而且假设容器中 p_2 需要抽到 $1.3 \times 10^{-3} \mathrm{Pa}$ 的真空度时，则 $\frac{p_1}{p_2} - 1 \approx 1 \times 10^8 \mathrm{Pa}$，显然此时若减小 S，则必须尽量使 C 减小，这就需要尽量增加轴密封处对漏气的阻力，这样只有采用接触密封而使通道达到没有缝隙。但是如果在通道外设减压室，用低真空环境代替大气压力，那么，S 的减小就非常明显，这对动态真空系统来说是很方便的。

在一般情况下，要求密封抽速 S 与高真空容器所具有的出口抽气速率 S_e 之比应不大于 0.1，即：

$$S \leqslant 0.1 S_e \tag{3-22}$$

3.5.3.2 分子运动密封连接

向高真空传递高速旋转运动时也可以利用分子泵的工作原理来实现真空动密封。如图 3-142 所示，这种密封装置结构与减压密封类似，也需要有一个预抽真空的附加真空容器，而且被密封的轴应具有较高的转数。密封的基本原理是将高速旋转的动叶片 4 和静止的定叶片 3 进行相互间的配合布置，在分子流范围内气体分子可在动静叶片的窄缝中间同高速旋转的转子盘表面相互碰撞，依靠高速运转的刚体表面携带气体分子，使气体分子建立由低压区向高压区的定向流动，从而达到动密封连接的目的。在这种密封结构中，动叶片的速度应相当高，通常应达到 400m/s 的数量级，才能使这种分子运动的动密封结构保证高真空容器 II 与附加的真空容器 I 间的压差达到 3~4 个数量级。这种密封结构较复杂，实际应用较少。

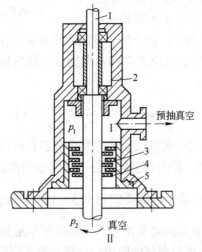

图 3-142 分子运动密封结构原理图

I—附加真空容器；II—高真空容器

1—轴；2—密封室；3—静叶片；4—动叶片；5—套管

3.5.3.3 磁力驱动真空动密封连接

A 磁力驱动真空动密封连接的原理及特点

利用磁力把运动和动力传递到真空容器中去的动密封连接装置，通常称为磁力驱动真空动密封装置或磁连接隔板密封装置，也称磁力驱动器。

在磁力驱动真空动密封结构中，运动元件和真空室壁相互不接触，用隔板把主动和从动部件密封隔离。工作过程中，隔板除受大气和真空的压差作用外，不再承受其他任何载荷，从而保证了磁连接隔板密封具有较好的密封可靠性。密封隔板一般是平板形或套筒形，用非磁性材料制作，如不锈钢、铜、玻璃、聚四氟乙烯等。

这种磁力驱动的真空动密封装置如图 3-143 所示，图 3-143（a）中的密封连接结构是依靠电动机带动外磁转子旋转后，通过永磁体产生的磁力作用将运动传递到与工作轴相连接的内磁转子上，从而实现动力传递的目的。通过设置在内、外磁转子气隙间的隔离密封套，将内磁转子与工作轴一起封闭在真空容器内而实现密封目的。图 3-143（b）所示密封结构的磁力来源于旋转电磁线圈。该线圈通电后，产生旋转磁场用以带动被隔离密封套封闭在真空容器内的内磁转子旋转从而达到动力输送的目的。

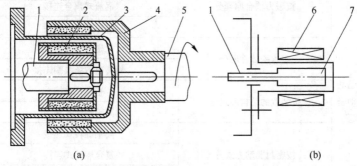

图 3-143 磁力驱动真空密封装置
（a）永磁体驱动的密封结构；（b）旋转电磁场驱动的密封结构
1—被驱动轴；2—内磁转子；3—隔离密封套；4—外磁转子；
5—驱动轴；6—旋转电磁线圈；7—转子

磁力驱动用于真空动密封的特点如下：

（1）磁力驱动真空动密封对真空容器内的真空几乎没有影响，可达到零泄漏。

（2）动力传送轴与真空容器壁不接触，将依靠转矩传递的动密封变为静密封，密封性能可靠，在传送运动过程中除密封隔离套受压差的影响外，不承受其他载荷。

（3）密封件之间无运动摩擦，不但消除了对真空容器内的污染，而且也消除了摩擦功耗。对于这种密封装置，除了应注意磁场的存在对周围环境的干扰外，还应注意隔离密封套材料的选择。若采用金属材料，由于隔离套处于正弦交变磁场中产生的涡流电流所引起的涡流效应会使隔离套温度升高，不但会使永磁体产生退磁，而且也易于引起真空泵中的油温上升，因此在使用中应注意选择导磁性小的金属材料，或选用非金属材料并配合适当的冷却方法来解决这一问题。

B　磁力驱动真空动密封装置的分类及选择

磁力驱动真空动密封连接装置可按其真空动密封的形式分类，如表 3-40 所示。

表 3-40　磁力驱动真空动密封连接的分类

磁力驱动真空动密封形式	按磁力耦合原理分	同步式耦合连接
		涡流式耦合连接
		磁滞式耦合连接
	按永磁体性质分	永磁体驱动连接
		旋转电磁场线圈连接
	按装置的结构形式分	平盘式连接
		同轴圆筒式连接
	按密封驱动方式分	同轴旋转式连接
		复合运动式连接
		直线式连接
	按永磁体布局分	间隙组合式连接
		拉推组合式连接

选择磁力驱动真空动密封装置时，主要应从真空设备要求传递的

运动方式、真空容器内压力的高低以及容器内所从事真空工艺的具体要求等方面加以考虑，如传递旋转运动，压力高于 $10^{-5}\mathrm{Pa}$，磁力驱动介质为气体时可选用图 3-144 所示的同轴圆筒形拉推组合形式的磁力驱动装置，其内外磁转子均可采用永磁体为磁力驱动源进行工作。若其他条件不变，当被抽容器内的压力低于 $10^{-5}\mathrm{Pa}$，处于超高真空状态时，则应将图 3-144 中的内磁转子上的永磁体用软铁材料取代，以避免超高真空下烘烤除气时温度过高引起内磁转子的永磁体退磁，从而影响磁力驱动密封装置的性能。若采用同轴圆筒形密封隔离套在结构上有困难时也可采用图 3-145 所示的平盘式磁力驱动密封装置。如果需要选用直线式或复合运动式的密封结构时，可以结合上述各种类型的特点和实际应用的需求选用图 3-146 所示的具有复合运动的磁力驱动装置。这种结构既能分别传递直线运动和转动，又能传递两种运动组合的运动，如螺旋运动等，其结构及磁极的排列要比单一运动磁力驱动装置复杂，外形与直线传动机构相近。因为外磁极既要推动内磁极作直线运动又要作转动运动，而且传动杆仍然要在滚动轴承导轨上作直线运动，所以应在传动杆中心装一转轴来完成传动动作。样品托可固定在转轴的一端，在转动时随转轴一起旋转，传动杆不动；作直线运动时，则同转轴一同随传动杆移动。传动杆可用滚轮调节其运动中心线和密封管道中心线的同轴度和平行度，导轨架同法兰做成一体，便于整体拆装。密封管焊在法兰上，密封管外装有一根标尺，可以显示移动距离；外磁极上装有防尘垫和转角限位器，不需要转动

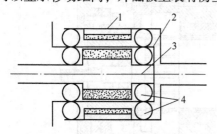

图 3-144 同轴圆筒形磁力驱动
密封装置结构示意图
1—外磁转子；2—隔离密封套；
3—内磁转子；4—滚动轴承

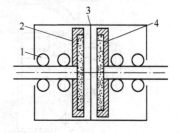

图 3-145 平盘式磁力驱动
密封装置结构示意图
1—滚动轴承；2—内磁转子；
3—隔离密封板；4—外磁转子

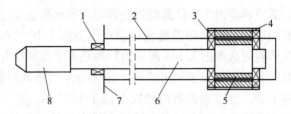

图 3-146 组合式磁力驱动密封装置结构示意图

1—轴承导轨架；2—筒状隔离密封套；3—外滚动轴承；4—外磁转子；

5—内磁转子；6—转轴；7—法兰；8—样品托

时，用限位器夹住标尺，外磁极就不会转动。

如果限位器上有角度刻度，就可以测量转角的大小，将限位器松开，磁极可以旋转任意角度。如果标尺上装有定位夹，也可以固定传动杆往复运动的行程。密封杆的另一端焊有堵头，堵头上可装支架，托住密封管，避免密封管成为悬臂梁。

C 传递旋转运动的电动机（或电磁联轴节）式屏蔽筒密封装置

图 3-147 所示的密封结构是利用定子在大气中，转子在真空中的异步电动机把旋转运动引入到真空容器内的结构实例。图中被动轴上的转子 1 是利用普通异步电动机的全金属短路的转子。在转子和定子 3 之间有屏蔽筒密封套 2，它是用非磁性材料不锈钢制成的。定子 3 由焊在机壳上的冷却水管 4 冷却。因为转子发热时会伸长，因此在后

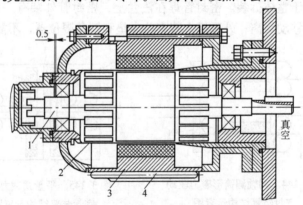

图 3-147 异步电动机式的动密封装置结构示意图

1—转子；2—密封套；3—定子；4—冷却水管

盖装配时应留出一定的间隙。在电动机的端部装有观察窗,用以观察转子的转动情况。

D 传递高转数磁连接密封装置

为了传递高转数也可以采用图 3-148 所示的磁连接结构。通过内磁铁 3,把类似结构的外磁铁 2 的旋转运动传递给被动轴 4。可采用圆芯式六级磁铁结构,磁铁 2 与磁铁 3 相距 5mm,中间通过厚度为 2mm 左右的玻璃隔板隔开,能传递 10000r/min 的旋转运动,该连接密封结构可达到的真空度为 10^{-9}Pa。

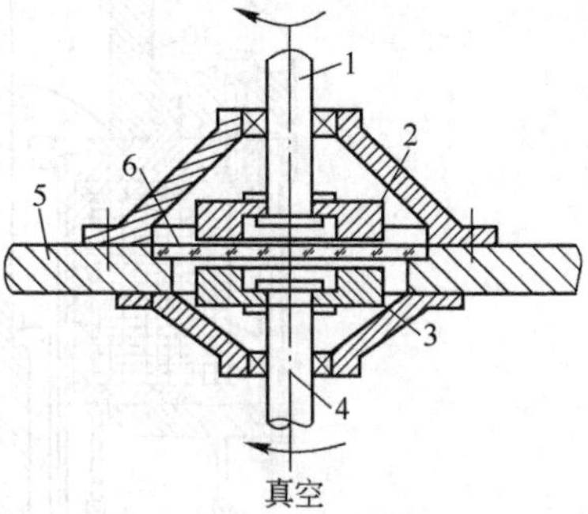

应当指出的是,磁力驱动真空动密封结构在使用上受到以下因素的限制:

(1) 由于主动和从动环节之间是非刚性连接,如果负荷过大,可能产生丢转现象。

(2) 因为有磁场存在,所以在某些情况下,特别是在带有电子束与离子束的真空装置中,采用磁连接隔板密封结构是不适宜的。

图 3-148 高转数磁传递的密封
装置结构示意图
1—主动轴;2—外磁铁;3—内磁铁;
4—被动轴;5—真空室壁;6—玻璃隔板

(3) 在传递重负荷时,磁铁系统笨重,外形尺寸大。

(4) 由于磁性材料热学特性的限制,使密封装置的加热温度受限。

(5) 在结构上难以确定真空中从动部件的位置。

E 传递直线运动的磁连接隔离密封装置

图 3-149 是利用电磁力传递直线运动的密封装置。装在真空容器外的电磁线圈 6 通电后产生磁力把铁芯拉向上方,工作杆 11 在导向板 2 和 3 的中心孔中作往复运动。导向板 2 与 3 固定在薄壁铜质圆筒 4 上,筒 4 焊在法兰 5 上。电磁线圈 6 通过垫板 7 和螺杆 8 固定在法兰 5 上。为了抽出圆筒 4 内的气体,在铁芯 1 上作出 6 个纵向沟槽,在导向板 2、3 上钻有通孔,这种结构比较适合用于真空容器内的往

复直线运动。它的缺点是不能调节移动量，此外装置中发生移动的零件必须用非磁性材料制造，这就使密封装置的设计较复杂。

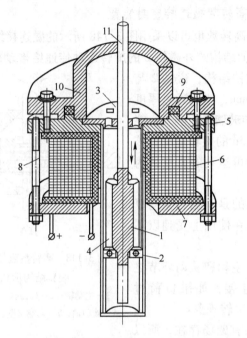

图 3-149 传递直线运动的磁连接密封装置结构示意图

1—铁芯；2，3—导向板；4—密封套筒；5—法兰；6—电磁线圈；7—垫板；
8—螺杆；9—密封垫圈；10—真空室接管；11—工作杆

F 传递特殊运动的磁动式隔离密封装置

采用电磁力传递往复运动，也可以转变为传递间歇式的旋转运动。图 3-150 所示为这种传递结构的两种实例。图 3-150（a）是采用螺管线圈驱动置于真空容器内的传动杆 1，并且通过棘轮机构用以保证棘轮 2 作间歇式的旋转运动。图 3-150（b）是当电磁铁 5 吸引电枢 6 时，通过杠杆 3 和棘爪，使棘轮 4 转动一个角度，这样就把电枢 6 的往复运动转变为旋转运动了。

当需要向真空容器内传递周期性摆动时，可采用图 3-151 所示的磁联摆动式密封结构。这种装置也是把螺管线圈置于大气中，通过厚壁密封板 4 实现与摆动件 2 的隔离。

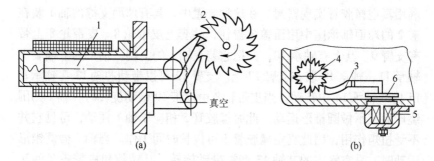

图 3-150 用电磁力变往复运动为间歇式旋转运动的密封装置结构示意图
1—传动杆；2，4—棘轮；3—杠杆；5—电磁铁；6—电枢

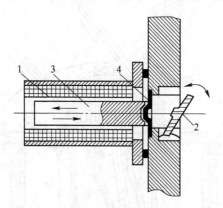

图 3-151 磁联摆动式密封装置结构示意图
1—电磁线圈；2—摆动件；3—铁芯；4—密封板

3.5.4 柔性连接密封

3.5.4.1 非金属柔性动连接密封

用于非金属柔性动连接密封的主要变形密封材料是真空橡胶。由于橡胶的放气率高和不能承受高温，因此对要求达到 $1.3 \times 10^{-4} \mathrm{Pa}$ 以下的压力或者需要进行高温烘烤的真空设备来说，不宜采用这种密封连接形式。如果采用耐热硅橡胶密封材料，其最高使用温度范围可以达到 150℃。靠橡胶变形的密封元件可以向真空中传递直线往复运动、摆动和旋转运动。

图 3-152 是一种往真空室内传递转数达每分钟几百转的装置，它

利用真空橡胶管实现密封。在这种装置中，具有球面支撑的轴 1 装在盖 2 的球面轴承座中用压盖 3 盖住，并套上皮带轮 8。皮带轮 8 上带有支臂 9，其上有轴承 10，并把它装在轴 1 的上端。轴 1 的下端装上轴承 11，轴承 11 装在支臂 12 上。支臂 12 可以带动芯轴 13 在轴承套 15 内的轴承 14 中转动。当皮带轮 8 由皮带 19 带动旋转时，轴 1 则围绕球面支承做圆锥形运动。此时橡胶管 5 相应于轴 1 摇动，可见它并不受扭矩作用，因此真空橡胶管 5 可以长时间工作。当轴 1 做圆锥形运动时，真空室内的芯轴 13 即被带动旋转，其转数和皮带轮 8 的转数同步。

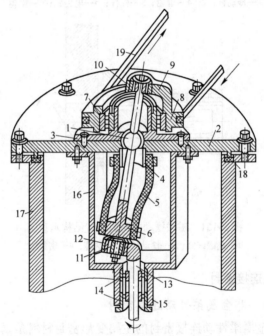

图 3-152 采用橡胶管传递旋转运动的密封装置结构示意图

1—球面支承轴；2—端盖；3—压盖；4—橡胶管密封座；5—橡胶管；6—密封接头；

7，10，11，14—轴承；8—皮带轮；9—皮带轮支臂；12—支臂；13—芯轴；

15—轴承套；16—动密封支承架；17—真空室；18—密封圈；19—皮带

图 3-153 是利用圆筒形橡胶隔套作为密封元件传递往复直线运动的例子。在这种结构中，连杆 1 用圆筒形橡胶隔套 2 密封，隔套的外

缘固定在真空室的壳体上，内缘固定在连杆上。圆筒形橡胶隔套可以弯曲折叠180°，因此用它可以得到很大的位移量。这种结构常常用在气动真空阀门、低真空阀门的结构中。

在真空中摆角 α = 10°～20° 的摆动运动可以用图 3-154 所示的密封结构来实现。在这种结构中，铰链杠杆 1 可相对于轴 A 做摆动运动，而轴 A 固定在真空室壳体上，并用平橡胶隔板 2 密封。在工作过程中，橡胶隔板承受复杂的弯曲变形。

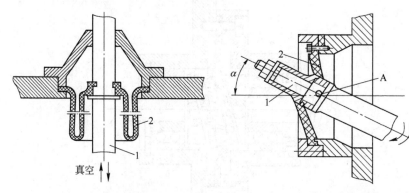

图 3-153　采用橡胶隔套密封　　　　图 3-154　采用橡胶隔板
　　　传递往复直线运动　　　　　　　　　密封传递摆动
　　1—连杆；2—橡胶隔套　　　　　　　1—杠杆；2—橡胶隔板

图 3-155 所示的动密封装置是把大气压力下的主动轴 1 的旋转运动传递给真空中的从动轴 5。在这种装置中，传递运动是靠两个斜接圆盘 2 通过小球 3 的相互作用来实现的。小球 3 安装在支持架 4 内，当主动轴旋转时，垫圈 6 相对于轴摆动，通过小球使从动轴转动起来。柔性隔板 7 起密封作用。柔性隔板可以作成环状，其外缘固定在真空容器的壳体上，其内缘则固定在摆动的垫圈上。

3.5.4.2　金属柔性动连接密封

在金属柔性动连接密封中，采用金属波纹管密封实现向真空中传递直线运动、摆动和旋转运动。金属波纹管是用金属制成的薄壁褶皱软管，富有弹性，易于弯曲与伸缩。波纹管由薄壁管用模具液压加工制成，其结构形式见图 3-156，波纹管也可用环状薄片逐片焊接而成，其结构形式见图 3-157。对于前者，原材料可采用延展性好的金属材料,如黄铜、锡磷青铜或铍青铜等;对于后者,可采用易于焊接的金属材料,如不锈钢、镍合金等。焊接波纹管与压制波纹管相比,在轴向力、横向力和弯距作用下能产生较大的位移。应当注意的是,波纹管只能作伸缩和弯曲变形,不能承受扭转变形。由于金属波纹管能够同高真空装置的其他元件一起进行高温除气,所以可以用于向真空度为 10^{-8}Pa 的真空容器中传递运动。

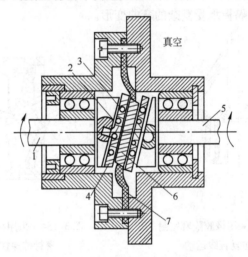

图 3-155 采用橡胶薄膜密封的结构

1—主动轴;2—圆盘;3—小球;4—支持架;5—从动轴;6—垫圈;7—隔板

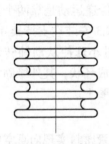

图 3-156 金属波纹管

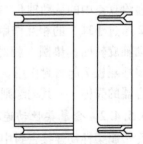

图 3-157 焊接波纹管

图 3-158 所示是金属波纹管用在低真空阀门中传递直线运动实现密封的例子。图中波纹管的一端焊在阀板上,另一端焊在法兰上,通过轴杆与阀板的螺纹连接将轴杆的旋转运动变为阀板的直线运动。

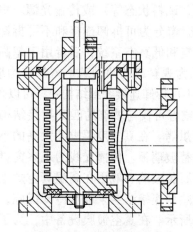

图 3-158   低真空管道阀门

图 3-159 所示是金属波纹管传递转动的密封形式。这两种密封形式与图 3-153 所示的采用橡胶管传递旋转运动的密封结构原理类似，在工作中，金属波纹管随杆件的运动作摇动，在其上不承受扭矩的作用。

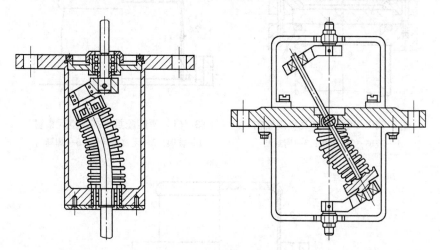

图 3-159   金属波纹管传递转动的密封形式

3.6   观察窗密封结构

在真空应用设备中，一般通过观察窗来监视真空容器内部的生产状态（如观测温度、试料状态等）或传输光源。根据密封形式的不同，真空设备的观察窗分为可拆卸连接和不可拆卸连接两种结构形式。前者用于高真空和低真空系统，后者用于超高真空系统。图3-160~图3-162所示为观察窗的两种基本密封结构形式。在图3-161和图3-162所示的不可拆卸连接密封结构中，可以采用无氧高导铜和玻璃的不匹配封接或者可伐与玻璃的匹配封接结构，两者都能承受300~450℃的高温烘烤。在真空度要求不太高的系统中，可用透明的有机玻璃板来代替玻璃板。传播光线的观察窗材料可采用光学玻璃或石英玻璃等。石英玻璃一般用在高温真空炉上，通常为了预防橡胶密封圈产生过热，连接法兰采取水冷却措施，带水冷却结构的观察窗如图3-163所示。在真空镀膜设备中，为了防止被镀材料沉积到观察窗的玻璃片上，可装设挡板或擦拭片，其结构形式如图3-164所示。

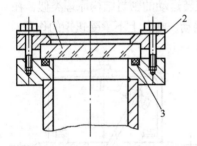

图3-160 可拆卸高真空观察窗
1—玻璃；2—压板；3—密封圈

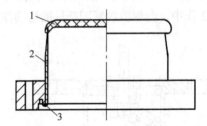

图3-161 不匹配封接高真空观察窗
1—玻璃；2—无氧高导铜；3—焊缝

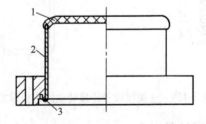

图3-162 匹配封接超高真空观察窗
1—玻璃；2—可伐；3—焊缝

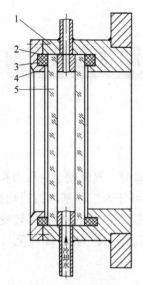

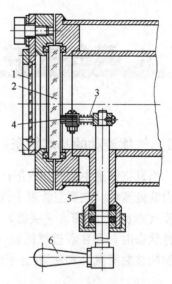

图 3-163 高温环境应用的
带水冷的观察窗
1—法兰；2—压盖；3—密封圈；
4—夹垫；5—玻璃

图 3-164 带有擦拭片的观察窗
1—防护玻璃；2—承压玻璃；
3—弹簧；4—擦拭片；
5—转轴；6—手柄

4 真空中气体的流动状态及判别

4.1 气体流动的基本状态

当真空管道中的气体内部存在压力差时，气体就会由压力高处向压力低处流动。在真空管道中气体流动可分为三种基本的流动状态：湍流（紊流）、黏滞流（层流）和分子流。气体从一种状态转变为另一种状态时，存在着过渡区域（过渡流态），称为湍-黏滞流（惯性流和惯性黏滞流）和黏滞-分子流。

4.1.1 湍流

当真空管道中气体的压力和流速较高时，气流呈现湍流。湍流的流线无规则，气流中的旋涡交替出现和消失，气体流动处于不稳定状态。在湍流中，流场中各质点的速度随时间而变化，因而由加速度产生的惯性力对气体流动起主导作用。

由于湍流仅仅发生于真空系统工作之初，而且持续的时间很短，因此一般在真空系统的设计计算中很少考虑。

4.1.2 黏滞流

当真空管道中气体的压力和流速逐渐降低后，气体流动变为各部分具有不同速度的流动层，流线随着管道形状的变化而变化。

如图 4-1 所示，在黏滞流中，圆形管道截面上的径向速度分布符合抛物线规律，对其研究可采用经典流体力学方法。

管道中半径为 r 处的流速 u 为：

$$u = \frac{p_1 - p_2}{4\eta L}(R^2 - r^2) \tag{4-1}$$

式中，p_1、p_2 为管道两端的气体压力；L 为管道长度；R 为管道半

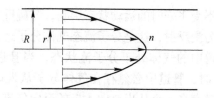

图 4-1 黏滞流态下圆形管道截面上的速度分布

径；η 为内摩擦系数；r 为距管中心线的距离。

在管道中，r 不同，流速也不同，不同流速的流层之间具有内摩擦力，该力与气体的黏滞系数成比例。在黏滞流中，由气体黏性引起的内摩擦力起主导作用。

黏滞流态下的真空管道的气体流量可由泊肃叶（Poieuille）公式计算：

$$Q_v = \frac{\pi D^4}{128 \eta L} \bar{p}(p_1 - p_2) \tag{4-2}$$

式中，D 为管道直径；$\bar{p}$ 为管道中气体的平均压力；p_1、p_2 为管道两端气体压力；L 为管道长度；η 为内摩擦系数。

实验发现，泊肃叶公式在气体压力为 $667 \sim 30664\,\text{Pa}$ 范围内与实验结果有非常好的重合性，而在其他压力范围内时则存在偏差。这是因为当压力高于 $30664\,\text{Pa}$ 时，实际气体特性与黏滞流气体有较大差别，而当气体压力低于 $667\,\text{Pa}$ 时，气体在管道壁附近产生滑动现象，此时的实际流量比用式（4-2）计算出来的值要大。

4.1.3 分子流

随着真空管道中的气体压力进一步降低，气体黏滞流的特性逐渐消失。当管道中的气体压力进一步降低到气体分子的平均自由程大于管道的直径时，气体分子之间很少发生碰撞，其碰撞达到可以忽略的程度，此时可近似认为气体分子只与管壁发生碰撞，气体的流动靠管道内的分子密度梯度推动进行，气流是大量分子单独运动的综合效果。对其研究可采用统计力学的方法。

在分子流状态下，当运动的气体分子碰（落）到管壁上时，并不立即弹性反射离去，而是在管壁上停留一段时间后再飞离，而且飞离后的运动状态不受飞来时的运动状态影响，与碰壁时的运动状态无关，这种现象称为漫反射，这是分子流态气体分子运动的重要特性。

如果真空管道中的气体处于分子流状态，当管道入口压力为 p_1 和出口压力为 p_2 时，管道中必然存在气体分子从入口向出口运动的正向气流，同时又存在一个从出口向入口的反向气流，则通过管道的气体净流量为两者流量之差。真空管道中的分子流态气体流量由克努森（M. Knudsen）给出的公式计算：

$$Q_m = \frac{\sqrt{2}\pi}{6\sqrt{\rho_1}} \times \frac{D^3}{L}(p_1 - p_2) \tag{4-3}$$

式中，ρ_1 为单位压力下气体的密度；D 为真空管道直径；L 为管道长度；p_1、p_2 分别为管道的入口压力和出口压力。

4.1.4 黏滞-分子流（过渡流）

黏滞-分子流是处于黏滞流和分子流之间的一种中间流动状态。对其研究尚缺乏系统的气体流动理论，目前多采用对现有理论的修正或采用半经验公式计算。

克努森（M. Knudsen）根据圆截面管道实验，提出在黏滞-分子流态下真空管道中的气体流量计算的半经验公式：

$$Q = Q_v + bQ_m \tag{4-4}$$

其中

$$b = \frac{1 + \dfrac{\sqrt{\rho_1}}{\eta}D\,\bar{p}}{1 + 1.24\dfrac{\sqrt{\rho_1}}{\eta}D\,\bar{p}}$$

式中，Q_v 为黏滞流流量；Q_m 为分子流流量；其余符号意义同式（4-2）、式（4-3）。

由式（4-4）的 b 可知，当 $\bar{p}$ 很小时，$b \approx 1$，因此时 $Q_v \ll bQ_m$，则 $Q \approx Q_m$，此时式（4-4）为分子流流量公式；当 $\bar{p}$ 较大时，$b \approx 0.8$，此时 $Q_v \gg bQ_m$，所以 $Q \approx Q_v$，式（4-4）为黏滞流流量公式。因此，式（4-4）可作为气体流量的通用公式，适用于三种流态流量的计算。

上述四种气体流动状态的主要特点及流量公式见表4-1。

表 4-1　气体流动状态特点与流量

气流种类	湍流	黏滞流	黏滞-分子流	分子流
示意图				
特点	(1) 压力高，流速大，有时隐时现的旋涡； (2) 流线不规则，隐时现的旋涡； (3) 惯性力起支配作用	(1) 压力较高，流速较慢； (2) 流线规则，流线随管道形状变化； (3) 内摩擦力起支配作用	(1) 压力位于黏滞流与分子流之间； (2) 不同速度层之间有更多的分子交换； (3) 气流沿管壁有滑动现象	(1) 压力低，$\lambda \gg D$，分子间几乎没有碰撞； (2) 靠分子热运动碰撞管壁来流动； (3) 分子碰到管壁后稍停留，然后散射
流量公式	$Q = \dfrac{10^{19/7}}{\eta^{1/7}\rho^{3/7}L^{4/7}} \times (p_1^2 - p_2^2)^{4/7}$	$Q = \dfrac{\pi D^4}{128\eta L}\bar{p}(p_1 - p_2)$	$Q = \dfrac{\pi D^4}{128\eta L}\bar{p}(p_1 - p_2) + b \times$ $\dfrac{\sqrt{2\pi}}{6\sqrt{\rho}} \times \dfrac{D^3}{L}(p_1 - p_2)$ $b = \dfrac{1 + (\sqrt{\rho/\eta})D\bar{p}}{1 + 1.24(\sqrt{\rho/\eta})D\bar{p}}$	$Q = \dfrac{\sqrt{2\pi}}{6\sqrt{\rho}} \times \dfrac{D^3}{L}(p - p_2)$

注：r，D 分别是管道半径与直径；L 为管道的长度；η 为气体的黏性系数；$\rho = \mu/RT$ 为单位压力下的气体密度；μ 为气体的相对分子质量；T 为气体的绝对温度；R 为气体的普适常数；p_1、p_2 分别是管道入口和出口的压力；$\bar{p}$ 为管中的平均压力；λ 为气体分子自由程。

4.2　流动状态的判别

气体在真空管道中的流动状态不同，管道的流导也不一样，也就是说，管道对气体的流导不仅取决于管道的几何形状和尺寸，还与管道中流动的气体种类和温度有关，在有的流动状态下还取决于管道中气体的平均压力。所以在计算真空管道对气体的流导时，首先必须判明管道中的气流是哪一种流动状态。

4.2.1　湍流与黏滞流的判别

气流从湍流向黏滞流的转变，不仅与气体的压力、流速有关，还与管道的尺寸以及气体的黏滞特性有关，可用雷诺数来判别。雷诺数 Re 的计算表达式为：

$$Re = \frac{Du\rho}{\eta} \tag{4-5}$$

式中，Re 为雷诺数；D 为管道直径；u 为气流流速；ρ 为气体密度；η 为气体内摩擦系数。

当
$$\left.\begin{array}{l} Re > 2200 \text{ 时，流动为湍流} \\ Re < 1200 \text{ 时，流动为黏滞流} \end{array}\right\} \tag{4-6}$$

当 $1200 < Re < 2200$ 时，则处于黏滞流与湍流之间，其流态由管口条件、管壁状况、是否存在局部流阻的影响来决定。

为计算方便，将气流速度 $u = \dfrac{4Q}{\pi D^2 p}$，$\rho = \dfrac{m}{V} = \dfrac{MpV}{RT}/V = \dfrac{Mp}{RT}$，代入式（4-5），整理可得：

$$Re = \frac{4M}{\pi RT\eta} \times \frac{Q}{D} \tag{4-7}$$

式中，M 为气体分子摩尔质量；Q 为气体的流量；R 为普适气体常数；T 为气体热力学温度；η 为气体内摩擦系数；D 为管道直径。

对于 20℃ 空气，气体流动为湍流或黏滞流的判据为：

$$\left.\begin{array}{l} Q > 2650D \text{ 时，气流为湍流} \\ Q < 1440D \text{ 时，气流为黏滞流} \\ 1440D < Q < 2650D \text{ 时，气流为湍-黏滞流} \end{array}\right\} \tag{4-8}$$

式中，Q 的单位为 Pa·m³/s；D 的单位为 m。

4.2.2 黏滞流与分子流的判别

在低压下，气体分子的平均自由程 λ 是一个重要参数。λ 与流管的直径 D 之比称为克努森数，可用克努森数来判别气体的流动状态。M. Knudsen 对分子流态进行研究后得出，当 $\lambda > D/3$ 时，分子流气体流量公式（4-3）成立。据此，克努森的判别式为：

$$\left.\begin{array}{l} \dfrac{\bar{\lambda}}{D} > \dfrac{1}{3}\text{时，气流为分子流} \\[2mm] \dfrac{\bar{\lambda}}{D} < \dfrac{1}{100}\text{时，气流为黏滞流} \\[2mm] \dfrac{1}{100} < \dfrac{\bar{\lambda}}{D} < \dfrac{1}{3}\text{时，气流为黏滞-分子流} \end{array}\right\} \tag{4-9}$$

对于 20℃空气，若将 $\bar{\lambda} = \dfrac{kT}{\sqrt{2}\pi\sigma^2\bar{p}}$ 代入上式，并整理可得真空管道内流态的判别式：

$$\left.\begin{array}{l} D\bar{p} < 0.02\,\text{Pa·m 时，气流为分子流} \\[1mm] D\bar{p} > 0.665\,\text{Pa·m 时，气流为黏滞流} \\[1mm] 0.02\,\text{Pa·m} < D\bar{p} < 0.665\,\text{Pa·m 时，气流为黏滞-分子流} \end{array}\right\} \tag{4-10}$$

式中，k 为玻耳兹曼常数；σ 为气体分子的有效直径；$\bar{p}$ 为管道内气体的平均压力。

如果要判断管道中某一截面处的流态，则将式（4-10）中的平均压力换成该截面处的气体压力。

目前，国内外多数学者推荐计算误差更小的克努森判别式为：

$$\left.\begin{array}{l} \dfrac{\bar{\lambda}}{D} > 1\text{ 时，气流为分子流} \\[2mm] \dfrac{\bar{\lambda}}{D} < 0.01\text{ 时，气流为黏滞流} \\[2mm] 0.01 < \dfrac{\bar{\lambda}}{D} < 1\text{ 时，气流为黏滞-分子流} \end{array}\right\} \tag{4-11}$$

对于 20℃空气，将 $\bar{\lambda} = \dfrac{kT}{\sqrt{2}\pi\sigma^2\bar{p}}$ 代入上式，并整理可得：

$D \bar{p} < 6.65 \times 10^{-3} \mathrm{Pa \cdot m}$ 时，气流为分子流

$D \bar{p} > 0.665 \mathrm{Pa \cdot m}$ 时，气流为黏滞流

$6.65 \times 10^{-3} \mathrm{Pa \cdot m} < D \bar{p} < 0.665 \mathrm{Pa \cdot m}$ 时，气流为黏滞-分子流

$$\left. \right\} \tag{4-12}$$

4.3   气体流态判别例题

例：使用抽速为 $S = 8\mathrm{L/s}$，泵入口内径为 40mm 的机械泵对某一真空室在大气压下开始抽气，真空室内气体为 20℃ 的空气。判断真空管道内的压力多大时为湍流？多大时为黏滞流？多大时为分子流？

解：抽气时，管道中的气流量为：

$$Q = \bar{p} S = \bar{p} \times 0.008 \mathrm{Pa \cdot m^3/s}$$

把 Q 及 $D = 0.04\mathrm{m}$ 代入黏滞流态气体流量泊肃叶公式（式4-2），解得：

当 $\bar{p} > 13250\mathrm{Pa}$ 时，真空管道内为湍流；

当 $\bar{p} < 7200\mathrm{Pa}$ 时，真空管道内为黏滞流；

当 $7200\mathrm{Pa} < \bar{p} < 13250\mathrm{Pa}$ 时，真空管道内为湍-黏滞流。

把 Q 及 $D = 0.04\mathrm{m}$ 代入分子流态气体流量克努森公式（式4-12），解得：

$\bar{p} > 16.625\mathrm{Pa}$ 时，真空管道内为黏滞流

$\bar{p} < 0.16625\mathrm{Pa}$ 时，真空管道内为分子流

$0.16625\mathrm{Pa} < \bar{p} < 16.625\mathrm{Pa}$ 时，真空管道内为黏滞-分子流

综合上述，真空管道内的压力从大气压 ~ 13250Pa 为湍流流态；管道内压力为 7200 ~ 16.625Pa 时为黏滞流流态；当管道内的压力低于 0.16625Pa 时，管道内为分子流流态。

在例题计算中涉及到的管道压力应为管道的平均压力，但是因为真空泵的入口压力相对于抽气管道入口处的压力来说很低，可忽略不计，所以在流态判断计算中，公式中的管道平均压力近似为管道入口处的压力。

另外，当系统从大气压力下开始抽气时，湍流状态持续的时间很短，很快系统中气流就到黏滞流状态了，所以一般在真空系统的设计计算中很少考虑湍流状态。

5 真空管路的流导计算

5.1 概述

5.1.1 气体的流量

气体流量的定义：压力为 p，温度为 T 的气体通过某一横断面的容积流率 dV/dt 与其压力 p 的乘积：

$$Q = p \frac{dV}{dt} \tag{5-1}$$

5.1.2 管路的流导

管路的流导即管路的通导能力，表示气流在管路中的通过能力。当管路两端存在压力差 $(p_1 - p_2)$，流经管路的气体流量为 Q 时，则管路流导 C 的定义式为：

$$C = \frac{Q}{p_1 - p_2} \tag{5-2}$$

由式 (5-2) 可知，管路的流导是在单位压差下，流经管路的气体体积流量，其单位为 m^3/s，或用 L/s 表示。

真空系统中的各元件，如管道、阀门、捕集器、除尘器等都希望流导尽可能大，以使气体能顺利通过。因此，流导是真空系统元件设计计算的重要参数。

5.2 管路元件串联、并联时管路的流导计算

5.2.1 串联管路的流导计算

设管路元件内的气体流动为稳定流动，即管道内各处压力不随时间变化，流经管路各处及各个元件的气体流量 Q 都相等。

例如，一个如图 5-1 所示的由真空管道、真空阀门和冷阱串联组成的管路系统。设各元件的流导分别为 C_1、C_2 和 C_3，则根据式 (5-2) 有：

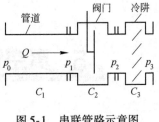

图 5-1 串联管路示意图

$$p_0 - p_1 = \frac{Q}{C_1}, \quad p_0 - p_2 = \frac{Q}{C_2}, \quad p_0 - p_3 = \frac{Q}{C_3}$$

相加得：

$$p_0 - p_3 = Q\left(\frac{1}{C_1} - \frac{1}{C_2} - \frac{1}{C_3}\right)$$

故上述串联管路的总流导 C 为：

$$C = \frac{Q}{p_0 - p_3} = \frac{1}{\dfrac{1}{C_1} + \dfrac{1}{C_2} + \dfrac{1}{C_3}}$$

同理，由 n 个元件串联组成的管路的总流导 C 的倒数等于各组成元件流导的倒数之和：

$$\frac{1}{C} = \frac{1}{C_1} + \frac{1}{C_2} + \cdots + \frac{1}{C_n} = \sum_{i=1}^{n} \frac{1}{C_i} \tag{5-3}$$

5.2.2 并联管路的流导计算

如果一个管路系统由三根管道并联组成，如图 5-2 所示，设在稳定流态下，管路两端压力差为 $p_1 - p_2$，各管道的流导分别为 C_1、C_2 和 C_3，流经各管道的气体流量分别为 Q_1、Q_2 和 Q_3，则流经管路系统的总气体流量 Q 为：

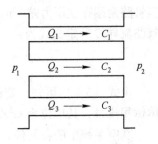

图 5-2 并联管路示意图

$$\begin{aligned} Q &= Q_1 + Q_2 + Q_3 \\ &= C_1(p_1 - p_2) + C_2(p_1 - p_2) + C_3(p_1 - p_2) \\ &= (p_1 - p_2)(C_1 + C_2 + C_3) \end{aligned}$$

根据流导的定义，管路的总流导 C 为：

$$C = \frac{Q}{p_1 - p_2} = C_1 + C_2 + C_3$$

若有 n 根管道或元件并联组成一个管路，则并联管路的总流导等

于各分支流导的代数和:

$$C = C_1 + C_2 + \cdots + C_n = \sum_{i=1}^{n} C_i \qquad (5\text{-}4)$$

5.3　简单管道的流导计算

将管路轴线是直线或近似于直线,断面形状和线性尺寸沿轴线保持不变或变化不大的管路称为简单管路。简单管道主要有三种形式:薄壁孔、长管道和短管道。由简单管路串联或并联或既有串联又有并联的管路称为复杂管路。

5.3.1　黏滞流态简单管道的流导计算

5.3.1.1　薄壁孔的流导

A　概述

在工程计算中,将孔板厚度远小于孔径的孔口称为薄壁孔。在此情况下,孔板的厚度对流导的影响可以忽略。

黏滞流流经薄壁孔时,若 $p_1 > p_2$,则气体由Ⅰ空间流向Ⅱ空间时的流线如图5-3所示。气体在孔口处受压,流过孔口后由于压力降低而膨胀,使气流的流线集中在管壁附近,则管中心形成低压带。随之,气体又由高压处向低压处

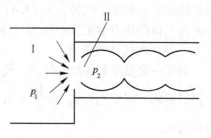

图5-3　流经薄壁孔处的黏滞流流线

聚集,于是又形成气流的压缩,而后又膨胀,又压缩⋯⋯,但每次膨胀压缩的程度都比前一次减弱,直到气流分布均匀为止。

实验发现,当 p_1 不变时,随着 p_2 的下降,通过孔口的气体流速和流量都在增加,但当 p_2 下降到某一临界值时,气体的流速、流量不再随 p_2 的下降而增加了,这种情况如图5-4所示。

图中 AB 段曲线表示通过孔口的气体流量 Q 随着压力比 r 的下降而增加。当 $r = r_c$(临界压力比)时,Q 增到最大值 $Q = Q_{\max}$。之后的 BC 段,虽然压力比继续下降,但 Q 也不再变化。

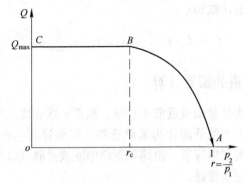

图 5-4 薄壁孔口流量 Q 与压力比 r 的关系曲线

AB 段曲线中 Q 与 r 的关系，由以下公式给出：

$$Q = r^{1/K} \sqrt{\frac{2K}{K-1} \frac{RT_1}{M} \left[1 - r^{(K-1)/K} \right]} \times p_1 A \qquad (5\text{-}5)$$

式中，r 为孔口两侧的压力比，$r = \dfrac{p_2}{p_1}$；R 为普适气体常数；K 为气体的绝热指数，双原子气体，$K = 1.4$；单原子气体，$K = 1.2$；T_1 为 I 空间内气体的热力学温度；M 为气体的摩尔质量；A 为孔口的面积；p_1 为 I 空间内气体的压力。

对于一定温度下的特定气体，气体流经孔口的流量是孔口两侧压力比的函数，即 $Q = f(r)$。由 $\dfrac{\mathrm{d}Q}{\mathrm{d}r} = 0$，可求得最大流量 $Q_{\max}$ 对应的临界压力比：

$$r_c = \left(\frac{2}{K+1} \right)^{\frac{K}{K-1}} \qquad (5\text{-}6)$$

对于空气或其他双原子气体（如 O_2、H_2、N_2 等），$K = 1.4$，$r_c = 0.525$；对于单原子气体，$K = 1.2$，$r_c = 0.564$。

B 流导的计算

根据流导的定义，黏滞流时薄壁孔的流导为：

$$C_{vk} = \frac{Q}{p_1 - p_2} = r^{\frac{1}{K}} \sqrt{\frac{2K}{K-1} \frac{RT_1}{M} \left(1 - r^{\frac{K-1}{K}} \right)} \times \frac{A}{1-r} \qquad (5\text{-}7a)$$

对于双原子气体，流导为：

$$C_{vk} = 7.36r^{0.712}\sqrt{(1-r^{0.288})\frac{T_1}{\mu} \times \frac{A}{1-r}} \qquad (5\text{-}7b)$$

对于单原子气体，流导为：

$$C_{vk} = 9.98r^{0.833}\sqrt{(1-r^{0.167})\frac{T_1}{\mu} \times \frac{A}{1-r}} \qquad (5\text{-}7c)$$

对于20℃空气，流导为：

$$\left.\begin{array}{ll} \text{在 } r > 0.525 \text{ 时}, & C_{vk} = 766r^{0.712}\sqrt{1-r^{0.288}} \times \dfrac{A}{1-r} \\[3mm] \text{在 } r \leqslant 0.525 \text{ 时}, & C_{vk} \approx 200 \times \dfrac{A}{1-r} \\[3mm] \text{在 } r < 0.1 \text{ 时}, & C_{vk} \approx 200A \end{array}\right\} \qquad (5\text{-}7d)$$

对于20℃空气，圆形孔口的流导为：

$$\left.\begin{array}{ll} \text{当 } r > 0.525 \text{ 时}, & C_{vk} = 602r^{0.712}\sqrt{1-r^{0.288}} \times \dfrac{D^2}{1-r} \\[3mm] \text{当 } r \leqslant 0.525 \text{ 时}, & C_{vk} \approx 157\dfrac{D^2}{1-r} \\[3mm] \text{当 } r < 0.1 \text{ 时}, & C_{vk} \approx 157D^2 \end{array}\right\} \qquad (5\text{-}8)$$

以上各式中各量的单位均采用国际单位。

5.3.1.2 长管道流导的计算

管道入口对气体的流动是有影响的，但当管道的长度较长时，管端对气流的影响在工程计算中可以忽略。在一般工程计算中，当管道的轴线长度 L 与管内径 D 的比值 $\dfrac{L}{D} \geqslant 20$ 时，可以忽略管端的影响，此时管道定义为长管道。

A 黏滞流——圆柱坐标下的泊松方程

在如图 5-5 所示的具有均匀圆形截面的长管中，气流从高压 p_1 区流向低压 p_2 区。包含在半径为 r，壁厚为 dr，微分长度为 dz 的薄壁圆柱体内的气体，在气流方向受到截面积 $2\pi r dr$ 内压力差 dp 的作用，作用力为：

$$dF_1 = -\frac{dp}{dz}dz2\pi rdr = -2\pi r\frac{dp}{dz}drdz \qquad (5\text{-}9)$$

式中负号表示在气流方向上压力减小。

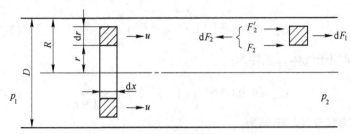

图 5-5 长管中黏滞流受力原理

由于气体的黏滞作用，气体在圆柱体内表面处的速度大于圆柱外表面处的速度。由黏滞作用产生的黏滞力为：

$$F = \eta A \frac{\mathrm{d}u}{\mathrm{d}r}$$

式中，η 为黏滞系数；A 为圆柱的表面积，$A = 2\pi r \mathrm{d}z$。

因此作用于圆柱内表面上的力为：

$$F_2 = -\eta \cdot 2\pi r \mathrm{d}z \frac{\mathrm{d}u}{\mathrm{d}r} = -2\pi\eta\left(r\frac{\mathrm{d}u}{\mathrm{d}r}\right)\mathrm{d}z \tag{5-10a}$$

由于 $\frac{\mathrm{d}u}{\mathrm{d}r}$ 是负值，所以这个力指向气流方向。在这个圆柱体的外表面上，由黏滞性所产生的力为：

$$F_2' = -\left(F_2 + \frac{\mathrm{d}F_2}{\mathrm{d}r}\mathrm{d}r\right) = 2\pi\eta\mathrm{d}z\left[r\frac{\mathrm{d}u}{\mathrm{d}r} + \frac{\mathrm{d}}{\mathrm{d}r}\left(r\frac{\mathrm{d}u}{\mathrm{d}r}\right)\mathrm{d}r\right] \tag{5-10b}$$

力的方向与气流的方向相反。

由黏滞性所产生的作用于圆柱体上的合力为：

$$\mathrm{d}F_2 = F_2 + F_2' = 2\pi\eta\frac{\mathrm{d}}{\mathrm{d}r}\left(r\frac{\mathrm{d}u}{\mathrm{d}r}\right)\mathrm{d}r\mathrm{d}z \tag{5-10c}$$

力的方向与气流的方向相反。

稳定流动时，由压力差产生的力 $\mathrm{d}F_1$ 与由黏滞性产生的力 $\mathrm{d}F_2$ 平衡，因而有：

$$-2\pi r\frac{\mathrm{d}p}{\mathrm{d}z}\mathrm{d}r\mathrm{d}z + 2\pi\eta\frac{\mathrm{d}}{\mathrm{d}r}\left(r\frac{\mathrm{d}u}{\mathrm{d}r}\right)\mathrm{d}r\mathrm{d}z = 0$$

即

$$\frac{1}{r}\frac{\mathrm{d}}{\mathrm{d}r}\left(r\frac{\mathrm{d}u}{\mathrm{d}r}\right) = \frac{1}{\eta}\frac{\mathrm{d}p}{\mathrm{d}z} \tag{5-11}$$

$$\frac{\mathrm{d}^2 u}{\mathrm{d}r^2} + \frac{1}{r}\frac{\mathrm{d}u}{\mathrm{d}r} = \frac{1}{\eta}\frac{\mathrm{d}p}{\mathrm{d}z} \tag{5-12}$$

式（5-11）和式（5-12）即为圆形截面管在柱坐标下，黏滞流流动的泊松方程。若圆截面管两端的气流压力为 p_1、p_2，且 $p_1 > p_2$，管道长度为 L，则 $\dfrac{\mathrm{d}p}{\mathrm{d}z} = -\dfrac{p_1 - p_2}{L}$，所以上述泊松方程可改写为：

$$\frac{1}{r}\frac{\mathrm{d}}{\mathrm{d}r}\left(r\frac{\mathrm{d}u}{\mathrm{d}r}\right) = -\frac{1}{\eta L}(p_1 - p_2) \tag{5-13}$$

$$\frac{\mathrm{d}^2 u}{\mathrm{d}r^2} + \frac{1}{r}\frac{\mathrm{d}u}{\mathrm{d}r} = -\frac{1}{\eta L}(p_1 - p_2) \tag{5-14}$$

B　圆形管道的流导

由柱坐标下的泊松方程式（5-13），可解得圆形截面管道内的流体流速为：

$$u = \frac{p_1 - p_2}{4\eta L}(R^2 - r^2) \tag{5-15}$$

圆管内的气体流量为：

$$Q = \frac{\pi D^4}{128\eta L}\bar{p}(p_1 - p_2) \tag{5-16}$$

根据流导的定义，圆截面管道的黏滞流流导为：

$$C_{vy} = \frac{Q}{p_1 - p_2} = \frac{\pi D^4}{128\eta L}\bar{p} \tag{5-17}$$

式中，D 为管道内径；L 为管道长度；η 为气体的内摩擦系数；$\bar{p}$ 为管道中气体的平均压力。

对于 20℃ 空气，$\eta = 1.820 \times 10^{-5} \mathrm{Pa \cdot s}$，代入式（5-17）可得：

$$C_{vy} = 1.34 \times 10^3 \frac{D^4}{L}\bar{p} \tag{5-18}$$

气体的内摩擦系数 $\eta(\mathrm{Pa \cdot s})$ 可由下式求得：

$$\eta = \eta_{0,大气}\frac{1 + \dfrac{C}{273}}{1 + \dfrac{C}{T}}\sqrt{\frac{T}{273}} \tag{5-19}$$

式中，$\eta_{0,大气}$ 为在 0℃、一个大气压下气体的内摩擦系数，可查表 5-1；C 为肖杰伦特常数，可查表 5-1；T 为气体的热力学温度；η 为

表5-1 一些气体的肖杰伦特常数 C 和 0℃、20℃下的内摩擦系数

气体	H₂	He	N₂	O₂	空气	Ar	CO	CO₂
肖杰伦特常数 C/K	84.4	80	104	125	112	142	100	254
	76	79	112	132		169		273
$\eta_{20℃}/Pa \cdot s$	8.95×10^{-6}	1.975×10^{-5}	1.761×10^{-5}	2.019×10^{-5}	1.820×10^{-5}	2.207×10^{-5}	1.75×10^{-5}	1.454×10^{-5}
$\eta_{0,大气}/Pa \cdot s$	8.47×10^{-6}	1.869×10^{-5}	1.666×10^{-5}	1.910×10^{-5}	1.722×10^{-5}	2.088×10^{-5}	1.658×10^{-5}	1.376×10^{-5}

气体	CH₄	H₂O	Kr	Ne	NH₃	Xe	Hg	
肖杰伦特常数 C/K	155 (18~499℃)	600	188	56	472 (−77~441℃)	252	942	
			142	56		252	996 (218~610℃)	
$\eta_{20℃}/Pa \cdot s$	1.091×10^{-5}		2.377×10^{-5}	3.302×10^{-5}	9.4×10^{-6}	2.288×10^{-5}		
$\eta_{0,大气}/Pa \cdot s$	1.032×10^{-5}		2.249×10^{-5}	3.124×10^{-5}	8.89×10^{-6}	2.165×10^{-5}		

注：表中两行的数据系由不同测试者所测。

气体在 T 温度下的内摩擦系数。

C 同心圆环截面长管道的流导

如图 5-6 所示的同心圆环截面管，对圆柱坐标系下的泊松方程式 (5-13) 两次积分可得气体的速度分布：

$$u = -\frac{r^2}{4\eta}\frac{p_1 - p_2}{L} + K_1 \ln r + K_2 \quad (5\text{-}20)$$

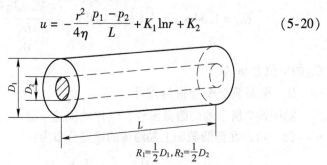

$$R_1 = \frac{1}{2}D_1, R_2 = \frac{1}{2}D_2$$

图 5-6 同心圆环截面管道

代入边界条件：$r = R_1$ 时，$u = 0$；$r = R_2$ 时，$u = 0$，可得：

$$K_1 = \frac{p_1 - p_2}{4\eta L}\frac{R_1^2 - R_2^2}{\ln \dfrac{R_1}{R_2}}$$

$$K_2 = \frac{p_1 - p_2}{4\eta L}\left[R_2^2 - \frac{(R_1^2 - R_2^2)\ln R_2}{\ln \dfrac{R_1}{R_2}}\right]$$

将 K_1 和 K_2 代入式 (5-20)，得：

$$u = -\frac{p_1 - p_2}{4\eta L}\left[(r^2 - R_2^2) - \frac{(R_1^2 - R_2^2)\ln \dfrac{r}{R_2}}{\ln \dfrac{R_1}{R_2}}\right] \quad (5\text{-}21)$$

则气体流量 Q 为：

$$Q = \bar{p}2\pi\int_{R_2}^{R_1} ur\,\mathrm{d}r = \frac{\pi}{8\eta L}(p_1 - p_2)\bar{p}\left[(R_1^4 - R_2^4) - \frac{(R_1^2 - R_2^2)^2}{\ln \dfrac{R_1}{R_2}}\right]$$

$$(5\text{-}22)$$

由流导定义，可得同心圆环截面管黏滞流流导：

$$C_{vh} = \frac{\pi \bar{p}}{128 \eta L} \left[(D_1^4 - D_2^4) - \frac{(D_1^2 - D_2^2)^2}{\ln \dfrac{D_1}{D_2}} \right] \qquad (5\text{-}23)$$

式中，各量采用国际单位。对于 20℃空气，流导公式变为：

$$C_{vh} = 1.34 \times 10^3 \frac{\bar{p}}{L} \left[(D_1^4 - D_2^4) - \frac{(D_1^2 - D_2^2)^2}{\ln \dfrac{D_1}{D_2}} \right] \qquad (5\text{-}24)$$

C_{vh} 的单位为 m³/s。

D 椭圆截面长管道的流导

如图 5-7 所示的椭圆截面管，气体的流速 u 是 x、y 的函数，即 $u = u(x, y)$。在椭圆截面上黏滞流的速度分布为：

$$u = A \left(1 - \frac{x^2}{a^2} - \frac{y^2}{b^2} \right) \qquad (5\text{-}25)$$

式中，A 为系数；a、b 为椭圆长半轴、短半轴。

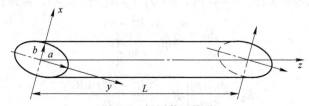

图 5-7 椭圆截面管道

气体速度分布的泊松微分方程为：

$$\left. \begin{array}{l} \dfrac{\partial^2 u}{\partial x^2} + \dfrac{\partial^2 u}{\partial y^2} = -\dfrac{1}{\eta} \dfrac{\mathrm{d}p}{\mathrm{d}z} \\[3mm] \dfrac{\mathrm{d}p}{\mathrm{d}z} = \dfrac{p_1 - p_2}{L} \end{array} \right\} \qquad (5\text{-}26)$$

式中，L 为管道长度；p_1，p_2 为管道两端的压力；$\dfrac{\mathrm{d}p}{\mathrm{d}z}$ 为管道中气体的压力梯度。

将式（5-25）代入式（5-26），可求得系数 A 为：

$$A = \frac{p_1 - p_2}{2 \eta L} \left(\frac{a^2 b^2}{a^2 + b^2} \right)$$

故

$$u = \frac{p_1 - p_2}{2\eta L} \frac{a^2 b^2}{a^2 + b^2} \left(1 - \frac{x^2}{a^2} - \frac{y^2}{b^2} \right) \tag{5-27}$$

令 $y_1 = \frac{y}{b}$，$x_1 = \frac{x}{a}$，$r = \sqrt{x_1^2 + y_1^2}$，代入上式，则通过管道的流量 Q 为：

$$
\begin{aligned}
Q &= \bar{p} \iint u \mathrm{d}x \mathrm{d}y = \frac{p_1 - p_2}{2\eta L} \bar{p} \frac{a^3 b^3}{a^2 + b^2} \iint \left[1 - (x_1^2 + y_1^2) \right] \mathrm{d}x_1 \mathrm{d}y_1 \\
&= \frac{(p_1 - p_2)}{2\eta L} \bar{p} \frac{a^3 b^3}{a^2 + b^2} \int_0^1 (1 - r^2) 2\pi r \mathrm{d}r \\
&= \frac{\pi (p_1 - p_2)}{4\eta L} \bar{p} \frac{a^3 b^3}{a^2 + b^2}
\end{aligned}
$$

$$\tag{5-28}$$

由流导的定义，椭圆截面管的流导为：

$$C_{\mathrm{vt}} = \frac{\pi a^3 b^3}{4\eta L (a^2 + b^2)} \bar{p} \tag{5-29}$$

对于 20℃ 空气，椭圆截面管的流导 C_{vt}（$\mathrm{m^3/s}$）为：

$$C_{\mathrm{vt}} = 4.31 \times 10^4 \frac{\bar{p}}{L} \frac{a^3 b^3}{a^2 + b^2} \tag{5-30}$$

E 矩形截面长管道的流导

如图 5-8 所示，a、b 为矩形截面的边长，L 为管长。应用泊松微分方程，对流速在截面上积分，可得到体积流量，再乘以平均压力 $\bar{p}$，得到管道的气体流量 Q 为：

$$Q = \frac{ab^3}{12\eta L}(p_1 - p_2)\bar{p} \left[1 - \frac{192b}{\pi^5 a} \left(\mathrm{th}\,\frac{\pi a}{2b} + \frac{1}{3^5}\mathrm{th}\,\frac{3\pi a}{2b} + \frac{1}{5^5}\mathrm{th}\,\frac{5\pi a}{2b} + \cdots \right) \right]$$

$$\tag{5-31}$$

由流导定义得出矩形截面管的流导 C_{vj} 为：

$$
\begin{aligned}
C_{\mathrm{vj}} &= \frac{ab^3}{12\eta L}\bar{p} \left[1 - \frac{192b}{\pi^5 a} \left(\mathrm{th}\,\frac{\pi a}{2b} + \frac{1}{3^5}\mathrm{th}\,\frac{3\pi a}{2b} + \frac{1}{5^5}\mathrm{th}\,\frac{5\pi a}{2b} + \cdots \right) \right] \\
&= \frac{ab^3}{12\eta L}\bar{p} f\left(\frac{a}{b} \right)
\end{aligned}
$$

$$\tag{5-32}$$

式中，$f\left(\dfrac{a}{b}\right)$ 可查表 5-2 或图 5-9。

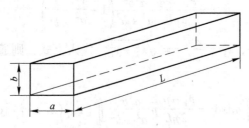

图 5-8　矩形截面管道

表 5-2　$f\left(\dfrac{a}{b}\right)$ **的数值**

$\dfrac{a}{b}$	1	2	3	5	10	12	100	∞
$f\left(\dfrac{a}{b}\right)$	0.423	0.687	0.788	0.875	0.938	0.949	0.994	1.00

对于 20℃ 空气，黏滞流态下的流导 $C_{vj}(\mathrm{m^3/s})$ 为：

$$C_{vj} = 4.58 \times 10^3 \frac{ab^3}{L} \bar{p} f\left(\frac{a}{b}\right) \tag{5-33}$$

正方形截面管是矩形截面管的特例，即当 $a = b$ 时，$f\left(\dfrac{a}{b}\right) = f(1) = 0.423$，式 (5-33) 变为：

$$C_{vf} = 1.93 \times 10^3 \frac{a^4}{L} \bar{p} \tag{5-34}$$

F　径向辐射流管道的流导

在真空系统的某些元件中，如阀门、捕集器、除尘器和盲板法兰

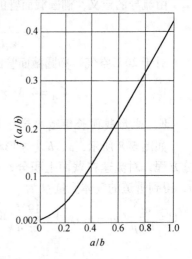

图 5-9　$f\left(\dfrac{a}{b}\right)$ 曲线

等常遇到图 5-10 所示的径向辐射流动。这时气体沿 r 方向的流动是轴对称的，因此流速只是 y 的函数，此时泊松微分方程的形式为：

$$\frac{\partial^2 u}{\partial y^2} = \frac{1}{\eta} \frac{\mathrm{d}p}{\mathrm{d}r} \tag{5-35}$$

对上式连续两次积分，可得：

$$u = \frac{1}{2\eta}\frac{\mathrm{d}p}{\mathrm{d}r}y^2 + K_1 y + K_2 \quad (5\text{-}36)$$

将边界条件 $y = \pm\dfrac{h}{2}$ 时，$u = 0$ 代入

式 (5-36)，解得：

$$K_1 = 0, \quad K_2 = -\frac{1}{8\eta}\frac{\mathrm{d}p}{\mathrm{d}r}h^2$$

将 K_1 和 K_2 代入式 (5-36)，可得：

$$u = \frac{1}{2\eta}\frac{\mathrm{d}p}{\mathrm{d}r}\left(y^2 - \frac{h^2}{4}\right) \quad (5\text{-}37)$$

则气体的体积流量为：

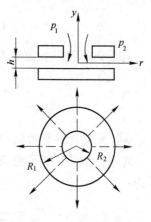

图 5-10 径向辐射流管道

$$S = \int_{-h/2}^{h/2} 2\pi r u \,\mathrm{d}y = -\frac{\pi h^3}{6\eta}r\frac{\mathrm{d}p}{\mathrm{d}r} \quad (5\text{-}38)$$

因而气体流量为：

$$Q = S\,\bar{p} = -\frac{\pi h^3}{6\eta}\bar{p}r\frac{\mathrm{d}p}{\mathrm{d}r} \quad (5\text{-}39)$$

黏滞流状态下，气体被视为不可压缩的连续介质，所以 Q 在通道中任意位置处都相同。在等温流动条件下，有：

$$-r\frac{\mathrm{d}p}{\mathrm{d}r} = K \text{（常量）}$$

$$\int_{p_1}^{p_2}\mathrm{d}p = -K\int_{R_2}^{R_1}\frac{\mathrm{d}r}{r}$$

$$p_1 - p_2 = K\ln\frac{R_1}{R_2}$$

所以

$$-r\frac{\mathrm{d}p}{\mathrm{d}r} = (p_1 - p_2)/\ln\frac{R_1}{R_2}$$

将上式代入式 (5-39)，可得：

$$Q = \frac{\pi h^3}{6\eta}\bar{p}(p_1 - p_2)/\ln\frac{R_1}{R_2} \quad (5\text{-}40)$$

流导 $C_{vs}(\mathrm{m}^3/\mathrm{s})$ 为：

$$C_{vs} = \frac{\pi h^3}{6\eta} \bar{p} / \ln \frac{R_1}{R_2} \tag{5-41}$$

对于 20℃ 空气，流导为：

$$C_{vs} = 2.78 \times 10^4 \frac{h^3 \bar{p}}{\ln \dfrac{R_1}{R_2}} \tag{5-42}$$

G　圆截面锥管的流导

对于图 5-11 所示的圆截面锥形管道，气体黏滞流流导计算式为：

$$C_{vz} = \frac{3\pi D_1^3 D_2^3}{128\eta L(D_1^2 + D_1 D_2 + D_2^2)} \bar{p} \tag{5-43}$$

对于 20℃ 空气，流导为：

$$C_{vz} = 4.04 \times 10^3 \frac{D_1^3 D_2^3}{L(D_1^2 + D_1 D_2 + D_2^2)} \bar{p} \tag{5-44}$$

5.3.1.3　短管道流导的计算

在黏滞流状态下，气流从大容积进入管口，管道入口附近出现扰乱区，如图 5-12 所示，气流在管道入口处受到影响。实验表明，这种影响破坏了黏滞流的应有秩序，扰乱区的影响使管道的流导减小，流量降低，这种影响称为管口效应。在工程计算中，如果管道的长径比 $\dfrac{L}{D} < 20$ 时，管口效应对气流的影响通常不能忽略。此时管道定义为短管道。

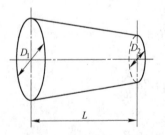

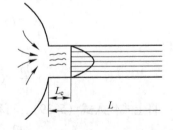

图 5-11　圆截面锥形管道　　　图 5-12　管道口扰乱区气体流动示意图

哈兰（Langhaar）经过实验得出管口扰乱区的长度为：

$$L_e = 5.7 \times 10^{-2} DRe \tag{5-45}$$

式中，D 为管道入口直径；Re 为雷诺数。

将雷诺数 Re 代入式（5-45），可得：

$$L_e = 8.74 \times 10^{-3} \frac{\mu Q}{\eta T} \tag{5-46}$$

式中，Q 为气体流量；μ 为气体的摩尔质量；η 为气体的内摩擦系数；T 为气体的热力学温度。

式中各量采用国际单位。

根据哈兰的精确计算，得出下式：

$$p_1 - p_2 = \frac{8\eta L}{R^2} \bar{u} + 1.14 \rho \bar{u}^2 \tag{5-47}$$

式中，p_1、p_2 为管道两端的压力；$\bar{u}$ 为气体的平均流速；L 为管道长度；R 为管道半径；ρ 为气体密度。

将 $\bar{u} = \dfrac{4Q}{\pi D^2 \bar{p}}$、$D = 2R$ 代入式（5-47），并整理可得：

$$p_1 - p_2 = \frac{128\eta L Q}{\pi D^4 \bar{p}} + \frac{5.8 \rho Q^2}{\pi D^4 \bar{p}^2} \tag{5-48}$$

将 $\rho = \dfrac{\mu}{RT} \bar{p}$ 代入上式，可得：

$$p_1 - p_2 = Q\left(\frac{128\eta L}{\pi D^4 \bar{p}} + \frac{5.8 \dfrac{\mu}{RT} Q}{\pi D^4 \bar{p}^2} \right) \tag{5-49}$$

由流导定义，短管道的流导为：

$$C_{vd} = \frac{Q}{p_1 - p_2} = \frac{\pi D^4}{128\eta} \bar{p} \frac{1}{L + 4.53 \times 10^{-2} \dfrac{\mu Q}{R\eta T}} \tag{5-50}$$

对于 20℃ 空气，短管道流导 $C_{vd}(\text{m}^3/\text{s})$ 为：

$$C_{vd} = 1.34 \times 10^3 \frac{D^4 \bar{p}}{L + 2.96 \times 10^{-2} Q} \tag{5-51}$$

工程上可采用一种粗略近似计算短管道流导的方法，将短管看成是管口和长管串联，因此其流导为：

$$C_{vd} = \cfrac{1}{\cfrac{1}{C_{vk}} + \cfrac{1}{C_{vy}}} \qquad (5-52)$$

式中，C_{vk} 为管口的流导；C_{vy} 为不考虑管口影响时，管道的流导。

实验证明，在 $p > 26.7$ Pa 时，黏滞流的管口效应，大致相当于把管道的有效长度增加一个管半径 R 长，则短管的流导为：

$$C_{vy} = \frac{\pi D^4}{128\eta(L+R)}\bar{p} \qquad (5-53)$$

对于 20℃空气，其流导为：

$$C_{vd} = 1.34 \times 10^3 \frac{D^4}{L+R}\bar{p} \qquad (5-54)$$

5.3.2 分子流态管道的流导计算

气体在分子流态时，当管道中存在分子密度梯度的情况下，其流动是依靠分子自身的热运动碰撞管壁而形成的。计算分子流流导的方法有多种，主要有以下三种：（1）以克努森（M. Knudsen）和克劳辛（P. Clausing）为代表的公式计算法；（2）蒙特卡洛（Monte - Carlo）模拟法；（3）以奥特莱（Oatley）和贝伦斯（Ballance）为代表的传输几率法。

分子流态下的流导计算有下列假定条件：

（1）气体分子之间没有碰撞，气体分子仅与管道内壁有碰撞。如果是薄壁孔口，则两边的气体分子将自由地通过，彼此互不影响。

（2）在气体的流动过程中，其温度不变。

（3）气体分子入射管道的方位和角度完全是随机的。

（4）气体分子与管壁碰撞后在管壁上有短暂停留，而后按余弦定律反射。

5.3.2.1 分子流态薄壁小孔的流导

当孔板厚度远小于孔径时，孔口被称为薄壁孔。若薄壁孔连接的是大容积，气体从大容积流向孔口，则该薄壁孔被称为薄壁小孔。

如图 5-13 所示，设薄壁小孔孔口的面积为 A，两侧的压力为 p_1 和 p_2，且 $p_1 > p_2$，气体的分子密度分别为 n_1 和 n_2，则根据以上假定

和余弦定律，通过孔口的净流动气
体分子数为：

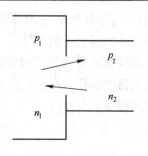

$$N_{mk} = \frac{1}{4} n_1 \bar{v} A - \frac{1}{4} n_2 \bar{v} A$$

$$(5-55)$$

式中，$\bar{v}$ 为气体分子热运动平均
速率。

图 5-13　薄壁小孔

将净流动的气体分子数 N_{mk} 换
算为 p_1 压力下的气体流量 Q_{mk}，则有：

$$Q_{mk} = \frac{N_{mk}}{n_1} p_1 = \frac{1}{4}\left(1 - \frac{n_2}{n_1}\right) \bar{v} A p_1 = \frac{1}{4}(p_1 - p_2) \bar{v} A \qquad (5-56)$$

由流导定义，面积为 A 的薄壁小孔的流导为：

$$C_{mk} = \frac{Q_{mk}}{p_1 - p_2} = \frac{1}{4} \bar{v} A = \frac{1}{4} \sqrt{\frac{8RT}{\pi M}} A \qquad (5-57)$$

对于 20℃ 空气，面积为 A 的薄壁小孔的流导为：

$$C_{mk} = 116A \qquad (5-58)$$

对于直径为 D 的圆孔，其流导为：

$$C_{mk} = 91D^2 \qquad (5-59)$$

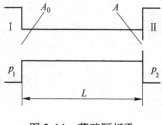

图 5-14　薄壁隔板孔

5.3.2.2　薄壁隔板孔的流导

如图 5-14 所示，两个大容器之
间连接一段管道，管道的截面积为
A_0，管道的末端有一比管径小的孔，
其面积为 A。若 $p_1 > p_2$，则气体从 Ⅰ
容器通过管路流向 Ⅱ 容器，此时，$\frac{A}{A_0}$
并不很小，因此，面积为 A 的孔不能视为薄壁小孔，称为薄壁隔
板孔。

当气体从 Ⅰ 容器通过管道流向 Ⅱ 容器时，应用串联管道流导计算
公式，对于整个管路的流导 C_m，有：

$$\frac{1}{C_m} = \frac{1}{C_{A_0}} + \frac{1}{C_L} + \frac{1}{C_{Ad}} \qquad (5-60a)$$

式中，C_{A_0} 为面积为 A_0 的薄壁孔的流导；C_L 为长管道的流导；C_{Ad} 为面积为 A 的隔板孔的流导。

当气体从 Ⅱ 容器通过管路流向 Ⅰ 容器时，显然面积为 A 的孔应被视为薄壁小孔，而面积为 A_0 的孔对气流没有影响，所以对于整个管路的流导 C_m，有：

$$\frac{1}{C_m} = \frac{1}{C_A} + \frac{1}{C_L} \qquad (5\text{-}60b)$$

式中，C_A 为面积为 A 的薄壁孔的流导。

对于同一段管路，无论气流方向如何，其流导是相同的，即管路的流导与气流方向无关，所以将式（5-60a）和式（5-60b）联立可得：

$$\frac{1}{C_A} = \frac{1}{C_{A_0}} + \frac{1}{C_{Ad}} \qquad (5\text{-}61a)$$

$$C_{Ad} = \frac{C_A C_{A_0}}{C_{A_0} - C_A} = C_A \frac{1}{1 - \dfrac{C_A}{C_{A_0}}} = 1.15 \sqrt{\frac{T}{\mu}} \frac{A}{1 - \dfrac{A}{A_0}} \qquad (5\text{-}61b)$$

对于20℃空气，分子流态薄壁隔板孔流导为：

$$C_{Ad} = 116 \frac{A}{1 - \dfrac{A}{A_0}} \qquad (5\text{-}61c)$$

对于圆孔，空气流导为：

$$C_{Ad} = 91 \frac{D^2}{1 - \left(\dfrac{D}{D_0}\right)^2} \qquad (5\text{-}61d)$$

当 $\dfrac{D}{D_0} \leqslant 0.2$ 时，$\left(\dfrac{D}{D_0}\right)^2$ 较小可以略去不计。

5.3.2.3 分子流态长管道的流导计算

当管道的长度较长（$L/D \geqslant 20$）时，忽略管道出、入口对气流的影响，在计算管道流导时可忽略管端对气流的影响。

A 任意截面形状长管道的克努森流导积分公式

在分子流状态下，分子只与管壁碰撞作随机的直线运动。单位时间内碰撞到单位表面上的分子数为 $N_1 = \dfrac{\bar{v}}{4} n$，其中 $\bar{v}$ 是分子的平均热运动速率，n 是分子数密度。单位时间与管截面周长为 B、管长为 L 的管壁碰撞的分子数目为：

$$N = N_1 BL = BL \frac{\bar{v}}{4} n \tag{5-62}$$

气体分子到达管壁表面时所具有的能量与它们的热运动速率 $\bar{v}$ 和气流的漂移速度 u 有关。气体分子碰撞管壁表面，停留后再以平均热运动速率 $\bar{v}$ 随机地重新离开壁面，因此每个分子与管壁的动量交换量为 $m \cdot u$，其中 m 是气体分子的质量。N 个气体分子迁移到管壁的动量为：

$$G = Nmu = BL \frac{\bar{v}}{4} nmu \tag{5-63}$$

而单位时间通过管道截面积 A 的分子数为：

$$N_A = Aun \tag{5-64}$$

压力差 $p_1 - p_2$ 对应的作用力为：

$$F = A(p_1 - p_2) = AkT(n_1 - n_2) \tag{5-65}$$

因为迁移到管壁的动量 G 由压力损失来补偿，因此在平衡条件下，有：

$$F = G \tag{5-66}$$

整理后可得：

$$\frac{nu}{n_1 - n_2} = \frac{4AkT}{BLm\bar{v}} \tag{5-67}$$

由流导、流量定义，并将式（5-67）引入，整理可得：

$$C_m = \frac{Q}{p_1 - p_2} = \frac{uAnm}{kT(n_1 - n_2)} = \frac{4A^2}{BL\bar{v}} \tag{5-68a}$$

式中，Q 为气流量；C_m 为管道的流导。

式（5-68a）中均匀气体分子漂移速度 u 是叠加在分子热运动的麦克斯韦速度分布之上的。克努森假定分子的漂移速度与它的随机速率成正比，式中的数字因子应乘以 $\dfrac{8}{3\pi}$，因此，管路流导为：

$$C_m = \frac{4}{3} \times \frac{8kT}{\pi m} \times \frac{1}{\bar{v}} \times \frac{A^2}{BL} \tag{5-68b}$$

将 $\bar{v}^2 = \dfrac{8kT}{\pi m}$ 代入上式，有：

$$C_m = \frac{4}{3}\bar{v}\frac{A^2}{BL} \tag{5-68c}$$

对于变截面管道，上式的一般形式为：

$$C_m = \frac{4}{3}\bar{v} \Big/ \int_0^L \frac{B}{A^2}\mathrm{d}l \tag{5-69a}$$

式（5-69a）对于非圆截面管要乘以截面形状修正系数 K，即：

$$C_m = \frac{4}{3}\bar{v}K \Big/ \int_0^L \frac{B}{A^2}\mathrm{d}l \tag{5-69b}$$

截面形状修正系数 K 由实验确定。上式被称为克努森流导积分方程。

虽然该公式的导出过程存在问题，但至今许多场合仍在使用。

B　恒截面管的流导

对于恒截面管道，截面周长 B 和截面面积 A 都是常数。由克努森流导积分方程得：

$$C_m = \frac{4}{3}\bar{v}K\frac{A^2}{BL} \tag{5-70}$$

对于直径为 D 的圆截面管，截面形状修正系数 $K = 1$；截面周长 $B = \pi D$；截面面积 $A = \dfrac{1}{4}\pi D^2$，因而可得：

$$C_m = \frac{1}{6}\sqrt{\frac{2\pi RT}{\mu}}\frac{D^3}{L} \tag{5-71}$$

式中，R 为普适气体常数；T 为气体的热力学温度；μ 为气体的摩尔质量；L 为管道的长度。

各量的单位皆为国际单位。

对于 20℃ 空气，直径为 D 的圆截面管的流导为：

$$C_m = 121\frac{D^3}{L} \tag{5-72}$$

在分子流状态下。对于圆截面管道，根据分子流态下气体流量计算公式（式4-3）及流导的定义可直接得到：

$$C_m = \frac{\sqrt{2\pi}}{6\sqrt{\rho_1}}\frac{D^3}{L} = \frac{1}{6}\sqrt{\frac{2\pi RT}{\mu}}\frac{D^3}{L} = 1.2\sqrt{\frac{T}{\mu}}\frac{D^3}{L} \tag{5-73}$$

这个结果和由克努森流导积分公式得到的结果是相同的。

C 同心圆环截面管的流导

对于如图 5-6 所示的同心圆环截面管，其截面周长为 B，截面面积为 A，则 $B = \pi(D_1 + D_2)$；$A = \frac{\pi}{4}(D_1^2 - D_2^2)$，代入式（5-70），得：

$$C_m = \frac{4}{3}\sqrt{\frac{8RT}{\pi\mu}}K\frac{\left[\frac{\pi}{4}(D_1^2 - D_2^2)\right]^2}{\pi(D_1 + D_2)L} = 1.2K\sqrt{\frac{T}{\mu}}\frac{(D_1^2 - D_2^2)(D_1 - D_2)}{L} \tag{5-74}$$

对于 20℃ 空气，流导为：

$$C_m = 121K\frac{(D_1^2 - D_2^2)(D_1 - D_2)}{L} \tag{5-75}$$

式中各量皆用国际单位制，形状修正系数 K 值见图 5-15。

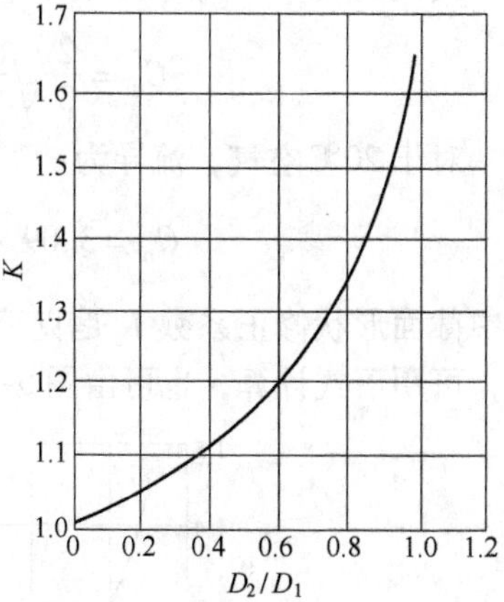

D 椭圆截面管的流导

对于长半轴为 a，短半轴为 b 的截面管，近似有：

$$A = \pi ab,\ B = 2\pi\left(\frac{a^2 + b^2}{2}\right)^{1/2} \tag{5-76}$$

代入式（5-70），由于 $K = 1$，故得：

$$C_m = \frac{4}{3}\sqrt{\frac{8RT}{\pi\mu}}K\frac{\pi^2 a^2 b^2}{2\pi\left(\frac{a^2 + b^2}{2}\right)^{1/2}L} \tag{5-77}$$

图 5-15 K 与 D_2/D_1 的关系曲线

对于 20℃ 空气，流导为：

$$C_m = 1.37 \times 10^3\frac{a^2 b^2}{(a^2 + b^2)^{1/2}L} \tag{5-78}$$

式中，a、b 和 L 的单位为 m，T 的单位为 K。

E 等边三角形截面管的流导

对于边长为 a 的等边三角形截面管有：

$$A = \frac{\sqrt{3}}{4}a^2, \ B = 3a \tag{5-79}$$

代入式 (5-70)，$K = 1.24$，故得：

$$C_m = \frac{1.24}{12}\sqrt{\frac{8RT}{\pi\mu}}\frac{a^3}{L} \tag{5-80}$$

对于 20℃ 空气，流导为：

$$C_m = 48\frac{a^3}{L} \tag{5-81}$$

F 矩形截面管的流导

对于边长为 a 和 b 的矩形截面管（见图 5-8），有：

$$A = ab, \ B = 2(a+b)$$

代入式 (5-70)，得：

$$C_m = \frac{2}{3}\sqrt{\frac{8RT}{\pi\mu}}\frac{a^2 b^2}{(a+b)L}K \tag{5-82}$$

对于 20℃ 空气，流导为：

$$C_m = 3.09 \times 10^2 K\frac{a^2 b^2}{(a+b)L} \tag{5-83}$$

式中截面形状修正系数 K 是克劳辛推导出的，故也称克劳辛修正系数，可用下式计算，也可由图 5-16 或表 5-3 查得。

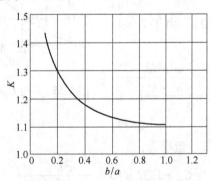

图 5-16 K 与 b/a 的关系曲线

表 5-3　矩形截面管道的修正系数 K

$r = \dfrac{b}{a}$	1	$\dfrac{2}{3}$	$\dfrac{1}{2}$	1/3	1/5	1/8	1/10
K	1.108	1.126	1.151	1.198	1.297	1.400	1.444

$$K = \frac{3}{8} \frac{(1+r)}{r^2} \left\{ r\ln(r + \sqrt{1+r^2}) + r^2\ln\left[\frac{1 + \sqrt{1+r^2}}{r}\right] + \frac{1}{3}\left[1 + r^3 - (1+r^2)^{3/2}\right] \right\} \tag{5-84}$$

式中，$r = \dfrac{b}{a} \leqslant 1$。

对于正方形截面管，$a = b$，$K = 1.108$，流导为：

$$C_{\mathrm{m}} = 1.70 \sqrt{\frac{T}{\mu}} \frac{a^3}{L} \tag{5-85}$$

对于 20℃ 空气，流导为：

$$C_{\mathrm{m}} = 1.71 \times 10^2 \frac{a^3}{L} \tag{5-86}$$

G　平行平板窄缝的流导

如图 5-17 所示，窄缝是矩形截面管的特殊情况，即：

$a \gg b$，$L \gg b$，这时 $B = 2(a + b) \approx 2a$，故由式 (5-70) 得：

$$C_{\mathrm{m}} = 3.07K \sqrt{\frac{T}{\mu}} \times \frac{ab^2}{L} \tag{5-87}$$

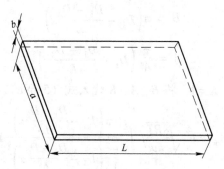

图 5-17　窄缝气流通道

对于 20℃ 空气，流导为：

$$C_m = 3.09 \times 10^2 K \frac{ab^2}{L} \tag{5-88}$$

式中，a、b 和 L 的单位为 m。当 $L \leqslant a$ 时，表 5-3 的修正系数不再适用。K 值可由表 5-4 或图 5-18 查得。

表 5-4　窄缝的修正系数 K

L/b	0.1	0.2	0.4	0.8	1	2	3	4	5	10	>10
K	0.036	0.068	0.13	0.22	0.26	0.40	0.52	0.60	0.67	0.94	1

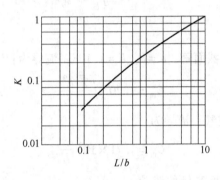

图 5-18　K 与 L/b 的关系曲线

H　圆锥形管道的流导计算

应用式（5-69a），对于圆锥形管道的任一截面（图 5-19）有：

$$B = \pi \left(D_1 - \frac{D_1 - D_2}{L} x \right)$$

$$A = \frac{\pi}{4} \left(D_1 - \frac{D_1 - D_2}{L} x \right)^2$$

实验表明，$K = 1$。将 B、A、K 代入式（5-69a），得：

$$C_m = \frac{4}{3} \sqrt{\frac{8RT}{\pi \mu}} \bigg/ \int_0^L \frac{\pi \left(D_1 - \dfrac{D_1 - D_2}{L} x \right)}{\dfrac{\pi^2}{16} \left(D_1 - \dfrac{D_1 - D_2}{L} x \right)^4} dx \tag{5-89}$$

$$= 2.41 \sqrt{\frac{T}{\mu}} \frac{D_1^2 D_2^2}{(D_1 + D_2) L}$$

对于 20℃ 空气，流导为：

$$C_{\mathrm{m}} = 2.42 \times 10^2 \frac{D_1^2 D_2^2}{(D_1 + D_2)L} \tag{5-90}$$

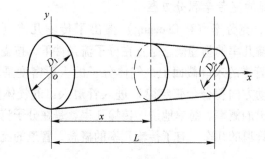

图 5-19　圆锥形管道

5.3.2.4　考虑管口影响时，短管道流导的计算

当管道较短时，管口影响对流导计算所产生的误差不能忽略，此时应采用"短管"的流导计算方法。

A　达许曼计算公式

达许曼（S. Dushman）提出一种考虑管口影响的近似计算方法，即把"短管"的流导看作是管道的入口与管道串联，因而考虑管口影响时管道的流导为：

$$C_{\mathrm{md}} = \frac{1}{\dfrac{1}{C_{\mathrm{m}}} + \dfrac{1}{C_{\mathrm{mk}}}} = \frac{C_{\mathrm{m}}}{1 + \dfrac{C_{\mathrm{m}}}{C_{\mathrm{mk}}}} = \frac{C_{\mathrm{mk}}}{1 + \dfrac{C_{\mathrm{mk}}}{C_{\mathrm{m}}}} \tag{5-91}$$

式中，C_{m} 为不考虑管口影响时管道的流导；C_{mk} 为管道入口的流导。

考虑管口影响时，直径为 D、长度为 L 的圆管的流导为：

$$C_{\mathrm{m}} = 0.903 \sqrt{\frac{T}{\mu}} D^2 \frac{1}{1 + \dfrac{3}{4}\dfrac{L}{D}} = C_{\mathrm{mk}} P_{\mathrm{r}} = 1.2 \sqrt{\frac{T}{\mu}} \frac{D^3}{L} \frac{1}{1 + \dfrac{4}{3}\dfrac{D}{L}} = C_{\mathrm{m}} K \tag{5-92}$$

其中
$$P_r = \frac{1}{1 + \frac{3}{4}\frac{L}{D}}, \quad K = \frac{1}{1 + \frac{4}{3}\frac{D}{L}}$$

B 圆管的克劳辛积分方程

1932 年，克劳辛（P. Clausing）提出了传输几率（流导几率）的概念。传输几率的物理概念是：在分子流条件下，按麦克斯韦分布条件（即在管道的入口截面上，气体分子的入射密度是均匀的，气体分子的运动方向符合余弦定律）进入管道入口的气体分子能从管道的出口逸出的概率。简单地说，传输几率就是在分子流条件下，气体分子通过管道的几率。有了传输几率的概念，管道的流导就可以表示为：

$$C = C_{mk}P_r$$

式中，C_{mk} 是管道入口的流导；P_r 是管道的传输几率。管道入口的流导 C_{mk} 是很容易求得的，因而求管道的流导关键在于求管道的传输几率。传输几率是一个无量纲参量，其值的大小只与管道的尺寸有关。

考虑图 5-20 所示的圆截面管道，定义如下四个几率：

（1）$P_{RR}(x)\mathrm{d}x$：一个分子碰撞壁环 $2\pi R\delta x$，并按余弦定律漫反射后直接射到相距 x 处的壁环 $2\pi R\mathrm{d}x$ 上的几率。

（2）$P_{RS}(x)$：一个分子由 $2\pi R\delta x$ 漫反射后能通过相距 x 处的管子截面的几率。

（3）$P_{SR}(x)\mathrm{d}x$：在管口截面 πR^2 处的一个分子直接入射到相距 x 处的壁环 $2\pi R\mathrm{d}x$ 上的几率。

（4）$P_{SS}(x)$：在管口截面 πR^2 处的一个分子能通过相距 x 处的管子截面的几率。

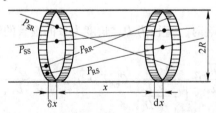

图 5-20 圆截面管道分子流态的传输几率

这些几率之间显然有如下关系：

$$P_{RR}(x) = -\frac{dP_{RS}(x)}{dx} \tag{5-93}$$

$$P_{SR}(x) = -\frac{dP_{SS}(x)}{dx} \tag{5-94}$$

此外，在平衡的情况下由环通过截面的分子与从截面射入环的分子应该相同，因此有：

$$2\pi R\delta x P_{RS}(x) = \pi R^2 P_{SR}(x)\delta x$$

$$P_{RS}(x) = \frac{R}{2}P_{SR}(x) \tag{5-95}$$

现在进一步对圆截面管计算这些几率的数值。图 5-21 绘出了一球形容器，并把球面分成 A、B、C 三个区。根据余弦定律，从 A 面出发的分子可以垂直于 B、C 的方向均匀分布地落在 B、C 上。因为球冠 B 的面积是 $2\pi rh$，球带 C 的面积是 $2\pi rx$，所以一个分子通过 A_1 进入 A_2 的几率是：

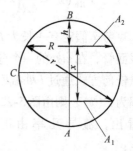

图 5-21　分子漫反射球模型

$$\frac{2\pi rh}{2\pi rh + 2\pi rx} = \frac{h}{h+x}$$

这个几率就是 $P_{SS}(x)$，即：

$$P_{SS}(x) = \frac{h}{h+x} \tag{5-96}$$

由图 5-21 可以计算出：

$$R^2 = \left(\frac{x}{2}+h\right)^2 - \left(\frac{x}{2}\right)^2 = h(h+x)$$

以及

$$h = \left(R^2 + \frac{x^2}{4}\right)^{\frac{1}{2}} - \frac{x}{2}$$

将以上两式代入式 (5-96)，得：

$$P_{SS}(x) = \frac{h^2}{R^2} = \left[\left(R^2 + \frac{x^2}{4} \right)^{\frac{1}{2}} - \frac{x}{2} \right]^2 / R^2 = \frac{1}{2R^2} \left[x^2 - x \left(x^2 + 4R^2 \right)^{\frac{1}{2}} + 2R^2 \right]$$

$$(5\text{-}97)$$

由式（5-93）~式（5-95）的关系还可以分别求出：

$$P_{SR}(x) \, dx = \frac{1}{2R^2} \left[\left(x^2 + 4R^2 \right)^{\frac{1}{2}} + \frac{x^2}{(x^2 + 4R^2)^{1/2}} - 2x \right] dx \quad (5\text{-}98)$$

$$P_{RS}(x) = \frac{1}{4R} \left[\left(x^2 + 4R^2 \right)^{\frac{1}{2}} + \frac{x^2}{(x^2 + 4R^2)^{1/2}} - 2x \right] \quad (5\text{-}99)$$

$$P_{RR}(x) = \frac{1}{4R} \left[2 + \frac{x^3}{(x^2 + 4R^2)^{3/2}} - \frac{3x}{(x^2 + 4R^2)^{1/2}} \right] \quad (5\text{-}100)$$

克劳辛假定有一长为 l 的圆截面管，在 x 处的一个分子能以任何方式通过 l 处截面的几率为 $P(x)$，则由图5-22可以看出，流导几率由下式决定：

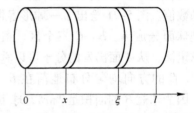

图 5-22 圆截面长管传输几率计算图

$$P_r = \int_0^l P_{SR}(x) P(x) \, dx + P_{SS}(l) \quad (5\text{-}101)$$

其中：

$$P(x) = \int_0^l P_{RR}(\xi - x) P(\xi) \, d\xi + P_{RS}(l - x) \quad (5\text{-}102)$$

式（5-101）、式（5-102）就是著名的克劳辛积分方程。

将式（5-99）、式（5-100）代入式（5-102）可得：

$$P(x) = \frac{1}{4R} \int_0^l \left\{ 2 + \frac{(\xi - x)^3}{[(\xi - x)^2 + 4R^2]^{3/2}} - \frac{3(\xi - x)}{[(\xi - x)^2 + 4R^2]^{1/2}} \right\} P(\xi) \, d\xi$$

$$= \frac{1}{4R} \left\{ [(l - x)^2 + 4R^2]^{1/2} + \frac{(l - x)^2}{[(l - x)^2 + 4R^2]^{1/2}} - 2(l - x) \right\}$$

$$(5\text{-}103)$$

当 $\dfrac{R}{l} \geqslant 1$ 时，克劳辛方程有近似解：

$$P(x) = a + \frac{1-2a}{l}x \tag{5-104}$$

其中:

$$a = a\left(\frac{R}{l}, \frac{x}{l}\right) = a\left(\frac{R}{l}, \frac{l-x}{l}\right)$$

$$= \left\{(l-x)\left[(l-x)^2 + 4R^2\right]^{1/2} - (l-x)^2\right\} - \left[x(x^2 + 4R^2)^{\frac{1}{2}} - x^2\right] \Big/$$

$$\frac{lx^2 - (2x-l)(x^2 + 4R^2)}{(x^2 + 4R^2)^{1/2}} - \frac{l(l-x)^2 - [2(l-x) - l][(l-x)^2 + 4R^2]}{[(l-x)^2 + 4R^2]^{1/2}}$$

$$\tag{5-105}$$

表 5-5 列出了此式数值计算的结果。从表中可以看出,当 $\frac{R}{l}$ 较大时,a 近似为与 x 无关的常数。

表 5-5 α 值

x/l \ R/l	10	2	1	0.25	0
0	0.4759091	0.3963046	0.3262380	0.1631190	R/l
0.2	0.4759167	0.3959445	0.3247135	0.1649489	2/25
0.4	0.4759141	0.3957635	0.3239510	0.1705989	3/25
0.5	0.4759143	0.3957406	0.3238563	0.171574	1/8

当 $l \leqslant 4R$ 时,式(5-105)可简化为:

$$a = \left[l^2 + 4R^2 - l\right]^{\frac{1}{2}} \Big/ \left[2R + \frac{4R^2}{(l^2 + 4R^2)^{1/2}}\right] \tag{5-106}$$

当 $l > 4R$ 时,取

$$a = a\left(\frac{R}{l}, \frac{2R\sqrt{7}}{3l + 2R\sqrt{7}}\right) \tag{5-107}$$

将式(5-97)、式(5-98)、式(5-104)代入式(5-101)可解得分子流态下圆短管道的流导几率:

$$P_r = \int_0^l \frac{1}{2R^2}\left[(x^2 + 4R^2)^{\frac{1}{2}} + \frac{x^2}{(x^2 + 4R^2)^{1/2}} - 2x\right]\left(a + \frac{1-2a}{l}x\right)dx +$$

$$\frac{1}{2R^2}[l^2 - l(l^2 - 4R^2)^{\frac{1}{2}} + 2R^2]$$

$$= \frac{a}{2R^2}[l(l^2 + 4R^2)^{\frac{1}{2}} - l^2] + \frac{1-2a}{2R^2 l} \times$$

$$\left[l(l^2 + 4R^2)^{\frac{1}{2}} - \frac{1}{3}(l^2 + 4R^2)^{\frac{3}{2}} - \frac{2l^3}{3} + \frac{8}{3}R^3\right] +$$

$$\frac{1}{2R^2}[l^2 - l(l^2 + 4R^2)^{\frac{1}{2}} + 2R^2]$$

$$= \frac{1-2a}{2R^2 l}[4R^3 + (l^2 - 2R^2)(l^2 + 4R^2)^{\frac{1}{2}} - l^3] +$$

$$a + \frac{1-a}{2R^2}[l^2 - l(l^2 + 4R^2)^{\frac{1}{2}} + 2R^2] \tag{5-108}$$

式中，P_r 为流导几率；R 为管子半径；l 为管长；a 为由式（5-105）确定的常数。

表 5-6 列出了克劳辛用式（5-108）解出的不同 $\frac{R}{l}$ 下的流导几率 P_r 值。表中对克劳辛圆短管传输几率计算值与达许曼管孔串联方法计算的结果作了对照，两者之间在 $\frac{l}{R} \to 0$，$\frac{l}{R} \to \infty$ 时比较一致，而在中间范围的误差可达 12%。

为了进行比较，图 5-23 给出了几种求解圆截面短管道传输几率的结果。

C 克劳辛积分方程解的近似

克劳辛积分方程的解（式（5-108））比较繁杂，圣特勒（Santeler）应用传输几率的概念，分析研究了任意长度管道的传输几率 P_r，所得到的公式比较简单，其研究方法如下：

如图 5-24（a）所示，设管总长为 L，把它分成相等长度的 n 段，每段长为 ΔL，即 $\Delta L = \frac{L}{n}$，并且假设 $\Delta L \ll R$。

假定 ΔL 长管道的传输几率为 P_{r1}，根据奥特莱（Oatley）第一公式，n 段 ΔL 长管道串联时，总长 $L = n\Delta L$ 的导管的传输几率为：

$$P_r = \frac{P_{r1}}{1 + (n-1)(1 - P_{r1})}$$

表 5-6 圆截面短管道的传输几率

$\frac{l}{R}$	达许曼公式	克劳辛方程	德马库斯
0	1.000	1.0000	1.0000
0.1	0.965	0.9524	0.9524
0.2	0.931	0.9092	0.9092
0.3	0.899	0.8699	0.8699
0.4	0.870	0.8341	0.8341
0.5	0.842	0.8013	0.8013
0.6	0.816	0.7711	0.7712
0.7	0.792	0.7434	0.7434
0.8	0.769	0.7177	0.7178
0.9	0.747	0.6940	0.6940
1.0	0.727	0.6719	0.6720
1.1	0.708	0.6514	
1.2	0.690	0.6320	
1.3	0.672	0.6139	
1.4	0.656	0.5970	
1.5	0.640	0.5810	0.5815
1.6	0.625	0.5659	
1.7	0.611	0.5518	
1.8	0.597	0.5384	
1.9	0.584	0.5256	
2.0	0.572	0.5136	0.5142
2.2	0.548	0.4914	
2.4	0.526	0.4711	
2.6	0.506	0.4527	
2.8	0.488	0.4359	
3.0	0.470	0.4205	0.4201
3.2	0.454	0.4062	
3.4	0.439	0.3931	
3.6	0.426	0.3809	
3.8	0.412	0.3695	
4.0	0.400	0.3589	0.3566
5	0.348	0.3146	0.3105
6	0.307	0.2807	0.2755
7	0.276	0.2537	0.2478
8	0.250	0.2316	0.2253
9	0.229	0.2130	0.2067
10	0.210	0.1973	0.1910
12	0.182	0.1719	
14	0.160	0.1523	
16	0.143	0.1367	
18	0.129	0.1240	
20	0.117	0.1135	0.1094
30	0.0817	0.0797	0.0770
40	0.0625	0.0614	0.0595
50	0.0506	0.0499	
60	0.0425	0.0420	
70	0.0367	0.0363	
80	0.0322	0.0319	
90	0.0288	0.0285	
100	0.0260	0.0258	0.0253
1000	0.002660	0.002658	
∞	$8R/3l$	$8R/3l$	$8R/3l$

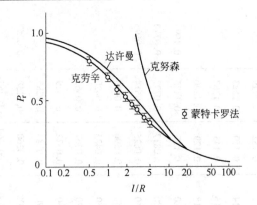

图 5-23 几种圆短管道传输几率计算结果的比较

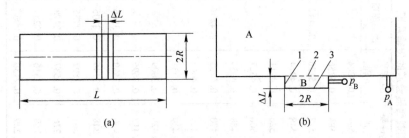

图 5-24 短管道传输几率计算示意图

当 $n \gg 1$ 时, 上式可近似写为:

$$P_r = \frac{P_{r1}}{1 + n(1 - P_{r1})} \qquad (5-109)$$

为了得到长为 ΔL 的管道的传输几率, 考虑如图 5-24 (b) 所示系统。图中 A 为一个充分大的容器空间, 在没有气流时, A 空间和 B 空间的压力相等, 即 $p_A = p_B$。因为这时在系统中任何面元上, 各个方向到达的分子几率相等, 这也是麦氏假设的前提。因为 $\Delta L \ll R$, 所以面 1 的气体分子一半来自面 2, 另一半来自面 3。假设面 3 是一个理想泵, 何氏系数 $H_0 = 1$, 则抵达面 3 的气体分子不再返回 B 空间, 因而这时 B 空间的压力 $p_B = \frac{1}{2} p_A$, 这是因为面 3 对分子漫反射的贡献为零。

现在计算从 A 空间入射面 2 的分子抵达面 3 的几率。面 2 上的总

入射分子数为 $N_2 = \nu\pi R^2$（这里 ν 为入射频率，$\nu = \frac{1}{4}n\bar{v}$），入射到面 1 上的分子数为 $N_1 = \frac{1}{2}v2\pi R\Delta L$（这里注意 $p_B = \frac{1}{2}p_A$），N_2 和 N_1 之差便是能直接抵达面 3 的分子数。同时入射面 1 的分子将发生余弦定理漫反射，因此将有一半抵达面 2，另一半抵达面 3。把以上的关系综合起来，便得到传输到面 3 的分子数为：

$$N_2 P_{r1} = N_2 - N_1 + \frac{N_1}{2} = N_2 - \frac{N_1}{2}$$

故得：

$$P_{r1} = 1 - \frac{N_1}{2N_2}$$

将 $N_2 = \nu\pi R^2$，$N_1 = \frac{1}{2}v2\pi R\Delta L$ 代入上式，则得：

$$P_{r1} = 1 - \frac{\Delta L}{2R} \tag{5-110}$$

将式（5-110）代入式（5-109），长为 L 管道的传输几率为：

$$P_r = \frac{1}{1 + \frac{L}{2R}} \tag{5-111}$$

这个结果与克劳辛的理论值比较，当 $\frac{L}{R} < 2$ 时，两者的一致性很好；当 $\frac{L}{R} \leqslant 1.5$ 时，两者完全一致；而当 $\frac{L}{R} \geqslant 2$ 时，两者计算结果出现明显误差。

当 $\frac{L}{R} > 1.5$ 时，克劳辛给出的近似计算式为：

$$P_r = \frac{20 + 8\frac{L}{R}}{20 + 19\frac{L}{R} + 3\left(\frac{L}{R}\right)^2} = \frac{20 + 16\frac{L}{D}}{20 + 38\frac{L}{D} + 12\left(\frac{L}{D}\right)^2} \tag{5-112}$$

式中，D 为圆截面管的直径，$D = 2R$。也有人将式（5-112）给出的 P_r 称为克劳辛系数。

利用式 (5-92) 中 P_r 与 K 的关系，可以得到：

$$K = \frac{3}{4} \times \frac{L}{D} \times P_r = \frac{15 + 12\left(\dfrac{L}{D}\right)^2}{20 + 38\dfrac{L}{D} + 12\left(\dfrac{L}{D}\right)^2} \tag{5-113}$$

D 积分方程精确解的发展

由于求解克劳辛积分方程比较困难，其解往往要么采用列数值表的形式，要么采用符合数值解的经验公式 (5-111) 和式 (5-112)。在克劳辛之后，德马库斯（DeMarcus）进一步改进了克劳辛的工作，建立了广义的克劳辛积分方程，得到管道的传输几率为：

$$P_r = N_1(L) + \int_0^L n(x)P(x,L)\mathrm{d}x \tag{5-114}$$

式中，$N_1(L)$ 为一个分子无碰撞地直接通过长为 L 的管道的几率；$P(x,L)$ 为一个分子在 x 处漫反射后无碰撞地通过 L 处的几率。

式 (5-114) 中

$$n(x) = n_1(x) + \int_0^L K(x,y)n(y)\mathrm{d}y \tag{5-115}$$

式中，$n_1(x) = \dfrac{\mathrm{d}N_1(x)}{\mathrm{d}x}$；$K(x,y)$ 为一个分子在 y 处漫反射后在 $x \sim x + \mathrm{d}x$ 处再碰撞的几率。

德马库斯积分方程的解仍然用列数值表示，具体值见表 5-6。从表中可以看到，当 $0 < \dfrac{L}{R} < 4.0$ 时，其结果与克劳辛的值符合，误差在 1% 之内；当 $\dfrac{L}{R} = 20$ 时，克劳辛的值偏高 3.7%。

伯曼（Beman）沿用德马库斯的方法，给出了圆截面管道流导几率的级数展开式和渐进式表达式：

当 $\dfrac{L}{R}$ 小时：

$$P_r = 1 - \frac{1}{2}\left(\frac{L}{R}\right) + \frac{1}{4}\left(\frac{L}{R}\right)^2 - \frac{5}{48}\left(\frac{L}{R}\right)^3 + \frac{1}{32}\left(\frac{L}{R}\right)^4 -$$
$$\frac{13}{2560}\left(\frac{L}{R}\right)^5 - \frac{1}{3840}\left(\frac{L}{R}\right)^6 + \cdots \tag{5-116}$$

当 $\dfrac{L}{R}$ 大时:

$$P_{\mathrm{r}} = \frac{8}{3\left(\dfrac{L}{R}\right)} - \frac{2\ln\left(\dfrac{L}{R}\right)}{4\left(\dfrac{L}{R}\right)^2} - \frac{91}{18\left(\dfrac{L}{R}\right)^2} + \frac{32}{3}\frac{\ln\left(\dfrac{L}{R}\right)}{\left(\dfrac{L}{R}\right)^3} + \frac{8}{3\left(\dfrac{L}{R}\right)^3} -$$

$$\frac{8\left[\ln\left(\dfrac{L}{R}\right)\right]^2}{\left(\dfrac{L}{R}\right)^4} + 0\left[\frac{1}{\left(\dfrac{L}{R}\right)^4}\right] \qquad (5\text{-}117)$$

对于式（5-116），当 $\dfrac{L}{R} = 1$ 时，误差约为 0.04% ；当 $\dfrac{L}{R} = 0.5$ 时，误差小于 $1 \times 10^{14}\%$ 。对于式（5-117），当 $\dfrac{L}{R} = 20$ 时，误差约为 1% 。

5.3.2.5 管道弯曲对流导的影响

如图 5-25 所示，管道直角弯曲对气体分子流流动的影响是减小了分子直接通过管道的几率。通过弯角的分子可分为两类：一类沿路途 1 飞行，显然有入口孔的影响，应按圆管与入口孔串联考虑，其有效长度 L_{e} 为：

$$L_{\mathrm{e}} = (L_1 + L_2) + \frac{4}{3}D$$

另一类沿路程 2 飞行，弯角对分子流没有影响，即 $L_{\mathrm{e}} = L_1 + L_2$ 。实际情况必然是介于二者之间，因此有：

$$(L_1 + L_2) < L_{\mathrm{e}} < (L_1 + L_2) + \frac{4}{3}D$$
$$(5\text{-}118)$$

许多人倾向于取管道的有效长度 L_{e} 为：

$$L_{\mathrm{e}} \approx (L_1 + L_2) + D \qquad (5\text{-}119)$$

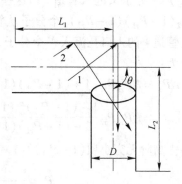

图 5-25 弯管道流导计算图

对于弯角为 θ 的弯管，考虑到具有路程 1 的分子数应该与角 θ 的大小成正比，因此有：

$$L_e = L_1 + L_2 + \frac{4}{3} D \frac{\theta}{180°} \qquad (5\text{-}120)$$

式中，$180°$ 为平角角度；θ 为弯角角度。

较精确的半经验公式是：

当 $1 \leqslant \dfrac{L_1 + L_2}{D} \leqslant 3$ 时，

$$L_e = 0.056 \left(\frac{L_1 + L_2}{D} \right)^2 + 0.08 \left(\frac{L_1 + L_2}{D} \right) - 0.38 \qquad (5\text{-}121\text{a})$$

当 $\dfrac{L_1 + L_2}{D} > 3$ 时，

$$L_e = 2.0 - 4.75 \frac{D}{L_1 + L_2} \qquad (5\text{-}121\text{b})$$

5.3.2.6　组合系统的传输几率

1957 年奥特莱（Oatley）创造性地运用传输几率较精确地求解出组合系统的流导。

设直径相同的管道 1 和管道 2 串联（图 5-26a），其传输几率分别为 P_{r1} 和 P_{r2}。由于是圆筒形管道，它们的正、反向传输几率相等。如图 5-26（a）所示，进入管道 1 入口的 N 个分子中的 NP_{r1} 个分子中的 $NP_{r1}P_{r2}$ 个分子从管道 1 的入口孔逸出，而有 $N(1 - P_{r1})(1 - P_{r2})$ 个分子又进入管道 2；这些再次进入管道 2 的分子，又有 $NP_{r1}P_{r2}(1 - P_{r1})(1 - P_{r2})$ 个分子从管道 2 的出口逸出；如此循环下去，从管道 1 的入口孔流入 N 个分子，最后从管道 2 的出口孔逸出的分子数为：

$$NP_r = NP_{r1}P_{r2}\left[1 + (1 - P_{r1})(1 - P_{r2}) + (1 - P_{r1})^2 (1 - P_{r2})^2 + \cdots \right]$$

$$= NP_{r1}P_{r2} \frac{1 - (1 - P_{r1})^n (1 - P_{r2})^n}{1 - (1 - P_{r1})(1 - P_{r2})}$$

略去高阶无穷小项 $(1 - P_{r1})^n (1 - P_{r2})^n$，得：

$$P_r = \frac{P_{r1}P_{r2}}{P_{r1} + P_{r2} - P_{r1}P_{r2}}$$

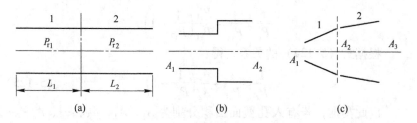

图 5-26　串联管路传输几率计算

（a）相同直径的两管道串联；（b）不同直径的两管道串联；（c）锥形管道串联

即：

$$\frac{1}{P_r} = \frac{1}{P_{r1}} + \frac{1}{P_{r2}} - 1 \tag{5-122}$$

当 n 个相同的直径的管道串联时，同理可得：

$$\frac{1}{P_r} = \sum_{i=1}^{n} \frac{1}{P_{ri}} - (n-1) \tag{5-123}$$

假设一真空系统管路元件仅有两个开口，其面积为 A_1 和 A_2，见图 5-26（b）。该元件的正向传输几率为 P_{r1}，反向传输几率为 P'_{r1}。若该元件的出入口分别连接大容积，两大容积内气体的压力和温度相同，则从两方向通过该元件的分子数必须相等，否则一容器内压力将上升，另一容器内的压力将下降，这是不可能的。也就是说，任何真空系统管路元件的正、反方向流导相等，因此有：

$$P_{r1} A_1 = P'_{r1} A_2$$

即：

$$\frac{P'_{r1}}{P_{r1}} = \frac{A_1}{A_2} \tag{5-124}$$

一般来说，一个管道正、反方向的传输几率是不相等的。假设正向传输几率为 P_{r1} 和 P_{r2}、反向传输几率为 P'_{r1} 和 P'_{r2} 的两个管道串联（见图 5-26c），这里 $P_{r1} \neq P'_{r1}$，$P_{r2} \neq P'_{r2}$。1965 年贝伦斯（J. O. Ballance）利用上述类似的方法导出：

$$P_r = \frac{P_{r1} P_{r2}}{P'_{r1} + P_{r2} - P'_{r1} P_{r2}}$$

即：

$$\frac{1}{P_r} = \frac{1}{P_{r1}} + \frac{P'_{r1}}{P_{r1}}\left(\frac{1}{P_{r2}} - 1\right)$$

根据式（5-124）的关系，得：

$$\frac{1}{P_r} = \frac{1}{P_{r1}} + \frac{A_1}{A_2}\left(\frac{1}{P_{r2}} - 1\right) \tag{5-125}$$

以此类推，若有入孔截面面积分别为 A_1、A_2、A_3、$\cdots$、A_n 的 n 个管道串联，总的传输几率为 P_r，则有：

$$\frac{1}{P_r} = \frac{1}{P_{r1}} + \frac{A_1}{A_2}\left(\frac{1}{P_{r2}} - 1\right) + \frac{A_1}{A_3}\left(\frac{1}{P_{r3}} - 1\right) + \cdots + \frac{A_1}{A_n}\left(\frac{1}{P_{rn}} - 1\right)$$

$$= \frac{1}{P_{r1}} + \sum_{i=2}^{n} \frac{A_1}{A_i}\left(\frac{1}{P_{ri}} - 1\right) \tag{5-126}$$

式中，A_i 为第 i 个元件的入口截面积；P_{ri} 为第 i 个元件的正向传输几率。

对于图 5-26（c）所示的锥形管道的串联，宾逊也推导出式（5-126）的关系。

5.3.3 黏滞-分子流态管道的流导计算

黏滞-分子流状态是黏滞流与分子流之间的过渡状态，通过直径为 D、长度为 L 的圆截面管的气体流量可用克努森给出的半经验公式（4-4）计算。根据流导的定义，圆截面管的流导为：

$$C = \frac{\pi D^4 \bar{p}}{128\eta L} + \frac{\sqrt{2\pi}}{6} \frac{D^3}{\sqrt{\rho_1}} \times \frac{D^3}{L} \times b$$

其中：

$$b = \frac{1 + \frac{\sqrt{\rho_1}}{\eta} D \bar{p}}{1 + 1.24\frac{\sqrt{\rho_1}}{\eta} D \bar{p}}$$

将 $\rho_1 = \frac{\mu}{RT}$，$\eta = \frac{1}{2}\rho\,\bar{v}\,\bar{\lambda} = \frac{1}{2}\frac{\mu}{RT}\bar{p}\,\bar{v}\,\bar{\lambda}$，$\bar{v} = \sqrt{\frac{8RT}{\pi\mu}}$ 代入上式，有：

$$b = \frac{1 + 1.2533\frac{D}{\bar{\lambda}}}{1 + 1.5475\frac{D}{\bar{\lambda}}}$$

$$C = 2.45 \times 10^{-2} \frac{D^4}{\eta L}\overline{p} + 1.2 \sqrt{\frac{T}{\mu}} \times \frac{D^3}{L} \times \frac{1+1.2533\dfrac{D}{\overline{\lambda}}}{1+1.5475\dfrac{D}{\overline{\lambda}}} \tag{5-127}$$

式中，D、L 为管道内直径和长度，m；η 为气体内摩擦系数，Pa·s；$\overline{p}$ 为气体平均压力，Pa；T 为气体的热力学温度，K；μ 为气体的摩尔质量，kg/mol；$\overline{\lambda}$ 为气体分子的平均自由程，m。

对于 20℃空气，管道的流导为：

$$C = 1.34 \times 10^3 \frac{D^4}{L}\overline{p} + 1.21 \times 10^2 \frac{D^3}{L} \times \frac{1+188D\overline{p}}{1+233D\overline{p}} \tag{5-128}$$

式中符号的意义和单位同式（5-127）。式（5-128）也可改写为：

$$C = 1.21 \times 10^2 \frac{D^3}{L} \times \frac{1+199D\overline{p}+2580(D\overline{p})^2}{1+233D\overline{p}}$$

$$= C_\text{m} J \tag{5-129}$$

其中，C_m 是不考虑管口影响时管道的流导，而系数 J 为：

$$J = \frac{1+199D\overline{p}+2580(D\overline{p})^2}{1+233D\overline{p}} \tag{5-130}$$

可见，J 是 $D\overline{p}$ 值的函数，即 $J = f(D\overline{p})$。给定 $D\overline{p}$ 值，可计算出 J 值，表5-7 给出了一些计算结果。

表5-7 $J = f(D\overline{p})$ 数值表

$D\overline{p}$/Pa·m	0.01	0.02	0.03	0.04	0.05	0.1	0.2	0.3	0.4	0.5	0.6
J	0.975	1.06	1.15	1.27	1.38	1.92	3.03	4.13	5.24	6.34	7.45

5.4 管道流导计算中的平均压力取值的误差分析与计算方法

黏滞流态下的管道流导与真空管道内的平均压力 $\overline{p}$ 有关。通常管道的平均压力为：

$$\overline{p} = \frac{p_1 + p_2}{2} \tag{5-131}$$

式中，p_1 为抽气管道的进口压力；p_2 为抽气管道的出口压力，即真空泵的入口压力。在真空系统设计中，通常仅是知道真空室内的压力，即抽气管道入口处的压力，因此在计算抽气管道的平均压力时，一般都是近似地把抽气管道入口处的压力作为管道的平均压力。其理论根据是，在真空系统抽气过程中，仅是在粗抽阶段存在黏滞流，而粗抽管路的流导 C 一般都比较大。根据真空技术基本方程，在泵的抽速 S_p 较低、管道流导 C 较大的情况下，真空泵对真空室的有效抽速 S_e 近似等于真空泵在入口压力下的抽速 S_p，即若 $C \gg S_p$ 时，则 $S_e \approx S_p$。根据气体连续性方程可得：$Q = p_1 S_e = p_2 S_p$，所以 $p_1 \approx p_2$，从而得到 $\overline{p} = p_1$。

这仅是在假设粗抽泵的抽速相对于抽气管道的流导来说很小时，这样的近似取值方法才存在一定的合理性，但是在黏滞流下管道的流导与平均压力成正比，随着真空泵的不断抽气，管道的流导逐渐下降；当泵的抽速与管道的流导相差不大时，就会存在较大的偏差。下面对平均压力近似取值为抽气管道入口端压力时的误差进行定性分析。

当管道为长管时，把式（5-131）代入式（5-17）可得黏滞流圆截面管道流导为：

$$C = \frac{\pi}{128\eta} \times \frac{D^4}{L} \times \frac{p_1 + p_2}{2}$$

假设真空泵的抽速 S_p 不变，则 $Q = p_2 S_p$，根据管道流导的定义得：

$$C = \frac{\pi}{128\eta} \times \frac{D^4}{L} \times \frac{p_1 + p_2}{2} = \frac{p_2 S_p}{p_1 - p_2}$$

解得：

$$p_2 = \frac{-S_p + \sqrt{S_p^2 + k_1^2 p_1^2}}{k_1} \tag{5-132}$$

其中

$$k_1 = \frac{\pi}{128\eta} \times \frac{D^4}{L}$$

当管道为短管时，同理可得：

$$p_2 = \frac{-L S_p + \sqrt{(L S_p)^2 + k_2 p_1^2 \left(2 \times 0.0296 S_p^2 + k_2\right)}}{2 \times 0.0296 S_p^2 + k_2} \tag{5-133}$$

其中
$$k_2 = \frac{\pi D^4}{128\eta}$$

注意，上面两式中 S_p 实际上是对应泵入口压力 p_2 下的抽速，在 S_p 未知的情况下，仅在抽速 S_p 为常数的压力范围内有解。当抽速随着真空泵入口压力变化时，因 S_p 是随着 p_2 变化的，而 p_2 未知，所以无法确定抽速 S_p，从而无法计算管道的平均压力。因此当真空泵的抽速发生变化时，需要对真空泵的抽速曲线进行数值化拟合，建立 p_2 与 S_p 之间的函数关系，从而可以根据 p_2 与 S_p 之间的关系和上述公式进行联立方程组，算出管道出口压力 p_2，即可计算出管道的平均压力 $\bar{p}$，然后进一步准确计算管道的流导。

例：假设真空泵连接真空室的管道 $D = 0.04\text{m}$，$L = 1\text{m}$，真空泵的抽速为 8L/s，气体为 20℃的空气。若管道入口处压力 $p_1 = 100\text{Pa}$，假设真空泵抽速 S 不变，此时由于 $L/D > 20$，管道为长管，则由式 (5-132) 得：

$$p_2 = \frac{-0.008 + \sqrt{0.008^2 + 0.0034304^2 \times 100^2}}{0.0034304} = 97.6951\text{Pa}$$

则
$$\bar{p}' = \frac{p_1 + p_2}{2} = 98.85\text{Pa}$$

若近似把抽气管道入口压力近似取为管道的平均压力，即 $\bar{p} = p_1 = 100\text{Pa}$。

从以上计算可以知道，在这个例题中，当系统压力（管道入口压力）较高时，这两种管道平均压力确定方法的取值偏差很小，相对误差仅约为 1.2%，但是当管道入口压力较低时，两者取值偏差就会很大。例如，真空系统条件同前（$D = 0.04\text{m}$，$L = 1\text{m}$，$S = 8\text{L/s}$），使用该泵从大气压抽到 10Pa 时，其平均压力的取值相对误差随着管道入口压力的变化曲线如图 5-27 所示。由图可以看出，若是管道入口压力很高，此时管道的流导也很大，管道的平均压力 $\bar{p}$ 近似取入口压力 p_1，相对误差很小；随着入口压力的降低，管道的流导也降低，相对误差也会增大，此时把管道入口压力取值近似为平均压力就不适用了。随着管道入口压力的下降，相对误差逐渐增大，最大相对误差达到了 11.5%。

对于短管道：当 $D = 0.04m$，$L = 0.5m$，$S = 8L/s$ 时，使用同一台真空泵从大气压抽到10Pa时，由于 $L/D > 20$，管道为短管，假设真空泵抽速为常数，使用式（5-133）计算 p_2，其相对误差随着导管入口压力的变化曲线如图5-28所示。误差趋势和长管时的误差趋势一样，最大误差达到了5.7%。

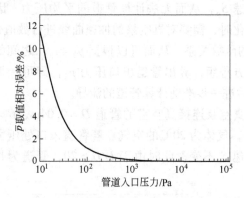

图5-27　相对误差随着管道入口压力的变化曲线（长管）

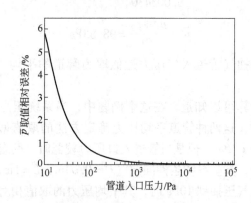

图5-28　相对误差随着管道入口压力的变化曲线（短管）

由图5-27和图5-28可以看出，即使当真空泵抽速为常数，在管道直径一定的情况下，当管道的长度变化时，其最大误差亦发生较大的变化。

当 $D = 0.04m$，$S = 8L/s$ 时，近似把管道入口压力取值为平均压力时，其相对误差随着管道入口压力、管道长度的变化如图 5-29 所示。从图可以看出，随着管道长度的变化，其最大误差也逐渐增大，当 $L=5\mathrm{m}$ 时，最大相对误差达到了 45%。所以，若是管道太长，近似取值法是不适用的。这主要是因为管道长度越长，管道的流导就越小，管道进口和出口的压差变大，若是使用近似取值法，相对误差也会随着管道长度增大而增大。

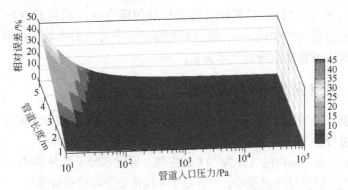

图 5-29 相对误差随着入口压力和管道长度的变化

当 $D=0.04\mathrm{m}$，$L=1\mathrm{m}$ 时，把管道入口压力取值近似为平均压力时，其相对误差随着入口压力、泵的抽速（在每一抽速下，视为常数）的变化如图 5-30 所示。从图可以看出，随着真空泵抽速的变化，其最大误差也逐渐增大，当 $S=100\mathrm{L/s}$ 时，误差达到了 70%。所以，若是泵的抽速太大，近似取值法是不适用的。

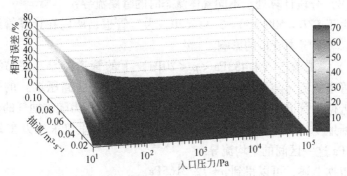

图 5-30 相对误差随着入口压力和泵抽速的变化

综上所述，在计算黏滞流态下真空管道的流导时，当管道较短、泵的抽速较低、入口压力较高时，管道平均压力近似取值的相对误差较小，反之，相对误差较大。所以在计算黏滞流态管道的流导时，应该根据具体情况分析是否可以将抽气管道入口处压力近似取为平均压力。

在流导计算过程中，可以根据真空泵的抽速曲线数值化后的数组假定，在对应压力范围内真空泵的抽速为常数，然后采用式（5-132）、式（5-133）计算出管道出口处的压力 p_2，根据式（5-131）计算出管道的平均压力 $\bar{p}$，再计算黏滞流态下管道的流导，从而减小黏滞流态下管道流导的计算误差。

5.5 真空管道流导计算例题

例：使用抽速 $S = 600\text{L/s}$、泵入口内径为 150mm 的分子泵对某真空室进行抽气，真空泵与真空室的连接管道内径 $D = 150\text{mm}$，长度 $L = 500\text{mm}$；真空室内的气体为 20℃ 的空气。假设该分子泵从 20Pa 开始进行抽气，计算抽气过程中，气体处于不同流态下的管道流导。

解：

（1）判断抽气过程中管道的流态：

把 $D = 0.15\text{m}$ 代入克努森流态判别式（4-10），解得：

$\bar{p} > 4.433\text{Pa}$，为黏滞流

$\bar{p} < 0.04433\text{Pa}$，为分子流

$0.04433\text{Pa} < \bar{p} < 4.433\text{Pa}$，为黏滞-分子流

（2）分段计算处于不同气体流态时的管路流导：

由于 $L/D = 500/150 = 3.33 < 20$，为短管道，所以在计算管道流导时，需要考虑管口的影响。

1）黏滞流态（$4.433\text{Pa} < \bar{p} < 20\text{Pa}$）下的管道流导。在黏滞流中，管道的流导与平均压力有关，把管道入口处（高压端）的平均压力近似为管道中的平均压力。由于管道的入口压力随着抽气的进行而不断地变化，所以管道的流导亦随之变化。这里仅求压力在 20 ~ 4.433Pa 这一区间的平均流导。

根据上述，可以得到 $\bar{p} \approx 12.2165\text{Pa}$。

把 $\bar{p} \approx 12.2165\text{Pa}$，$D = 0.15\text{m}$，$L = 0.5\text{m}$，代入式（5-51），解得

黏滞流态下的管道流导为：

$$C_{vd} = 1.34 \times 10^3 \frac{D^4 \bar{p}}{L + 2.96 \times 10^{-2} Q} = 1340 \times \frac{0.15^4 \times 12.2165}{0.5 + 0.0296 \times 7.33} = 11.56 \text{m}^3/\text{s}$$

式中的 Q 为气体流量，$Q = \bar{p}S = 12.2165 \times 0.6 = 7.33 \text{Pa} \cdot \text{m}^3/\text{s}$。

2）分子流态（$\bar{p} < 0.04433 \text{Pa}$）下的管道流导。在分子流的情况下，管道的流态与真空室的压力无关，仅与管道的尺寸 D、L 有关。由于 $L/D < 20$，需要考虑管口的影响，可以根据达许曼计算公式（5-92）计算，但是这种方法仅是近似计算，相比而言，克劳辛提出的 $C = C_{mk} \cdot P_r$ 相对较为准确。但是求解 P_r 时，需要解算克劳辛积分方程，比较麻烦，所以常常采用该方程的近似解（式（5-111）、式（5-112））来计算 P_r。

由于 $L/D = 3.33 > 0.75$，所以采用式（5-112）计算管道的传输几率 P_r：

$$P_r = \frac{20 + 16\dfrac{L}{D}}{20 + 38\dfrac{L}{D} + 12\left(\dfrac{L}{D}\right)^2} = \frac{20 + 16 \times \dfrac{0.5}{0.15}}{20 + 38 \times \dfrac{0.5}{0.15} + 12 \times \left(\dfrac{0.5}{0.15}\right)^2} = 0.262 \text{m}^3/\text{s}$$

把 $D = 0.15 \text{m}$ 代入式（5-59），可解得管道的管口流导：

$$C_{mk} = 91 D^2 = 91 \times 0.15^2 = 2.0475 \text{m}^3/\text{s}$$

由此可得分子流态下的管道流导为：

$$C = C_{mk} P_r = 2.0475 \times 0.262 = 0.536 \text{m}^3/\text{s}$$

3）黏滞-分子流态（$0.04433 \text{Pa} < \bar{p} < 4.433 \text{Pa}$）下的管道流导。在黏滞-分子流情况下，管道的流导可以根据式（5-128）进行计算。

根据前面计算黏滞流流导的叙述，把管道入口处（高压端）的平均压力近似为管道中的平均压力，可以得到 $\bar{p} \approx 2.24 \text{Pa}$，把 D、$\bar{p}$、L 代入式（5-128）解得黏滞-分子流态下的管道流导为：

$$C = 1.34 \times 10^3 \frac{D^4}{L} \bar{p} + 1.21 \times 10^2 \frac{D^3}{L} \times \frac{1 + 188 D \bar{p}}{1 + 233 D \bar{p}}$$

$$= 1340 \times \frac{0.15^4}{0.5} \times 2.24 + 121 \times \frac{0.15^3}{0.5} \times \frac{1 + 188 \times 0.15 \times 2.24}{1 + 233 \times 0.15 \times 2.24}$$

$$= 3.7 \text{m}^3/\text{s}$$

6　真空系统抽气时间与压力计算

6.1　气体负荷的计算

6.1.1　真空系统内的总气体负荷

在真空系统中，总的气体负荷量为：

$$Q = Q_1 + Q_f + Q_s + Q_g + Q_a \tag{6-1}$$

式中，Q_1 为真空系统中的漏气流量，$Pa \cdot L/s$；Q_f 为真空系统中各种材料表面解吸释放出来的气体流量，$Pa \cdot L/s$；Q_s 为真空系统外大气通过器壁材料渗透到真空室内的气体流量，$Pa \cdot L/s$；Q_g 为工艺过程中真空室内产生的气体流量，$Pa \cdot L/s$；Q_a 为真空室内存在的大气量。

6.1.2　漏气流量 Q_1 的计算

大气通过各种真空密封的连接处和各种漏隙通道泄漏进入真空系统内的漏气流量，用 Q_1 表示。对于确定的真空装置，漏气流量 Q_1 是个常数。

漏气流量 Q_1 是由焊缝及各种密封结构的非气密性引起的。设计时，可以根据真空设备的极限压力，以及大气组分对设备性能的要求，对 Q_1 提出适宜的要求，直接给出允许的漏气流量。表 6-1 给出了不同真空装置允许的漏气流量值，供设计参考。对于一般无特殊要求的粗低真空系统，可选取 $Q_1 = \dfrac{1}{10}Q_g$，但对极限压力要求较高的真空系统，Q_1 不能按此值确定。漏气流量 Q_1（$Pa \cdot L/s$）通常采用真空室内允许的压力增长率（压升率）P_{ys} 来计算。

$$Q_1 = P_{ys}V = P_{ys}V/3600 \tag{6-2}$$

式中，P_{ys} 为压升率，$P_{ys} = \dfrac{\Delta P}{\Delta t}$，Pa/h；$V$ 为真空室的容积，L。

表 6-1 真空装置允许漏气流量

装 置 名 称	允许漏气流量/Pa·L·s^{-1}
简单减压装置、真空过滤装置、真空成型装置	1.33×10^{4}
减压干燥装置、真空浸渍装置、真空输送装置	1.33×10^{3}
减压蒸馏装置、真空脱气装置、真空浓缩装置	1.33×10^{2}
真空蒸馏装置	1.33×10^{1}
高真空蒸馏装置、冷冻干燥装置	1.33
分子蒸馏装置	1.33×10^{-1}
带有真空泵的水银整流器	1.33×10^{-2}
真空镀膜装置	1.33×10^{-3}
真空冶炼装置	1.33×10^{-4}
回旋加速器	1.33×10^{-5}
高真空排气装置	1.33×10^{-6}
真空绝热装置、宇宙空间模拟装置	1.33×10^{-7}
封离、切断真空装置	1.33×10^{-8}
小型超高真空装置	$1.33 \times 10^{-8} \sim 1.33 \times 10^{-9}$
电子管、电子束管	1.33×10^{-9}

6.1.3 放气流量 Q_f 的计算

被抽容器内被抽空后，其内部各种构件材料单位时间内的表面放气流量（包括原来在大气压下所吸收和吸附的气体），用 Q_f 表示。

真空系统中材料表面放气流量 Q_f 与材料性能、处理工艺、材料的表面状态和粗糙度有关。关键还与计算时所选取的材料表面放气率 q_i 有非常重要的关系。如果系统设计时所采用的材料的表面粗糙度与所选取材料在测量放气率 q_i 时的表面粗糙度一致，材料的表面放气流量 Q_f 为：

$$Q_f = \sum q_i A_i$$

式中，q_i 为真空系统中第 i 种材料单位表面积的放气速率，Pa·L/（s·m^2），一般用抽气 1h 后的放气速率数据，有些材料的放气率实验数据无处可查，则可采用与其类似材料的放气率数据近似替代；A_i 为第 i 种材料暴露在真空系统中的几何表面积，m^2。

材料放气量 Q_f 计算的关键问题在于放气速率 q_i 的选取和实际放气面积的确定。由于任何一实际表面都不可能是绝对光滑的，根据加工及表面处理技术的不同，其表面粗糙度也不同，这些宏观与微观的不平度大大增加了真空系统的内表面积。真空系统元件的表面质量越好，其真实表面积与几何表面积的比值越小，吸附在材料单位面积上的气体量就愈少。

通常，真空系统中所用材料的实际表面积要远大于材料的几何表面积，采用的很多构件的表面粗糙度也大于材料放气率测试时的表面粗糙度，这样采用几何表面积直接计算出来的放气量要远小于材料实际的放气量。一般情况下，材料放气率测试时的表面应该进行抛光处理，达到很高的表面光洁程度（即表面粗糙度值很低）。如果所查材料的放气率在测试时其表面粗糙度与真空系统设计时选用材料的表面粗糙度不一致，可用下式进行修正计算放气流量：

$$Q_f = \sum q_i A_i k_i \qquad (6\text{-}3)$$

式中，q_i 为真空系统中第 i 种材料单位表面积的放气速率，$Pa \cdot L/(s \cdot m^2)$，一般用抽气 1h 后的放气速率数据，有些材料的放气率实验数据无处可查，则可采用与其类似材料的放气率数据近似替代；A_i 为第 i 种材料暴露在真空系统中的表面积，m^2；k_i 为第 i 种材料的表面相对粗糙系数，其真实表面积与所采用的放气率测试时的表面积的比值，及实际所用材料的表面粗糙度 R_a 值和所选的该材料放气率测试时的表面粗糙度有关。

可将所查的材料放气率 q_i 测试时的表面粗糙系数设为 1，如果实际选用材料的表面粗糙度值大于放气率测试时的表面粗糙度值，$k_i > 1$；如果实际选用材料的表面粗糙度值小于放气率测试时的表面粗糙度值，$k_i < 1$。

对于某些真空应用设备（如真空炉）的真空室要求加热到很高的温度，真空室内必须使用如炭毡、炭布、硅酸铝纤维等保温材料，此时该部分材料的放气量按下式计算：

$$Q_{fn} = \frac{q_n V_n p_a}{t} \times 10^3 \qquad (6\text{-}4)$$

式中，q_n 为真空室中保温材料单位体积放气在标准状态下的体积，m^3/m^3；V_n 为真空室中所用的保温材料的体积，m^3；p_a 为标准大气压力，Pa；t 为保温材料被加热的时间，s。真空室中材料总的放气量为：

$$Q_f = \sum q_i A_i k_i + \sum Q_{fni} \qquad (6\text{-}5)$$

式中，Q_{fni} 为在真空室中第 i 种保温材料的放气量。

6.1.4 渗透气体流量 Q_s 的计算

大气通过器壁结构材料向真空系统内渗透的气体流量，以 Q_s 表示。

真空系统器壁渗透的气体流量 Q_s 对于一般金属系统可以不考虑，而对于玻璃或薄壁金属超高真空系统需要考虑此值。气体对器壁材料的渗透率与材料种类、厚度、温度及气体种类、器壁内外气体压差有关，可用下式计算：

$$q_k = \frac{K}{\delta}(p_2 - p_1) \quad （对单原子气体） \qquad (6\text{-}6)$$

$$q_k = \frac{K}{\delta}\sqrt{p_2 - p_1} \quad （对双原子气体） \qquad (6\text{-}7)$$

式中，q_k 为材料的渗透率，$Pa \cdot m^3/(s \cdot m^2)$；$K$ 为材料渗透系数，$Pa \cdot m^2/s$（对单原子气体），$Pa^{1/2} \cdot m^2/s$（对双原子气体）；δ 为材料透气厚度，m；p_1、p_2 为器壁材料两侧的气体压力，Pa。

当真空系统内的压力较低，而器壁外侧为大气压力 p_2 时，上式可简化为：

$$q_k = \frac{K}{\delta} p_2 \quad （对单原子气体） \qquad (6\text{-}8)$$

$$q_k = \frac{K}{\delta}\sqrt{p_2} \quad （对双原子气体） \qquad (6\text{-}9)$$

则只要知道渗透系数 K，就可以根据该材料的壁厚 δ、壁的面积 A，求得材料的渗透率 q_k，进而求得气体通过真空系统器壁渗透的气体流量（单位时间通过 A 面积的气体渗透量）为：

$$Q_s = q_k A \qquad (6\text{-}10)$$

6.1.5 工艺过程中真空室内产生的气体流量 Q_g 的计算

在工艺过程中被处理的材料放出的气体流量和在工艺过程中引入真空室中的气体流量，用 Q_g 表示。

Q_g 中还包含了真空室中液体或固体蒸发的气体流量 Q_z。空气中水分或工艺中的液体在真空状态下蒸发出来，这是在低真空范围内常常发生的现象。在高真空条件下，特别是在高温装置中，固体和液体都有一定的饱和蒸气压。当温度一定时，材料的饱和蒸气压是一定的，因而蒸发的气流量也是个常量。

对于不同的工艺过程和不同的被处理材料来说，Q_g 的计算是不同的。Q_g 的计算一般是建立在试验数据的基础上。

对于真空熔炼工艺来说，当给出被熔炼材料单位质量含气量在标准状态下的体积时，可采用下式近似计算 $Q_g (\mathrm{Pa \cdot L/s})$：

$$Q_g = \frac{q_1 G p_a b n}{t} \times 10^3 \qquad (6\text{-}11)$$

式中，q_1 为被熔炼材料单位质量的含气量在标准状态下的体积，见表 6-2，L/kg；G 为被熔炼材料的总质量，kg；p_a 为标准大气压力，101325Pa；b 为被熔炼材料的放气程度，表示经过一次熔炼材料所放出的气体占总含气量的百分比；n 为材料在熔炼时放气的不均匀系数，见表 6-3；t 为材料被熔炼处理的时间，s。

表 6-2 几种材料单位质量含气量在标准状态下的体积

材　料	q_1（包括 H_2、N_2、O_2）/$\mathrm{L \cdot kg^{-1}}$
钢	0.15~0.65（0.1~0.65）
钛	0.3~1.1（0.1~1.0）
钼	0.2~0.25

当给出材料在熔炼处理前后化学成分的变化时（见表 6-4），可采用下式近似计算 Q_g：

$$Q_g = v \times 10^6 [3.15m(C) + 1.35m(N) + 18.91m(H)] \qquad (6\text{-}12)$$

式中，v 为熔炼速度，kg/min；$m(C)$、$m(N)$、$m(H)$ 分别表示碳、氮、氢元素在熔炼前后的减少量占原含量的百分比。

表 6-3　材料熔炼时的放气不均匀系数 n

熔炼处理方法	n 值
电子束熔炼或自耗电极多弧熔炼	1
真空电阻炉	1.2
感应加热和熔炼时	2
真空感应炉感应精炼时	1

表 6-4　一些金属与合金材料在真空熔炼前后含气成分的变化

熔炼材料	熔炼方法	分析结果		
		H_2	O_2	N_2
硅钢	大气熔炼料		$(53 \sim 62) \times 10^{-6}$	$(23 \sim 24) \times 10^{-6}$
	真空感应熔炼后		$(12 \sim 14) \times 10^{-6}$	$(7 \sim 11) \times 10^{-6}$
耐热合金	真空熔炼前		45×10^{-6}	14×10^{-6}
	真空熔炼后		13×10^{-6}	11×10^{-6}
变压器钢	普通变压器钢	300×10^{-6}	17000×10^{-6}	
	真空熔炼后	50×10^{-6}	2200×10^{-6}	
钢	普通多弧熔炼	$(4 \sim 20) \times 10^{-6}$	$(10 \sim 150) \times 10^{-6}$	$(30 \sim 500) \times 10^{-6}$
	真空自耗炉一次熔炼	$(1 \sim 2) \times 10^{-6}$	$(6 \sim 30) \times 10^{-6}$	$(4 \sim 100) \times 10^{-6}$
无氧铜	真空熔炼前	120×10^{-6}	450×10^{-6}	
	真空熔炼后	10×10^{-6}	40×10^{-6}	

6.1.6　大气压下的气体量 Q_a

若容器的容积为 $V(m^3)$，抽气初始压力为 $p_a(Pa)$，则被抽容器内原有的大气负荷量为 $V \cdot p_a(Pa \cdot m^3)$。在真空室内存在的大气压下的气体量为 Q_a，是抽气初期（粗真空和低真空阶段）机组的主要气体负荷，但很快被真空机组抽走，所以不会影响真空室的极限压力。

6.2　真空系统抽气方程与有效抽速

6.2.1　真空系统的抽气方程

真空抽气系统的任务就是抽除被抽容器中的各种气体，一个真空系统的气体负荷量由式（6-1）求得。当真空系统对被抽容器抽气时，真空系统对容器的有效抽速若以 S_e 表示，容器中的压力以 p 表示，则单位时间内系统所排出的气体流量即是 $S_e p$，容器中的压力变化率为 $\mathrm{d}p/\mathrm{d}t$，容器内的气体减少量即是 $V\mathrm{d}p/\mathrm{d}t$。根据动态平衡关系，可以列出如下方程：

$$V\frac{\mathrm{d}p}{\mathrm{d}t} = -S_e p + Q_f + Q_s + Q_g + Q_l \tag{6-13}$$

式（6-13）称为真空系统抽气方程。式中 V 是被抽容器的容积，由于随着抽气时间 t 的增长，容器内的压力 p 降低，所以容器内的压力变化率 $\mathrm{d}p/\mathrm{d}t$ 是个负值，因而 $V\mathrm{d}p/\mathrm{d}t$ 是个负值，它表示容器内气体的减少量。放气流量 Q_f、渗透气流量 Q_s、真空室内的工艺气流量 Q_g 和漏气流量 Q_l 都是使容器内气体量增多的气流量。$S_e p$ 则是真空系统将容器内气体抽出的气流量，所以方程中记为 $-S_e p$。

对于一个设计、加工制造良好的真空系统，抽气方程（6-13）中的放气流量 Q_f、渗气流量 Q_s、蒸气流量 Q_z 和漏气流量 Q_l 都是微小的，因此在抽气初期（粗真空和低真空阶段）真空系统的气体负荷主要是容器内原有的空间大气；随着容器中压力的降低，原有的大气迅速减少，当抽真空至 $1 \sim 10^{-1}$ Pa 时，容器中残存的气体主要是漏放气，而且主要的气体成分是水蒸气；如果用油封式机械泵抽气，则试验表明，在几十至几帕时，还将出现泵油大量返流的现象。

由极限压力定义，当 $\mathrm{d}p/\mathrm{d}t = 0$，$Q$ 为定值时，由真空系统的抽气方程可得容器内的极限压力 $P_{ult} = Q/S_e$。说明在高真空下，系统的极限压力由 Q 决定，要获得超高真空环境，必须对容器采取除气措施。

6.2.2　真空室出口的有效抽速

真空泵或机组对容器的抽气作用受两个因素影响：（1）泵或机组

本身的抽气能力，该影响可由真空泵的抽气特性曲线表现出来；（2）管道对气流的阻碍作用，可由抽气管道流导对抽速的影响体现出来。

最简单的真空系统如图 6-1 所示。真空室内的气体负荷通过流导为 C 的管道被真空机组或真空泵抽走。图中 p_j 和 S_e 分别是真空容器出口的压力和真空机组对该口的有效抽速。p_p 和 S_p 分别是真空泵或机组入口的压力和抽速。当管道中气体为稳定流动时，单位

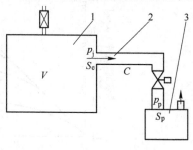

图 6-1 真空系统原理图
1—真空室；2—真空管路；3—真空泵

时间内流过管道任意截面的气流量都是相等的，可以写出下式

$$Q = p_j S_e = p_p S_p = p_i S_i$$

式中，p_i 和 S_i 为管道中任一截面处的气体压力和真空泵对该截面的有效抽速。根据流导的定义，气体流量 Q 又可表示为：

$$Q = C(p_j - p_p)$$

故有：

$$Q = p_j S_e = p_p S_p = p_i S_i = C(p_j - p_p) \tag{6-14}$$

式（6-14）为真空系统内的气流处于稳定流动时的基本方程式，称为真空系统的气体连续性方程，由式（6-14）可得：

$$p_j = \frac{Q}{S_e}, \quad p_p = \frac{Q}{S_p}, \quad p_j - p_p = \frac{Q}{C}$$

故有：

$$\frac{1}{S_e} = \frac{1}{S_p} + \frac{1}{C}$$

或

$$S_e = \frac{S_p C}{S_p + C} = \frac{C}{1 + \frac{C}{S_p}} = \frac{S_p}{1 + \frac{S_p}{C}} \tag{6-15}$$

在 S_p 为定值时，真空室出口的有效抽速 S_e 随管道流导 C 变化，三者关系如图 6-2 所示。

式（6-15）称为真空技术的基本方程，它表明：

（1）$S_e < S_p$，$S_e < C$，即真空泵或机组对真空室的有效抽速永远小于机组自身的抽速或管道的流导。

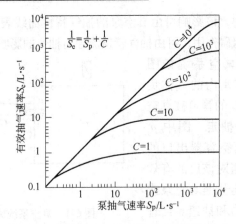

图 6-2　有效抽速、机组抽速与流导的关系

（2）若 $C \gg S_p$ 时，则 $S_e \approx S_p$，即当管道的流导很大时，真空室出口处的有效抽速只受真空机组本身抽速的限制。

（3）若 $S_p \gg C$，则 $S_e \approx C$，在此情况下，真空室的有效抽速受到抽气管道流导的限制。由此可见，为了充分发挥真空机组对真空室的抽气作用，必须使管道的流导尽可能增大，因此在真空系统设计时，在可能的情况下，应将真空管道设计得短而粗，使管道的流导尽可能大，尤其是高真空系统的抽气管道更应如此。在一般情况下，对于高真空抽气管道，真空泵的抽速损失不应大于 40% ~ 60%，而对于低真空管道，其损失允许值为 5% ~ 10%。

6.3　抽气时间的计算

6.3.1　低真空抽气时间的计算

在低真空条件下，真空系统本身内表面的出气量很小，与系统总的气体负荷相比，可以忽略不计。因此，在低真空条件下计算抽气时间可以不考虑表面放气的影响。

图 6-1 所示的低真空抽气系统，S_e 为真空泵或机组在真空室出口处的有效抽速；S_p 为真空泵的抽速；p_i 为真空系统开始抽气时的压力；p 为真空室内某一时刻的压力；p_{ult} 为真空室的极限压力；C 为

管道流导；V 为真空室的容积。

6.3.1.1 真空泵或机组的抽速近似不变，忽略管道流阻时抽气时间的计算

当油封机械真空泵的入口压力以大气压到 100Pa 范围内时，其抽速近似不变，而且在该抽气压力范围内，真空系统的排气量较大，系统内的微小漏气和放气对系统的影响很小，可以忽略不计。

A 忽略管道流导及漏放气的影响（$C \gg S_p$；$S_e \approx S_p$）时抽气时间的计算

当系统内漏放气量很小及系统的极限压力可以忽略时，而且真空泵与被抽容器之间的连接管路很短，其流导影响也可以忽略时，可得真空系统的抽气方程为：

$$V\frac{\mathrm{d}p}{\mathrm{d}t} = -S_e p = -S_p p$$

积分得：

$$t = -\frac{V}{S_p}\ln p + C$$

利用边界条件：$t=0$ 时，$p=p_i$，解得积分常数，可得真空容器中的压力从 p_i 降到 p 所需的抽气时间 t 为：

$$t = \frac{V}{S_p}\ln\frac{p_i}{p} \tag{6-16}$$

式（6-16）为计算低真空抽气时间的基本公式。

由式（6-16）可得出真空容器内压力 p 随抽气时间 t 的变化关系：

$$p = p_0 \mathrm{e}^{-\frac{S_p}{V}t} = p_0 \mathrm{e}^{-\frac{t}{\tau_1}} \tag{6-17}$$

式中，τ_1 为真空容器的抽气时间常数，$\tau_1 = \dfrac{V}{S_p}$，其意义是被抽容器内的压力从抽气初始压力 p_0 降低至其值的 $1/e$ 所需要的抽气时间。

B 忽略管道流导影响，但考虑漏放气影响时抽气时间的计算

当系统的极限压力较高而不能忽略时，假设系统的漏放气流量为定值 Q_{c0}，则当系统达到极限真空度时，有：

$$Q_{c0} = S_p p_{ult}$$

式中，Q_{c0} 为系统的漏放气流量（定值）；p_{ult} 为真空容器的极限压力；

S_p 为真空泵的抽速。

如果忽略真空管道的影响，则真空系统抽气方程式（6-13）变为：

$$V\frac{dP}{dt} = -S_p p + Q_{c0} \qquad (6-18)$$

求解方程（6-18）可得真空室中的压力从 p_i 降到 p 所需要的抽气时间 t 为：

$$t = \frac{V}{S_p}\ln\frac{p_i - p_{ult}}{p - p_{ult}} \qquad (6-19)$$

式中，p_{ult} 为真空容器的极限压力；p_i 为抽气时真空容器中的起始压力；p 为抽气时间为 t 时真空容器内的压力；S_p 为真空泵入口的抽速；V 为真空容器的容积。

式（6-17）和式（6-19）既适用于管道中气流为分子流状态，也适用于黏滞流状态，且极限压力是由各种因素产生的恒定气体流量 Q 的贡献引起的。

6.3.1.2 考虑抽气管道流导的影响，而忽略系统漏放气时抽气时间的计算

（1）当管道中的气流状态为黏滞流时，管道的流导 C 与气体压力有关，可表示成如下形式：

$$C = k_b \bar{p} = \frac{k_b}{2}(p + p_p) \qquad (6-20)$$

式中，$\bar{p}$ 为管道中气体的平均压力；$\bar{p} = \dfrac{p + p_p}{2}$，Pa；$k_b$ 为比例系数，对于20℃空气，$k_b = 1.34\dfrac{D^4}{L}$，对于其他情况，$k_b = 2.45\times10^{-4}\dfrac{D^4}{\eta L}$，其中 D、L 分别为管道的直径和长度，cm，η 为气体的黏性系数，Pa·s；其余符号意义同前。

根据真空技术基本方程，真空泵对容器的有效抽速 S_e 为：

$$S_e = \frac{S_p C}{S_p + C} = \frac{S_p k_b \bar{p}}{S_p + k_b \bar{p}} \qquad (6-21)$$

则当忽略系统的漏放气时，由真空系统抽气方程可得：

$$V\frac{\mathrm{d}p}{\mathrm{d}t} = -\frac{S_\mathrm{p}k_\mathrm{b}\overline{p}}{S_\mathrm{p}+k_\mathrm{b}\overline{p}}\times p \qquad (6\text{-}22)$$

求解方程（6-22）可得真空室内的压力从 p_i 降到 p 所需要的抽气时间 t 为：

$$t = \frac{V}{k_\mathrm{b}}\left(\frac{1}{p}-\frac{1}{p_\mathrm{i}}\right)+\frac{V}{S_\mathrm{p}}\left[\left(\frac{N-N_0}{p-p_\mathrm{i}}\right)+\ln\left(\frac{N_\mathrm{i}+p_\mathrm{i}}{N+p}\right)\right] \qquad (6\text{-}23)$$

其中 $\qquad N = \left[\left(\frac{S_\mathrm{p}}{k_\mathrm{b}}\right)^2+p^2\right]^{1/2}$; $N_\mathrm{i} = \left[\left(\frac{S_\mathrm{p}}{k_\mathrm{b}}\right)^2+p_\mathrm{i}^2\right]^{1/2}$

（2）当管道中气流状态为分子流时，管道的流导 C 与气体压力无关，因而机组或泵对真空室的有效抽速 S_e 亦与压力无关，有：

$$S_\mathrm{e} = \frac{S_\mathrm{p}C}{S_\mathrm{p}+C}$$

则据式（6-22），真空室中的压力从 p_i 降到 p 所需要的抽气时间 t 为：

$$t = \frac{V(S_\mathrm{p}+C)}{S_\mathrm{p}C}\ln\frac{p_\mathrm{i}}{p} \qquad (6\text{-}24)$$

6.3.1.3 考虑管道流导的影响，且考虑系统漏放气影响时抽气时间的计算

这种情况下，管道中的气流大多处于过渡流状态或分子流状态。由于过渡流态的计算比较复杂，所以当管道中气流处于过渡流态时，工程上允许用分子流流导计算代替，这样计算简单。

在分子流情况下，$S_\mathrm{e} = \dfrac{S_\mathrm{p}C}{S_\mathrm{p}+C}$，与式（6-19）的导出过程类似，真空室中的压力从 p_i 降到 p 所需要的抽气时间 t 为：

$$t = \frac{V(S_\mathrm{p}+C)}{S_\mathrm{p}C}\ln\left(\frac{p_\mathrm{i}-p_\mathrm{ult}}{p-p_\mathrm{ult}}\right) \qquad (6\text{-}25)$$

式中符号意义同前。

6.3.1.4 变抽速时抽气时间的计算

大多数真空泵的抽速都随其入口压力的变化而变化，尤其是机械真空泵，当其入口压力低于 10Pa 时，泵的抽速随其入口压力的变化更为显著。在这种情况下，泵的抽速 S_p 是其入口压力 p 的函数，即

$S_p = f(p)$。设抽气开始时，在体积为 V 的真空室中，压力为 p。经过一个微小的时间 dt 后，压力减小了 dp，在 dt 时间内泵的抽速 S_p 近似为常数，且流入真空泵内的气体量为 $pS_p dt$，真空室中减少的气体量为 $V(-dp)$，故有：

$$pS_p dt = -Vdp$$

或

$$dt = -\frac{V}{S_p} \times \frac{dp}{p} \qquad (6-26)$$

将 $S_p = f(p)$ 代入式（6-26），有：

$$dt = -\frac{V}{f(p)} \times \frac{dp}{p} \qquad (6-27)$$

显然，抽气时间 t 取决于 $S_p = f(p)$ 的性质。

A 变抽速时抽气时间的分段计算法

计算真空泵变抽速时的抽气时间，需要首先知道泵的抽速与其入口压力的关系。如图 6-3 所示，在 $S_p = f(p)$ 曲线图上，将抽气的初始压力 p_1 和终止压力 p_{n+1} 之间分成 n 段。段数分得越多，计算的抽气时间越精确，越接近变抽速的实际时间。

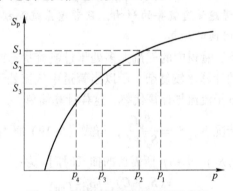

图 6-3 分段法计算抽气时间示意图

设图 6-3 中所分各压力区段相应的抽气时间为 t_1、t_2、…、t_n，取其各段抽速的平均值为 S_1、$S_2 \cdots S_i$、…、S_n，将其看作常数，然后根据不同区段情况用相应的抽速公式进行各个压力区段的抽气时间计算，最后求其代数和，即得总的抽气时间 t。其一般式可表示为：

$$t = \sum_{i=1}^{n} t_i$$

式中，n 为抽气的初始压力 p_1 到终止压力 p_n 之间分成的段数；t_i 为根据第 i 段的情况用相应的抽速计算公式计算出的第 i 段的抽气时间。

　　B　经验系数计算法

　　真空室用机械泵从大气压下开始抽气时，在不同的压力范围内，泵的实际抽速随泵入口压力降低而下降的程度是不同的，可以在不同泵入口压力下分段加修正系数来计算抽气时间。

　　考虑到真空室极限压力的影响，真空室内压力从 p_i 降到 p_{i+1} 所需要的抽气时间 t_i 为：

$$t_i = K_i \frac{V}{S_p} \ln\left(\frac{p_i - p_{\text{ult}}}{p_{i+1} - p_{\text{ult}}}\right) \tag{6-28}$$

　　若忽略极限压力 p_{ult} 的影响，则有：

$$t_i = K_i \frac{V}{S_p} \ln\left(\frac{p_i}{p_{i+1}}\right) \tag{6-29}$$

式中，S_p 为机械泵的名义抽速；V 为真空室的体积；K_i 为修正系数，与抽气终止时的压力有关，见表6-5。

表6-5　修正系数 K_i

终止压力 P/Pa	$10^6 \sim$ 1.33×10^4	$1.33 \times 10^4 \sim$ 1.33×10^3	$1.33 \times 10^3 \sim$ 1.33×10^2	$1.33 \times 10^2 \sim$ 13.3	$13.3 \sim 1.33$
修正系数 K_i	1	1.25	1.5	2	4

　　式（6-28）和式（6-29）适用于油封机械真空泵（或抽速特性曲线与其类似的真空泵）的抽气时间计算，且抽气的终止压力不低于 1.33Pa 时的抽气时间的计算。将抽气的整个压力区间（抽气起始压力与终止压力之间）按表6-5所给出的压力区间分段计算各区段的抽气时间，然后将各压力区段的抽气时间相加，即得总的抽气时间。

6.3.2　高真空抽气时间的计算

6.3.2.1　高真空抽气的气体负荷

　　高真空抽气是指真空容器内的气体压力在 $0.5 \sim 10^{-5}\text{Pa}$ 范围内的

抽气，这段抽气通常要经过机械真空泵预抽之后来进行。这时容器中空间的气体已经大大减少了，而其他气源越来越成为主要的气体负荷。其中有：（1）微漏，即大气通过微隙漏入容器的气体流量，以 Q_1 表示，当微隙一定时，Q_1 是常量。（2）渗透，即大气通过容器壁结构材料扩散到容器中的气体流量，以 Q_s 表示。（3）蒸发，空气中水分或工艺中液体在真空中蒸发出来，这是在低真空常常发生的现象。在高真空，特别是在高温装置中，固体和液体都有一定的饱和蒸气压。当温度一定时，材料的饱和蒸气压是一定的，因而蒸气流量 Q_z 就是个常量。（4）表面解吸，也称为表面释气，即材料吸附和吸收的气体通过暴露在真空中的表面释放出来的气体。如果是容器壁的内表面放出的气流量，那么除了表面解吸的气流量，还包含有渗透的气流量。因此表面解吸和渗透可以统称为表面放气或表面出气，简称放气。真空室内总的气源流量 Q_{out} 为：

$$Q_{out} = Q_0 + Q_s + Q_1 + Q_z + \sum A_i k_i q_{1i} t^{-\beta_i} = Q_0 + Q_c + \sum A_i k_i q_{1i} t^{-\beta_i}$$

$$(6-30)$$

式中，A_i 为第 i 种材料暴露在真空系统中的表面积（几何面积）；k_i 为第 i 种材料的表面相对粗糙系数，与材料的表面粗糙度 R_a 值及材料的放气率测试条件有关。如果系统所用材料的表面粗糙度与所选取材料在放气率 q_i 测量时的表面粗糙度一致时，k_i 取值为 1。q_{1i} 为第 i 种材料在抽气 1h 后的放气率；t 为以小时表示的抽气时间；β_i 为第 i 种材料的放气时间指数；Q_0 为抽气时间无限长后的放气流量，它实际近似等于渗透的气体流量 Q_s；Q_c 为微漏、渗透和蒸发的气体流量总和。

通常在室温下抽气，上述 Q_1、Q_s 和 Q_z 等都近似为常量，只有 $\sum A_i k_i q_{1i} t^{-\beta_i}$ 是抽气时间的函数。将它们代入真空系统的抽气方程，得：

$$V \frac{dp}{dt} = -S_e p + Q_0 + Q_c + \sum A_i k_i q_{1i} t^{-\beta_i}$$

$$(6-31)$$

式中，S_e 为真空机组对真空室的有效抽速，m^3/s；Q_c 为微漏、渗透和蒸发的气体流量总和。对于一个设计良好的高真空系统，Q_c 是个微小的常量，与表面放气流量比较往往可以忽略。

根据这个微分方程可解出 t 与 p 的关系，从而求得高真空的抽气时间。但是严格求解该方程比较困难，目前采用近似的算法来计算高真空的抽气时间。

6.3.2.2 高真空抽气时间的解析法近似计算

若不考虑真空室中空间气体负荷对抽气的影响，则可以认为泵或机组对真空室的排气仅与放气和漏气处于动平衡状态，于是高真空抽气时间可通过求解下列方程求得：

$$S_e p = Q_c + \sum A_i k_i q_{1i} t^{-\beta_i} \tag{6-32}$$

式中，S_e 为真空机组对真空室的有效抽速，m^3/s；p 为抽气时某一时刻真空室中的压力，Pa；Q_c 为系统中微漏、渗透和蒸发的气体流量之和，$Pa \cdot m^3/s$；A_i 为第 i 种材料暴露在真空中的面积，m^2；k_i 为第 i 种材料的表面相对粗糙系数，与材料的表面粗糙度及材料的放气率测试条件有关。如果系统所用材料的表面粗糙度与所选取材料在放气率 q_i 测量时的表面粗糙度一致，则 k_i 取值为 1。q_{1i} 为第 i 种材料在抽气 1h 后的放气率，$Pa \cdot m^3/(s \cdot m^2)$；$\beta_i$ 为第 i 种材料的放气时间指数，与材料结构、预处理等条件有关；t 为抽气时间，h。

6.4 真空室压力计算

6.4.1 真空室的极限压力

真空设备空载运行时，真空室中最终达到的稳定的最低压力，称为真空室的极限压力。真空室能达到的极限压力，由下式决定：

$$p_{ult} = p_{j0} + p_v + \frac{Q_1 + Q_f + Q_s}{S_e} \tag{6-33}$$

式中，p_{ult} 为真空室中的极限压力，Pa；p_{j0} 为真空机组（或真空泵）的极限压力，Pa；p_v 为真空室中材料的饱和蒸气压力，Pa；S_e 为真空室抽气口处真空泵或机组的有效抽速，L/s；其余符号意义同式 (6-1)。

真空室的极限压力一般总是高于真空抽气机组的极限压力。泵或机组的极限压力越低，有效抽速越大，则真空室的极限压力越低。真空室中材料的饱和蒸气压对超高真空系统影响较大，在某些情况下，可能是限制极限压力的重要因素，在一般真空系统设计中该项可忽略不计。

对金属材料的高真空装置，其极限压力可用下式表示：

$$p_{ult} = p_{j0} + \frac{Q_1 + Q_f + Q_s}{S_e} \qquad (6-34)$$

式中，p_{j0} 为真空机组（或真空泵）的极限压力，Pa；Q_1 为真空系统中的漏气流量，Pa·L/s；Q_f 为真空系统中各种材料表面解吸释放出来的气体流量，Pa·L/s；Q_s 为真空系统外大气通过器壁材料渗透到真空室内的气体流量，Pa·L/s；S_e 为真空室抽气口处真空泵或机组的有效抽速，L/s。

对于中、低真空装置，其极限压力可表示为：

$$p_{ult} = p_{j0} + \frac{Q_1}{S_e} \qquad (6-35)$$

式中，p_{j0} 为真空机组（或真空泵）的极限压力，Pa；Q_1 为真空系统中的漏气流量，Pa·L/s；S_e 为真空室抽气口处真空泵或机组的有效抽速，L/s。

6.4.2 真空室的工作压力

真空室正常工作时所需要的工作压力由下式决定：

$$p_g = p_{j0} + \frac{Q_1 + Q_f + Q_s + Q_g}{S_e} \qquad (6-36)$$

式中，p_g 为真空室的工作压力，Pa；Q_g 为工艺过程中真空室中产生的气体流量，Pa·L/s；其余符号意义同式（6-34）。

对于低真空、中真空系统，则有：

$$p_g = p_{j0} + \frac{Q_1 + Q_g}{S_e} \qquad (6-37)$$

一般情况下，所选择的真空室工作压力至少要比极限压力高半个到一个数量级。工作压力选择愈接近系统的极限真空，抽气系统的经济效率愈低。从经济效率方面考虑，最好在主泵最大抽速或最大排气量附近选择工作压力。

6.4.3 抽气过程中真空室内压力的计算

在实际的真空工程问题中，有时需要计算经过某一给定时间，真空容器内所达到的压力。这样的问题，对于单个容器可以利用6.3节中的有关公式来解。但是对于更复杂系统的情况，就需要进一步来讨论。

6.4.3.1 具有表面放气的细长管状容器内压力的计算

某些粒子加速器属于细长管真空容器的情况。这种容器的抽气情况可以用图6-4来表示，其中图6-4（a）所示是一个泵能够作用的区段，图6-4（b）所示是整个系统的某一区段。

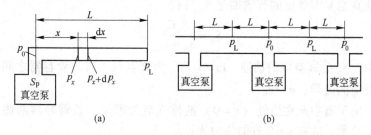

(a)   (b)

图6-4 具有表面放气的容器的抽气系统

（a）单个泵的抽气范围；（b）抽气系统的一个区段

由于容器是细而长的管状系统，在抽气过程中管内大气很快被抽走，以后的抽气主要是抽除管内表面的放气。假定管内表面为均布气体负荷（均匀放气），而且放气率与压力无关。由于放气率所限，管内的气流为分子流状态，因而管容器的流导为 $C = C_1/L$，式中 C_1 是单位管长的流导，对于一定的温度和气体，C_1 为常数。

假定气流处于稳定状态，如图6-4（a）所示，取 x 处圆柱体元 $\mathrm{d}x$ 来分析。在稳定的分子流状态下，通过 $\mathrm{d}x$ 段圆柱体元管道的气流量为：

$$\frac{C_1}{\mathrm{d}x}\big[(p_x + \mathrm{d}p_x) - p_x\big] = \frac{CL}{\mathrm{d}x}\mathrm{d}p_x$$

该气流量来自 $\mathrm{d}x$ 圆柱体元的上游，管长度为 $L-x$ 的内表面的放气。设管的截面周长为 B，管内表面的放气速率为 q，则通过 $\mathrm{d}x$ 圆柱体元的气流量为：

$$[L-(x+\mathrm{d}x)]Bq + Bq\mathrm{d}x = (L-x)Bq$$

根据以上两公式，可得：

$$CL \frac{\mathrm{d}p_x}{\mathrm{d}x} = (L-x)Bq \quad \text{或} \quad \mathrm{d}p_x = \frac{Bq}{CL}(L-x)\mathrm{d}x$$

对上式两边积分并根据边界条件（$x=0$，$p_x=p_0$）确定积分常数，可得：

$$p_x = \frac{Bq}{C}\left(x - \frac{x^2}{2L}\right) + p_0 \tag{6-38}$$

式中，p_0 为 $x=0$ 处的压力。考虑到真空泵是通过管道与该处连接，因此真空泵对该处的有效抽速 S_e 为：

$$S_e = \frac{S_p C_p}{S_p + C_p}$$

式中，S_p 为真空泵的抽速，$\mathrm{m^3/s}$；C_p 为真空泵入口与管容器之间连接管道的流导，$\mathrm{m^3/s}$。

由于真空泵在该处（$x=0$）的排气流量等于 L 长管容器两侧的放气流量，故在 $x=0$ 处的压力为：

$$p_0 = \frac{2BLq}{S_e} = \frac{2BLq}{S_p} + \frac{2BLq}{C_p} \tag{6-39}$$

将式（6-39）代入式（6-38）得：

$$p_x = \frac{Bq}{C}\left(x - \frac{x^2}{2L}\right) + \frac{2BLq}{S_p} + \frac{2BLq}{C_p} \tag{6-40}$$

式中，B 为管状容器的横截面周长，m；L 为两泵之间连接管长度的一半，m；q 为管容器内表面的放气速率，$\mathrm{Pa \cdot m^3/(s \cdot m^2)}$；$S_p$ 为真空泵的抽速，$\mathrm{m^3/s}$；C_p 为真空泵入口与管容器之间连接管道的流导，$\mathrm{m^3/s}$；C 为对应长度为 L 的管状真空容器的分子流流导，$\mathrm{m^3/s}$。

式（6-40）表明，管状真空容器内的压力分布为抛物线形，在 $x=L$ 处压力有最大值 p_L，其最大压差为：

$$p_L - p_0 = \frac{BLq}{2C}$$

由上式可见，最大压差与真空泵的抽速无关。因此，为了减小细长管状被抽容器内的压力差，应减小 L 值，即应沿管状容器的管长方向多设置一些真空泵，如图6-4（b）所示。

6.4.3.2   串接真空容器中的压力

图6-5所示为串接真空室。当用真空泵对这两个串接的真空容器

抽气时，容器内的压力与真空泵（或机组）抽速的变化、抽气时间、系统的漏放气、气体流动的状态等因素有关。为了简化计算，假设泵（或机组）的抽速 S_p、管道的流导 C_1 和 C_2 是常量，被抽容器内的压力 p_1 和 p_2 是均匀的，系统内没有漏放气。图 6-5 中的 Q_1、Q_2 分别是两个连接管道中通过的气体量，p_p 是真空泵（或机组）入口处的压力，V_1、V_2 分别是被抽容器的容积。

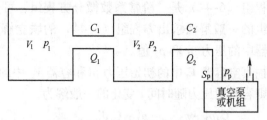

图 6-5　两个容器串接抽气示意图

如果忽略两个容器的漏气和放气，则根据各截面流量恒等原则，由气体连续性可以列出下面微分方程：

$$\left.\begin{array}{l} -\dfrac{\mathrm{d}p_0}{\mathrm{d}t}V_1 = C_1(p_1 - p_2) \\[2mm] -\dfrac{\mathrm{d}p_1}{\mathrm{d}t}V_1 - \dfrac{\mathrm{d}p_2}{\mathrm{d}t} = C_2(p_2 - p_p) \end{array}\right\} \tag{6-41}$$

式（6-41）可写成如下形式：

$$\left.\begin{array}{l} \dfrac{\mathrm{d}p_1}{\mathrm{d}t} + \dfrac{C_1}{V_1}p_1 - \dfrac{C_2}{V_1}p_2 = 0 \\[2mm] \dfrac{\mathrm{d}p}{\mathrm{d}t} + \dfrac{C_1 + C_2}{V_2}p_2 - \dfrac{C_1}{V_2}p_1 - \dfrac{C_2}{V_2}p_p = 0 \end{array}\right\} \tag{6-42}$$

因为 $p_p = \dfrac{C_2}{C_2 + S_p} \times p_2$，将其代入式（6-42）并整理得：

$$\dfrac{\mathrm{d}p_2}{\mathrm{d}t} + \dfrac{C_1 + \dfrac{C_2 S_p}{C_2 + S_p}}{V_2}p_2 - \dfrac{C_1}{V_2}p_1 = 0 \tag{6-43}$$

设 $u_0 = \dfrac{C_1}{V_1}$，$u_1 = \dfrac{C_1 + \dfrac{C_2 S_p}{C_2 + S_p}}{V_2}$，$u_1' = \dfrac{C_1}{V_2}$，代入式（6-42）、式（6-43）

中可得:

$$
\left.\begin{array}{l}
\dfrac{\mathrm{d}p_1}{\mathrm{d}t} + u_0 p_1 - u_0 p_2 = 0 \\[3mm]
\dfrac{\mathrm{d}p_2}{\mathrm{d}t} - u_1' p_1 + u_1 p_2 = 0
\end{array}\right\}
\tag{6-44}
$$

由于 C_1、C_2、V_1、V_2、S_p 为常数,所以 u_0、u_1、u_1' 也都是常数,因而微分方程组 (6-44) 是一阶常系数微分方程组,可用常系数一阶微分方程组的一般解法求出方程组 (6-44) 的联立解,即可得到两个真空容器中的压力 p_1 和 p_2 值。

如果被抽真空容器 V_1 中的初始压力 p_1' 和容器 V_2 中的初始压力 p_2' 是已知的,则容器中压力随时间 t 变化的一般解为:

$$
\left.\begin{array}{l}
p_1 = \dfrac{C_2 p_1' - p_2'}{C_2 - C_1}\mathrm{e}^{r_1 t} + \dfrac{p_2' - C_1 p_1'}{C_2 - C_1}\mathrm{e}^{r_2 t} \\[4mm]
p_2 = \dfrac{C_1(C_2 p_1' - p_2')}{C_2 - C_1}\mathrm{e}^{r_1 t} + \dfrac{C_2(p_2' - C_1 p_1')}{C_2 - C_1}\mathrm{e}^{r_2 t}
\end{array}\right\}
$$

其中

$$
\left.\begin{array}{l}
r_1 = \dfrac{1}{2}\left[-(u_0 + u_1) + \sqrt{(u_0 + u_1)^2 - 4(u_0 - u_1')u_0} \right] \\[4mm]
r_2 = \dfrac{1}{2}\left[-(u_0 + u_1) - \sqrt{(u_0 + u_1)^2 - 4(u_0 - u_1')u_0} \right]
\end{array}\right\}
$$

6.5 设计计算例题

例 1:某真空室的体积 $V = 200\mathrm{L}$,用抽速 $S_p = 8\mathrm{L/s}$ 的旋片泵对其进行抽气,连接真空室与真空泵之间的管道的直径 $D = 40\mathrm{mm}$,长度 $L = 1\mathrm{m}$,真空室内的气体为 20℃ 的空气,计算压力从大气压抽到 5Pa 时的抽气时间。

解:近似把真空管道高压端的平均压力当作管道的平均压力,并把 $D = 0.04\mathrm{m}$ 代入相应的流态判别式(式 (4-12)),由此可知,从大气压抽到 16.625Pa 之间为黏滞流态,压力从 16.625Pa 到 5Pa 之间为过渡流态。

在抽气过程中,管道对抽气有一定的影响,但是当管道的流导远大于真空泵的抽速时，可以忽略管道对抽气的影响。一般当 $C/S_p \geq 20$ 时，管道对抽气的影响最多占 5%，在这种情况下，可以忽略管道对抽气的影响。对于本例题来说，当 $C/S_p = 160 \text{L/s} > 20$ 时，可忽略管道的影响。由于 $L/D = 25 > 20$，所以抽气管道可看成为长管道，由相应的流导公式（式（5-18））可以知道压力 p 为：

$$p \geqslant \cfrac{C}{1340 \times \cfrac{D^4}{L}} = \cfrac{0.16}{1340 \times \cfrac{0.04^4}{1}} = 46.6 \text{Pa}$$

为了说明问题，把系统压力从大气压 ~5Pa 之间的压力区域分为 3 段：（1）大气压 ~46.6Pa；（2）46.6 ~16.625Pa；（3）16.625 ~5Pa。下面分别计算考虑管道流导影响和不考虑管道流导影响时各压力区段的抽气时间。

（1）从大气压 ~46.6Pa 的抽气时间。

1）考虑管道的流导影响时，由式（6-23）得：

$$t_1 = \frac{0.2}{3.45 \times 10^{-3}} \times \left(\frac{1}{46.6} - \frac{1}{10^5} \right) + \frac{0.2}{0.008} \left[\left(\frac{46.66}{46.6} - \frac{10^5}{10^5} \right) + \right.$$
$$\left. \ln \left(\frac{10^5 + 10^5}{46.6 + 46.66} \right) \right] = 193.04 \text{s}$$

2）不考虑管道流导的影响时，由式（6-16）得：

$$t_1' = \frac{0.2}{0.008} \ln \frac{10^5}{46.6} = 191.8 \text{s}$$

（2）由 46.6 ~16.625Pa 的抽气时间。

1）考虑管道的流导影响时，由式（6-23）得：

$$t_2 = \frac{0.2}{3.45 \times 10^{-3}} \times \left(\frac{1}{16.625} - \frac{1}{46.6} \right) + \frac{0.2}{0.008} \left[\left(\frac{16.786}{16.625} - \frac{46.66}{46.6} \right) + \right.$$
$$\left. \ln \left(\frac{46.6 + 46.66}{16.625 + 16.786} \right) \right] = 28.12 \text{s}$$

2）不考虑管道流导的影响时，由式（6-16）得：

$$t_2' = \frac{0.2}{0.008} \ln \frac{46.6}{16.625} = 25.77 \text{s}$$

（3）由 16.625 ~5Pa 的抽气时间。

1）考虑管道流导的影响时，把 $\bar{p} = 10.8125 \text{Pa}$，$D = 0.04 \text{m}$，$L =$

1m 代入式（5-128）得过渡流（黏滞-分子流态）时管道的流导：

$$C = 1.34 \times 10^3 \frac{0.04^4}{1} \times 10.8125 + 1.21 \times 10^2 \frac{0.04^3}{1} \times$$

$$\frac{1 + 188 \times 0.04 \times 10.8125}{1 + 233 \times 0.04 \times 10.8125} = 0.0434 \mathrm{m}^3/\mathrm{s}$$

代入式（6-23）得到抽气时间：

$$t_3 = \frac{0.2 \times (0.008 + 0.0434)}{0.008 \times 0.0434} \ln \frac{16.625}{5} = 35.6\mathrm{s}$$

2）不考虑管道的影响时，由式（6-16）得：

$$t_3' = \frac{0.2}{0.008} \ln \frac{16.625}{5} = 30\mathrm{s}$$

综合以上计算，若考虑抽气管道流导的影响，系统压力从大气压抽到 5Pa 时的抽气时间为：

$$t = t_1 + t_2 + t_3 = 193.04 + 28.12 + 35.6 = 256.76\mathrm{s} = 4.3\mathrm{min}$$

若不考虑抽气管道流导的影响，系统压力从大气压抽到 5Pa 时的抽气时间为：

$$t' = t_1' + t_2' + t_3' = 191.8 + 25.77 + 30 = 247.57\mathrm{s} = 4.13\mathrm{min}$$

从上计算可以看出：考虑与不考虑管道流导对抽气时间的影响，其三段抽气时间的计算误差分别为 0.64%、8.36%、15.73%，总的抽气时间误差为 0.4%。可见在 $C/S_\mathrm{p} \gg 1$ 时，可以忽略管道对抽气时间的影响，从而使计算过程简化。

例 2：某真空室的体积 $V = 500\mathrm{L}$，其漏气率为 $10^{-7}\mathrm{Pa} \cdot \mathrm{m}^3/\mathrm{s}$，连接真空泵与真空室之间的抽气管道的直径 $D = 40\mathrm{mm}$，长度 $L = 1.5\mathrm{m}$，由图 6-6 所示的抽速特性曲线的机械真空泵进行抽气。真空室内的气体为 20℃的空气，计算系统压力从 100Pa 到 1Pa 的抽气时间。

解：近似把管道高压端的压力当作管道的平均压力，并把 $D = 0.04\mathrm{m}$ 代入式（4-11），可得，系统由 100Pa 抽到 16.625Pa 气体状态为黏滞流态，由 16.625Pa 抽到 1Pa 状态为过渡流态。

系统压力在 100Pa 到 16.625Pa 之间时，真空管道的平均流导由式（5-18）可得：

$$C_1 = 1.34 \times 10^3 \times \frac{0.04^4}{1.5} \times 58.3125 = 0.1334 \mathrm{m}^3/\mathrm{s}$$

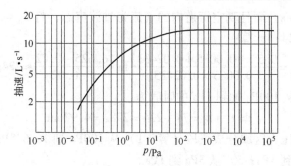

图 6-6　抽速特性曲线

当系统压力在 16.625Pa 到 1Pa 之间时，真空管道的平均流导由式（5-128）可得：

$$C_2 = 1.34 \times 10^3 \times \frac{0.04^4}{1.5} \times 8.8125 + 1.21 \times 10^2 \times \frac{0.04^3}{1.5} \times$$

$$\frac{1 + 188 \times 0.04 \times 8.8125}{1 + 233 \times 0.04 \times 8.8125} = 0.02433 \, \mathrm{m^3/s}$$

由于上式的 C/S 比较小，需要考虑管道抽气时间的影响。

由泵的特性曲线可以知道泵的极限压力大概为 $P_{j0} = 0.02\mathrm{Pa}$，由式（6-34）确定系统的极限压力 p_{ult}：

$$p_{\mathrm{ult}} = p_{j0} + \frac{Q_1}{S_e} = 0.02 + \frac{10^{-7}}{0.015} \approx 0.02 \mathrm{Pa}$$

下面采用压力区域不分段、压力区域分段及经验系数法分别计算抽气时间。

（1）压力区域不分段的抽气时间。

系统压力从 100Pa 抽到 16.625Pa 这一区间，泵的抽速发生了变化，该段压力范围内泵的平均抽速大约为 14.5L/s，代入式（6-23）计算：

$$t_1 = \frac{0.5}{2.3 \times 10^{-3}} \times \left(\frac{1}{16.625} - \frac{1}{100} \right) + \frac{0.5}{0.0145} \left[\left(\frac{17.78}{16.625} - \frac{100.2}{100} \right) + \right.$$

$$\left. \ln \left(\frac{100 + 100.2}{16.625 + 17.78} \right) \right] \approx 74\mathrm{s}$$

系统压力从 6.625Pa 抽到 1Pa，该段压力范围内泵的平均抽速大约为 8.5L/s，而且真空管道内的气流为过渡流态，将 $S_p = 8.5$L/s 代入式 (6-24) 计算：

$$t_2 = \frac{0.5 \times (0.0085 + 0.02433)}{0.0085 \times 0.02433} \ln \frac{16.625 - 0.02}{1 - 0.02} \approx 224\text{s}$$

所以从 100Pa 抽到 1Pa 的时间为：

$$t = t_1 + t_2 = 74 + 224 = 298\text{s} = 4.97\text{min}$$

（2）压力区域分成三段计算：1）从 100Pa 到 16.625Pa；2）从 16.625Pa 到 3Pa；3）从 3Pa 到 1Pa。

1）从 100Pa 到 16.625Pa 之间的抽气计算方法实际与不分段时的计算方法一样，即：

$$t_1 \approx 74\text{s}$$

2）16.625Pa 到 3Pa 的抽气时间：

在该段区域，真空管道的流导由式 (5-128) 可得：

$$C_3 = 1.34 \times 10^3 \times \frac{0.04^4}{1.5} \times 9.8125 + 1.21 \times 10^2 \times \frac{0.04^3}{1.5} \times$$

$$\frac{1 + 188 \times 0.04 \times 9.8125}{1 + 233 \times 0.04 \times 9.8125} = 0.02662\text{m}^3/\text{s}$$

由真空泵的抽速特性曲线可以知道，在这一区间内，泵的平均抽速约为 12L/s，该段的抽气时间由式 (6-24) 计算：

$$t_2 = \frac{0.5 \times (0.012 + 0.02662)}{0.012 \times 0.02662} \ln \frac{16.625 - 0.02}{1 - 0.02} = 177.1\text{s}$$

3）3Pa 到 1Pa 的抽气时间：

在该段区域，管道的流导由式 (5-128) 可得：

$$C_3 = 1.34 \times 10^3 \times \frac{0.04^4}{1.5} \times 2 + 1.21 \times 10^2 \times \frac{0.04^3}{1.5} \times \frac{1 + 188 \times 0.04 \times 2}{1 + 233 \times 0.04 \times 2}$$

$$= 0.00879\text{m}^3/\text{s}$$

由真空泵的抽速特性曲线可以知道，在这一区间内，泵的平均抽速约为 8L/s，该段的抽气时间由式 (6-24) 计算：

$$t_3 = \frac{0.5 \times (0.008 + 0.00879)}{0.008 \times 0.00879} \ln \frac{16.625 - 0.02}{1 - 0.02} = 337.8\text{s}$$

所以，采用压力分段法计算，分为三段时，总的抽气时间约为：

$$t = t_1 + t_2 + t_3 = 74 + 177.1 + 337.8 = 588.9\text{s} \approx 9.8\text{min}$$

（3）用经验系数法求抽气时间。

由真空泵抽速曲线可知，该泵的名义抽速为 15L/s，将压力区域分为 2 段：1）100Pa 到 10Pa；2）10Pa 到 1Pa。从表 6-5 查得各压力区段的抽气时间修正系数 K_i 分别为 2 和 4。根据式（6-28）有：

$$t = t_1 + t_2 = 2 \times \frac{0.5}{0.015} \times \ln \frac{100 - 0.02}{10 - 0.02} + 4 \times \frac{0.5}{0.015} \times \ln \frac{10 - 0.02}{1 - 0.02}$$

$$= 617.8\text{s} \approx 10.3\text{min}$$

由以上计算可知，压力分段的数目不一样，抽气时间的计算结果也不一样。分段数目越多，系统状况越接近变抽速的情况。采用经验系数法计算的抽气时间与分段计算法计算的抽气时间相差不多，有时可采用经验系数法近似替代分段计算法。

例3：有一直径为 60cm，长度为 90cm 的不锈钢容器，其中装有 4 个有机玻璃圆盘，外径为 60cm，厚度为 1.2cm，中心有孔，孔中装有直径为 15cm，长度为 60cm 的不锈钢圆管。所用的有机玻璃和不锈钢材料未经抛光等表面处理。如果不考虑系统的漏气率，试问用抽速为 2000L/s 的扩散泵通过流导为 6500L/s 的管道，从 10^{-1}Pa 抽至 10^{-3}Pa 所需抽气时间是多少？

解：查参考文献［4］，根据所用材料的饱和蒸气压可知，材料的蒸发可以不考虑，即 $Q_c \approx 0$。

由相关资料查得有机玻璃及不锈钢的放气率分别为：

$q_{11} = 2.93 \times 10^{-7}$Pa·m³/(cm²·s)，$\beta_1 = 0.5$，$k_1 = 1.2$

$q_{12} = 3.80 \times 10^{-9}$Pa·m³/(cm²·s)，$\beta_2 = 1$，$k_2 = 3$

因为所采用的不锈钢圆管为原管，未进行抛光等表面处理，与放气率测试时的表面状态差异较大，所以取表面相对粗糙系数 $k_2 = 3$；而有机玻璃的表面相对比较光滑，表面粗糙度与放气率测试的表面粗糙度比较接近，所以取其表面相对粗糙系数 $k_1 = 1.2$。

由题可算得有机玻璃盘的表面积之和为

$$A_1 = 2.233\text{m}^2$$

不锈钢容器的内表面积和置于其中的不锈钢管表面积之和为：

$$A_2 = 2.83\text{m}^2$$

泵对真空容器的有效抽速为：

$$S_e = \frac{2000 \times 6500}{2000 + 6500} = 1530 \text{L/s} = 1.53 \text{m}^3/\text{s}$$

将起始压力 10^{-1} Pa 及其他相应参数代入式（6-32）（$S_e p = Q_c + \sum A_i k_i q_{1i} t^{-\beta_i}$）有：

$$1.53 \times 10^{-1} = \frac{2.233 \times 1.2 \times 2.93 \times 10^{-7}}{\sqrt{t_1}} + \frac{2.83 \times 3 \times 3.80 \times 10^{-9}}{t_1}$$

整理并解得：

$$t_1 = 6.0 \times 10^{-3} \text{h}$$

将终止压力 10^{-3} Pa 代入式（6-32）得：

$$1.53 \times 10^{-3} = \frac{2.233 \times 1.2 \times 2.93 \times 10^{-7}}{\sqrt{t_2}} + \frac{2.827 \times 3 \times 3.80 \times 10^{-9}}{t_2}$$

整理并解得：

$$t_2 = 24.7 \text{h}$$

故系统压力从 10^{-1} Pa 抽至 10^{-3} Pa 所需的抽气时间为：

$$t = t_2 - t_1 = 24.7 - 6.0 \times 10^{-3} \approx 24.7 \text{h}$$

由题可知，之所以所需的抽气时间较长，主要是因为真空容器中的有机玻璃材料的放气率较大，而且系统的真空度越高，材料放气的影响越大，所需的抽气时间越长。由此可知，对于高真空系统及超高真空系统来说，系统元件的选材非常重要，应选择放气率及饱和蒸气压低的材料。

例 4： 有一真空室，其材质为经过化学抛光处理的不锈钢 1Cr18Ni9Ti，真空室内表面放气面积为 $A = 5\text{m}^2$，漏气量为 6×10^{-7} Pa·m³/s。通过直径 $D = 150$mm，长度 $L = 500$mm 的管道由抽速为 600L/s 的真空泵进行抽气，计算系统压力由 10^{-2} Pa 抽到 10^{-4} Pa 的抽气时间。

解： 对于不锈钢来说，蒸发与渗透的气流量很小，可以忽略不计。不考虑真空室中的气体对抽气的影响，根据式（6-32）有：

$$S_e p = Q_c + \sum A_i k_i q_{1i} t^{-\beta_i}$$

上式中 $Q_c = 6 \times 10^{-7}$ Pa·m³/s。

查参考文献 [4] 得，1Cr18Ni9Ti 不锈钢经过化学抛光后，在未经烘烤的情况下采用动态法测试，测得 1h 后常温下放气速率为：$q =$

$2.4 \times 10^{-6} Pa \cdot m^3/(m^2 \cdot s)$。不锈钢的放气时间指数一般取 $\beta = 1$。

因为所查放气率的材料测试条件与题中相同，都是经化学抛光处理，两者表面粗糙度基本一致，所以近似取表面相对粗糙系数 $k = 1$。

对于 $D = 150mm = 0.15m$ 的管道，压力低于 $10^{-2} Pa$ 时，为分子流。由于 $L/D = 3.3 < 20$，需要考虑管道管口的影响，此时管道的流导由下式计算：

$$C = C_{mk}P_r = 91D^2 \times \frac{20 + 16\frac{L}{D}}{20 + 38\frac{L}{D} + 12\left(\frac{L}{D}\right)^2}$$

$$= 91 \times 0.15^2 \times \frac{20 + 16 \times \frac{0.5}{0.15}}{20 + 38 \times \frac{0.5}{0.15} + 12 \times \frac{0.5^5}{0.15^2}} = 0.53625 m^3/s$$

则泵的有效抽速为：

$$S = \frac{0.6 \times 0.53625}{0.6 + 0.53625} = 0.283 m^3/s$$

将初始压力 $10^{-2} Pa$ 代入 $S_e p = Q_c + \sum A_i k_i q_{1i} t^{-\beta_i}$ 得：

$$0.283 \times 10^{-2} = 6 \times 10^{-6} + \frac{10 \times 2.4 \times 10^{-6}}{t_1}$$

解得：$t_1 = 8.5 \times 10^{-3} h = 0.51 min$

将终止压力 $10^{-4} Pa$ 代入式 $S_e p = Q_c + \sum A_i k_i q_{1i} t^{-\beta_i}$，可得：

$$0.283 \times 10^{-4} = 6 \times 10^{-6} + \frac{10 \times 2.4 \times 10^{-6}}{t_2}$$

解得：$t_2 = 1.08 h = 64.8 min$

故系统压力从 $10^{-2} Pa$ 抽至 $10^{-4} Pa$ 的时间为：

$$t = t_2 - t_1 = 64.8 - 0.51 = 64.29 min$$

7　真空泵的选择与匹配计算

7.1　主泵的选择与计算

真空系统设计的关键问题是选择真空抽气机组的主泵。

7.1.1　主泵类型的确定

（1）根据真空室所需要建立的极限压力确定主泵的类型。一般主泵极限压力的选取要比真空室的极限压力低一个数量级。

（2）根据真空室进行工艺生产时所需要的工作压力选择主泵。应正确地选择主泵的工作点，在其工作压力范围内，应能排除真空室内工艺过程中产生的全部气体。因此，真空室内的工作压力一定要在主泵的最佳抽速压力范围之内。

（3）根据真空室的容积大小和要求的抽气时间选择主泵。真空室体积大小对系统抽到极限真空的时间有影响。当抽气时间要求一定时，真空室体积越大，则主泵抽速也越大。

（4）正确地组合真空泵。由于真空泵有选择性抽气，因而有时选用一种泵不能满足抽气要求，需要几种泵组合起来，互相补充才能满足抽气要求。

（5）如果真空系统严格要求无油，则应该选用各种无油真空泵作为主泵。如果要求不严格，则可选择有油泵，然后采取防油污染措施，如冷阱、障板、挡油阱等，也能达到相对清洁真空的要求。

（6）选择真空泵时，应该了解被抽气体成分，针对被抽气体成分选择相应的真空泵。如果气体中含有腐蚀性气体、颗粒灰尘等，则应该考虑选择干式真空泵、耐腐蚀真空泵等，或在泵的进气口管道上安装辅助装置。

（7）根据整套真空系统的初次投资和日常维护费用等经济指标

选择主泵。

各种真空泵的工作压力范围如图 7-1 所示。

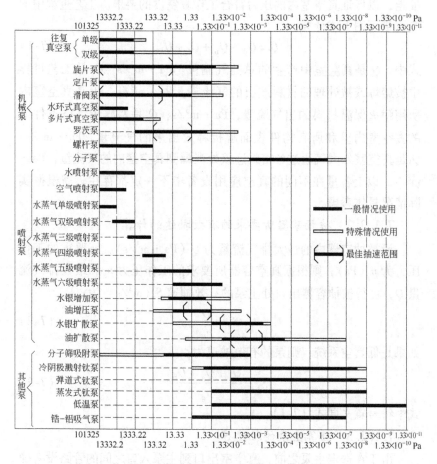

图 7-1 各种真空泵的工作压力范围

7.1.2 主泵抽速的计算

主泵的类型选定后，下一步就是具体地确定主泵抽速的大小规格。主泵抽速大小的确定主要依据被抽容器的工作真空度和其最大排气流量，以及被抽容器的容积和所要求的抽气时间。

7.1.2.1 真空室内排气流量的计算

在正常的工艺过程中，真空室内所产生的气流量应当由主泵及时抽走，以保证真空室内的压力符合工作真空度的要求。工艺过程中的气流量可用下式计算：

$$Q = Q_g + Q_n + Q_f + Q_1 \tag{7-1}$$

式中，Q 是真空室中产生的总的气流量，$Pa \cdot m^3/s$；Q_g 是工艺过程中被熔炼或被处理的材料放出的气流量，$Pa \cdot m^3/s$；Q_n 是真空室内所用耐火保温材料的出气流量，$Pa \cdot m^3/s$；Q_f 是暴露于真空条件下的真空室内壁和所有构件表面解析释放出来的气流量，$Pa \cdot m^3/s$；Q_1 是真空室外大气通过各密封连接处泄漏到真空室内的气流量，$Pa \cdot m^3/s$。以上各量在不同的真空应用设备中不一定都存在，需根据实际情况具体考虑。

7.1.2.2 被抽容器所要求的有效抽速的计算

设被抽容器内的最大排气流量为 Q（$Pa \cdot m^3/s$），所要求的工作压力为 p_g（Pa），则根据真空容器所要求的工作压力 p_g 和最大排气流量 Q，可得被抽容器出口处主泵的有效抽速 S_e（m^3/s）为：

$$S_e = \frac{Q}{p_g} \tag{7-2}$$

如果是低真空系统，则泵的有效抽速为：

$$S_e = \frac{Q_1 + Q_g + Q_n}{p_g} \tag{7-3}$$

式中符号意义同式（7-1）。

7.1.2.3 粗算主泵的抽速 S

由于在选定主泵之前，真空室出口到主泵入口之间的管路没有确定，因而其流导 C 是未知的，也就无法确切地计算出主泵的抽速 S。可根据下面经验公式粗算主泵的抽速，即：

$$S = K_s S_e \tag{7-4}$$

式中，K_s 是真空室出口处主泵的抽速损失系数；当主泵入口到真空室出口之间的管路中不采用捕集器时，取 $K_s = 1.3 \sim 1.4$；当采用捕集器时，取 $K_s = 2 \sim 2.5$；S_e 是被抽容器出口处主泵的有效抽速。主泵

抽速 S 粗算出来后，按 S 值在真空泵的产品系列中选出符合粗算值 S 的主泵。设粗选出的主泵抽速为 S_p。

7.1.2.4 主泵抽速的验算和确定

主泵抽速 S 粗算求出之后，按 S 值粗选出合适规格的主泵。

根据粗选主泵的入口尺寸，选择确定连接管路及其他元件尺寸，由流导公式求出管路的流导 C，再按下式精算主泵抽速：

$$S_p = \frac{S_e C}{C - S_e} \tag{7-5}$$

由式（7-5）算出的 S_p 值如果同式（7-2）或式（7-3）粗算的抽速相差很小，就可把粗选的泵作为主泵，否则应重新选用。

7.2 前级真空泵（或预抽泵）的选择与计算

7.2.1 前级泵的选配原则

对于需要配前级泵的抽气机组，主泵选完之后，重要的问题是如何选配合适的前级泵和预抽泵。选配前级泵的原则是：

（1）前级泵在主泵出口处造成的压力应低于主泵的最大排气压力。

（2）前级泵应保证始终及时排出主泵所排出的气体流量。

（3）兼作预抽泵的前级泵要满足预抽时间及预抽真空度的要求。

根据主泵的工作特性不同，配泵可分为两种情况：一种是主泵需要配前级泵，如扩散泵、分子泵等；另一种是主泵只需要配预抽真空泵，而不需要配前级泵，如各种吸附冷凝泵等。

主真空泵工作时，需要前级泵在主泵出口处形成的压力始终低于该泵的最大排气压力，主真空泵才能正常工作。普通的油扩散泵的最大排气压力一般为 $26 \sim 40Pa$ 左右；油增压泵的最大排气压力一般为 $130 \sim 260Pa$ 左右。

7.2.2 前级泵抽速粗算

根据选泵原则，在主泵允许的最大排气压力下，前级泵必须能将主泵所排出的最大气体流量 Q_{max} 及时排走。在稳定流动情况下，整个系统各截面气流量相等，所以有：

$$Q_{max} = S_{p1} p_{gm} = S_{cb} p_{cb}$$

则有：

$$S_{cb} = \frac{Q_{max}}{p_{cb}} \qquad (7\text{-}6)$$

式中，Q_{max} 为主泵的最大排气量，$Pa \cdot L/s$；S_{p1} 为主泵名义抽速，L/s；S_{cb} 为前级泵在主泵出口处最大排气压力 p_{cb} 下的抽速，L/s；p_{gm} 为主泵的最大工作压力，Pa；p_{cb} 为主泵出口处的最大排气压力，Pa。

根据配泵原则的规定，要求前级泵在主泵出口处的有效抽速 S_{e2} 应大于主泵出口处最大排气压力下的抽速 S_{cb}，即前级泵的有效抽速必须满足：

$$S_{e2} \geqslant S_{cb} = \frac{p_{gm} S_{p1}}{p_{cb}} \quad 或 \quad S_{e2} \geqslant S_{cb} = \frac{Q_{max}}{p_{cb}} \qquad (7\text{-}7)$$

式中，S_{p1} 为主泵的名义抽速，L/s；S_{e2} 为前级泵在主泵出口处的有效抽速，L/s；Q_{max} 为主泵的最大排气量，$Pa \cdot L/s$；p_{gm} 为主泵的最大工作压力，Pa；p_{cb} 为主泵出口处的最大前级压力，Pa。

考虑到前级泵抽速经过主泵出口到前级机械泵入口的低真空管路后的损失，计算所得的前级泵抽速 S_{p2} 应为：

$$S_{p2} \geqslant (1.11 \sim 1.25) \frac{p_{gm} S_{p1}}{p_{cb}} \qquad (7\text{-}8)$$

或

$$S_{p2} \geqslant (1.11 \sim 1.25) \frac{Q_{max}}{p_{cb}} \qquad (7\text{-}9)$$

按规定机械泵的名义抽速是在大气压力下测出的，而泵的实际抽速是随泵入口压力的降低而下降，正常使用的真空泵都是在低于大气压的条件下工作，故实际所选的前级泵抽速还应考虑泵的抽速特性曲线的匹配，或参考下面经验公式选取：

$$S_{p2}' = (1.5 \sim 3) S_{p2} \qquad (7\text{-}10)$$

式中，S_{p2}' 为实际选用的前级泵的名义抽速；S_{p2} 为计算所得的前级泵的抽速。

公式中的系数取法，应根据主泵和前级泵的类型而定。一般地，前级泵是单级机械泵，系数可取大些；前级泵是双级机械泵，系数可取小值。主泵是油扩散泵，系数可取大值；主泵是油增压泵则取小值。

7.2.3 前级泵抽速验算

粗算选配出前级泵后，可根据前级泵入口尺寸确定低真空管路（包括阀门等各种真空元件）结构尺寸，进而计算出低真空管路的流导 C_2，由真空技术基本方程可求出所选配的前级泵在主泵出口处的有效抽速：

$$S_{e2} = \frac{S_{p2} C_2}{S_{p2} + C_2} \qquad (7\text{-}11)$$

将由式（7-11）计算出的有效抽速值与粗算得到的 S_{cb} 值进行比较，若 $S_{e2} \geqslant S_{cb}$，则所选的前级泵符合要求，否则应重新选配前级泵。

或将式（7-11）代入式（7-7）有：

$$S_{p2} \geqslant \frac{Q_{max}}{p_{cb} - \dfrac{Q_{max}}{C_2}} \qquad (7\text{-}12)$$

如果由式（7-12）算出的 S_{p2} 与式（7-8）或式（7-9）粗算出的值相差不多，即说明 S_{p2} 满足要求，否则需要重新进行前级泵的选配。

7.2.4 选取前级泵的经验公式

7.2.4.1 主泵为分子泵的配泵

分子泵的前级泵气体需要保持分子流状态，分子泵才能稳定工作。为了保证分子泵的前级泵气体处于分子流状态，其前级泵的抽速可用下面经验公式计算：

$$S_2 = (2\% \sim 10\%) S_1 \qquad (7\text{-}13)$$

式中，S_2 为前级泵的抽速；S_1 为分子泵的抽速。

7.2.4.2 主泵为罗茨泵的配泵

由于罗茨泵对气体的压缩比较小，所以一般其前级泵要选得大一些。通常罗茨泵所选配的前级泵抽速可按下面的经验公式选择：

$$\left.\begin{aligned} S_2 &= \left(\frac{1}{10} \sim \frac{1}{5}\right) S_1 \\ S_{2sh} &= \left(\frac{1}{5} \sim \frac{1}{3}\right) S_1 \end{aligned}\right\} \qquad (7\text{-}14)$$

式中，S_1 为罗茨泵的抽速；S_2 为前级机械泵的抽速；S_{2sh} 为前级水环泵的抽速。

式中系数对双级油封式机械泵或水环泵取小值，对单级油封式机械泵或水环泵取大值。

当两个罗茨泵串联，再串联一个前级泵时，前级罗茨泵的抽速可根据下式选择：

$$S_{pm} = (0.25 \sim 0.5) S_1$$

式中，S_{pm} 为前级罗茨泵抽速；S_1 为主罗茨泵抽速。

7.3　粗抽泵的选配

粗抽泵用于真空系统的粗抽（预抽），要求粗抽泵在要求的时间内所达到的压力小于主泵的启动压力。

选机械泵作为粗抽泵时，粗抽泵的抽速大小由粗抽时间决定。将真空室在 t 时间抽到所要求的预真空度所需的泵抽速即为所选泵的抽速。粗抽泵对真空室的有效抽速为：

$$S_e = K_i \frac{V}{t} \ln \frac{p_1 - p_{ult}}{p_2 - p_{ult}} \tag{7-15}$$

式中，S_e 为粗抽泵（机械泵）的有效抽速；V 为真空室容积；t 为抽到预真空度所需要的时间；p_1 为抽气开始时真空室内的压力；p_2 为需要达到的预真空度；p_{ult} 为真空室内的极限压力；K_i 为修正系数，见表6-5。

如果忽略极限压力，有：

$$S_e = K_i \frac{V}{t} \ln \frac{p_1}{p_2} \tag{7-16}$$

式中符号意义同前。

考虑粗抽管道降低粗抽泵的抽速，所选的粗抽泵的抽速应为：

$$S_p = \frac{S_e C}{S_e + C} \tag{7-17}$$

式中，S_p 为粗抽泵的抽速；C 为粗抽管路的流导。

7.4　维持泵和储气罐的设计计算

7.4.1　维持泵和储气罐的作用

由于扩散泵和油增压泵启动时间长，在周期性操作的设备中，装料和卸料时，为了缩短工作周期而不切断扩散泵和油增压泵的电源，将高真空阀和前级管道阀关闭，使主泵处于正常工作状态。由于阀门等总会有极少量的漏气和表面放气，经过一段时间主泵出口压力增加，若压力超过主泵的最大排气压力而使气体返流到泵中，则会使油蒸气氧化。为了解决这个问题，一个办法是用前级泵继续抽除主泵排出的气体，但此时主泵内排出的气体量很小，出现前级泵"大马拉小车"的现象，浪费许多能源。为此可采用另一种办法，停止前级泵工作，关闭前级管道阀门，在主泵出口处设置维持泵或储气罐，这就可以保证既能排出主泵内的气体，又可以减少能源消耗。储气罐不能做得很大，只能用在以扩散泵为主泵的小型系统上，而维持泵可用在大型主泵的系统上。储气罐的另一个作用是储存气体。某些工艺过程中不允许有振动的设备，即在工艺进行时必须停止前级泵的工作，这时要用储气罐来储存在工艺过程中主泵所排出的气体，以保证工艺过程中被处理工件的质量。

7.4.2 维持泵的设计计算

使用维持泵的目的是节能。当系统的压力较低，主泵的抽气量很小时，可在真空系统中配置一种容量较小的辅助泵以维持主泵正常工作或维持已抽完的容器所需要的工作压力。使用维持泵既能节约能源，又能减小环境噪声。

一般维持泵是与前级泵同一类型的泵，可设置在主泵出口处，与前级泵并联；也可单独与真空室连接（用于维持抽空容器的正常工作压力）。

7.4.2.1 维持泵的粗算

维持泵的抽速可按下面经验公式计算：

$$S_{p3} = \frac{1}{10}S_{p2} \tag{7-18}$$

式中，S_{p3} 为维持泵的抽速；S_{p2} 为前级泵的抽速。

7.4.2.2 维持泵的验算

通常，维持泵所要抽除的气体量是由高真空阀到主泵出口的前级管道阀这一区域内的漏气量 Q_1 和内表面的放气量 Q_f 之和。设从主泵出口到维持泵入口之间管道的流导为 C_3，则维持泵在主泵出口的有效抽速 S_{e3} 为：

$$S_{e3} = \frac{S_{p3} C_3}{S_{p3} + C_3} \tag{7-19}$$

由于有漏气流量 Q_1 和内表面的放气流量 Q_f 的存在，所以维持泵在主泵出口处所需要的最小抽速 S_{min} 为：

$$S_{min} = \frac{Q_1 + Q_f}{p_{cb}} \tag{7-20}$$

式中，p_{cb} 是主泵的最大排气压力。

维持泵的作用是应保证及时抽除主泵所排出的气体流量，所以应满足如下关系：

$$S_{e3} \geqslant S_{min}$$

即

$$\frac{S_{p3} C_3}{S_{p3} + C_3} \geqslant \frac{Q_1 + Q_f}{p_{cb}}$$

于是得到：

$$S_{p3} \geqslant \frac{(Q_1 + Q_f) C_3}{C_3 p_{cb} - Q_1 - Q_f} \tag{7-21}$$

用 S_{p3} 代替式（7-10）中的 S_{p2}，可计算出所选配的维持泵的名义抽速 S_p。

由于维持泵所需的抽速仅为一般前级泵抽速的 1/10，所以既能极大地节约能源，又能减小环境噪声。

7.4.3 储气罐的设计计算

储气罐通常配置在中、小型扩散泵高真空抽气机组上，设置于扩散泵和前级泵之间，其作用如下：

（1）缩短工作周期和节能。在周期性操作的系统中，完成一个工作周期后，需将真空室放入大气进行取送工件的作业，而后需用机械泵粗抽真空室。在这段时间内，高真空阀和前级阀关闭，用储气罐来维持扩散泵的正常工作。

（2）满足真空应用设备的防振需要。某些真空应用设备进行的某些工艺过程要求没有振动，因此要求前级机械泵在一段时间内停止工作，而扩散泵继续工作，其排出的气体则全部储存在储气罐中。此时，储气罐代替机械泵维持扩散泵正常工作。

（3）防止真空室内的气体负荷突然大量增加。在某些工艺生产过程中，某段时间内的放气量特别大。由于放气时间短，若按此时的最大排气量配置前级泵很不经济，可配置前级储气罐来储存在最大放气量时放出的部分气体，以避免扩散泵前级压力超过最大反压力。

（4）稳定扩散泵出口压力。由于前级机械泵排气是脉动的，能引起扩散泵出口压力的波动。在扩散泵出口设置储气罐可以减少这种波动。

7.4.3.1 用于节能和缩短工作周期设置的储气罐计算

用于节能和缩短工作周期的储气罐，其容积的计算办法如下：当前级泵停止工作时，扩散泵仍处于正常工作状态，这时扩散泵将气体排到储气罐中，此时气体来源是扩散泵入口上方处的高真空阀门到扩散泵出口的前级管道阀门之间的漏气流量以及这一区域的表面放气流量，这些气体流量引起扩散泵出口压力增高，但不能超过扩散泵的最大排气压力。设前级泵停止工作的时间为 t，则储气罐的容积 V 应满足以下要求：

$$V(p_{cb} - p_b) \geqslant (Q_1 + Q_f)t$$

故：
$$V \geqslant \frac{(Q_1 + Q_f)t}{p_{cb} - p_b} \tag{7-22}$$

式中，V 为储气罐体积；Q_1 为高真空阀到扩散泵出口前级阀之间的漏气流量；Q_f 为高真空阀到扩散泵出口处的前级管道阀之间的放气流量；p_{cb} 为扩散泵出口的最大前级压力（经过时间 t 后，储气罐中所允许的最高压力）；p_b 为扩散泵正常工作时的出口压力（$t = 0$ 时储气罐内的压力）；t 为前级泵需要停泵的时间。

7.4.3.2 用于防振需要而设置的储气罐计算

用于防振目的而设置的储气罐，其容积计算的依据是：在机械泵停止工作的时间段内，扩散泵从真空室中抽出的气体全部排到（储存到）储气罐中，由此引起的罐中压力升高应不超过扩散泵出口的最大排气压力，可得：

$$V \geqslant \frac{S_{e1} p_g t}{p_{cb} - p_b} = \frac{Qt}{p_{cb} - p_b} \tag{7-23}$$

式中，S_{e1} 为主泵在真空容器出口处的有效抽速；p_g 为真空容器的工作真空度；Q 为在前级泵停止工作的时间 t 内扩散泵的排气量；t 为前级泵停止工作的时间，即要求储气罐工作的时间；p_{cb} 为扩散泵的最大（临界）前级压力；p_b 为前级泵正常工作时，扩散泵的前级出口压力，即 $t = 0$ 时，储气罐内的压力。

7.4.3.3 为防止真空室内突然大量放气而设置的储气罐的计算

在真空工艺生产中的某段时间内放气量特别大，但放气时间很短。若按此时的最大排气量配置前级机械泵很不经济，此时可配置前级储气罐，在最大放气量时储存一部分气体，以避免扩散泵的前级压力超过临界前级压力。

这类前级储气罐的体积计算同式（7-22）和式（7-23），但应同时满足下面关系式：

$$t \geqslant \frac{V}{C} \ln \frac{p_{cb}}{p_b} \tag{7-24}$$

式中，t 为储气罐工作时间；V 为储气罐体积；C 为储气罐到扩散泵出口处管道的流导；p_{cb} 为扩散泵最大前级压力；p_b 为扩散泵正常工作时的前级压力。

7.4.4 带有储气罐的真空机组配前级泵计算

如图 7-2 所示，当在主泵出口处设置前级储气泵时，则前级泵的选配只需考虑能排出主泵的正常排气量即可，而不用考虑主泵的最大排气量。应使主泵在正常工作时的出口压力 p_b 与其最大排气压力 p_{cb} 之间有一定的差值（即应使 $p_b < p_{cb}$），这样储气罐才能储存主泵在某一瞬时的最大排气量。如果 $p_b = p_{cb}$，则储气罐不起作用，设置储气

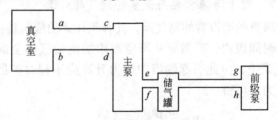

图 7-2 带有储气罐的真空系统示意图

罐后，前级泵的抽速可以按主泵正常工作排气量选配即可。

根据气流连续性可得

$$p_b S_b = p_1 S_{p1}$$

即
$$S_b = \frac{S_{p2} C_2}{S_{p2} + C_2} \tag{7-25}$$

式中，p_b 为主泵正常工作时的前级压力；p_1 为主泵正常工作时的入口压力；C_2 为前级泵入口到储气罐之间管道的流导；S_{p1} 为主泵的抽速；S_{p2} 为前级泵的抽速；S_b 为主泵在前级压力 p_b 下的排气速率。

因为前级泵应能及时抽除主泵排出的气流量，所以要求：

$$S_{e2} \geqslant S_b$$

即
$$\frac{S_{p2} C_2}{S_{p2} + C_2} \geqslant \frac{S_{p1} p_1}{p_b}$$

由此可得：
$$S_{p2} \geqslant \frac{S_{p1} p_1 C}{C p_b - S_{p1} p_1} \tag{7-26}$$

式中，S_{p2} 为前级泵抽速；S_{p1} 为主泵抽速；C 为前级泵到储气罐之间管路的流导；p_1 为主泵正常工作时的入口压力，与 p_g 相同；p_b 为主泵正常工作时的前级出口压力。

计算出的 S_{p2} 代入式（7-10）后，则可根据计算结果选用合适规格的前级泵。

8 真空系统的计算机辅助设计

8.1 概述

真空系统设计一般是先根据真空室体积、放气面积、漏气量、极限真空度、工作压力、抽气时间等已知条件，确定真空室所需的有效抽速，再粗选主泵和配备前级泵，并根据要求选择阀门等真空元件，之后绘制真空系统草图，确定各部分尺寸，最后验算真空泵是否满足抽气要求，若不满足，则重新选泵配泵，重复上述的计算过程。反复尝试计算各种参数，计算过程非常繁琐。在设计计算过程中涉及到流态判别、流导、泵的抽速、系统抽气时间和系统压力等参数，而不同的条件下各参数是变化的，如在流导的计算中不同的管道长度和管道形状以及管道中不同的气体流态，其应用的流导公式也不相同；泵的抽速也随着系统中压力的变化而变化。此外，在计算过程中所涉及的一些复杂公式仅是使用人工计算或是借助计算器是无法计算的，而且计算过程中的人为错误也是无法避免的，同时消耗大量的计算时间。基于这些情况，若是把设计计算过程采用计算机程序计算，这样就能减少计算时间和避免一些人为计算错误，把设计人员从繁复的劳动中解脱出来，减少设计周期和设计成本，提高设计质量。

8.2 计算机在真空系统设计中的应用

在真空系统设计中，可以把相关计算过程编制成计算机程序，通过计算机计算来完成真空系统的设计。真空系统设计的计算流程如图8-1所示。

由图中可以看出，若是根据流程选择的主泵不能满足要求，则需要重新选择泵以及重新设计真空管路，如果把这一过程编制成一个完整的计算程序，则可以节约很多计算时间。一个完整的真空系统计算

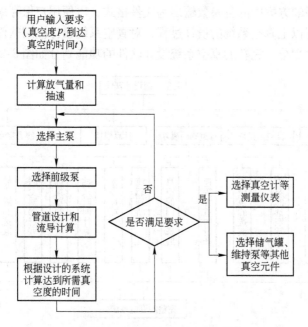

图 8-1 真空系统设计计算流程

机辅助设计软件应包含两部分：一部分是计算分析程序；另一部分是数据库。计算分析程序部分主要是根据用户输入的要求，初步计算放气量以及抽速、压力等参数；程序根据这些初步计算的参数从数据库中读取能够满足要求的真空泵，数据库根据所选的真空泵向计算程序反馈相关参数，计算程序根据所反馈的真空泵参数，并按照一定的设计原则自动设计真空管道；管道设计完成后，计算程序继续计算系统的流导等参数，并计算抽气时间等参数以及根据计算结果给出抽气曲线。如果初步设计的真空系统的抽气时间不能满足要求，则程序会自动重新选择真空泵以及重新设计抽气管路，并重新校对新设计的真空系统是否能满足要求。若是仍然不能满足要求，则再次重新计算设计，依此循环，直到满足要求为止。此外，设计软件还应能够根据用户输入的真空度以及抽气时间，提供几个满足要求的设计方案以供用户选择，并给出这几个方案对比的优缺点，为用户决策提供依据。最后把设计的方案保存在案例数据库中，以便积累成功案例，并把用户最终选择的方案中的各参数输出为文件格式，以便用户保存编辑。

根据以上真空系统的设计过程，对真空系统设计应用软件的功能进行模块划分，完整的真空系统设计软件的功能划分如图8-2所示。

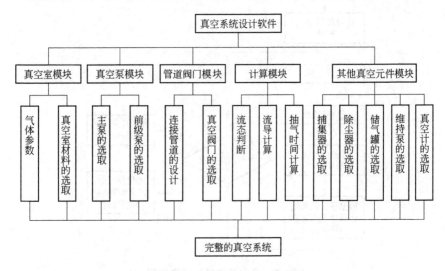

图8-2 真空系统设计应用软件的功能框架图

目前，真空系统设计计算过程中很多计算公式是半经验公式，而且很多计算公式的使用条件已经发生了变化，但是修正系数仍然是原来的数值，这样计算的结果就会产生很大的误差了，所以需要不断对真空系统设计计算过程中的计算公式进行验证及修正，以便更加准确地设计计算真空系统，特别是流导以及抽气时间的计算，需要通过大量的实验来整理验证和修正计算结果。此外，在计算过程中若是需要使用曲线计算，可以将曲线数值化并保存到数据库中，在使用到该曲线时，从数据库中读取对应的数值进行计算，比如真空泵的抽速曲线，在做数据库时，可以根据产品的抽速曲线上几个点对曲线进行数值拟合，并把拟合后数值保存到数据库的该产品的参数中，在计算抽气时间时，就可以根据抽速曲线进行变抽速计算，从而减小计算误差。

此外，数据库中应包含各种真空元器件的参数，比如真空泵、真空计、各类型阀门、材料放气率等参数，以供计算程序在设计计算时读取相关参数进行计算。

目前，国外已经开发出很多真空系统设计的分析软件了，例如，斯坦福大学直线加速器中心的 Volker Ziemann 提出的 VAKTRAK 真空系统设计软件；Vecorus 的 Vacuum Engineering Software VacMaster 软件；European Synchrotron Radiation Facility 研发的 MolFlow 软件，该软件进行三维建模，也能导入三维建模软件的模型进行分析计算，而在 MolFlow 基础上研发的 MolFlow$^+$ 更是能够模拟分子流，获取压力分布图、泵的有效抽速、吸附分布等参数。功能强大的 MolFlow 软件主要利用了蒙特卡洛算法对模型进行分析计算，从而获取相关的参数。蒙特卡洛的基本算法见 8.3 节。

8.3 蒙特卡洛模拟方法在真空系统设计中的应用

8.3.1 蒙特卡洛模拟方法的特点及应用

微观粒子在真空中以及在真空与固体交界面上的运动是"随机现象"（如真空中气体分子的空间碰撞）。就单个粒子而言，其运动是随机的（如一个气体分子飞行多长距离后发生碰撞），具有偶然性，但是大量的粒子的运动就表现出某种统计的规律性（如大量气体分子自由程表现为负指数分布），具有必然性，因此，微观粒子的随机运动是这种必然性和偶然性的统一体。基于这样的一种观点，在真空技术中引入了一种称为蒙特卡洛的方法。

蒙特卡洛模拟计算法是一种实验数学方法，其基本内容是用数学方法产生随机变量的样本。它把实际问题结构成一种概率统计模型，并定义一个随机变量，使其概率分布或数字特征恰好等于模拟问题的解，再确定一个随机抽样方法，在计算机上进行数学模拟，再把每次模拟试验结果进行统计，最后计算出概率，即为问题的解。

蒙特卡洛模拟方法与其他数值计算方法相比，有以下特点：

（1）模拟过程灵活，受问题条件的限制较小，模拟时可以不管问题是否能用简单表达式写出，也不必要求写出随机变量的分布函数和概率密度函数。

（2）其误差估计具有概率特征。蒙特卡洛方法的模拟计算结果的误差是概率误差，误差值的大小与试验次数的平方根成反比。因此，要想提高模拟精度，增加模拟次数，即增加计算时间即可。此外，有可能会出现计算条件一样，计算所得的结果出现微小变动的情况，这主要是由于计算过程中使用了大量的随机数造成的，对整体模拟结果影响不大。

（3）模拟计算与问题的维数关系不大，适宜解多维问题，但是需要一定的数学知识和编程知识，以便准确地建立概率模型，并准确地编程计算。

1960 年戴维斯（D. H. Davis）和莱文森（L. L. Levenson）最早采用蒙特卡洛法计算各种结构真空元件的流导，他们所用的方法为后人所借鉴和发展。现在，蒙特卡洛法的应用几乎遍及真空技术的各个方面。除了如上所说模拟自由分子流，贝伦斯（Ballauce）还把这种方法推广到过渡流领域。此外，用蒙特卡洛法计算分子泵分子通过叶片的传输几率，计算低温泵中传输几率与热负载系数，计算抽速测试罩中气体分子入射频率沿轴的分布，计算分子流束密度分布，计算彩色显像管阴极表面上吸附气体的分布，计算光子和中子在圆筒中的传输几率与镜面反射几率等。这些计算都为这些器件的最佳设计提供了数据，促进了它们的发展。

蒙特卡洛法主要应用在设计结构比较复杂的真空元件中，比如阀门、分子泵叶片等结构的自由分子流状态下的传输几率的求解，此外，亦可以应用在自由分子流状态下气体分子的空间分布、压力分布等领域。

下面以圆直管以及圆直角弯管的传输几率计算为例，说明蒙特卡洛法的大致步骤以及特点。

8.3.2 传输几率模拟计算

8.3.2.1 传输几率

分子流流态下，管道的流导是表征分子流流动性质的最主要的参量。对于长管，可以用克努森流导积分方程求解，然而对于形状复杂的管道，克努森流导积分方程很难求解。因此，引入一个新的参量——传输几率 P_r。1932 年，克劳辛（P. Clausing）提出传输几率（也称流导几率）的概念。传输几率的物理意义是在分子流条件下，

落入管道入口的气体分子能从管道的出口逸出的概率。有了传输几率的概念，管道的流导就可以表示为

$$C = C_{mk}P_r \tag{8-1}$$

式中，C_{mk} 是管道入口的流导；P_r 是管道的传输几率。管道入口的流导 C_{mk} 是可以根据式（5-57）很容易求得的，因而求管道的流导关键就在于求管道的传输几率。

传输几率把气流的几何因素全部归纳在一起，而把气体温度和压力等影响气流的气体的其他因素归纳于管道入口流导 C_{mk} 中，因此，传输几率是一个无量纲参量，仅与管道的相对尺寸相关（如圆直管的传输几率仅与其长度和半径的比值有关），而与其绝对尺寸无关（如长径比一定的圆直管，无论半径如何，其传输几率都一样）。

8.3.2.2 概率模型

基于管道中的气流状态为分子状态，进行如下假设：

（1）气流是稳定的，气体分子数是守恒的，即管壁没有吸气和放气现象，这意味着射入管口的分子最终只有两种可能，或者从出口逸出或者返回入口空间。两者的几率之和等于1。

（2）入射分子和反射分子都遵循余弦定律。

（3）分子在管道内的运动是相互独立的，即分子之间互不碰撞，气体分子只与管壁发生碰撞。

建立自由分子流物理模型的目的，是为了将所追踪的真空管道的气体分子流排除其他因素的影响，独立地研究真空管道中气体为分子流状态下的流导。

有了自由分子流的物理模型，假想有一仪器可以在真空试验中逐个观察管道中运动的气体分子，从分子进入管道开始，直到其离开管道为止。假设被观察的气体分子数为 N，其中有 n 个分子从管道出口逸出，$N-n$ 个分子没有通过管道而是从管道入口逸出。显然，一个分子通过管道的几率即为传输几率，可以表示为：

$$P_r = \frac{n}{N} \tag{8-2}$$

当 N 足够大时，P_r 就足够准确。N 越大，P_r 越准确。

现在还没有这样的观察仪器，因此上述的真空试验无法实现，但

是可以在计算机上用数学方法来模拟分子的运动。根据前述可知，气体以分子流流态流动，就每个分子而言，从飞入管道，与管壁碰撞后漫反射，到逸出管道，整个运动过程都是随机的。因此管道的传输几率本身就是一种概率统计问题。每个分子的随机运动都可以用一些随机变量来表示，通常在计算机上采用（0，1）区间均匀分布的伪随机数进行抽样，用数学方法模拟每个分子的运动过程，通过计算机跟踪每个分子，统计进入管道的分子总数 N 和逸出管道出口的分子数 n，这样就可以得到管道的传输几率了。

8.3.2.3　圆管道的传输几率模拟计算

A　气体分子进入圆直管的位置与方向

如图 8-3 所示，从入口面入射的气体分子在该平面上是均匀分布的，而且分子的入射方向遵从余弦定律。因传输几率仅与圆直管的相对尺寸（长径比）有关，可以令圆直管的半径 R 为 1，管长 L 取为相对尺寸，则气体分子进入圆直管的位置的坐标（x_0，y_0，z_0）为：

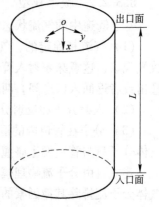

图 8-3　圆直管的尺寸和坐标

$$\left.\begin{array}{l} x_0 = L \\ y_0 = 2R_1 - 1 \\ z_0 = 2R_2 - 1 \end{array}\right\} \qquad (8\text{-}3)$$

式中，R_1、R_2 是在（0，1）区间内均匀分布的、相互独立的随机数。在 Matlab 中可以使用 Rand（1）命令产生 R_1、R_2，但是 R_1、R_2 必须使得 y_0、z_0 满足 $y_0 + z_0 < 1$；若是 $y_0 + z_0 \geq 1$，则重新产生随机数 R_1、R_2，直到满足 $y_0 + z_0 < 1$ 为止。

如图 8-4 所示，气体分子入射的方向向量投影到 xoz 坐标系的表达式为：

$$\left.\begin{array}{l} \alpha = -\mu_3 \\ \beta = \mu_2 \\ \gamma = \mu_1 \end{array}\right\} \qquad (8\text{-}4)$$

其中
$$\left.\begin{array}{l} \mu_1 = \sin\theta\cos\phi \\ \mu_2 = \sin\theta\sin\phi \\ \mu_3 = \cos\theta \end{array}\right\} \quad (8\text{-}5)$$

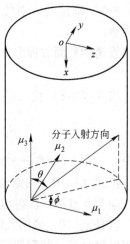

$$\left.\begin{array}{l} \cos\phi = \dfrac{(2R_3-1)^2 - R_4^2}{(2R_3-1)^2 + R_4^2} \\[4mm] \sin\phi = \dfrac{2(2R_3-1)R_4}{(2R_3-1)^2 + R_4^2} \end{array}\right\} \quad (8\text{-}6)$$

式中，R_3、R_4 是在（0，1）区间内均匀分布的、相互独立的随机数，而且 R_3、R_4 需要满足 $(2R_3-1)^2 + R_4^2 < 1$；若是 $(2R_3-1)^2 + R_4^2 \geqslant 1$，则重新产生随机数

图 8-4 分子入射方向

R_3、R_4，直到满足要求为止，并重新计算 $\sin\phi$ 和 $\cos\phi$。

$$\left.\begin{array}{l} \cos\theta = \max(R_5, R_6) \\ \sin\theta = \sqrt{1 - (\max(R_5, R_6))^2} \end{array}\right\} \quad (8\text{-}7)$$

上式的含义是把（0，1）区间均匀分布的随机数 R_5、R_6 中较大的一个作为 $\cos\theta$。利用式（8-6）、式（8-7）确定的分子入射方向，单个分子运动方向是随机的，但是大量分子的运动方向则是遵从余弦定律的。

B 气体分子第一次碰撞点的坐标计算

气体分子射入管道后，按入射方向直线飞行，但是这个分子是直接从管道的出口逸出，还是与管壁碰撞？可以这样来判断：先计算出分子从入射位置到碰撞管壁的飞行距离，并求出该碰撞点的坐标，若 $x_1 < 0$，则分子从管道出口处逸出；若 $0 \leqslant x_1 \leqslant L$，则分子与管壁碰撞。

气体分子沿着入射方向与管壁第一次碰撞点的坐标为：

$$\left.\begin{array}{l} x_1 = x_0 + \alpha d_1 \\ y_1 = y_0 + \beta d_1 \\ z_1 = z_0 + \gamma d_1 \end{array}\right\} \quad (8\text{-}8)$$

式中，d_1 为分子从入射位置到碰撞管壁的飞行距离；x_0、y_0、z_0 为由式（8-3）确定的入射位置；α、β、γ 为由式（8-4）确定的入射方向向量。

管道的截面方程为：

$$y_1^2 + z_1^2 = 1 \tag{8-9}$$

将式（8-8）代入式（8-9），求解可得分子第一次飞行距离 d_1：

$$d_1 = -\frac{Q}{P} + \sqrt{\left(\frac{Q}{P}\right)^2 - \frac{W}{P}} \tag{8-10}$$

其中　　　　　$P = \beta^2 + \gamma^2$；$Q = \beta y_0 + \gamma z_0$；$W = y_0^2 + z_0^2 - 1$

把式（8-10）的结果代入式（8-8），即可求得气体分子沿着入射方向与管壁第一次碰撞点的坐标。

若是 $x_1 < 0$，说明气体分子直接从管道出口逸出，此时，应该停止跟踪该分子，并重新产生并跟踪另一个新的分子。

若是 $0 \leq x_1 \leq L$，说明气体分子与管壁发生了第一次碰撞，需要继续跟踪该分子。

C　气体分子第二次以上的碰撞点坐标计算

如图 8-5 所示的气体分子与管壁碰撞后反射的几何模型，其中 $x'y'z'$ 是以反射点为原点，以反射点所在的切平面的法线为 x' 轴所建立的临时坐标系。从该点发射的气体分子的方向向量在 $x'y'z'$ 坐标系中表示为：

$$\left.\begin{array}{l} \mu_1' = \cos\theta \\ \mu_2' = \sin\theta\cos\phi \\ \mu_3' = \sin\theta\sin\phi \end{array}\right\} \tag{8-11}$$

式中的 $\sin\phi$、$\cos\phi$、$\sin\theta$、$\cos\theta$ 由式（8-6）和式（8-7）用四个新的 $(0,1)$ 区间均匀分布的随机数确定，其中的四个新的随机数仍然需要满足相应的要求。

设坐标系 $x'y'z'$ 中的 z' 轴与坐标系 xyz 中的 z 轴成 σ 度角（由 z 轴转向 z' 轴），如图 8-6 所示。把反射气体分子的方向向量投影到坐标系 xyz 中表示为：

$$\left.\begin{array}{l} \alpha = -\mu_2' \\ \beta = \mu_1'\cos\sigma + \mu_3'\sin\sigma \\ \gamma = -\mu_1'\sin\sigma + \mu_3'\cos\sigma \end{array}\right\} \tag{8-12}$$

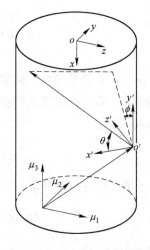

图 8-5 气体分子与管壁碰撞后
反射的几何模型

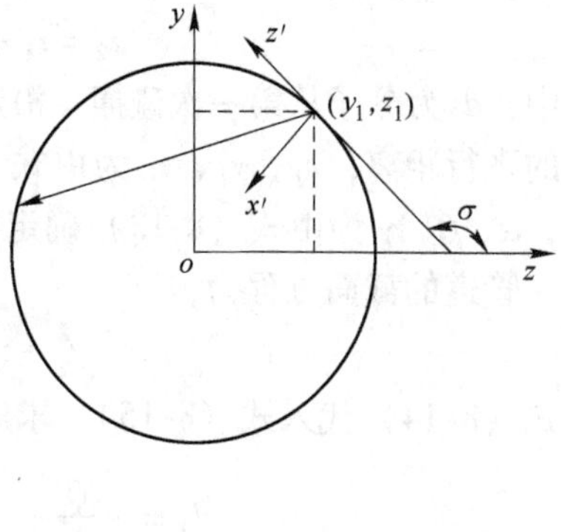

图 8-6 发射的几何模型
在 yoz 面的投影

由图 8-6 中的几何关系，可得：$\sin(\pi - \sigma) = \dfrac{z_1}{R}$，$\cos(\pi - \sigma) = \dfrac{y_1}{R}$，因为在本例中圆直管的半径 $R = 1$，故可得：$\sin\sigma = z_1$，$\cos\sigma = -y_1$。代入式（8-12）可得反射气体分子的方向向量投影到坐标系 xyz 中的表达式：

$$\left.\begin{array}{l} \alpha = -\mu_2' \\ \beta = -\mu_1' y_1 + \mu_3' z_1 \\ \gamma = -\mu_1' z_1 - \mu_3' y_1 \end{array}\right\} \tag{8-13}$$

从第一次碰撞点发射出来的气体分子，其方向是随机的，而且服从余弦定律，那么从第一次碰撞点发射出来的分子是从管道出口逸出，或是从管道入口逸出，还是继续与管壁碰撞，仍然是通过计算气体分子按飞行方向飞行到与管壁碰撞的距离，并计算出该碰撞点的坐标来确定。若 $x < 0$，则分子从 R_1、R_2 管道出口逸出；若 $x > L$，则分子从管道入口逸出，若 $0 \leqslant x \leqslant L$，则分子继续与管壁碰撞。

气体分子从第一次碰撞点沿着发射方向反射到管壁第二次碰撞点的坐标为：

$$
\left.\begin{array}{l}
x_2 = x_1 + \alpha d_2 \\
y_2 = y_1 + \beta d_2 \\
z_2 = z_1 + \gamma d_2
\end{array}\right\} \tag{8-14}
$$

式中，d_2 为分子从第一次碰撞点沿着发射方向反射到管壁的另一碰撞点的飞行距离；x_1、y_1、z_1 为由式（8-8）确定的第一次碰撞点的坐标；α、β、γ 为由式（8-13）确定的反射方向向量。

管道的截面方程为：

$$
y_2^2 + z_2^2 = 1 \tag{8-15}
$$

将式（8-14）代入式（8-15），求解可得分子第二次飞行距离 d_2：

$$
d_2 = -\frac{Q}{P} + \sqrt{\left(\frac{Q}{P}\right)^2 - \frac{W}{P}} \tag{8-16}
$$

其中 $P = \beta^2 + \gamma^2$；$Q = \beta y_1 + \gamma z_1$；$W = y_1^2 + z_1^2 - 1$

把式（8-16）的结果与式（8-13）代入式（8-14），即可求得气体分子的第二次碰撞点的坐标。

与第一次碰撞点一样，判断分子所处位置，以确定下一步跟踪。

若 $x_2 < 0$，说明气体分子从管道出口逸出，则停止跟踪该分子，并重新产生并跟踪另一个新的分子。

若 $x_2 > L$，说明气体分子从管道入口逸出，则停止跟踪该分子，并重新产生并跟踪另一个新的分子。

若 $0 \leqslant x_2 \leqslant L$，说明气体分子继续与管壁碰撞，则继续跟踪该分子，直到出现 $x < 0$ 或是 $x > L$ 为止。

当气体分子第三次以上与管壁碰撞时，其碰撞点坐标的计算同式（8-14）一样，只是等式右边换成前一次碰撞点的相应参量，其方向向量以及飞行距离都与以上计算相同。以此类推，可一直跟踪到气体分子飞出管口为止。

D 统计计算

当跟踪的气体分子数足够多，可以达到预期的计算精度时，即停止跟踪。将计算机跟踪过程中记录的模拟分子数 N 和从管道出口逸出的分子数 n 代入式（8-2），就可以求出圆直管传输几率的近似值了。

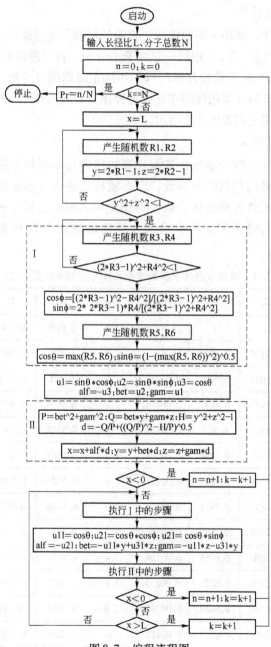

图 8-7 编程流程图

E 编程计算

综上所述，使用常用的编程语言或计算软件进行编程，可以分两种情况进行分析：（1）跟踪一定数量的分子，直至跟踪所有分子后，根据式（8-2）计算传输几率；（2）不限定跟踪的分子数，直到传输几率达到要求的计算精度即停止运行程序。一般选择第一种情况进行编程，其程序流程如图8-7所示。

F 计算结果

多次使用蒙特卡洛法计算圆直管的传输几率都与克劳辛系数用解析方法得到的数值结果一致，因而蒙特卡洛法计算结果的可靠性为广大真空工作者所公认。表8-1和图8-8所示是对半径为 R、长度为 L 的圆直管采用蒙特卡洛法计算的传输几率 P_r 和克劳辛系数 K_c 的对比。

表 8-1 蒙特卡洛法求解的传输几率与克劳辛系数的对比

L/R	K_c	P_r	相对误差	L/R	K_c	P_r	相对误差
0	1	1	0	1.3	0.6139	0.6149	0.00163
0.1	0.9524	0.9524	0	1.4	0.597	0.5975	0.00084
0.2	0.9092	0.9089	0.00033	1.5	0.581	0.5796	0.00241
0.3	0.8699	0.8687	0.00138	1.6	0.5659	0.5677	0.00318
0.4	0.8341	0.835	0.00108	1.7	0.5518	0.5507	0.00199
0.5	0.8013	0.7998	0.00187	1.8	0.5384	0.5372	0.00223
0.6	0.7711	0.7721	0.00130	1.9	0.5256	0.5246	0.00190
0.7	0.7434	0.7425	0.00121	2	0.5136	0.5153	0.00331
0.8	0.7177	0.7155	0.00307	2.2	0.4914	0.4904	0.00204
0.9	0.694	0.6955	0.00216	2.4	0.4711	0.4716	0.00106
1	0.6719	0.6721	0.00030	2.6	0.4527	0.4538	0.00243
1.1	0.6514	0.6488	0.00399	2.8	0.4359	0.433	0.00665
1.2	0.632	0.6313	0.00111	3	0.4205	0.4211	0.00143

续表8-1

L/R	K_c	P_r	相对误差	L/R	K_c	P_r	相对误差
3.2	0.4062	0.4058	0.00098	16	0.1367	0.133	0.02707
3.4	0.3931	0.3908	0.00585	18	0.124	0.1194	0.03710
3.6	0.3809	0.3801	0.00210	20	0.1135	0.1107	0.02467
3.8	0.3695	0.3687	0.00217	30	0.0797	0.0778	0.02384
4	0.3589	0.3547	0.01170	40	0.0614	0.0589	0.04072
5	0.3146	0.3085	0.01939	50	0.0499	0.0492	0.01403
6	0.2807	0.2746	0.02173	60	0.042	0.0417	0.00714
7	0.2537	0.247	0.02641	70	0.0363	0.0353	0.02755
8	0.2316	0.2244	0.03109	80	0.0319	0.0316	0.00940
9	0.213	0.2089	0.01925	90	0.0285	0.0282	0.01053
10	0.1973	0.1913	0.03041	100	0.0258	0.0254	0.01550
12	0.1719	0.1653	0.03839	1000	0.0027	0.003	0.12867
14	0.1523	0.1459	0.04202				

注：1. 相对误差 = $| K_c - P_r | / K_c$；

2. 每次使用蒙特卡洛法计算所得的结果，尽管跟踪分子总数一样，但是仍然会出现结果不同的情况，这是由于在计算过程中使用大量的随机数造成的，而且蒙特卡洛法本身就是一个随机过程，所以计算结果不相同，但是波动很小，影响不大；

3. 表中的蒙特卡洛法求传输几率时，所跟踪的分子总数均为100000。

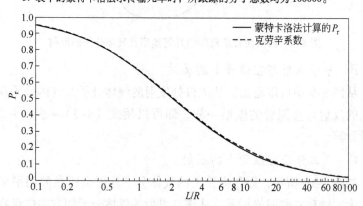

图 8-8　蒙特卡洛法计算的传输几率 P_r 和克劳辛系数 K_c 的对比

从表 8-1 和图 8-8 可以明显地看出，用蒙特卡洛法求出的传输几率 P_r 与克劳辛系数 K_o 有很大的一致性，在长径比为 3~30 这一区间内时，出现了细微的差异，相对误差最大出现在长径比为 14 时，但是仅为 0.04202，即 4.202%，误差也是很小的。总体来说，用蒙特卡洛法求解圆直管中气体为分子流状态下的传输几率，精确度基本上能满足要求。

8.3.2.4 圆截面直角弯管的传输几率模拟计算

A 建立模型

圆截面直角弯管的几何模型如图 8-9 所示，设管道的半径 $R = 1$，横轴轴线有效作用长度为 L_1，纵轴轴线有效作用长度为 L_2。

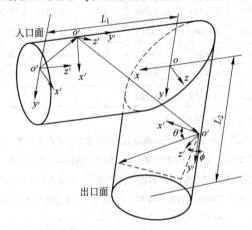

图 8-9 圆截面直角弯管的几何模型及气体分子的反射

B 分子入射与在横管上的反射

从图 8-9 中可以看出，从入口处发射的气体分子及气体分子在横管上的反射与直圆管的模型一样，即可以用式（8-3）~式（8-16）进行计算。

C 气体分子在纵管上的反射

如图 8-10 所示，以在纵管上的气体分子反射点所在的切平面的法线为 x' 轴建立临时坐标系。从该点发射的气体分子的方向向量在 $x'y'z'$ 坐标系中表示为：

$$\left.\begin{array}{l} \mu_1' = \cos\theta \\ \mu_2' = \sin\theta\cos\phi \\ \mu_3' = \sin\theta\sin\phi \end{array}\right\} \tag{8-17}$$

式中的 $\sin\phi$、$\cos\phi$、$\sin\theta$、$\cos\theta$ 由式（8-6）和式（8-7）用四个新的 （0，1）区间均匀分布的随机数确定，其中的四个新的随机数仍然需要满足相应的要求。

设坐标系 $x'y'z'$ 中的 z' 轴与坐标系 xyz 中的 z 轴成 δ 度角（由 z 轴转向 z' 轴），如图 8-11 所示。

从图 8-11 可知，在纵管上反射气体分子的方向向量投影到坐标系 xyz 中表示为：

$$\left.\begin{array}{l} \alpha = \mu_1'\cos\delta + \mu_3'\sin\delta \\ \beta = \mu_2' \\ \gamma = -\mu_1'\sin\delta + \mu_3'\cos\delta \end{array}\right\} \tag{8-18}$$

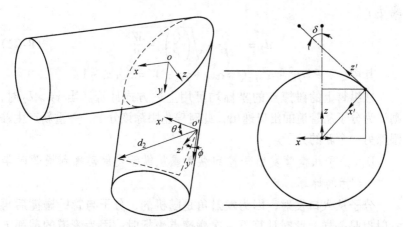

图 8-10　气体分子在圆截面直角
弯管纵管上的反射模型

图 8-11　发射的几何模型
在 yoz 面的投影

由图 8-11 中的几何关系可得：$\sin\delta = z_1/R$，$\cos\delta = -x_1/R$，因为在本例中圆直管的半径 $R = 1$，故可得：$\sin\delta = z_1$，$\cos\delta = -x_1$ 代入式（8-18）可得反射气体分子的方向向量投影到坐标系 xyz 中的表达式：

$$\left.\begin{array}{l} \alpha = -\mu_1' x_1 + \mu_3' z_1 \\ \beta = -\mu_2 \\ \gamma = -\mu_1' z_1 - \mu_3' x_1 \end{array}\right\} \tag{8-19}$$

则下一次碰撞点的坐标为：

$$\left.\begin{array}{l} x_2 = x_1 + \alpha d_2 \\ y_2 = y_1 + \beta d_2 \\ z_2 = z_1 + \gamma d_2 \end{array}\right\} \tag{8-20}$$

式中，d_2 为分子在纵管上的前一次碰撞点沿着发射方向反射到纵管管壁的另一碰撞点的飞行距离；x_1、y_1、z_1 为在纵管上的前一次碰撞点坐标；α、β、γ 为由式（8-18）确定的反射方向向量。

管道的截面方程为：

$$x_2^2 + z_2^2 = 1 \tag{8-21}$$

将式（8-20）代入式（8-21），求解可得分子第二次飞行距离 d_2：

$$d_2 = -\frac{Q}{P} + \sqrt{\left(\frac{Q}{P}\right)^2 - \frac{W}{P}} \tag{8-22}$$

其中　　$P = \beta^2 + \alpha^2$；$Q = \alpha x_1 + \gamma z_1$；$W = x_1^2 + z_1^2 - 1$

在纵管上的碰撞点的坐标均可用上述方式计算。当 $x_2 > L_2$ 时，则认为分子从管道的出口逸出，此时停止跟踪该分子，并重新产生并跟踪另一个新的分子。

D　分子从横管发射碰撞到纵管或从纵管发射碰撞到横管时坐标的计算

分子从入口发射，因为发射角是随机的，分子与管壁碰撞后再发射也是一样，此时计算下一次碰撞点坐标时，因为管道的截面方程不一样，所以需要判断下一次碰撞点是在横管还是在纵管，从而确定是用式（8-14）计算，还是用式（8-20）计算下一次碰撞点的坐标。

假设分子先与横管碰撞后再进入纵管，如图 8-10 所示的模型，若是仍然按照式（8-14）计算下一次碰撞点的坐标，显然需要满足 $y_2^2 + z_2^2 = 1$，但是碰撞点是在纵管上，则也需要满足 $x_2^2 + z_2^2 = 1$，此时

仅有在 $x_2 = y_2$ 时存在这一情况，显然与实际情况不符。

鉴于此种情况，对模型进行分析，由图 8-10 可以看出，当 $x_2 >$ y_2 时，碰撞点必然在横管上；$x_2 < y_2$ 时，碰撞点必然在纵管上，因为碰撞点要么是在横管上，要么就是在纵管上，因此可以以此为判据对碰撞点进行判断：先假设碰撞点在横管上，用式（8-14）计算出碰撞点坐标，判断 $x_2 > y_2$ 是否成立，若是成立，则碰撞点在横管上，若是不成立，则改由式（8-20）重新计算碰撞点，此时必然满足 x_2 $< y_2$。从纵管发射的分子的下一次碰撞点是在横管上还是在纵管上亦是如此判断。

E 编程计算

根据上述的步骤，采用编程语言或计算软件进行编程，其编程流程如图 8-12 所示。

F 计算结果

用 Matlab 进行编程，以横管轴线长度 $L_1 = [2:0.5:20]$、纵管轴线长度 $L_2 = [2:0.5:20]$ 为一系列长径比进行计算，计算所得的部分传输几率结果如表 8-2 所示，结果三维图如图 8-13 所示。

由表 8-2 和图 8-13 可看出，圆截面直角弯管的传输几率具有较好的对称性，即当横管长度（L_1）与竖管长度（L_2）互换所得传输几率基本一样。

8.3.3 蒙特卡洛模拟计算方法的基本步骤

根据上述例题，可以看出蒙特卡洛模拟计算方法的基本步骤如下。

A 概率模型的建立

（1）假设真空系统可以使用多边形平面进行模拟。

（2）xyz 为任意的参照笛卡儿坐标系。

（3）$x''y''z''$ 为分子落在该平面上的以落点为原点的坐标系，其中 z'' 垂直于平面。

（4）$x'y'z'$ 为原点与 xyz 坐标系的原点相同，而且与坐标系 $x''y''z''$ 平行的坐标系。

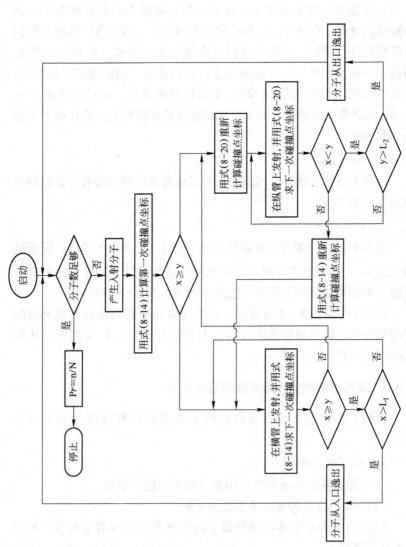

图 8-12 蒙特卡洛法计算圆截面直角弯管传输几率的编程流程

表8-2 圆截面直角弯管传输几率的蒙特卡洛法模拟结果

	$L_1=2$	$L_1=2.5$	$L_1=3$	$L_1=3.5$	$L_1=4$	$L_1=4.5$	$L_1=5$	$L_1=5.5$	$L_1=6$	$L_1=6.5$	$L_1=7$	$L_1=7.5$	$L_1=8$
$L_2=2.0$	0.34894	0.326	0.3023	0.28228	0.2657	0.25224	0.23988	0.22666	0.2196	0.20778	0.19978	0.19356	0.18658
$L_2=2.5$	0.3204	0.29794	0.28172	0.26196	0.25442	0.2365	0.22498	0.21604	0.21146	0.19868	0.19094	0.1851	0.1748
$L_2=3.0$	0.30098	0.28482	0.2643	0.25352	0.24006	0.22932	0.21854	0.20628	0.19512	0.19004	0.18546	0.17556	0.17022
$L_2=3.5$	0.2856	0.26794	0.24998	0.23234	0.2266	0.21578	0.20638	0.1953	0.19218	0.18316	0.17356	0.17014	0.16316
$L_2=4.0$	0.26538	0.2519	0.239	0.22626	0.2169	0.20538	0.19574	0.18598	0.18216	0.17364	0.16574	0.16156	0.15926
$L_2=4.5$	0.25454	0.23902	0.22438	0.21518	0.20736	0.19542	0.18822	0.18254	0.17418	0.16744	0.16182	0.15864	0.15446
$L_2=5.0$	0.23898	0.2241	0.2168	0.20542	0.19402	0.1886	0.18006	0.17532	0.17066	0.16378	0.15656	0.15164	0.1506
$L_2=5.5$	0.22902	0.21984	0.20608	0.19756	0.18748	0.17936	0.17182	0.16648	0.16108	0.15464	0.15222	0.14984	0.14502
$L_2=6.0$	0.22156	0.20726	0.19408	0.18952	0.18282	0.17462	0.16842	0.16358	0.15632	0.1542	0.14752	0.14336	0.13894
$L_2=6.5$	0.20964	0.2007	0.18676	0.18344	0.17664	0.1708	0.16398	0.15518	0.15066	0.15026	0.1401	0.13924	0.13722
$L_2=7.0$	0.19936	0.18766	0.18382	0.1766	0.16646	0.1656	0.15746	0.15354	0.15058	0.14444	0.13898	0.13506	0.13092
$L_2=7.5$	0.19158	0.1789	0.177	0.16918	0.16392	0.15654	0.15394	0.1472	0.14226	0.14176	0.13556	0.13438	0.12832
$L_2=8.0$	0.1853	0.17978	0.16786	0.16196	0.15664	0.15022	0.1484	0.14306	0.13924	0.13872	0.13306	0.12926	0.12304
$L_2=8.5$	0.17844	0.17286	0.16392	0.15754	0.15512	0.148	0.14404	0.13836	0.13642	0.13392	0.1266	0.12522	0.12094
$L_2=9.0$	0.17512	0.16488	0.16062	0.15618	0.1483	0.1456	0.141	0.13396	0.1314	0.13096	0.12774	0.12464	0.1189
$L_2=10$	0.1613	0.15412	0.14872	0.14502	0.13822	0.13638	0.12996	0.1312	0.12392	0.12354	0.11634	0.11666	0.11476
$L_2=11$	0.15118	0.14552	0.14238	0.1371	0.1303	0.1313	0.12882	0.12494	0.12144	0.11836	0.11584	0.1108	0.1078
$L_2=12$	0.14514	0.13644	0.13576	0.13114	0.12778	0.12206	0.1209	0.11662	0.116	0.11178	0.10766	0.1053	0.10458

续表 8-2

	$L_1=2$	$L_1=2.5$	$L_1=3$	$L_1=3.5$	$L_1=4$	$L_1=4.5$	$L_1=5$	$L_1=5.5$	$L_1=6$	$L_1=6.5$	$L_1=7$	$L_1=7.5$	$L_1=8$
$L_2=13$	0.1358	0.13098	0.128	0.12282	0.119	0.11658	0.1126	0.11148	0.11148	0.10864	0.10406	0.10552	0.10086
$L_2=14$	0.12726	0.12404	0.11736	0.1218	0.11528	0.11052	0.10878	0.10418	0.10246	0.1039	0.1024	0.09994	0.09482
$L_2=15$	0.12318	0.11922	0.11344	0.11234	0.1088	0.1087	0.10442	0.1038	0.10222	0.0975	0.09576	0.09454	0.0925
$L_2=16$	0.11644	0.11422	0.10946	0.10728	0.10616	0.10282	0.10108	0.0987	0.09642	0.09606	0.09496	0.0896	0.09018
$L_2=17$	0.11222	0.10872	0.10456	0.10546	0.10192	0.09872	0.09842	0.09672	0.08978	0.09122	0.08968	0.0897	0.08564
$L_2=18$	0.10726	0.1054	0.0991	0.1012	0.0989	0.09642	0.09642	0.09168	0.08982	0.08566	0.08616	0.08572	0.08702
$L_2=19$	0.10254	0.09784	0.09844	0.09752	0.09432	0.09158	0.09084	0.0864	0.0865	0.08556	0.08404	0.08438	0.08114
$L_2=20$	0.0972	0.09396	0.09472	0.09142	0.08936	0.08996	0.08862	0.08558	0.08536	0.08046	0.0817	0.08024	0.07866

	$L_1=8.5$	$L_1=9$	$L_1=10$	$L_1=11$	$L_1=12$	$L_1=13$	$L_1=14$	$L_1=15$	$L_1=16$	$L_1=17$	$L_1=18$	$L_1=19$	$L_1=20$
$L_2=2.0$	0.17682	0.17116	0.16018	0.15512	0.14164	0.13826	0.12996	0.12088	0.11526	0.11274	0.10464	0.1006	0.0985
$L_2=2.5$	0.17344	0.16732	0.15604	0.14578	0.13778	0.13166	0.12352	0.11948	0.11204	0.10844	0.10582	0.10082	0.09786
$L_2=3.0$	0.16404	0.15682	0.15108	0.14088	0.13514	0.12648	0.12178	0.11322	0.11212	0.10554	0.10188	0.09856	0.09642
$L_2=3.5$	0.15492	0.155	0.14374	0.13646	0.13032	0.12062	0.11722	0.11416	0.10718	0.10462	0.09808	0.09508	0.09376
$L_2=4.0$	0.15118	0.14798	0.14096	0.13166	0.12322	0.12016	0.11636	0.10954	0.10528	0.10182	0.09634	0.09518	0.09248
$L_2=4.5$	0.15086	0.1449	0.13428	0.13058	0.1235	0.11766	0.11198	0.10456	0.10438	0.09926	0.09704	0.09036	0.08824
$L_2=5.0$	0.1439	0.14068	0.13428	0.12566	0.12022	0.11374	0.1092	0.10558	0.10154	0.09576	0.09142	0.08984	0.08674
$L_2=5.5$	0.13954	0.13558	0.13064	0.12284	0.11574	0.11082	0.10616	0.10184	0.09896	0.0966	0.09074	0.08988	0.08472

续表 8-2

	$L_1=8.5$	$L_1=9$	$L_1=10$	$L_1=11$	$L_1=12$	$L_1=13$	$L_1=14$	$L_1=15$	$L_1=16$	$L_1=17$	$L_1=18$	$L_1=19$	$L_1=20$
$L_2=6.0$	0.13494	0.13312	0.12586	0.12102	0.11444	0.11036	0.10588	0.10034	0.0987	0.09098	0.0892	0.08912	0.08472
$L_2=6.5$	0.13104	0.13164	0.12398	0.11546	0.11056	0.10516	0.10244	0.09954	0.0958	0.08912	0.08858	0.0861	0.08212
$L_2=7.0$	0.12902	0.12478	0.11974	0.11396	0.1098	0.10346	0.10108	0.10018	0.09588	0.09176	0.08572	0.08616	0.08026
$L_2=7.5$	0.12364	0.12026	0.11846	0.11386	0.10688	0.10218	0.09686	0.09444	0.09408	0.09108	0.08498	0.08516	0.07932
$L_2=8.0$	0.1228	0.1185	0.11342	0.1095	0.10498	0.1001	0.09502	0.09358	0.0895	0.088	0.0843	0.08088	0.07784
$L_2=8.5$	0.12072	0.11636	0.10808	0.10662	0.1043	0.09868	0.09564	0.09332	0.08978	0.08582	0.08446	0.07914	0.07794
$L_2=9.0$	0.11446	0.1144	0.1078	0.10044	0.09948	0.09758	0.09318	0.0891	0.08702	0.08544	0.0849	0.07866	0.0771
$L_2=10$	0.1116	0.1077	0.10512	0.10016	0.0962	0.0939	0.09142	0.08654	0.0834	0.0798	0.0785	0.07762	0.07344
$L_2=11$	0.10634	0.10392	0.09908	0.09748	0.094	0.08826	0.08698	0.0837	0.08122	0.07892	0.07424	0.07374	0.07212
$L_2=12$	0.1016	0.1004	0.09578	0.09194	0.0892	0.08686	0.08474	0.08246	0.07856	0.07476	0.07412	0.07544	0.06822
$L_2=13$	0.09616	0.09846	0.09276	0.08936	0.08766	0.08428	0.07932	0.08092	0.07794	0.07402	0.07226	0.0691	0.06744
$L_2=14$	0.09364	0.09282	0.0906	0.0873	0.08274	0.08104	0.07888	0.07554	0.07334	0.07366	0.0698	0.06816	0.06586
$L_2=15$	0.09232	0.08924	0.08724	0.0843	0.08138	0.07852	0.07736	0.0734	0.07192	0.0717	0.06606	0.06874	0.06464
$L_2=16$	0.08816	0.08528	0.08592	0.08164	0.08014	0.07602	0.07426	0.07292	0.07068	0.069	0.06716	0.06504	0.06354
$L_2=17$	0.08562	0.08414	0.08378	0.07872	0.07952	0.07258	0.07034	0.07178	0.06738	0.06738	0.06494	0.06258	0.06192
$L_2=18$	0.07872	0.08308	0.07836	0.07592	0.07226	0.07074	0.06884	0.06764	0.066	0.0631	0.0623	0.06132	0.06064
$L_2=19$	0.08032	0.07814	0.0779	0.07324	0.07094	0.07088	0.0684	0.0663	0.06348	0.06178	0.06134	0.06024	0.0597
$L_2=20$	0.07554	0.07576	0.07548	0.07194	0.07072	0.06922	0.06784	0.0654	0.06404	0.0619	0.06154	0.05972	0.05772

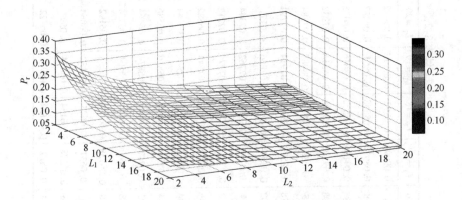

图 8-13　圆截面直角弯管传输几率的蒙特卡洛法模拟结果三维图

（5）α 为绕着 y 轴把 x 轴转到 x' 的角度，β 为绕着 $x(x')$ 轴把 y 轴转到 y' 的角度。如图 8-14 所示，根据坐标转换，有下式：

$$\begin{pmatrix} x'' \\ y'' \\ z'' \end{pmatrix} = \begin{pmatrix} 1 & 0 & 0 \\ 0 & \cos\alpha & \sin\alpha \\ 0 & -\sin\alpha & \cos\alpha \end{pmatrix}\begin{pmatrix} x' \\ y' \\ z' \end{pmatrix}$$

$$\begin{pmatrix} x \\ y \\ z \end{pmatrix} = \begin{pmatrix} \cos\beta & 0 & \sin\beta \\ 0 & 1 & 0 \\ -\sin\beta & 0 & \cos\beta \end{pmatrix}\begin{pmatrix} x'' \\ y'' \\ z'' \end{pmatrix}$$

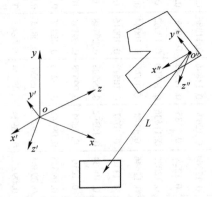

图 8-14　坐标转换

假设分子从面 s 飞向下一碰撞面 t 的飞行距离为 L，则整理可得：

$$x'' = L\sin\theta\cos\phi$$
$$y'' = L\sin\theta\sin\phi$$
$$z'' = L\cos\theta$$

联系上两式，可得：

$$x_t = x_s + L_t(\sin\theta\cos\phi\cos\beta - \sin\theta\sin\phi\sin\alpha\sin\beta - \cos\theta\cos\alpha\sin\beta)$$

$$y_t = y_s + L_t(\sin\theta\sin\phi\cos\alpha - \cos\theta\sin\alpha)$$

$$z_t = z_s + L_t(\sin\theta\cos\phi\sin\beta + \sin\theta\sin\phi\sin\alpha\cos\beta + \cos\theta\cos\alpha\cos\beta)$$

B 统计计算

这一步，主要是根据分子的飞行坐标判断分子是否飞出真空系统，在这一过程中可以根据需要统计计算所要的数据，比如：可以对真空系统的模型划分网格，而后可以在各个模拟统计过程中计算每一单元碰撞的分子数，从而可以计算出平衡时真空系统的压力分布。其计算如下：

假设碰撞单元面积为 A_i（cm^2）上的分子数为 n_i，Q 为放气率（$10^2\mathrm{Pa \cdot L/s}$），从而 Q/kT 为单位时间的分子数。如果 N 为总的分子数，则单位面积上的碰撞次数为：

$$Z_i = n_i/A_iN$$

估计碰撞率为：

$$Z_i = \frac{n_iQ}{A_iNkT}$$

在平衡时，压力与碰撞率的关系为：

$$P_i = \frac{4kTZ_i}{\nu_a} = \frac{4Qn_i}{\nu_aA_iN}$$

$$P_{avg} = \frac{4Q}{\nu_aA_iN}\sum n_i$$

式中，ν_a 为气体分子的平均速率。

C 编程计算

选择常用编程语言或计算软件根据所建立的概率模型进行编程计算，并对计算结果进行分析。

9 真空系统常用材料

9.1 真空系统常用材料的分类

真空系统所用材料大致可分为两类：

（1）结构材料：是构成真空系统主体的材料，它将真空系统与大气隔开，承受着大气压力。这类材料主要是各种金属和非金属材料，包括可拆卸连接处的密封垫圈材料。

（2）辅助材料：真空系统中某些零件连接处或系统漏气处的辅助密封用的真空封脂、真空封蜡、装配时用的黏结剂、焊剂、真空泵及真空应用设备中所用的真空油、吸气剂、制冷剂、工作气体及加热元件材料等。

真空系统中的常用材料见表9-1。

表9-1　真空系统中的常用材料

零部件名称	低真空及高真空系统	超高真空系统
壳体、管路、阀、内部零件	普通碳素钢、不锈钢	不锈钢、钛、高纯铝
密封垫圈	丁基橡胶、氟塑料	氟橡胶、氟塑料、铜、金、银、铟
导电体	铜、不锈钢、铝	铜、不锈钢
绝缘体	酚醛、氟塑料、玻璃、金属封接	玻璃、致密高铝瓷等
视窗	玻璃	硼硅玻璃、透明石英玻璃
润滑剂	低蒸气压的油及脂	二硫化钼、镀银或金
加热元件	镍铬铁合金、钨、钼、钽、炭布	钨、钼、钽、钨-铼合金、石墨碳纤维

9.2 材料的真空性能

9.2.1 真空系统的动态平衡方程

在真空系统中，不仅对材料的、化学和力学性能有要求，而且对这些材料的真空性能也有特殊要求。对一个最简单的动态真空系统，该真空系统的动态平衡方程为：

$$V\mathrm{d}p/\mathrm{d}t = -pS_e + Q \tag{9-1}$$

式中，V 为被抽真空容器的容积；p 为气体压力；S_e 为对真空容器的有效抽速；Q 为气源的出气量。

当 $\mathrm{d}p/\mathrm{d}t = 0$，即真空系统处于抽气与气源达到动平衡状态时，式 (9-1) 变为：

$$p_0 = Q/S_e \tag{9-2}$$

而一个封闭后的静态真空系统，在某时刻其内部的压力为：

$$p_2 = p_1 + \frac{Qt}{V} \tag{9-3}$$

式中，p_1 为系统封闭时的真空度，Pa；t 为封闭后经过的时间，s；V 为被封闭真空系统的容积，L。

对于某些电真空器件来说（例如电子管类的封闭器件），封闭后虽为静态，但是管内置有吸气剂，因此是一个准静态真空系统。吸气剂相当于真空泵，但是吸气容量将会逐渐饱和，此时封闭器件内的真空度为：

$$p_j = p_1 + \frac{Q}{S_0} - \frac{V}{S_0}\frac{\mathrm{d}p}{\mathrm{d}t} \tag{9-4}$$

式中，S_0 为吸气剂及电极材料的化学清除和电清除速率，L/s；$\mathrm{d}p/\mathrm{d}t$ 为压力变化率，Pa/s。

器件封闭时的压力为 p_1，如果不计封闭过程的出气，则 p_1 就是由 S_e 所维持的平衡压力。由式 (9-4) 可见，p_j 也是时间的函数。

一般来说，可用降低 Q 和增大 S_e 的方法来提高动态系统的真空度。准静态系统中的吸气剂在超过寿命时间之后，吸气容量趋于饱和，S_0 下降。在一定条件下（如升温、电子轰击），原来吸收的气体还会重新释放出来。

从式（9-2）~式（9-4）可见，影响系统真空度的因素主要有：（1）抽气方法。如选用的真空泵、吸气剂等；（2）系统内的各种气体源，如放气、渗透、蒸发、分解、漏气等。而对于抽气方法一定的动态、静态或准静态真空系统来说，该系统所能达到的极限压力 p_0（或保持的压力 p_2、p_j），主要取决于气源的出气量 Q。要提高静态和准静态系统（电真空器件多属于这种准静态）的真空度，必须降低出气量 Q。Q 一般由下面几部分组成：（1）漏孔的漏气量；（2）大气通过真空室器壁材料渗透入内的气体量；（3）真空容器内表面材料的蒸发、升华、分解等释放的气体量；（4）真空室内其他辅助材料的出气量；（5）抽气系统的返流，例如扩散泵（机械泵）的反扩散气体、返流油蒸气、溅射离子泵或低温吸附（冷凝）泵中气体的再释放等。

由上述可见，真空系统内的气源主要与材料的真空性能有关。

9.2.2 材料的渗透率

由于真空容器器壁两侧的气体存在压力差，所以任何种类的器壁材料总会渗透气体。气体从密度大的一侧向密度小的一侧渗入、扩散、通过和逸出固体阻挡层的过程称为渗透。该情况下的稳态流率称为渗透率，渗透率与气体和材料的种类有关。在真空工程领域中所用的金属、玻璃、橡胶及塑料等，都可以渗透气体。其渗透量随不同的气体和材料而异，而且差异较大。

对金属来说，有些金属（如不锈钢、铜、铝、钼等）的气体渗透系数很小，在大多数实际应用中可以忽略不计，但某些金属（如铁、镍等），氢气对它们就具有较高的渗透率。氢气对钢的渗透率随碳含量的增加而增加，所以选择低碳钢作真空室材料为好；另外，气体对有些金属的渗透具有选择性，如氢气就极容易渗透钯，氧气易透过银等。可以利用这个性质对气体进行提纯和真空检漏。

气体对玻璃、金属封接等的渗透，一般是以分子态的形式进行的。渗透过程和气体分子的直径及材料内部微孔大小有关。含纯二氧化硅的石英玻璃的微孔孔径约为 0.4nm，其他玻璃因碱金属离子（钾、钠、钡等）填充于微孔中，使其有效孔径变小，所以各种气体对石英玻璃的渗透性大，而对其他玻璃的渗透性就小。由于氦分子的直径在各种气体分子中最小，所以氦气对石英玻璃的渗透在气体-固体配偶中是最大的。

气体对有机材料（如橡胶、塑料）的渗透过程一般是以分子态进行的。由于有机材料的微孔比较大，因此气体对有机材料的渗透能力比玻璃、金属大得多。

（1）对于分子态渗透达到稳态时的气体渗透率：

$$q = Kp_1/\delta \tag{9-5}$$

式中，q 为单位时间通过单位面积的气体渗透率，$m^3/(m^2 \cdot s)$；K 为气体渗透系数，K 值与气体-固体配偶的性质有关，$m^3/(m^2 \cdot s \cdot Pa \cdot mm^{-1})$；$p_1$ 为大气压，Pa；δ 为材料的壁厚，cm 或 mm。

（2）对于原子态渗透达稳态时的气体渗透率：

$$q = K\sqrt{p_1}/\delta \tag{9-6}$$

只要知道渗透系数 K，就可以根据材料的壁厚 δ、壁的面积 A，求得气体渗透量（单位时间，通过 A 面积的气体渗透量）为

$$Q = FA \tag{9-7}$$

9.2.3 材料的放气性能

任何固体材料在制造过程中及大气环境下存放都能溶解、吸附一些气体。当材料置于真空中时，原有的动态平衡被破坏，材料就会因解溶、解吸而放气。常用的放气速率单位为 $Pa \cdot L/(s \cdot cm^2)$。

放气速率通常与材料中的气体含量和温度成正比，所以有时（如电真空器件）也用高温下材料的放气总量作为选材依据。放气总量的单位：考虑以体积含量为主时可用 $Pa \cdot L/g$；考虑以表面含量为主时则用 $Pa \cdot L/cm^2$。

9.2.3.1 常温放气

大多数有机材料放气的主要成分是水气，其特点是放气速率较高，随时间的衰减较慢，因此这类材料一般不宜用作真空容器的内部零件。金属、玻璃、金属封接的放气速率较低，随时间的衰减也较快。玻璃和金属封接的常温放气主要来自表层，主要放气成分为水

气，其次为 CO 和 CO_2。玻璃经烘烤加热后，表层的水分可以完全去除。金属的常温放气源主要来自表面氧化膜所吸收的水气，经烘烤加热后，其表面氧化膜中的水气可以基本除净，使其常温放气率显著降低。表面吸附气体除掉后的放气过程由体内扩散决定。一般地，体内放气的成分有 H_2、N_2、C_nH_m、CO、CO_2、O_2，以 H_2 居多。

9.2.3.2   高温放气

某些结构材料如电极、靶材、蒸发源、加热装置等器件，在真空系统的工艺过程中常处于高温状态。一般认为，材料的高温放气主要由体内扩散过程决定，表面脱附的气体量仅占放气总量的一小部分。玻璃、金属封接、云母的高温放气，除了扩散过程加快外，与常温放气没有本质差别。而金属的高温扩散出气则不同，由于在金属内部溶解的气体呈原子态，所以在真空中放出的分子态气体往往是经过表面反应形成的。一般地，金属放气的种类是 CO、H_2、CO_2、H_2O 和 N_2、O_2，以前四种居多，其中 H_2、N_2 先以原子态扩散逸出，再在表面结合成分子态。CO、CO_2 是由扩散到表面的 C 与表面的金属氧化物或气相中的 O_2、H_2O 反应生成的。也有一些金属（如 Ni、Fe）受氧在体内扩散的控制，因此，对金属进行脱碳处理可降低 CO、CO_2 的出气。H_2O 有的直接来自表面氧化层，有的则由体内扩散的氢与表面氧化物反应合成。

玻璃、金属的表面层也是高温放气的重要来源，为此采用各种表面处理工艺，如化学清洗、有机蒸气去脂、抛光、腐蚀、大气烘烤氧化等，能大大降低材料的放气。

另外，材料的放气速率不仅和所经历的放气时间有关，而且和材料的表面预处理方法、表面状况有很大关系。例如，对于清洁的表面来说，表面的光洁程度越高，吸附的水气就越少；例如，当用有机溶剂对表面清洗去脂时，表面的单分子层污染是无法除掉的，只能靠在真空下烘烤去除。例如，温度在200℃以上的真空环境下的烘烤可有效除掉水气，但要有效地除掉氢，则必须在400℃以上的温度下进行真空烘烤。

对真空系统设计来说，仅有材料放气速率的数据是不够的，因为有许多真空泵的抽气能力是可选择的，所以如果能进一步知道材料放气中的各种气体成分的比例，就能有针对性地选配合适的真空泵，得到更合理的设计。

9.2.3.3 材料的蒸气压与蒸发（升华）速率

在一定的温度下，在封闭的真空空间中，由于液体（或固体）气化的结果，使空间的蒸气密度逐渐增加，当达到一定的蒸气压力之后，单位时间内脱离液体（或固体）表面的分子数与从空间返回液体（或固体）表面的再凝结分子数相等，即蒸发（或升华）速率与凝结速率达到动态平衡，这时可认为气化停止，此时的蒸气压力称为该温度下，该液体（或固体）的饱和蒸气压。

蒸气压 p_v 和蒸发（升华）速率 W 之间有以下关系：

$$W = 0.058 p_v \sqrt{M/T} \tag{9-8}$$

式中，W 为蒸发（升华）速率，$g/(cm^2 \cdot s)$；p_v 为温度为 T 时的饱和蒸气压，Pa；M 为分子的摩尔质量，g/mol。

在真空技术中，材料的蒸气压力和蒸发（升华）速率都是需要重视的参数，如真空油脂、真空规管的热灯丝的饱和蒸气压能成为影响极限真空度的气源；真空镀膜用材和吸气剂的升华速率是设计真空镀膜设备及吸气剂泵时需要考虑的参量；低温液化气体的饱和蒸气压力则是与低温冷凝泵极限压力有关的参量。

显然，不能采用在真空系统的工作温度范围内蒸气压力很高的材料。在工作温度的范围内，所有接触真空环境的材料的饱和蒸气压力应该足够低，不应因为其本身的蒸气压或放气特性而使真空系统达不到所要求的工作真空度（或使真空度过度降低）。尽管室温下某些材料的蒸气压很低，甚至有时检测不出来，但随着温度的升高，蒸气压力最终可以上升到一定的值。例如，某些难熔金属在温度升高到1500℃以上才能测出其蒸气压力值，但是某些金属（如锌、镉、铅等）在300~500℃时的蒸气压力值就很高，超过了高真空系统所要求的压力。例如镉在300℃时的蒸气压力值为10Pa，所以这些金属（或其合金）不能在带烘烤的高真空系统或超高真空系统中使用。其他一些材料，如某些塑料或橡胶，由于不能加温烘烤及其蒸气压过高，则根本不能在超高真空环境下使用。

9.2.4 真空材料的其他性能

(1) 机械强度。如上所述，系统的器壁必须承受大气的压力，因此它必须满足最低机械强度和刚度的要求，应考虑相应尺寸的结构所能承受的总压力。（当然，容器结构形状也有较大的影响。例如，圆柱形和球面形结构的强度就大于平面形结构的强度。）

(2) 热学性能。许多真空系统要承受温度的变化，如加热和冷却或二者兼备，因而必须对所用材料的热学性能十分熟悉。不仅要考虑材料的熔点，还要考虑材料强度随温度的变化。例如，铜的力学性能在低于熔点温度之前就开始下降，因而不宜用铜制作真空容器的承压器壁。另外，真空系统的材料除了受温度缓慢变化的影响外，还会受到温度突变的影响。因此，还要考虑材料的抗热冲击的特性。

(3) 电磁性能。许多真空系统中的部件必须能完成某项功能或工序所要求的电性能，同时这些性能又不能与真空系统的要求矛盾。例如，元件在真空室中工作，是靠辐射放热冷却的，因此元件的工作温度将会很高，使得元件的电性能可能受到影响，因此在选材及结构设计上要考虑工作部件的耐高温及冷却问题。

在许多真空系统中，往往要应用带电粒子束，但这些带电粒子束容易受到某些不必要磁场的干扰，因此在有电子束或离子束的系统中，必须认真考虑系统材料的磁性能。在某些情况下，即使很小的磁场也可能造成很严重的问题，因此必须考虑用非磁性材料。

(4) 其他性能。材料的光学性能（例如观察窗）、硬度、抗腐蚀性、热导率和热膨胀等性能在真空系统中也常常起着十分重要的作用。

9.3 真空材料的选材原则

9.3.1 真空容器壳体及内部零件材料的选材要求

(1) 有足够的机械强度和刚度以保证壳体能承受室温和烘烤温度下的大气压力，并且在加热烘烤（特别是对超高真空系统）时不发生变形。

（2）气密性好。要保持一个完好的真空环境，器壁材料不应存在多孔结构、裂纹或形成渗漏的其他缺陷。有较低的渗透率和出气速率。

（3）在工作温度和烘烤温度下的饱和蒸气压要足够低（对超高真空系统来说尤其重要）。

（4）化学稳定性好。不易氧化和腐蚀，不与真空系统中的工作介质及工艺过程中的放气发生化学反应。

（5）热稳定性好。在系统的工作温度（高温与低温）范围内，保持良好的真空性能和力学性能。

（6）在工作真空度及工作温度下，真空容器内部器件应保持良好的工作性能，以满足作业工艺的要求。

（7）有较好的延展性、机械加工性能和焊接性能，容易加工成复杂形状的壳体。

9.3.2 密封材料的选材要求

（1）有足够低的饱和蒸气压。一般低真空时，其室温下的饱和蒸气压力应小于 $1.3 \times 10^{-1} \sim 1.3 \times 10^{-2}$ Pa；高真空时，应小于 $1.3 \times 10^{-3} \sim 1.3 \times 10^{-5}$ Pa。

（2）化学及热稳定性好。在密封部位，不因合理的温升而发生软化、化学反应、挥发，或被大气冲破。

（3）有一定的力学性能。冷却后硬化的固态密封材料、可塑密封材料或干燥后硬化的封蜡等，要能够平滑地紧贴密封表面，无气泡、无皱纹；当温度变化时，不应变脆或裂开。液态或胶态密封材料应保持原有黏性。

（4）某些密封材料应能溶于某些溶剂中，以便更换时易于清洗。

对真空中应用的材料除上述要求外，在某些情况下还必须考虑其电学性能、绝缘性能、光学性能、磁性能和导热性能等。

当然，除了材料的以上性能外，还要考虑材料的成本、利用率及选购的可能性等。

9.4 金属材料

在真空系统设计与制造中常用的金属及其合金材料主要有：低碳

钢、不锈钢、铜、铝、镍、金、银、钨、钼、钽、铌、钛、铟、镓、可伐合金、镍铬（铁）合金、磁性合金、铜合金、铸铁、铸铜、铸铝等。

9.4.1 铸件

金属铸件由于表面粗糙，微孔较多，很少用于制造高真空系统零件。高级铸铁及有色金属铸件大多用于制造各种机械真空泵。要求铸件具有较高的致密性，通常采用的铸铁牌号有 HT200、HT250、HT300 及球墨铸铁，如 QT600-3、QT700-2、QT800-2 等；铸造铝合金牌号有 ZL109 （Al，Si，Cu，Mg，Ni）、ZL203 （Al，Cu）、ZL301 （Al，Mg） 等。

当真空设备和系统工作温度较高时，不应选用含有磷、锌、镉等元素的铜合金铸件。

9.4.2 纯铁

纯铁的熔点为 1535℃，密度为 $7.86g/cm^3$。虽然纯铁的熔点较高，并且具有许多良好的性质，但是由于铁的清洁处理和去气比较困难，因此在真空工程中的应用是有限的。在真空工程中，一般采用纯铁制造加热温度不高的零件和良导磁零件（如磁控溅射靶中的磁极靴）。

铁有四种形态 $\alpha\text{-}Fe$、$\beta\text{-}Fe$、$\gamma\text{-}Fe$、$\delta\text{-}Fe$。在这四种形态中，$\alpha\text{-}Fe$、$\beta\text{-}Fe$、$\gamma\text{-}Fe$ 具有立方晶格，$\delta\text{-}Fe$ 具有面心立方晶格。$\alpha\text{-}Fe$ 转变成 $\beta\text{-}Fe$ 的转变点为 768℃，而 $\beta\text{-}Fe$ 转变成 $\gamma\text{-}Fe$ 的转变点为 906℃。在这些转变点上，铁的晶格结构和某些性质相应发生变化。

纯铁在真空中的蒸发速度及线膨胀系数和镍接近，但是热导率比镍高。即使在室温下，铁仍是化学性质非常活泼的金属。铁在潮湿的空气中很容易生锈，对稀硫酸、盐酸和硝酸非常敏感。碱对铁的作用很弱，铁和汞不发生反应。

氢能在铁中形成固溶体。氢在铁中的溶解度随着温度的上升而增高，当铁由一种形态变为另一种形态时，其氢的溶解度可达到很高的数值。氧在较低的温度下就能溶解于铁内，铁与氧生成稳定的氧化物

FeO 和 Fe_2O_3。

9.4.3 碳素钢

碳素钢一般应用在低真空工作范围内。通常根据工艺要求，碳素钢制造的真空室内表面需要镀层涂覆或裸露抛光。除了镀层表面以外，碳素钢表面放气速率比不锈钢大得多，尤其是锈蚀表面的放气量更大。表面状态的好坏，是影响碳素钢真空性能的主要因素，所以，应尽量使碳素钢制造的真空设备的内表面光滑、无锈。一般情况下，真空设备的工作真空度越高，对其内表面的要求也越严格。实践表明，室温时由大气渗透到真空中去的气体是很少的，然而，随着温度的升高，这种渗透量急剧增加。在室温常压下氢气渗透低碳钢钢板的速率比低碳钢表面放气率小几个数量级。在室温下，氮渗透低碳钢的速率远低于氢，但是在高温下则相反，故在设计热态工作真空系统时必须注意。

在真空系统设计中，从材质的综合性能（真空、力学性能等）考虑，大多采用低碳钢（软钢）为宜，特别是真空容器的壳体、阀、管道及蒸气流泵的泵体或导流管等通常采用 10 号、15 号、20 号钢及普通碳素结构钢（例如 Q235A）。其特点是低碳钢的韧性良好，机械强度适中，具有极好的机械加工性能和焊接性能（这点尤其重要）。Q235A 属于低碳钢（碳含量不大于 0.22%），价格便宜，品种规格齐全，容易选购。其主要缺点是：不能用普通热处理的方法提高硬度及改善力学性能（可以用渗碳的方法提高表面硬度）；抗腐蚀性较差。45 号钢则主要用于制造轴类、杆件、螺纹类零件以及重负荷的传动机件等。另外，低碳钢（特别是 Q235A）具有良好的导磁性，在避免磁效应干扰的场合，如在离子泵、磁质谱计或含有磁分析器的任何系统结构中都不适用，但特别适用于需要良好导磁性的结构中，例如磁控溅射靶的磁极靴等。

9.4.4 不锈钢

不锈钢是含 Cr10% ~ 25% 的低碳钢，在真空系统中常用的不锈钢主要有奥氏体不锈钢和马氏体不锈钢。奥氏体不锈钢以 Cr 和 Ni 作为主要合金成分，马氏体不锈钢以 Cr 为主要合金成分。奥氏体不锈钢中应用最多的牌号有 0Cr18Ni9（304）、00Cr19Ni10（304L）、1Cr18Ni9、1Cr18Ni9Ti、00Cr17Ni14Mo2（316L）等，它们属于耐热、耐蚀、无磁不锈钢，大量应用于真空室壳体、管路、阀体等。常用的铁素体不锈钢主要有 0Cr13、1Cr13、2Cr13、3Cr13 等，主要用于具有较高韧性及受冲击负荷的零件，如耐蚀真空泵叶片、轴类、喷嘴、阀座、阀片等。几种真空系统中常用的奥氏体不锈钢的主要力学性能如表 9-2 所示。

表 9-2　真空系统常用奥氏体不锈钢的成分与力学性能

牌　号		成分/%（最大）						抗拉强度 /MPa	伸长率 /%	收缩率 /%
中国	美国	C	Si	Mn	Ni	Cr	其他			
0Cr18Ni9	304L	0.06	0.8	2.0	11	19		480.2	50	60
1Cr18Ni9	304	0.08	0.2	2.0	11	19		509.6	50	60
1Cr18Ni9Ti	321	0.15	0.2	2.0	11	19	Ti 4 倍 C	509.6	45	60
—	347	0.15	0.2	2.0	11	19	Nb8 倍 C			
Cr18Ni12Mo2Ti	316	0.12	0.8	2.0	14	19	Ti 0.6	509.6	45	60

真空度在 1.3×10^{-4} Pa 以上的高真空和超高真空系统中，应该选用奥氏体无磁不锈钢（例如 1Cr18Ni9Ti，0Cr18Ni9（304）等）制造真空容器的壳体、管道或其他零部件。304 不锈钢与 1Cr18Ni9Ti 不锈钢的性质相近，其抗腐蚀性能非常好，蒸气压很低，热导率低，并且是非磁性的。奥氏体无磁不锈钢具有优良的抗腐蚀性，放气率低、无磁性、焊接性好，其电导率及热导率较低，能够在 $-270 \sim 900$℃ 范围内工作，并具有高的强度、塑性及韧性。这些性质使得奥氏体不锈钢成为目前金属超高真空系统中应用的主要结构材料，例如，用于制造超高真空室、工件架、支架、法兰、螺栓螺母及超高真空泵（离子泵、低温泵、吸附泵等）等。

常用的无磁奥氏体不锈钢可以采用电弧焊、钎焊和氩弧焊的方法进行焊接加工。其主要缺点是抗晶间腐蚀不稳定，尤其是在焊接时，温度在 $450 \sim 750$℃ 的地方，易在晶界上形成铬的碳化物而降低材料应有的气密性。试验证明，含铬 18% ~ 20%，含镍 10% 以下，含碳低于 0.2% 的不锈钢，经过 1050～1150℃ 的高温处理，可消除上述晶界不稳定的缺点。

当需要耐高温、抗腐蚀或需要热处理（淬火或调质等）时，如轴、阀盖、封口等，则以采用 2Cr13、3Cr13、4Cr13 等铁素体不锈钢为宜，但此类不锈钢的防锈性能不如奥氏体不锈钢好。

9.4.5 不锈复合钢板

不锈复合钢板是以碳钢为基体，以不锈钢为复层经热叠轧制而成的复合钢板，它既满足了真空性能的要求，又节省了大量的不锈钢板，是制造大型真空设备的一种较好的代用钢板。

真空设备常用的复合钢板为 1Cr18Ni9Ti 与 Q235A 和 0Cr18Ni9Ti 与 Q235A 的复合板。内径小于 600 mm 的真空装置最好不用复合钢板，因为单面焊接不易保证复层焊接质量，而且不易检查。在选择复层厚度时，除考虑材质的使用年限和加工要求外，还要考虑复合钢板在热轧制过程中，当复层厚度为 2～4mm 时，复层交界处约有 1/3 复层厚度的增碳层以及复层的负公差等因素。若仅根据焊接或机械加工的要求，则筒体复层最小厚度应不小于 1mm，封头复层厚度应不小于 1.5 mm。

9.4.6 有色金属材料

9.4.6.1 镍（Ni）

镍是真空技术中广泛应用的一种金属。在许多真空设备中，常可以见到用镍作为电真空器件中的阴极、栅极、阳极、吸气剂和热屏蔽罩材料以及其他机械构件中的基体材料。镍本身可用作基体材料；或其他材料的镀层；或许多镍合金中的一种组分。镍比其他普通有色金属的熔点高，蒸气压低，抗拉强度高，机械加工性好，容易成型、除气和点焊，而且价格相对便宜。

镍常与铬合金化形成镍铬合金，其熔点比较低，在真空中容易蒸发，沉积薄膜的附着力好，附着力较差的金属材料可用镍铬合金做衬底膜层来增强与基片的附着力。镍铬合金也可用作薄膜电阻材料。近期的研究表明，在金属材料中，镍的电阻温度系数大，约为铂电阻温度系数的 1.7 倍，作为温度传感器，镍有较高的灵敏度。镍的可焊性好，而且价格远比铂低，以上优点使镍逐渐成为优选的热敏薄膜材料。

镍具有铁磁性，它的磁化强度很大，但是它的居里点温度较低，仅为 350℃ 左右，可采用向镍中加钴的方法来提高镍的居里温度。由于镍导磁性好，故禁止使用在需要避免磁效应的场合。镍的电阻温度系数很高，它可以成为一种很好的中等温度的阻抗温度传感材料。

镍对各种腐蚀都具有相当好的抵抗能力。另外，镍沉积薄膜、镍电镀层或镍涂层可使其他材料表面具有所期望的抗腐蚀性，镍不仅对大气，而且对水、盐水、碱以及大多数的有机酸都具有抗腐蚀性，但镍在次氯酸、硝酸以及氯气（$T > 580℃$ 时）、溴气、SO_2 和 $N_2 + H_2 + NH_3$ 混合气体的潮湿气体中很容易被腐蚀。

氢对镍具有很高的渗透率和溶解度。氢可在镍中形成固溶体。H_2、O_2、CO、CO_2 都能在镍中扩散，但是惰性气体不能透过镍。当镍加热到 $400 \sim 500℃$ 时，大部分氢气可从镍中排出，而且镍的硬度变化不大。但是当镍加热到温度大于 600℃ 时，虽然可使大量溶解在镍中的 CO 放出，却会使镍变脆。

真空蒸发镍时，建议采用较粗的钨螺旋丝作为电阻加热源。在 1500℃ 以上，镍会与处在任何浓度下的钨形成部分液相，对钨丝迅速产生腐蚀。因此，为了限制蒸镀时镍对钨丝的腐蚀，镍的质量不应超过钨丝的 30%。蒸镀镍时，还可以采用氧化铍和氧化铝坩埚作蒸发源，也可以采用电子束轰击加热方法进行蒸发。

9.4.6.2　铜（Cu）

铜具有很高的塑性及良好的导电和导热性能，常用于导电材料。真空系统中常用的铜类材料有紫铜（纯铜）及铜合金。

紫铜是真空技术中应用较多的材料。由于普通的紫铜放气困难，普通铜中溶解的氧气在低于铜的软化点温度下不能释放出来，所以在高真空及超高真空中最常用的是无氧铜，如用作蒸气流泵的喷嘴、障板、冷阱、密封、电极等。无氧铜是紫铜的一种，其纯度高（w（Cu）$\geqslant 99.98\%$），含氧量极低，且不含氧化亚铜，在受热时不产生脆裂，故适合于在超高真空中应用。无氧铜具有良好的延展性和非多孔性，且电导率和热导率极高，故又称无氧高导铜。

由于无氧铜具有良好的真空气密性，对气体的溶解度低，在室温下不渗透氢和氮，而且对氧气和水蒸气的敏感性差，塑性又好，因此被广泛用作超高真空系统中可拆卸密封的金属密封垫片。通常，铜的使用温度不应过高，在200℃以上时铜的抗拉强度陡降，从而限制了铜在高温结构中的应用。当温度超过500℃时，铜的蒸气压比镍的蒸气压约高一个数量级。无氧铜会被氧腐蚀，并在200℃以上时产生锈斑，同时也会被含氧的酸腐蚀。另外，汞和汞蒸气对铜也有很强的腐蚀作用，因此铜一般不用在以水银作为工作介质的场合。

由于紫铜很软，所以不容易加工出高精度公差。一般铜很难用普通电弧焊或电阻焊接方法进行焊接，但可以进行锡焊和钎焊（例如用 Ag-Cu 共熔合金、Au-Cu 共熔合金、Au-Ni 共熔合金以及其他合金焊料）。

对铜进行蒸镀时，建议采用螺旋状钨丝或钨、钼、钽蒸发舟作为电阻加热蒸发源。电子束加热虽能使用，但是由于铜的导热性很好，因此很难维持蒸发温度的恒定。铜对金属封接和玻璃的附着力较差，因此需要在金属封接和玻璃基片上镀制铜膜时，最好先在基片上沉积一薄层铬或钛膜作为底膜。

9.4.6.3　铝（Al）

铝是一种质量小、延展性好的金属。由于铝易于压制成型，且其导电导热性能好（稍次于铜），又是非磁性材料，故常用作真空室内的轻型支架、放电电极、扩散泵的喷嘴、导流管、挡油障板、分子泵中的叶片及耐腐蚀镀层等。铝在空气中，甚至在潮湿的空气中几乎不受腐蚀，这是因为在其表面有一层薄的氧化铝保护膜。铝对 HCl 和 HNO_3 都有良好的抗腐蚀能力，但是铝溶于 HF、浓 H_2SO_4 和碱。CO_2 也能腐蚀铝。

由于纯铝本身很软，抗拉强度低，易于被压轧和弯曲，因而可用作密封垫片材料。铝是一种低熔点金属，它的机械强度在200℃左右时迅速下降，而且铝的蒸气压相对较高，因此只能用在300℃以下的烘烤真空系统中，但是铝在该温度范围内，对 H_2 的溶解度很低。铝难于进行普通的熔焊和钎焊，一般可采用真空钎焊、氩弧焊或气体保护焊。

在蒸发温度时，铝为一种高度流动的液体。它对于难熔材料极易相润湿，同时可扩散渗入到难熔材料的微孔中，并能与难熔金属形成低熔点合金。熔化的铝在真空中的化学活泼性仍然很强，在高温时与金属封接材料也能产生化学反应。目前蒸镀铝时多采用钨丝或钼丝电阻加热式蒸发源，蒸发大量的铝时可采用连续式送丝机构或感应加热式蒸发源。

9.4.6.4 钛 (Ti)

钛的强度高，质量轻，耐腐蚀，是真空系统中特别有用的金属。钛可以加工成型，而且没有磁性，因而是真空应用设备中理想的结构材料，适合用做镀膜设备中的磁控溅射靶材、溅射离子泵的阴极等。

钛对活性气体（如 O_2、N_2、CO、CO_2 以及 650℃ 以上的水蒸气）的吸附性很强，蒸发在器壁上的新鲜钛膜形成一个高吸附能力的表面，有着优异的吸气性能，几乎能和除惰性气体以外的所有气体发生化学反应。这一性质使得钛在超高真空抽气系统中作为吸气剂而得到广泛的应用，如用在钛升华泵、溅射离子泵中等。同铬膜一样，钛膜的附着力很好，对于金属封接和玻璃基片也具有非常好的附着力，所以钛可作为附着力较差的膜材的底膜材料。钛也可用作薄膜电阻或薄膜电容器的制作材料。蒸发钛可以采用钨螺旋丝篮式电阻加热源。此外，也可以用石墨蒸发舟或电子束轰击加热对钛进行蒸镀。

钛也像 Al、Zr 及不锈钢那样，在表面有氧化膜保护层，因而具有抗腐蚀性，但应避免在 H_2 气氛中加热，因为会迅速形成 TiH。钛可以用高速钢刀具进行机械加工；可以用多种焊接方法进行焊接，焊接一般应在保护性气体下进行，因为吸附的各种气体会使钛脆化、形成薄膜、翘曲和变形。

9.4.6.5 锆 (Zr)

纯锆是一种特别活泼的金属，可以用作吸气剂（如锆铝吸气泵），吸收氢气、氮气和氧气的能力较强，它特别对氢气及氢的同位素氘、氚等有较强的吸附能力。锆的氢化物 ZrH_2 也可用作吸气剂，它具有不易被氧化的优点，并且在真空中加热分解，留下清洁的活性锆表面。ZrH_2 还可以用在金属封接-金属封接中。

锆的中子截面很小，因而可用作中子窗。锆的二次电子发射产额低，可以将他镀在其他的基体材料上。因为锆的表面有一层氧化膜，故有良好的抗腐蚀性。锆对 HCl、HNO_3、稀 H_2SO_4、H_3PO_4 以及碱都具有稳定性，但能被热的浓 H_2SO_4 和王水腐蚀。

锆的机械加工性能类似于黄铜，可与 Mo 或 W 点焊，但不能用 Ag 钎焊。可以在锆中加入少量的钼以增加锆的强度，以免锆受热变软。

9.4.6.6 镉、锌（Cd、Zn）

锌的熔点为 420℃，1Pa 时的蒸发温度为 408℃。镉与锌常用作螺栓、螺母和其他零件的防锈镀层。但由于它们的蒸气压很高（如镉在 150℃ 时为 10^{-3}Pa；300℃ 时为 10Pa），因此有镉及锌镀层的零件应避免在高真空中使用，尤其应避免在烘烤系统中使用。

蒸发镀制的锌膜主要用于金属化电容器纸或类似的介质。锌可以在较低的真空度（如 10Pa）及在较低的蒸发温度从固态直接蒸发，因此，大多数普通材料（如果锌不熔化，也可用不锈钢）的舟式坩埚加热源都可以用来蒸镀锌。镉的蒸发工艺基本与锌相同。

9.4.6.7 铬（Cr）

铬在 1900℃ 时熔化，但在 1397℃ 时其蒸气压即可达到 1Pa，因此铬不用溶解即可蒸发。由于铬对各种材料的附着力很好，特别是铬对玻璃或金属封接等基片的附着力比其他金属镀膜材料都好（与钛相似），所以铬可以作为附着力较差的其他镀膜材料的附着剂。

镀制铬膜可采用真空蒸发和真空溅射方法。溅射所用的铬靶材料多采用粉末冶金方法制成，一般面积较小。如需要大面积的溅射靶材（如大型矩形平面磁控溅射靶），则需用多块较小面积的铬靶镶拼而成。蒸镀所用的铬材形状多为片状或颗粒状，故可采用加热舟或篮式加热丝进行蒸发。由于铬的蒸发温度较高，其所用的蒸发加热源材料多选用钨。也可将铬事先电镀在钨螺旋加热丝上，这一方法可提高加热接触面积，扩大蒸发面积，但应注意，钨丝在电镀之前应先进行彻底除气。

9.4.7 贵重金属材料

9.4.7.1 铂（Pt）

铂的熔点较高，但蒸气压很低，是延展性最好的金属之一，其加工容易。

铂在高温时不与氧反应，当 $T > 500℃$ 时，铂表面上所有的氧化物均会分解。在 700℃ 以上时，氢能渗入铂中，但其他常见气体则不能渗入。铂不受汞的腐蚀，但在高温下能与碱、卤素、硫、磷反应。除热王水之外，铂可耐一般的酸腐蚀。

铂的化合物可用在一些高温钎焊合金、高温热电偶、坩埚和灯丝中，尤其可用在有腐蚀性气体的地方。镀 Pt 的 Mo 栅极具有寿命长、二次电子发射率低的特性。铂的膨胀系数使之很适用于玻璃-金属密封或金属封接-金属密封中的封接材料。铂细丝还可以封接在玻璃中用作高电导率的电极引线。在铂中加入 Ir 或 Ni 可以提高铂的硬度。铂非常适于制作热敏电阻薄膜传感器的敏感材料，铂薄膜的热电阻测温范围大，性能稳定，线性度好。用纯铂制取的薄膜电阻的电阻温度系数 TCR 可以达到 $3.85 \times 10^{-3}℃^{-1}$ 以上。

9.4.7.2 金（Au）

金是一种延展性和可锻性都非常好的金属，而且还是极好的导电体。它对气体（尤其是氧气）的化学吸附性或溶解度很弱，但能与汞生成汞齐并溶解于汞。

金很容易焊接，并且很容易用银进行自身焊接。金可用作玻璃-金属封接的镀层和玻璃表面用于电接触的镀层，也可用作某些钎焊合金的成分，可以很容易地通过蒸发金的方法给玻璃镀膜或获得金薄膜。金有时也用作超高真空烘烤系统的密封垫片材料。

金对于玻璃和金属封接基片的附着力很差，在这两种材料上镀制金膜时，常采用铬或钛作底膜。蒸镀金可采用钨或钼的螺旋丝或篮式电阻加热器，金能润湿钨、钼和钽，但是对钽的腐蚀比前两者强。与铜一样，用电子束轰击法蒸镀时，其蒸发温度难以保持。可采用溅射方法镀制金膜。

金在常温下对空气很稳定，气体不溶于金中。金能溶于王水和氰化钾中。

9.4.7.3 银（Ag）

银与金一样，常用作可烘烤超高真空系统的阀座或阀口上的密封垫片或镀层。

与金不同的是，银对 O_2 的溶解度很高，因此应避免在含氧的气氛中对银加热或退火。另外，氧在加热的银中扩散快，因此同纯净的氢气通过钯的方式一样，利用这一性质可以用银作为氧的选择过滤器。银还可用作钎焊料和硬焊料以及铜电极、金属化玻璃和电触点的镀层。有时为了增加强度，也采用银合金，如触点银（Ag/Cu，91/9）或货币银（Ag/Cu，95/5）。

银在较低温度下就能在真空中蒸发。银的热导率和电导率非常高。银能溶于王水、氰化钾和硝酸中。

9.4.8 难熔金属材料

9.4.8.1 钨（W）

钨在常用的难熔材料中熔点最高，而相应的蒸气压最低。同所有难熔金属一样，钨是由粉末压实烧结、成型和退火制成的。钨是一种很硬、很稳定的元素，但比较脆。钨没有磁性，化学性质很稳定。大多数的酸和碱对钨只有轻微的作用，而氢气、水或稀酸对钨根本不产生作用。钨只能被热的王水和 1:1 的 HF 与 HNO_3 的混合液腐蚀。

钨在 900℃ 以下的空气中氧化甚微，但高温下，在含有氧气或其他氧化气体的大气中，钨会迅速氧化并形成 WO_3，因此钨在真空中的应用温度不大于 2300℃。钨在氢气中的使用温度可达 2500℃，但在惰性气体中的应用温度不大于 2600℃。当应用温度过高时，将使钨产生再结晶现象，从而形成大晶粒而脆化，使钨的机械强度变坏。

由于钨的硬度和熔点高，因而加工与成型较困难，但片状或丝状钨的焊接很容易。钨可用作 X 射线管的阴极、弹簧元件、高温热电偶、炉子的蒸发皿以及焊接电极，这些都利用了钨的强稳定性和高熔点的特点。钨在真空中还被大量用作蒸发加热器、灯照加热器和电子发射灯丝的材料。钨的电子发射率虽然相对较低（逸出功相对较高），但是其具有的使用简便（只需去气）、抗热冲击及离子轰击能力强、熔点高及蒸气压低等特点弥补了电子发射率低的缺点。

当钨用作热阴极灯丝时，可在钨中加入低蒸气压的氧化物（如 $0.7\% \sim 15\% ThO_2$）来延缓再结晶现象发生。敷钍钨的优点是在较低温度下电子发射率较高。实验结果表明，钼的电子发射比钨强，但其熔点低，蒸发严重，容易烧断，因此一般不用钼作为热阴极使用。钍钨丝和钽丝的电子发射能力比钨高得多，但是，钽在高温下强度不够，易变形，不能单独使用，因此，应用敷钍的钨阴极较好。但是敷钍钨的加热温度不能过高，当温度高于2500℃时，敷钍钨即开始变软变形。

9.4.8.2 钼（Mo）

钼是一种硬度高、无磁性、化学性质稳定的难熔金属，它只在高温时表现出氧化性。钼在真空中的使用温度不大于1600℃，在氢气中可达2000℃，但在空气中，当 $T > 600$℃ 时将很快形成 Mo_2O_3 而升华。钼只受热的稀 HCl 溶液和 1:1 的 HF 与 HNO_3 混合液的腐蚀。在室温下，H_2 或干燥的 O_2 对钼没有影响。

钼尽管稍有脆性，但比钨易于加工，可用热处理的方法或加入 Nb（3% Nb）形成合金的方法来提高钼的抗拉强度。选用适当的焊料可以实现 Mo 与 Mo 或 Mo 与 W 之间的钎焊，在很清洁的条件下甚至可以实现点焊。钼没有磁性，在1670℃下才能彻底除气。它可以作成杆、圆筒、螺栓、螺母及加热线圈，还可以用于硬玻璃与金属的封接、真空电炉中的蒸发皿以及各种真空器件的电极。

9.4.8.3 钽（Ta）

钽是一种质量轻、强度高的难熔金属。它的熔点很高（2900℃），蒸气压很低，对所有的活泼气体（包括氢在内）都具有较明显的吸气性能，特别能够从残余气体中吸收氧。

钽的制造比较困难。由于钽对氧气和氮气敏感，在空气中加热到400℃时将生成 Ta_2O_5 而显著氧化，因此钽的加工和成型应和低碳钢一样在室温中完成。钽可以进行点焊和缝焊，但要在表面保护的条件下进行。同样道理，钽的钎焊和去气只能在真空中进行。

钽对王水（甚至是沸腾的王水）、铬酸、硝酸、硫酸和盐酸都具有非常好的抗腐蚀性，但是钽溶于 HF、氟化物溶液和草酸中。Ta 与 Nb、Ti、Zr 一样，与氢结合能生成氢化物，这种氢化物破坏了它的金属性质，即使在低温（100℃）下形成的氢化物也会使钽产生严重的脆性。将钽在真空中加热到 760℃ 以上时，钽中的氢气则可以放出。钽能够吸收真空系统中除惰性气体以外的大多数残余气体，特别是在高温（700~1200℃）下更是如此。因此，在工作之前，对吸气表面在高真空下进行除气处理是很重要的。

钽是一种很好的电子发射体（居于 Mo 与 W 之间），在 HCD 离子镀膜设备中常用钽制作空心热阴极枪来产生电子束。用机械方法或电方法增加表面粗糙度可大幅度提高钽的电子发射率。钽还可用作吸气剂、坩埚和高真空、高温条件下的蒸发器。与铬相似，钽对金属封接或玻璃基片的附着强度良好。

9.4.9 铁镍合金与可伐合金

9.4.9.1 铁镍合金

在真空器件制造中常用的铁镍合金有 H-36、H-24、H-45 和 H-50等，其镍含量分别为 36%、42%、45% 和 50%，它们的膨胀系数很小，导热性也很小，电阻率很高，因此可以用作金属与玻璃或金属封接真空封接的材料。铁镍合金的膨胀系数取决于镍的含量。

H-36 的膨胀系数特别低，约为 15×10^{-7}。因可伐合金和其他铁镍合金的热导率很小，因此可用来制作电真空器件中的各种热隔离罩，但是，它们的电阻率很高，在设计时必须综合考虑。

9.4.9.2 可伐合金

在铁镍合金中添加钴会更加降低它们的线膨胀系数，使它们更适于用作难熔硬玻璃的真空封接材料。

可伐（Kovar）合金是一种铁镍钴合金，其金相结构为奥氏体。它具有低的线膨胀系数，低的热导率和高的电阻。利用冲压和切削加工等方法可把可伐合金制成形状复杂的产品。可伐合金较易熔接和钎焊，但是可伐合金的机械加工比镍难，因为它的韧性很高。

可伐合金是在玻璃-金属密封封接中最常用的合金，它的膨胀系数与几种硬质玻璃、金属封接相匹配。可伐-玻璃密封可以烘烤到

460℃。典型可伐合金含有 53% ~ 54% Fe、28% ~ 29% Ni、17% ~ 18% Co、小于 0.5% Mn、0.2% Si 和总量小于 0.25% Al、Mg、Zr 和 Ti。可伐合金中的钴在合金加热时能形成易熔化的氧化物,有利于在金属上涂覆玻璃或金属封接。可伐合金可以用软焊料或硬焊料进行钎焊和熔焊,经过退火后亦可进行模压成型或切削加工。在真空技术中常用的焊接方法是在氢气炉中用铜钎焊。

可伐合金的抗腐蚀性能很好,氧化时能生成密实牢固的薄膜。可伐合金对于汞很稳定,但在稀硝酸和盐酸的混合液中被腐蚀。可伐合金虽然有很好的抗腐蚀性,但仍不如不锈钢,因此应放在干燥的地方储存。可伐合金与汞及汞蒸气都不发生反应。可伐合金在 453℃(其居里点)以下具有铁磁性,其磁化率是磁场的函数,当磁场增至 $7000Gs(1Gs = 10^{-4}T)$ 时,磁化率达到最大值 $3700Gs^{-1}$,然后又降下来。

可伐合金可制成 0.1 ~ 4mm 的带和条、直径为 6.0 ~ 32mm 的杆及直径为 0.2 ~ 3.0mm 的丝,它还可用来制造外径为 2.0 ~ 41mm,壁厚 0.3 ~ 2.0mm 的无缝管。

可伐合金主要用来制作与难熔硬玻璃熔接的零件,也可用在受水银作用的各种结构中。

9.4.9.3 镍铬合金与铁铬合金

镍铬合金和高铬钢均属于这类合金。常用的镍铬合金有两种: (1) 含 75% ~ 78% Ni 和 20% ~ 23% Cr; (2) 含 55.0% ~ 61.0% Ni 和 15% ~ 18% Cr,其余的是 Fe 和杂质。

在电真空器件的生产上,直径为 0.02 ~ 0.4 mm 的镍铬丝一般用作栅极和其他零件。这种丝具有很高的电阻(约为 110 ~ 115$\mu\Omega \cdot cm$)、强度及可塑性。已经退火的丝根据丝径的不同,其相对伸长率为 13% ~ 18%。根据合金成分的不同,镍铬丝的工作温度为 1000 ~ 1100℃。在空气中加热时,镍铬丝表面会形成一层密实牢固的氧化物薄膜,可防止其继续氧化。在十分清洁和干燥的氢气流中,氧化物薄膜很难还原。

铁铬合金又称为高铬钢,其主要由铁和 27% ~ 30% 的铬组成,可制成厚 0.25mm 和 0.64mm 的带。铁铬合金的线膨胀系数非常低,接近于某些电真空玻璃的膨胀系数，而且其导电性和导热性很小，强度和可塑性很好，能进行深长的延展。高铬钢还具有良好的抗腐蚀性能，加热时可在浓盐酸中被腐蚀。

铁铬合金可用来连接电真空器件的金属部分和压有电极引入线的玻璃。有时，也用高铬钢丝作电极引入线和玻璃与金属之间的封接材料。

9.4.9.4 铜合金

A 黄铜

铜和锌的合金（有时加入其他元素）称为黄铜。黄铜含66% ~ 95% Cu，其余为 Zn。真空或电真空设备和器件中主要采用 H68 和 H62 黄铜，它们分别含有68%和62%的铜，其余是锌及少量杂质。

由于黄铜的锌含量高，而锌的蒸气压高，在加热时会放气影响真空度和污染真空系统，因此其使用温度一般不超过150℃，所以黄铜不能用于烘烤的真空系统和超高真空系统中，也不能用这种合金制作电真空器件的管芯零件。由于黄铜的机械性质和加工工艺性较好，所以仅用在不需要除气的可拆卸的低真空系统中作结构件，和用来制造电真空器件的外部零件。

黄铜的塑性很好，在机械加工和压力加工下可制成形状复杂的零件。黄铜的电阻率非常高，但导热性比纯铜低。黄铜的化学稳定性比纯铜好，这对于外部零件是非常重要的性能。

黄铜可在10%的硫酸溶液以及硫硝混酸中被腐蚀。

B 青铜

青铜是铜和锡，或锡代用金属的合金。青铜含92% ~ 93.5% Cu，其余为 Sn。青铜的强度、塑性和化学稳定性都很好，但是由于熔点很低，在电真空器件中很少应用。

青铜和磷青铜（含有微量的 P）中的 Cu 和 Sn 蒸气压低、真空气密性好，某些情况下可以用于真空设备的铸造结构中，然而，对于含 Zn 的工业青铜，不能用于需要加热的真空设备和系统中。

铍青铜含有2%的 Be。铍能提高青铜的强度和弹性，因此多用不含有锡和锌的铍青铜或铝青铜制造真空设备中所用的弹性元件（如弹簧、弹簧触点等)、波纹管、电触点和涡轮等以及其他加热温度不高的零件。

9.4.10 钕铁硼永磁材料

9.4.10.1 钕铁硼合金的磁特性

钕铁硼(Nd-Fe-B)合金由多相组成,一般包含三相:铁磁相 $Nd_2Fe_{14}B$、富 Nd 相和富 B 相,后两相是非铁磁相,此外还有一定量的 α-Fe 相,其中以 $Nd_2Fe_{14}B$ 为主相,约占 80% ~ 85%。Nd-Fe-B 永磁材料具有高剩磁、高矫顽力、高磁能积,因而在真空工程中得到广泛应用。

研究表明,Nd-Fe-B 永磁材料与其他永磁材料相比具有高剩磁、高矫顽力、高能积等优异的磁性能。Nd-Fe-B 永磁材料的剩磁约是 FXD(铁氧体)永磁材料的 2 ~ 5 倍,内禀矫顽力相当于 FXD 的 5 ~ 10 倍。在 Nd-Fe-B 永磁材料中复合添加镝、钴、铌、镓、铝等元素,可显著提高 Nd-Fe-B 永磁材料的矫顽力及热稳定性,并可降低其热态减磁性。

Nd-Fe-B 永磁体主要分为烧结磁体和黏结磁体两种,与之相对应的磁粉需用不同的工艺进行制备。

Nd-Fe-B 烧结磁体因其优异的磁性能被广泛应用于各领域,其最大磁能积 $(BH)_{max}$ 一般为 278.6 ~ 318.4kJ/m³(日本 Nd-Fe-B 烧结磁体的 $(BH)_{max}$ 为 358.2kJ/m³ 左右)。实验室制备的 Nd-Fe-B 烧结磁体 $(BH)_{max}$ 可达到 398kJ/m³ 以上,其理论值则为 509.4kJ/m³。Nd-Fe-B 烧结磁体具有磁性能高及钕金属资源丰富且价格低的优点,但其温度特性差及耐腐蚀性差,因此,更高性能的 Nd-Fe-B 烧结磁体正在进一步研究开发中。

黏结 Nd-Fe-B 永磁体是将磁粉与树脂或高分子材料混炼或将磁粉包覆,然后用模压法、注塑法、挤压法或轧制法等将其制备成最终尺寸及形状,经固化后得到的黏结磁体。因为黏结磁体中要含有一定数量的黏结剂,这些黏结剂均为非磁性材料,并且黏结磁体的密度比烧结磁体的低,所以其磁性比烧结磁体低。但黏结磁体也有许多优点,如有优良的机械特性;不用机械加工而容易得到高精度最终尺寸的产品；可制备形状复杂、体积小及极薄的环状部件；磁体加工的成品率高，可达95%以上（烧结法仅为65%~70%），降低了生产成本，可连续大批量自动化生产等。因此，具有很大的发展潜力。

9.4.10.2 Nd-Fe-B 永磁体的温度系数和矫顽力

Nd-Fe-B 永磁体具有磁性高的优点，但也有致命的弱点，即居里温度低、可逆温度系数大、温度稳定性差等，其工作温度受居里温度（T_c）低和随着温度升高矫顽力迅速下降的限制，严重影响了其应用范围。为了克服以上弱点，可采取如下措施：一是通过添加金属元素 Co 及重稀土元素 Dy、Ho、Er 等，以提高 Nd-Fe-B 永磁体的居里温度，降低可逆温度系数。二是通过加入重稀土金属、难熔金属以及氧化物，以提高 Nd-Fe-B 永磁体的内禀矫顽力，从而减小其不可逆损失。

9.4.10.3 钕铁硼永磁体的热出气率

钕铁硼永磁体材料的热出气率是真空系统设计的重要参数和依据。目前国内外相关手册及书籍中尚无钕铁硼永磁体材料的具体热出气率数据。当前，测量材料热出气率的方法有许多种，中国科技大学国家同步辐射实验室采用小孔流导法（又称压差法）测量了钕铁硼永磁材料在不同情况下的热出气率，为内置磁铁的真空系统设计提供了真空物理依据。

一般情况下，大多数材料的热出气率是随时间呈指数下降的，因而不仅要测试材料的常规热出气率，一些特殊情况下材料的高温（热）出气特性也必须了解，如出现真空事故后，大气进入真空系统中或真空系统定期正常维护，系统暴露大气后钕铁硼材料热出气率的变化；系统长期暴露于干燥氮气中，钕铁硼材料热出气率变化情况等。

目前钕铁硼永磁体的出气率虽已达到超高真空系统特殊用材要求，但在实际应用中最好在其表面形成一阻挡层，诸如制备一层低渗透率的 TiC 和 TiN 溅射膜，以进一步降低其放气率，以及系统暴露大气后气体的再吸附。从所测得的数据中可以看出，钕铁硼永磁体材料的出气率有很好的"记忆"效应，可以通过对材料进行高温（高于磁体变性温度80℃）预烘烤除气处理后再充磁来降低钕铁硼材料的放气率。一般情况下，钕铁硼永磁体材料作成系统后放气率高的问题主要是由于磁体间相互吸合，磁体之间的间隙缓慢放气所造成，在真空系统设计中对此应高度重视。

9.5 玻璃与金属封接

真空系统中常用的非金属材料主要有密封材料和绝缘材料。

9.5.1 玻璃

玻璃是由多种无机氧化物熔炼而成的，其主要成分是二氧化硅（砂）。玻璃只有软化点，而无确切的熔点和凝固点，但其黏度或刚性随温度的升高而逐渐下降。玻璃很硬，刚性和脆性很大，且大多数是透明的，化学性质稳定。对大多数气体来说，玻璃的渗透率非常低。

玻璃因其具有良好的电绝缘性，因而可用于高电压的电引线。玻璃对多数辐照的透明性，使人们可以方便地观察真空系统中的实验。由于玻璃的透明性及绝缘性，很容易用高频火花检漏仪对玻璃系统进行检漏。用玻璃材料制作真空系统的主要缺点是：抗冲击强度低，抗拉强度低。因此，玻璃真空系统的体积一般都比较小。

玻璃主要用于制造玻璃真空系统（玻璃扩散泵、阀、管道等）、金属系统的观察窗、容器及规管外壳、高压电极绝缘体等。

9.5.1.1 玻璃的分类

玻璃大体上可分为两大类：一类是软玻璃，其线膨胀系数为 $70 \times 10^{-7} \text{℃}^{-1}$；另一类是硬玻璃，其线膨胀系数为 $(5 \sim 65) \times 10^{-7} \text{℃}^{-1}$ 之间。真空系统中所用玻璃分类如下：

（1）铅玻璃。含有 35% ~ 65% 的 SiO_2 和 Al_2O_3、氧化铅（约 15%）和碱性氧化物。铅玻璃极易加工，电阻率很高，可用于照明灯具（例如灯泡和灯管）等。重铅玻璃通常较软，一般用来屏蔽辐射。

（2）钠钙玻璃。含有 65% ~ 75% SiO_2 和 Al_2O_3、约 15% Na_2O、约 10% CaO（石灰）以及其他氧化物。钠钙玻璃极易加工，最常用作真空管外壳，但不能用于需要热阻抗高、化学性质稳定的场合。大多数的钠钙玻璃和铅玻璃同属于软玻璃。

（3）硼硅玻璃。含有 75% ~ 95% 的 SiO_2 和矾土，其余成分主要是氧化硼。硼硅玻璃的线膨胀系数低而电阻高，抗热冲击性好并且化学性质稳定，常用于真空系统和实验室中。

（4）石英玻璃。所含的 SiO_2 不小于 96%。石英玻璃的线膨胀系数非常低，因此能承受很大的热冲击。石英玻璃能在 900℃ 高温下持续使用，只有在 1200 ~ 1500℃ 时才变软。石英玻璃的硬度比硼硅玻璃高，加工更困难，因此石英玻璃一般用在高温或有热冲击的地方。

9.5.1.2 真空系统对玻璃物理性能的要求

在制造和使用玻璃真空系统及部件时，应注意以下物理性能。

A 黏度

由于玻璃没有固定的熔点，其黏度 η（或刚性）随温度的升高而逐渐下降。在使用和加工玻璃时应了解与几个温度范围对应的黏度值。通常用四种黏度来定义应变点、退火点、软化点和工作点。在应变点（$\eta \approx 10^{14.5} Pa \cdot s$）温度之前，玻璃均有脆性。该温度是玻璃能安全使用的极限温度。在此温度下，消除玻璃中的内应力需几个小时。在退火点（$\eta \approx 10^{13} Pa \cdot s$）温度下，内应力可在十几分钟内消除。

B 线膨胀系数与抗热冲击性能

线膨胀系数通常是用于将玻璃分成"软"、"硬"两大类的一个特征参数。不论是玻璃与玻璃或是玻璃与金属封接，线膨胀系数都是重要参数。

若将线膨胀系数 α 值不同的玻璃结合在一起，那么当温度低于 T_g 时，封接点在应力作用下便会开裂。如果软玻璃的 α 值相差不大于 10%，并且它们的过渡温度也接近，那么它们就能结合起来。但如果上述条件不满足，则应采用分级封接，使中间玻璃的封接点应力不超过最高允许值。在玻璃与金属的封接过程中，还必须多考虑几种因素，如密封的形式、所封接金属的塑性和退火工艺等。

在真空技术中，玻璃的线膨胀系数 α 还决定着玻璃的抗热冲击性能。在真空工程中，有时热冲击是很频繁的。因为玻璃的抗拉强度低，所以局部快速冷却造成的热冲击比局部快速加热造成的热冲击更严重。局部快速冷却造成的热冲击容量越大,温度梯度越高,越容易造成玻璃的断裂。抗热冲击性与线膨胀系数、热导率和几何形状等因素有关,所以较厚的玻璃或结构较复杂的玻璃受热冲击容易破碎。

C 热导率

玻璃的热导率比金属的小得多,大约比铁和镍的热导率低两个数量级。不同种类的玻璃的热导率值相差不大,其值在(0.67 ~ 1.256)W/(m·K)范围内变化,铅玻璃(软玻璃)为小值,硼硅玻璃(硬玻璃)为大值。纯 SiO_2 的热导率为 1.38W/(m·K)。如果玻璃与金属之间的密封热分布不均匀,那么热导率值小的玻璃便会破裂。

D 电阻率

玻璃自身的体电阻率值很高(可达 $10^{19}\Omega\cdot cm$),而其表面电阻率由于通常受表面上吸附的水或其他杂质的影响,其值要低几个数量级。

一般完全退火后玻璃的电阻率要高于有应变的玻璃的电阻率。当玻璃在真空中加热后,水分子从玻璃深层逸出,得到彻底除气,因此玻璃表面的绝缘性能大大提高。另外,用硅树脂或其他防水物质对玻璃表面进行处理后,可以大大减少湿度对玻璃表面电阻率的影响。

E 电击穿强度

电击穿强度是用产生电击穿所需的电场强度来度量的。在室温下玻璃的电击穿强度值一般比空气的电击穿强度值高得多。由于玻璃的导热性差,而其电阻率又取决于温度,所以真空中用厚壁玻璃往往会在温度的作用下导致电击穿。在镀膜设备中,可以用屏蔽罩来避免引起玻璃器壁荷电的电子轰击。

9.5.1.3 玻璃的渗透率与放气

A 玻璃的渗透率

在室温下,基本上可以忽略气体对玻璃的渗透。除了 H_2 和 He 之外,实际上玻璃对其余所有的气体都不渗透。这也是考虑选用玻璃作真空系统,尤其是形状复杂系统的器壁材料的因素之一。

气体分子的直径和玻璃的温度对渗透率的影响很大,He 分子直径最小，因而渗透率最大，而 Ar、N_2 和 O_2 的分子直径较大，对玻璃基本不渗透。实验证明，由于 He 分子极小，故在室温下 He 能渗入石英玻璃，其渗透率随温度升高按指数规律增大。而 Ar、N_2 和 O_2 的分子直径较大，对玻璃基本不渗透。

氢对玻璃的渗透率远小于氦，因而氦气是超高真空系统内主要的残留气体。玻璃的成分组成对氦的渗透影响非常大，对于不同种类的玻璃，氦的渗透系数会有很大差别。一般地，玻璃组分中 SiO_2 等含量越少（玻璃软），气体的渗透系数越小；玻璃组分中 SiO_2 等含量越多（玻璃越硬），渗透系数越大。氦对石英玻璃的渗透率最大，对硼硅硬玻璃的渗透较少，而对钠钙软玻璃的渗透最少，因而铝硅软玻璃最适于用来制作超高玻璃真空系统。只有用某些特殊玻璃（如铝硅酸盐玻璃），才能获得高于 10^{-10} Pa 的真空度。

B 玻璃的放气与除气

虽然玻璃本身固有的蒸气压极低（$10^{-13} \sim 10^{-23}$ Pa），但在制备玻璃过程中，气体被捕获在玻璃内部成为合成产物，这些气体主要是 H_2O、CO_2、CO、O_2。玻璃的放气气源除了溶解于玻璃内的气体外，还有吸附在玻璃表面上的气体。吸附气体的主要成分是水气。玻璃有一特殊的表面层，水气的扩散系数在表层比内部大得多。玻璃的常温放气主要来自表层，如用 HF 酸腐蚀掉该表层，放气量可大大减少。当玻璃表面生成水化物时，会破坏玻璃边界的密封性能，尤其是玻璃处于蒸气中时，其硅胶表面呈海绵状，大量的水蒸气吸附在其中。

溶解和吸附的气体是高真空玻璃系统的放气来源，未经烘烤的硼硅玻璃系统的放气流量可达 10^{-5} Pa · $m^3/(s \cdot m^2)$，经真空烘烤除气后可大大减小常温放气量。因而在高真空系统中使用的玻璃应在其最高工作温度下彻底除气。

玻璃在真空中进行加热除气过程分为两个阶段：先是表面吸附层迅速放气，随后是从体内扩散出来的持续放气。多数的吸附气体，特别是表面上的水导电层，通常可在 150～200℃ 时，从大部分玻璃上解吸。在 300℃ 左右时，大部分水从 Si-OH-OH-Si 结构中脱出，形成了 Si-O-Si + H_2O。为使真空环境中使用的玻璃彻底除气，通常要将元件加热到玻璃的应变点以下几十度。

一般认为，在经过了起始时间后，放气量按扩散过程反比于烘烤时间的平方根，其比例常数与温度呈指数关系，并与玻璃组成有关。一般玻璃真空系统在高温下经过 24h 烘烤后，表面吸附的气体层和表面层内溶解的气体都能基本除掉。通常烘烤温度不宜过高，当烘烤温度超过 450℃时，容易引起 SiO_2 的分解放气。

9.5.2 金属封接

金属封接被广泛地用在真空技术领域中，如用作电气绝缘体、小型支撑结构等，尤其是可用在很高的工作温度下。多数金属封接硬而脆、强度高、热稳定性好，能承受高温（软化温度约为 1900℃）和高场强。金属封接的组织结构稳定，不易氧化，对酸、碱、盐的腐蚀也有很好的抗力。另外，金属封接晶体中没有自由电子，一般具有很好的绝缘性，少数金属封接具有半导体性质。某些金属封接具有特殊的光学性能，可用作固体激光材料、光导纤维、光贮存材料等。

金属封接没有玻璃那种黏度随温度缓慢单调变化的性质，真空工程中常用金属封接的软化温度一般大于 1200℃。金属封接能与可伐合金封接成强度达到超高真空密封的真空零件。

9.5.2.1 真空中常用的金属封接

真空工程中所用的金属封接基本上有三类：硅酸盐金属封接，氧化物金属封接及特殊品种的氮化物、硼化物可加工金属封接等。

A 硅酸盐金属封接

硅酸盐金属封接可用在各种真空和绝缘场合中。各种硅酸盐金属封接的最高工作温度都在 1000℃左右，而且在直流电和交流电工作条件下都是良好的绝缘体。硅酸盐金属封接易于吸收和吸附水，使其湿度增大，但它的电阻率仍很高。当温度高于某一过渡温度（100～200℃之间）时，硅酸盐的电击穿强度随温度升高而迅速减弱。金属封接的热导率远远低于金属的热导率，但高于大多数玻璃的热导率，其典型的热导率一般在 $(12.56 \sim 33.49) \times 10^{-3} \mathrm{J/(℃ \cdot cm \cdot s)}$ 之间。金属封接的抗热冲击能力取决于金属封接的种类，金属封接的线膨胀系数越小，抗热冲击的能力越强。金属封接的线膨胀系数与软化点温度近似呈线性关系，而且是可逆的，这一点与玻璃不同。

真空技术中最常用的几种硅酸盐金属封接是：硬瓷、镁-铝硅酸盐金属封接、无碱铝金属封接（矾土-硅酸盐金属封接）和锆石金属封接。

（1）硬瓷是一种高密度金属封接，其成分中含有硅石、矾土和 Na_2O（或 K_2O）。硬瓷是由烧结黏土（高岭土）、石英砂和长石制成的。由于硬瓷中硅石含量很高，其性能与工程玻璃很相似。硬瓷在 800℃左右时开始软化，这时它的线膨胀系数在硬玻璃的范围内（约 40×10^{-7}℃$^{-1}$），因此，硬瓷具有良好的真空性能和很高的抗热冲击能力。硬瓷的熔体比较容易加工，因此能制成较大的结构件。

（2）镁-铝硅酸盐金属封接很适用于真空工程，并已得到了广泛的应用。镁-铝硅酸盐金属封接有好几种类型，例如含 SiO_2、MgO、Al_2O_3 等成分的金属封接。滑石金属封接由 70%~80% 的天然滑石、20%~30% 的黏土及少量的碱或碱土金属氧化物助熔剂混合烧制而成，金属封接的结晶相为 $MgSiO_3$。由于 $MgSiO_3$ 是高温稳定态，在 700℃以下会转变成密度大的同素异构体，使金属封接件质地疏松，在真空中会造成慢性放气。在滑石瓷中添加 MgO 使结晶相转变成稳定的原硅酸镁（$2MgO \cdot SiO_2$），这种瓷称为镁橄榄石金属封接。这两种金属封接可用作真空系统内部的绝缘零件。镁橄榄石金属封接的气密性好，能与金属 Ti 和 Ni 合金匹配封接，其允许的工作温度可达 900℃。

（3）在真空系统中用作电绝缘的主要材料是矾土-硅酸盐。它们的 MgO 含量低，几乎不含碱土，后者决定了矾土-硅酸盐在高温时仍具有较好的电绝缘性能和低的电介质损耗。矾土-硅酸盐的耐熔性和机械强度极高。当矾土的含量较高时，能提高金属封接的硬度，降低电介质损耗，提高真空气密性，但同时也提高了焙烧温度及相对的成本。

（4）锆石金属封接是在滑石的成分中加入 $ZrO_2 \cdot SiO_2$，使之很容易制造，尤其适用于金属封接金属密封。该种金属封接的线膨胀系数低，因此具有高的抗热冲击能力。由于锆石金属封接中玻璃成分较高，因而它具有较好的真空气密性。

硅酸盐金属封接由于体内存在玻璃相，会像玻璃一样解吸气体。解吸的气体成分主要是水气、二氧化碳和一氧化碳。金属封接零件在装配前可预先在真空中烘烤除气，烘烤温度一般为 800~1000℃（必须低于其软化温度）。装入真空系统内的金属封接零件的烘烤除气温度一般为 500℃。

B　氧化物金属封接

纯氧化物金属封接一般用在需要耐高温的场合。与硅酸盐金属封接相反，纯氧化物金属封接是结晶体，是由化学方法生产的高纯度材料合成制取的，因此性质与硅酸盐不同。氧化物金属封接中最常用的是氧化铝金属封接。其他氧化物金属封接，虽然在某些性能上优于氧化铝金属封接，但由于价格昂贵，只能用在特殊的场合中。

氧化铝也称为铝氧粉或蓝宝石，主要由 Al_2O_3 组成。它具有很高的电阻率和良好的热导率，在高温下化学性质也很稳定。氧化铝很硬（莫氏硬度为 9.0）。在室温下，氧化铝的强度不如一般金属，但在高温时其强度仍保持不变。氧化铝的蒸气压很低，在 1950℃ 时仍具有真空气密性。除了氟之外，氧化铝不被所有的气体还原和腐蚀。

氧化铝在真空工程中用途很广，主要用在绝缘、支撑、隔离以及金属封接-金属密封中。它能用在高温和腐蚀性很高的环境中（甚至 HF 中）。其主要缺点是太硬，只能用研磨方法或用金刚石刀具进行加工。在高真空和超高真空中用得较多的一种氧化铝金属封接为 95 金属封接（含 95% Al_2O_3），这种金属封接的线膨胀系数为 $(6.5 \sim 8.5) \times 10^{-6}℃^{-1}$，材质致密，放气率低。

纯 MgO 金属封接的工作温度比氧化铝金属封接还高，但是由于其蒸气压力较高（1000℃ 时，10^{-9} Pa），在真空中的应用受到限制。与氧化铝相比，纯 MgO 金属封接的硬度和强度低得多，抗热冲击能力差，其绝缘性能，尤其是对交流电的绝缘性能更差。但该种金属封接的价格比较便宜，主要用作炉衬。

氧化铍（BeO）也是一种实用的金属封接，它的很多性质优于氧化铝。它的工作温度高（2000℃）、蒸气压很低、线膨胀系数很小、硬度大、质量轻。氧化铍金属封接的抗热冲击能力和热导率也很高，但在 1000℃ 时，其电阻率降到 100Ω·cm，而氧化铝在该温度时的电阻率能保持 1Ω·cm。

氧化锆金属封接的收缩量大，线膨胀系数高，抗热冲击能力差，转变温度高（1100℃）。纯氧化锆金属封接只用在温度很高，以致不能使用氧化铝的场合中。纯氧化锆金属封接是所有金属封接中最耐熔的，而且它的蒸气压也极低，可用在温度极高和有氧化条件的场合中。这种金属封接的主要缺点是价格昂贵，而且如所有钍的化合物一样能放出放射性气体。

9.5.2.2 可机械加工的金属封接

A 麦考（Macor）

麦考是一种可进行机械加工的金属封接的名称。这种材料是金属封接技术的一大突破，它是由氟金云母相云母组成的，是在硼、矾土、硅酸盐的基体中，有控制地结晶形成的。该云母晶体是无序的块状结构，而不是片状结构。这是麦考不断裂的机理，从而使麦考能抗热冲击，并可用一般的金属切削刀具加工出严密的公差。麦考在机械加工后不需烘烤，仍具有普通金属封接所具有的硬度和强度。由于麦考易于加工，并可达到严密的公差，因此常用麦考制作形状复杂的、精确的固定零件。

除了可以机械加工外，麦考还具有致密性、不吸水、很高的电阻率（$10^{14}\Omega\cdot cm$）和电介质强度（在25℃时1.4MV/cm）等性能，并且损耗角小，对于直流电和交流电均有良好的绝缘性。麦考对He的渗透率低，不放气。麦考具有良好的抗热冲击能力，其最高工作温度是1000℃。它的线膨胀系数同软玻璃相近，用焊料玻璃、金属化或黏结的方法，可以很容易地将它与金属或玻璃封接在一起。麦考作为金属封接材料还具有许多其他的优异性质，在真空工程领域中得到广泛的应用。

B 拉瓦（Lavas）

拉瓦是美国Lavas公司生产的一种可进行机械加工的金属封接名称。该金属封接在未经焙烧的软状态下可像黄铜那样用普通方法进行加工。拉瓦经高温焙烧，除去了吸附的水分，变成了硬度极高的材料。焙烧过程伴随结晶体的变化，使拉瓦体积缩小或增大2%，其变化的程度与拉瓦的类型有关。为获得严密的公差，焙烧后的拉瓦零件必须精磨。

拉瓦分为两级：A级是含水的铝硅酸盐；1136级是含水的镁硅酸盐。A级在加热时（高于650℃）膨胀，当温度大于870℃时体积变化约2%。如果在真空中使用A级拉瓦，应在H_2气中焙烧。A级拉瓦在高频状态下的绝缘性能大大降低。

C 氮化硼 (BN)

氮化硼具有典型的晶体结构,但具有类似金属封接的性能。氮化硼也是一种可切削加工的金属封接,介电常数小,导热系数大,具有极高的电阻率和电介质强度。其电介质强度在高频时高于500kV/cm,而且在高温时数值不变。它的热导性和抗热冲击性也极好。这些性质使之很适于用作各种能导热的电绝缘元件。对氮化硼进行精加工能获得准确的公差和较高的表面光洁程度。

氮化硼具有极高的抗腐蚀能力,不被熔融的金属、盐、酸和碱所腐蚀,当温度达到700℃时,仍不被氧化。在真空中高达1650℃时,它的力学性能和化学性质仍很稳定。氮化硼易受水 (水解) 的影响,吸收了水分后,其电阻率降低。因此氮化硼在清洗或真空焙烧后,应放在干燥的地方保存。

9.6 塑料

9.6.1 聚四氟乙烯

聚四氟乙烯 (氟塑料) 是四氟乙烯的聚合物,为白色或灰白色的物质。它是在高压下由三氯甲烷与氢氟酸聚合制成四氟乙烯 (粉末),在370℃时,将得到的四氟乙烯粉末装模、烧结,产生的一种坚韧的、非热塑性和非多孔性的树脂。聚四氟乙烯虽然大多是结晶体,但却没有熔点。它的塑性随温度升高而增加,而力学性能则急剧变坏,而且在高于327℃时,转变为非流动无定形的胶状物。在高于400℃时,聚四氟乙烯分解,放出有毒的挥发性氟化物气体。它的低温性能很好,温度低于 -80℃时仍能保持韧性。

聚四氟乙烯具有优良的真空性能。它的渗透率很低;在室温下的蒸气压和放气率都很低,比橡胶和其他塑料好。其25℃时的蒸气压为 10^{-4} Pa,350℃时为 4×10^{-3} Pa。

聚四氟乙烯与其本身或与钢之间的摩擦系数很小,对钢的摩擦系数为0.02 ~0.1,可用作无油轴承材料,也可用于真空动密封,但必须保证有良好的导热性 (或用改性氟塑料),以避免因摩擦过热而损坏。

聚四氟乙烯的弹性和压缩性不如橡胶，而且在高负荷时趋于流动，甚至破裂。当加载高于 3MPa 时，产生残余变形；加载到 20 MPa 左右时，会被压碎。因此聚四氟乙烯一般只用作带槽法兰的垫片材料，而且负荷不超过 3.5MPa。

聚四氟乙烯具有良好的电绝缘性能，它的电阻率极高，电介质损耗很低。由于聚四氟乙烯不吸附和不吸收水蒸气（不吸水，也不被水浸润），因此即使在 100% 的相对湿度下，表面电阻率仍很高。这一特性及其抗飞弧性，使得聚四氟乙烯特别适用于各种需要绝缘的场合。

聚四氟乙烯的化学性质十分稳定，这一点优于任何其他的弹性塑料材料。它与所有已知的酸和碱（包括三大强酸和氢氟酸）都不发生反应。聚四氟乙烯不会受潮，也不溶解于任何已知的溶剂（但能溶解于熔融的碱金属）。常温下聚四氟乙烯不可燃、无毒，只有当加热温度高于 400℃ 时，能放出有毒气体。由于聚四氟乙烯的性质不活泼，因此只能采用特殊的方法对它进行黏结。在黏结时应注意黏结剂的最高工作温度。

聚四氟乙烯能用普通的刀具进行高速切削加工。在聚四氟乙烯烧结成型时加入不同的添料（如石墨、玻璃纤维、铜粉等），可得到改性聚四氟乙烯，主要是改善其力学性能和热学性能。

在真空工程中，聚四氟乙烯可用作密封垫片、永久或移动的引入装置的密封、绝缘元件和低摩擦的运动元件等。聚四氟乙烯的应用温度范围为 -80 ~ 200℃，其最高工作温度可达到 250℃。

9.6.2 聚乙烯和聚丙烯

聚乙烯和聚丙烯分别是乙烯和丙烯的热塑性高分子聚合物，它们的特点是：性能稳定，在室温下几乎不受化学腐蚀。只有在温度较高时，才会受到气体或酸的氧化，但是在紫外线的照射下会增加这种氧化效应。卤素或有机酸能够扩散透过这些热塑材料或者被它们吸收，而且一些碳氢化合物（如四氯化碳和三氯乙烯）能够引起它们鼓胀。所以，尽管聚乙烯和聚丙烯的蒸气压在 10^{-7} Pa 范围内，但是由于它们的强度和工作温度的限制，这些材料在真空技术中的应用受到很大的限制。

9.6.3 有机玻璃

有机玻璃的成分为丙烯酸。它是一种质量轻、透明、易于机械加工和模铸的热塑性塑料。有机玻璃吸水少、电介质强度高、绝缘、不发生化学反应，经适当烘烤之后，它的蒸气压可达到 5×10^{-5} Pa。

9.7 石墨及石墨（碳）纤维

9.7.1 石墨

真空工程中常用的是人工石墨。石墨的熔点高、蒸气压低、热导率高、导电性好、电子发射的逸出功高、热发射率大、化学性质稳定、刚度大、吸气性好和价格便宜，因而可用作真空炉的加热器、镀膜及熔炼用的坩埚（缺点是熔融物会产生碳污染）、金属镀膜中的热屏蔽罩，以及电弧焊（炉）中的电极。石墨还可以用于提高热发射率，同时抑制了二次电子的发射，如镍涂覆石墨。石墨的主要缺点是强度低、含气量大、除气困难、机械加工性差、焊接困难。

9.7.1.1 石墨的真空性能

石墨的蒸气压力、蒸发速度、透气率和放气量等真空性能是真空工程中选用石墨的重要依据。

石墨在 1130 ~ 1600℃ 时的饱和蒸气压力为 10^{-14} ~ 10^{-6} Pa，而采用油扩散泵的真空电阻炉在剩余气氛中的真空泵油蒸气压力最低为 10^{-4} ~ 10^{-6} Pa，因此，由于真空泵油蒸气所产生的碳对被处理材料的污染远远大于石墨蒸发产生的碳的污染。理论计算和实践证明，采用石墨构件（如发热元件、反射屏等）的真空电阻炉处理一般金属材料不会产生增碳现象。

石墨的蒸发速率是指单位时间，单位面积上石墨蒸发掉的质量。在石墨蒸气压力始终保持在饱和水平并且所有蒸发出的分子不断从所在容器中排出的条件下，石墨的蒸发速率 $W(\mathrm{g}/(\mathrm{cm}^2 \cdot \mathrm{s}))$ 可按下式计算：

$$W \approx (33.33 \sim 46.66) p_\mathrm{b}/\sqrt{T}$$

式中，p_b 为石墨的饱和蒸气压力，Pa；T 为温度，K。

通过测石墨在真空中（$10^{-1} \sim 10^{-2}$ Pa）以及在氩气气氛中（101325Pa）加热时的质量损耗速率试验可知，石墨在真空中的质量损耗速率大于在氩气中的质量损耗速率。

当采用石墨制作真空电阻炉发热元件时，蒸发速率是计算其寿命的重要数据之一。

石墨的透气率是指气体在压差为 0.1MPa（1 个大气压）的作用下，每秒透过厚 1cm 和表面为 1cm^2 的石墨后，以 cm^3 计算的气体量。ΓM3 石墨在真空中于 20 ~ 800℃ 下加热时，其透气率在 0.25 ~ 0.5cm^3/s 范围内。

当采用石墨制作真空电阻炉的反射屏（炉衬）时，为了确定通过反射屏抽出气体的速度，必须知道石墨的透气率。

石墨的放气量是指单位表面积石墨放出气体的数量，通常用 cm^3/cm^2 表示。石墨的放气量与石墨的种类、温度及石墨预处理的情况有关。石墨最大放气温度为 800 ~ 1300℃，加热至 2000 ~ 2200℃ 时，在真空中石墨停止放气，但是石墨同大气接触一段时间后，在真空中再度加热时，放气过程又会重复出现。

当采用石墨制作真空电阻炉内部的结构部件（如发热元件、反射屏、料盘、支架等）时，为了进行真空系统的设计和计算，必须知道石墨的放气量。

9.7.1.2 石墨的电性能

当采用石墨制作真空电阻炉的发热元件时，为了计算发热元件的几何尺寸和选择供电电压，必须知道石墨的有关电性能（如电阻率、最小放电电压、单位面积辐射功率等）。

A 石墨的电阻率

石墨的电阻率除了与石墨种类有关外，还与石墨的方向和温度有关，而且在 500 ~ 800 ℃ 时电阻率具有最小值，也就是说，石墨的电阻温度系数，在室温至 500 ~ 800℃ 时为负，高于 500 ~ 800℃ 时为正。

由于石墨的电阻率是随温度而变化，所以采用石墨作发热元件时，需用调压变压器供电。

B   石墨的最小放电电压

石墨在 20 ~ 2000℃，压力为 5 ~ 1 × 10⁻²Pa 真空中，最小放电电压如表9-3 所示。

表9-3   石墨的最小放电电压

温度/℃	20	1200	1400	1600	1800	2000
最小放电电压/ V	300	250	140	80	55	30

根据以上参数，当采用石墨制作真空电阻炉的发热元件时，供电电压应低于相应工作温度的最小放电电压。

C   石墨的单位面积辐射功率

在进行发热元件的计算时要用到单位面积辐射功率（也称表面负荷）这个参数。

根据国内外电炉生产企业的资料介绍，石墨的表面负荷在350℃时为 0.76W/cm²，1000℃ 时为 13.35W/cm²，1500℃ 时为 50.7W/cm²，2000℃ 为 137W/cm²。石墨布的表面负荷为4.2 ~ 5.5W/cm²。

正确地选择表面负荷对发热元件尺寸的计算和布置很重要，如选择得当，则即能节省发热元件材料，又能保证其使用寿命。

9.7.1.3   石墨的物理化学性能

A   石墨的线膨胀系数

石墨的线膨胀系数与石墨的种类、方向和温度有关，并且比钨、钼、钽等金属的线膨胀系数小得多，比一般金属材料的线膨胀系数也小。这一点固然对发热元件和热反射屏是有利的，可是当石墨制作的发热元件或反射屏与其他金属零件相互连接时，应考虑由于线膨胀系数差别较大造成的热应力。设计时应设法留有自由伸缩的余地。

B   石墨的导热系数

石墨的导热系数随温度升高而降低。石墨的这一特性是制作热反射屏所需要的，故近年来采用石墨作反射屏日益增多，特别是石墨毡和石墨布更有应用前途，因为它们不但导热系数小，而且热容量也很小。

C　石墨在真空中的氧化速率

石墨在真空中的氧化速率 $w(\mathrm{mol}/(\mathrm{cm}^2\cdot\mathrm{s}))$ 可用下式表示：

$$w\approx7.771\times10^4p\eta\sqrt{MT}$$

式中，p 为氧的分压力，Pa；T 为气体的绝对温度，K；M 为氧的相对分子质量；η 为反应的或然率。

9.7.1.4　真空电阻炉的石墨构件

真空系统中的加热元件和反射屏可以采用石墨制作。

A　石墨加热元件

石墨制作真空系统的加热元件具有以下优点：（1）石墨具有优良的性能，可满足真空电阻炉发热元件的各种要求。（2）加工方便，可以适应各种真空系统加热元件的要求。（3）结构简单，安装、拆卸方便。（4）价格便宜，成本低廉。

石墨发热元件可以根据需要制成棒状、管状、板状、布状。石墨棒发热元件可以应用在不同的任何真空系统中。为了防止由于热胀冷缩造成应力破坏，石墨发热元件一般制成如图9-1所示的结构。

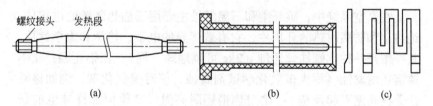

图9-1　石墨发热元件

（a）石墨棒发热元件；（b）石墨管发热元件；（c）石墨板发热元件

管状发热元件用于立式真空电阻炉中，它的特点是发热元件与被加热零件之间温差小。加热均匀，炉子热损耗小。在石墨发热元件的长度不足和由于强度条件厚度不能减小时，为了增大石墨发热元件的电阻，通常采用图9-1（b）所示在侧壁切出螺纹形沟槽或纵、横向沟槽的形式。

石墨布发热元件的结构如图9-2所示，石墨布7绕制在四个由石墨支承架2和氧化铝绝缘棒3构成的组件上，并用石墨螺钉6将每个组件固定在不锈钢架1上，电极引入是通过石墨夹板5连接的，根据需要可以连成三角形或星形。

B 石墨热反射屏

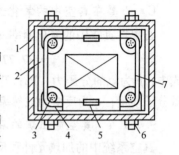

由于石墨和石墨布的高温强度和耐热冲击性能较好、辐射系数大、导热系数小等优点，制作真空电阻炉的热反射屏较为理想，尤其是石墨布和石墨毡的出现，使石墨热反射屏的应用日益广泛。

图9-2 石墨布发热元件
1—不锈钢架；2—石墨毡；
3—氧化铝棒；4—石墨支架；5—夹板；
6—石墨螺钉；7—石墨布发热元件

有些真空电阻炉的真空度很高，而且为了被处理材料不被碳蒸气污染，一般不采用石墨材料制作热反射屏；若是用石墨制作热反射屏，也要在石墨反射屏内外表面喷镀一层钨粉或其他氧化物粉。有的真空电阻炉是石墨反射屏和金属反射屏配合使用，高温部分用石墨，温度较低的部分用不锈钢。

9.7.2 碳纤维与石墨纤维

在真空系统中，碳纤维和石墨纤维主要用于加热装置的电热体、绝热层和防腐耐热的环境中，它有着优异的电学、热学和力学性质。其纤维是一种比蜘蛛丝还细（2kg可绕地球一周），比铝还轻；比不锈钢还耐腐蚀（耐大多数化学试剂腐蚀，仅对强氧化剂，例如铬酸盐等在高温下起反应）；比耐热钢还耐高温，又像铜那样导电的新材料。

在真空系统中常见多用的碳纤维织品主要有布、毡、带三种。碳纤维是指有机纤维在2000℃以下碳化而成的纤维。从结构上看，它还没有完全变成石墨，其碳含量为75% ~95%。若将有机碳纤维加热到2000 ~3000℃，并让其受张力作用，即可成为碳含量大于99%的石墨纤维，其结构与石墨相似，性能比碳纤维更佳。原料碳纤维的种类和处理温度确定了石墨化过程，处理气氛亦是重要的参考条件。

石墨纤维的工作温度为 -180 ~3500℃，即使从3000℃冷却到室温也不会炸裂，因而可在急冷、急热的环境中（如真空热处理炉）工作。石墨纤维织品的成型工艺性很好，根据需要可织成丝、绳、布、带、管、毡、板等，或制成复合材料。与钨、钼、碳棒相比，石墨纤维辐射率高，发射率为钨的 2 倍；辐射面积大，热惯性小，电导率高，密度小（质量轻），在高温下不变形，熔点极高，易成型。其另一特点是受热时，在轴向冷胀热缩，而且线膨胀系数很低，比普通钢小几十倍，实际上近乎为零。

石墨纤维制品（带、布）既可作发热体，也可作保温层或防腐蚀材料；而石墨毡大多数情况下作保温层。石墨带或布作加热装置的发热体时，对温度变化的反应极快，可以经受数千次冷热冲击，而不改变性质。这是由于石墨纤维受到温度变化时，在轴向不是冷缩热胀，而是冷胀热缩，故其膨胀系数是个负值，膨胀系数的绝对值比钢小几十倍，比玻璃小上百倍，实际上近乎为零。此外，随着温度的升高，石墨纤维导热性逐渐下降，在 2000℃ 以上高温，导热性比在室温时低 5~6 倍，只有金属的 1/100，耐火材料的 1/10。

此外，石墨纤维制品用作发热体时，有很好的吸附性能，由于其有着巨大的活性表面积，其吸附性能优于活性炭。当对气体吸附达到饱和时，还可在真空中进行加热活化处理，使其重新恢复活性表面。在实际应用的动态真空系统中，相当于在主泵抽速的基础上附加一个吸附速率，这有利于设备真空度的提高与维持。石墨纤维的这一性质，在真空应用设备中是其他任何金属或非金属发热体所不及的。

在真空设备中突然放气的情况时有发生，因此，石墨纤维的强抗氧化能力具有很大意义。实验表明，石墨带（布）即使在大气中加热到 700~800℃，仅有微量氧化。石墨纤维在氢或惰性气体中具有极好的耐热性，1000℃ 时几乎不发生反应，长时间在 2000℃ 以上也不发生变化，在高温下强度几乎无变化，这一特性是其他纤维制品所无法比拟的。此外，石墨纤维的电阻值非常稳定。

9.7.3 石墨纤维-树脂复合材料（碳纤维增强塑料）

石墨纤维-树脂基复合材料（碳纤维增强塑料），是以树脂为基体，用碳纤维增强的一种新型复合材料。作为基体材料的树脂，目前以环氧树脂、酚醛树脂和聚四氟乙烯树脂应用最广。作为增强材料，与玻璃纤维等增强材料相比，碳纤维具有高强度、高模量、断裂伸长小等特点，高强度碳纤维拉伸强度可达 3500MPa，而断裂伸长率为 1%，并在 2000℃以上高温，强度和弹性模量保持不变，这是难得的优良性质。

在真空技术中，碳纤维复合材料的应用日趋广泛。如在真空度为 $10^{-5} \sim 10^{-6}$Pa 下，石墨纤维和聚甲醛塑料复合材料制成的齿轮，比润滑的不锈钢或阳极化钴合金齿轮的寿命长 10 倍以上。另外，它可以省去供油润滑系统，本身可以无油润滑，既耐用、绝缘、饱和蒸气压很低，又减轻了齿轮的质量，这对高真空电炉、真空镀膜机、宇航工业等的机械传动系统，是颇为重要的特性。只要把石墨纤维和塑料的原料树脂预先混合好，即可用模压一次成型，而用金属制造一个齿轮在工艺上要经过近 20 道工序，且不具备上述优异的性质。在转轴既要传动动力，又处于高温真空的设备中，其轴瓦、导轨、导轮等，亦可用石墨纤维复合材料制成。

碳纤维增强塑料还具有很高的比强度和比模量、耐疲劳、吸振、抗蠕变、线胀系数小、热导率大和耐水性好等特点。碳纤维增强塑料在真空工程中可用于制作轴承、密封圈、垫、齿轮等零件，具有耐磨、耐腐蚀、耐热、无需润滑等特点。

9.7.4 石墨纤维增强金属基复合材料

石墨纤维-树脂复合材料存在一些不足，例如，高温性能差、耐磨性能差、尺寸不稳定，在工作运转中会逐渐老化、变质，而石墨纤维增强金属基复合材料可以克服这些缺点。

石墨纤维增强，金属基复合材料的基体有多种，一般采用纯金属及其合金。常用的纯金属有：铝、铜、银、铅等；合金有：铝合金、铜合金、镁合金、钛合金和镍合金等。石墨纤维增强金属基复合材料发展较快，其金属基体具有较好韧性，而石墨纤维则具有高强度、高弹性模量。两者所组成的复合材料，在纤维方向上具有较高的力学性能。

9.8 橡胶材料

真空工程中所用的橡胶主要是合成橡胶（包括丁基、氯丁、丁腈橡胶）以及硅酮橡胶、氟橡胶等。

9.8.1 真空合成橡胶

真空合成橡胶按其性能分为普通真空合成橡胶、耐油真空合成橡胶、耐热真空合成橡胶等几种。

9.8.1.1 普通真空橡胶

在低、高真空中广泛采用丁基、氯丁、丁腈等橡胶。丁腈、氯丁橡胶呈黑色，其许多性质与天然橡胶相似，但其他性质比天然橡胶好，而且对油、油脂、阳光、臭氧以及温度变化等都有很好的耐性。它的工作温度范围在 $-20 \sim 80℃$，在 $90 \sim 100℃$ 时出现永久变形，在低于 $-20℃$ 时弹性减弱。

氯丁橡胶在真空中易挥发，适用于低真空。丁基橡胶可用于 1.3×10^{-5} Pa 的真空中，当真空度高于 1.3×10^{-6} Pa 时，出现升华，其质量损失可达 30%。丁腈橡胶的耐油性及其他各项性能均较完善，但在真空中的放气量和透气性比丁基橡胶大，适用于 1.3×10^{-4} Pa 以下的真空密封。

通常真空橡胶在常温下的放气率不高，但随温度的升高，放气率急剧增加。此外，橡胶受压一定时间会产生残余变形，用收缩比 C_k 表示：

$$C_k = \frac{d_0 - d_1}{d_0 - d_s} \times 100\%$$

式中，d_0 为试样原高度；d_s 为试样压缩后的高度；d_1 为压缩后在相同温度下保持一定时间，然后经 30min 卸载并冷却到 25℃ 时的试样高度。

9.8.1.2 真空氟橡胶

氟橡胶（Viton-A）是一种耐热耐油性好、放气量小、透气性低的真空材料，适用于高真空和超高真空中。其工作温度为 $-10 \sim 200℃$，甚至可以短时间在 270℃ 的温度下工作。氟橡胶在高温、高真空下具有较小的出气率和极小的升华失重值，因而它的真空性能极好。氟橡胶与丁基橡胶相比，在保持相同弹性条件下，氟橡胶中放出的碳氢化合物气体（主要是丁烷）少得多，而且工作温度更高。在

1.3×10^{-7}Pa 压力下氟橡胶因升华只减少质量的 2% 左右，并不影响密封，所以氟橡胶可用于 $1.3 \times 10^{-7} \sim 1.3 \times 10^{-8}$Pa 的超高真空密封。由于氟橡胶是长链聚合物（相对分子质量达 60000），所以它对过氧化氢、氧、臭氧、许多溶剂油及润滑剂都不起反应。

9.8.1.3 真空硅橡胶

硅酮橡胶是由纯二甲基二氯硅烷热解反应制成的合成高聚合物，其蒸气压在室温时约为 1×10^{-4}Pa。与其他橡胶相比，硅橡胶具有以下性质：耐热、耐低温性好，工作温度范围从 $-80℃$ 到 $320℃$（很短时间的）以上，而且能持续承受 $180℃$ 的高温。硅橡胶在电绝缘性、抗氧化性、抗臭氧性、抗紫外线辐射等方面都优于其他橡胶。特别是有些类型的硅橡胶在整个工作温度范围内不产生永久变形，这种性质使得由硅橡胶制成的垫片和 O 型圈具有极好的重复使用性。

硅橡胶也有许多不及其他橡胶之处，如在室温下，硅橡胶的抗撕裂和耐磨损能力相当差；另外，它的多孔性高于氯丁橡胶，所以虽然硅橡胶的蒸气压较低，但它的透气率却很高并能形成毛细泄漏，因而在使用硅橡胶密封的真空系统中，其极限真空度不能高于 10^{-3}Pa。尽管硅橡胶有良好的耐油（尤其对矿物油）性，但是它不能耐酸碱，也不能用任何溶剂清洗。清洗时，只能用中性洗涤剂清洗并需要彻底冲洗。

9.8.2 真空密封橡胶的选择

解决真空橡胶密封问题，除了要有正确的密封结构设计之外，合理选择密封材料是关键。橡胶的耐热性、压缩变形性、漏气率、透气性、出气率及升华失重等性质是影响真空密封的几个主要因素。

（1）耐热性。在真空系统中，常常要对系统或元件进行除气，这往往要通过烘烤来完成。这要求橡胶密封件有一定的耐热性，以保证烘烤除气的顺利进行。一般烘烤温度在 $120℃$ 以下和 10^{-5}Pa 的真空度下，可以采用丁基或丁腈橡胶；如果要求更高的烘烤温度，并且要求在超高真空环境中工作的，则需采用氟橡胶。

（2）耐压缩变形性。在真空系统中，大量的真空密封件，都处于压缩状态下工作。为了使密封件具备密封的可靠性和保证有一定的密封寿命，真空密封橡胶应具有较小的压缩变形值（最后小于

35%），同时要求具有比较缓慢的压缩应力松弛速度（即压缩应力松弛系数较大），这样才能保证真空密封件具有较高的工作寿命。

（3）漏气率。根据计算和经验，在真空系统中，当真空泵的抽气速率为 8000L/s 时，要维持 5×10^{-7} Pa 的真空度，橡胶的漏气率不得大于 5.25×10^{-3} Pa·cm^3/s。

（4）透气性。不同橡胶在不同温度下对空气的透气性不同，这是由于它们的内部结构所决定的。丁基橡胶由于有甲基基团，因而透气性低。丁腈橡胶对于非极性气体渗透性低，也是由于它有腈基的极性基团的影响所致。因此，丁腈橡胶的丙烯腈含量越高，则其透气性越低。温度对橡胶的透气性影响很大，温度越高，透气性越大。另外，不同的气体在不同橡胶中的透气性也不一样。在同一气体中，透气性大小的顺序为：天然橡胶 > 丁苯胶 > 丁腈胶 > 氯丁胶 > 丁基胶。

（5）出气率。橡胶出气率的定义为：在一定温度下，单位时间内橡胶单位面积上的出气量。真空密封中一般要求在 $10^{-4} \sim 10^{-5}$ Pa·L/s。在 25℃温度下，抽气 1h 后，出气率的计算公式如下：

$$K = 10^{-2} u^{1/2}$$

式中，K 为出气率；u 为气体渗透系数。

根据实验数据，按照出气率的大小，可对各种橡胶作如下排列：氯醇橡胶 > 乙烯基硅橡胶 > 天然橡胶 > 丁腈橡胶 > 氯丁橡胶 > 氟橡胶。

（6）橡胶的升华（失重）。橡胶在一定的真空度和温度下的失重称为升华。在真空密封中，要求密封材料的升华值要小。一般要求升华值小于 10%，使橡胶密封件在相应的真空系统中，能有一个相对稳定的关系，以保证维持既定的真空度。按真空升华值的大小，可对各种橡胶作如下排列：天然橡胶 > 丁腈橡胶 > 氯丁橡胶 > 氯醇橡胶 > 乙烯硅橡胶 > 氟橡胶。

在高真空系统中，橡胶密封元件对真空系统极限压力的主要影响因素是材料的漏气率和出气率。

9.9 环氧树脂

环氧树脂是平均每个分子含有两个或两个以上的环氧基的热固性

树脂，是聚合物复合材料中应用最广泛的基体树脂之一。它具有优良的力学性能、电绝缘性能、耐化学腐蚀性能、耐热及黏结性能以及收缩率低、易成型和成本低廉等优点，广泛应用于化工、轻工、水利、交通、机械、电子、家电、汽车及航天航空等工业领域，发展前景十分诱人。

根据环氧树脂体系的固化温度不同可将其分为高温固化、中温固化、低温固化和室温固化等体系，其中中温固化环氧树脂体系具有良好的热性能、力学性能和尺寸稳定性好，工作寿命长等优点。

9.10 辅助密封材料

真空辅助密封材料主要依据真空密封的部位和真空度不同分为封蜡、封脂、封泥和封漆等。

9.10.1 真空封蜡

真空封蜡是由沥青、虫胶、蜂胶等有机物制成的，用于可拆卸但不可动处的接头处密封或填封小漏孔等。真空封蜡的软化温度为50～100℃，使用时加热软化涂于漏处，其饱和蒸气压在 1.3×10^{-4} Pa 以下。商品封蜡的标号越大，其黏度越大。

9.10.2 真空封脂

真空封脂主要用于真空系统的磨口、活栓及活动连接处的密封和润滑，是一种脂膏状物质。一般真空封脂的工作温度较低，其使用温度范围是由其黏度来决定的。黏度也是真空封脂的一个很重要的参数。油脂的黏度一般不应太大，以保证密封件能自由运动。但如果黏度过低，会造成油脂在外界大气压力的作用下漏进真空系统中，所以真空封脂的选用应依照使用场合、工作温度等情况综合考虑，如在冬季室温条件下，可选用软而黏度小的油脂；在夏季室温环境下，可选用硬而黏度大的油脂。在使用时油脂应涂得少而匀，以免污染系统。

9.10.3 真空封泥

真空封泥是由高黏度、低蒸气压的石蜡与高岭土为主要原料混合而成的一种油泥，可塑性好，易成型。它的饱和蒸气压不大于 6.6×10^{-2} Pa，使用温度在35℃以下，适用于低真空系统略有振动且经常拆卸的部位，或临时密封。真空封泥对金属和非金属均有很好的附着力。

9.10.4 真空漆

真空漆（如紫漆和甘酞树脂漆）也可刷涂或喷涂于零件表面及焊缝的微小漏隙处，用来堵漏或防止 H_2 渗入到金属器壁中。它的饱和蒸气压较低（约 1×10^{-4} Pa），在干燥和硬化后能承受200℃以下的温度，同时还具有良好的抗腐蚀能力。使用时应注意，不能在系统处于真空状态时涂刷漆，以免真空漆被大气压入真空系统中。

9.10.5 真空黏结剂

9.10.5.1 环氧树脂封胶

环氧树脂是胶合能力特别强的一种胶合剂，它的饱和蒸气压较低，使用温度高，即使工作在200℃温度下，也能保证可靠的密封性能及足够的机械强度。

市场上出售的常用环氧树脂封胶有：低蒸气压树脂（托封接）、环氧-聚酰胺树脂胶等，能用在 10^{-4} Pa 的真空系统中。一般地，这种密封树脂商品同时附有固化剂，使用时按比例混合，混合后必须立即使用。一般在室温下 $1 \sim 2$ h 便可硬化，24h 内完全固化；如在60℃的温度，则可在30min 内硬化，1.5h 内完全固化。密封树脂可与金属、金属封接或玻璃形成高强度的黏合，并可耐120℃烘烤，长期保持牢固。其缺点是放气率较大。

9.10.5.2 厌氧胶

厌氧胶是一种在真空技术中应用的胶种，可以用在焊接或黏结件的堵漏，特别是精加工后的焊接件，或因砂眼气孔；或因应力重新分布形成的裂缝而产生的微漏；或者是有些焊接件由于结构限制，以致无法用传统的焊接方法堵漏的场合。

厌氧胶是单组分胶，与空气接触时不发生固化现象，黏结时常温下即能自行固化。厌氧胶使用时操作简单，不需配比混合。它不含溶剂，渗透性好，能渗入并填满整个漏缝空间，而且不像有机硅交联剂，因溶剂挥发而产生暂留空间；固化时基本不收缩，其固化率近于100%，因此固化后组织致密、细实，有优良的气密性。厌氧胶固化后强度高（剪切强度高达 24.5～34.3MPa），且能耐油、盐、酸、碱、有机溶剂等介质的腐蚀，绝缘强度高，膨胀系数与铁相接近，并对金属有防锈作用。在结构允许的场合，厌氧胶可代替焊接、静配合等传统的工艺方法应用于真空系统中条件允许的元件组合，尤其适用于常规加工方法比较困难的场合。但是通常厌氧胶受到使用温度和蒸气压的限制，仅适用于使用温度在150℃以下的一般真空系统，不宜在需要烘烤的超高真空和洁净真空场合下应用。

9.11 吸气剂与吸附剂

9.11.1 吸气剂

吸气剂大量应用于电真空器件中，对器件的性能及使用寿命有重要的影响：（1）在器件的排气封闭后和老炼过程中消除残余的和重新释放的气体；（2）在器件的储存和工作期间维持一定的真空度；（3）吸收器件在工作中所激发释放的气体。由于吸气剂在电真空器件放气、漏气时吸收气体，为器件创造了良好的工作环境，因而大大延长了器件的寿命，稳定了器件的特性参量。目前，吸气剂的用途在不断扩大，如用于太阳能集热管等真空器件和制成各类吸气剂泵。

在真空中所用的吸气剂一般分蒸散型和非蒸散型两类，后者可制成吸气剂泵（如锆铝吸气泵等）。

9.11.1.1 蒸散型吸气剂

蒸散型吸气剂也称为扩散型或闪烁型，主要用于电真空器件和微小真空容器的真空保持。蒸散型吸气剂主要由钙、镁、锶、钡等 II_A 族元素及其合金组成，其中以钡类吸气剂使用得最多。目前常用的主要有钡铝合金（$BaAl_4$）吸气剂，用于显像管等器件中的吸气剂。

蒸散型吸气剂又可分为两类：吸热型吸气剂和放热型吸气剂。

吸热型吸气剂对温度的依存性强，蒸散温度较高（一般需加热到1040℃以上），需要吸收大量热才能蒸散，蒸散重复性差，因而现在已不大被使用了。

放热型吸气剂克服了吸热型吸气剂的缺点，在钡铝合金或钡化合物中加入各种添加剂，如镍、铁、钛、钍等粉末，这样，在吸气剂激活蒸散时放出大量的热，降低了蒸散吸气剂的温度，蒸散重复性好。目前常用的放热型吸气剂包括以下几种：

（1）钡钍吸气剂。当吸气剂加热至800℃时，钍还原Fe_2O_3并放出大量热，从而迅速升温使钡蒸发，此外，钍又与铝形成合金，可防止铝蒸发引起遮蔽作用。这类吸气剂吸气性能较好，但缺点是，机械强度差，蒸散后易掉粉，因含有氧化铁，放气量较大，而且钍有放射性，目前多用钛来取代。

（2）钡钛吸气剂。钛与铝形成稳定的合金，提高了吸气剂的机械强度。钛与钍一样，高温下都有良好的吸气特性。现国内各类功率发射管、振荡管、摄像管中多用钡钛吸气剂。

（3）钡铝镍吸气剂。为了克服氧化铁放气量大的缺点，改用镍粉作添加剂制成钡铝镍吸气剂。镍与铝形成稳定合金，阻止了铝的蒸发。目前，它已经作为钡钍、钡钛的替代产品用于中小型、超小型真空容器及电子器件中。

蒸散型吸气剂存在如下缺点，使得它的应用具有局限性：（1）高电压器件不适用；（2）因为钡膜会与汞及卤素反应形成汞齐等化合物，使钡膜活性破坏，因此，充有汞、氮或卤素的器件，如钠灯、金属卤化物管、汞灯等器件不宜采用蒸散型吸气剂；（3）不允许漏电和引入寄生电容的器件以及工作温度高的器件等均不能用蒸散型吸气剂；（4）器件体积很小，无合适的蒸散沉积膜表面或缺少沉积钡膜的足够空间的器件；（5）禁忌钡膜引起遮光效应的器件，如照明灯泡等。

9.11.1.2　非蒸散型吸气剂

非蒸散型吸气剂是体积型的吸气剂（涂层型），主要由IV$_B$族过渡元素锆、钛、钍、钽等及合金组成，分为单质体积型、合金体积型、大比表面积型三种，适用在不能使用蒸散型钡膜吸气剂的场合。

（1）单质体积型包括锆、钛、钍、钽等物质，把它们做成线、条、粉状置放在器件的栅、阳极等处高温吸气（一般工作温度为600℃），但是在低温下不吸气。

（2）合金体积型包括锆铝、锆硅、锆镍、锆石墨、锆钛等吸气剂，具有体效应吸气特性。

A 锆铝合金吸气剂

Zr-Al吸气剂具有多孔隙的结晶结构，对氢有较好的抽气能力，其中常用的有Zr-Al16，它在大气中很稳定，且具有低温吸气性能，弥补了单质体积型的不足。一般把它制成环状、片状、带状等用于功率管、磁控管、真空继电器、气体激光器等器件上。Zr-Al吸气剂在使用前需要在高真空条件下进行激活，其目的在于：（1）使晶格结构产生有利于吸气的改变，因为不同的金相结构呈现出不同的表面活性及扩散特性；（2）恢复吸气剂表面的活性。高真空条件下加热可使吸气剂表面吸附的气体脱附，同时使表面、表层内的气体及气体与金属的反应生成物迅速向体内扩散。另外，一旦吸气剂暴露在大气下或吸气量达到饱和时（吸气速率下降到初始值的80%时的吸气量），也必须重新激活。Zr-Al16吸气剂的最佳激活参数为1000℃下，加热30s，但是在使用Ni舟或Ni压结带时，激活温度不宜大于900℃。实际应用表明，Zr-Al16如长时间在高温下工作（例如，800℃，6h），吸气性能也会下降，这种现象称为老化效应，必须通过重新激活才能恢复。锆铝吸气剂经过激活后，吸气速率会迅速上升，但是经过反复激活和反复吸气后，吸气速率的总趋势是逐渐下降的。一般Zr-Al16允许反复激活的次数在20次左右，其吸气总量为各次饱和吸气量之和。

B 锆石墨吸气剂

锆石墨（Zr-C）吸气剂是用细颗粒单质吸气剂物质制成的具有大活性表面的吸气剂，属于大面积体积型吸气剂。它以Zr粉为活性元素，掺以石墨高温烧结而成，具有很大的活性表面积（孔隙度约占体积的50%）。

Zr-C吸气剂的典型结构有两种：高频加热环状结构和通电加热筒状结构。与气体非蒸散型吸气剂一样，Zr-C吸气剂工作前必须激活以除去烧结后暴露在空气时形成的吸附层，而且可以多次激活来吸

气。其激活温度和时间可按器件工作条件进行选择，温度一般为
800~900℃，时间为几分钟。Zr-C 吸气剂的吸气温度对吸气速率的
影响很小。Zr-C 吸气剂在室温下具有吸收活性气体的良好性能，远
好于 Zr，甚至比蒸散型纯钡膜吸气性能还好。但是由于在高温
（≥400℃）时，吸附气体在吸气剂中以体扩散为主，活性表面积和孔
隙度的作用显得不重要，因此它的高温吸气性能不如 Zr-Al16，但是
在高温（500℃）时能很好地吸附甲烷等碳氢化合物。

在真空电子器件中，对体积受限制的器件、不使用热丝的无源器
件、生产排气周期长的器件、不希望有碳氢化合物集聚的器件以及使
用钡类吸气剂使绝缘性能变坏、产生打火击穿的器件等，均应考虑使
用锆石墨吸气剂。目前已在 X 光管、图像转换器、摄像管、磁控管、
静电悬浮陀螺仪、心脏起搏器等装置中广为使用。

C 锆镍吸气剂

锆镍（Zr-Ni）吸气剂是一种选择性吸氢吸气剂，其性能优于过
氧化钡和锆铝吸气剂。Zr-Ni 吸气剂的突出优点是无须激活，工作温
度范围宽。

吸气剂的吸氢速率决定于 H_2 在吸气剂表面的离解度。由于镍的
吸氢能力比吸氮能力更强，镍的催化作用使 H_2 在吸气剂表面容易离
解，随后被锆吸收。所用 Zr-Ni 吸气剂可以优先吸氢，对氢的吸气性
能优于纯 Zr 和 Zr-Al16。

9.11.2 吸附剂

吸附剂与吸气剂相反，它是在低温下具有良好的吸气性能，温度
升高时解吸放气。这类吸附剂常用于冷吸附泵、阱等。常用的有活性
炭、活性氧化铝、硅胶、分子筛等。

9.11.2.1 分子筛

分子筛是一种人工合成的吸附剂，其原粉一般为白色晶体粉末，
粒度范围为 1~10μm。分子筛内部含有大量的水分，当加热到一定
温度脱除水分后，其晶体结构保持不变，同时形成许多与外部相通的
均匀的微孔。当气体分子直径比此微孔孔径小时，可以进入孔的内
部，从而使某些分子大小不同的物质分开，起到筛分的作用，所以称

之为分子筛。

根据化学组成和结构的不同，分子筛有许多种。分子筛的容积大约有一半是空腔（晶穴）。小于晶孔直径的气体分子即可通过晶孔而吸附于晶穴的内表面，其巨大的内表面积决定了分子筛能大量吸气的特性。5A 型分子筛的内表面积为 $585m^2/g$，13X 型分子筛内表面积为 $520m^2/g$，因此 5A 型的吸气能力要比 13X 型略强些。在液态氮温度下，分子筛吸附的气体体积为其自身体积的 50～110 倍。

分子筛对气体的吸附是物理吸附，过程是可逆的。低温下吸附的气体，在温度回升时将如数地释放出来，但这种释放是缓慢的，并不是回升到一定温度就能迅速地全部放出。

由于分子筛晶体是离子型的，它对气体的吸附能力与气体分子的极性有关。例如，对于极性强的水分子，它就有极强的吸附能力，而对惰性气体的吸附能力就很弱。因此，对于混合气体，分子筛能先吸附某些气体。分子筛吸附了某些气体以后，对其他气体的吸附能力就大为减弱。

分子筛具有很高的热稳定性，在 700℃ 以下保持不破坏其晶格和性能。它有 2000 次以上的重复再生性能。再生方法有两种：一种是在常压下，加热 550℃ ±10℃，恒温 2h，自然冷却到室温；另一种是在真空度为 1～10^{-1} Pa，加热 350℃ ±10℃，恒温 3～4h，自然冷却到室温。

9.11.2.2 硅胶 (SiO_2)

硅胶是一种无毒、无臭、无腐蚀性的多孔结晶体物质，不溶于水，可溶于苛性纳溶液。硅胶的孔隙率可达到 70%，平均孔径为 4×10^{-7} cm，平均密度约为 $650kg/m^3$，吸湿能力可达其质量的 30%。硅胶分为原色硅胶和变色硅胶。变色硅胶吸湿后其颜色变成红色，由于价格比原色硅胶高，因此用它作原色硅胶吸湿指示剂，当其颜色变红后，说明吸湿已饱和，即可拿去再生。硅胶可以通过再生处理后重复使用，它们的吸气过程是物理作用。再生是用 150～180℃ 的热空气加热。再生后的硅胶仍能继续使用，但其吸气能力有所下降，所以，使用时间长了，应更换新硅胶。

9.11.2.3 活性炭

活性炭是由以含炭为主的物质作原料，经高温炭化和活化制得的疏水性吸附剂，是吸附能力很强的黑色粉末状或颗粒状的无定形多孔炭。根据原料来源、制造方法、外观形状和应用场合不同，活性炭的种类很多，按原料来源可分为：（1）木质活性炭；（2）骨质活性炭；（3）矿物质活性炭；（4）其他原料活性炭。按制造方法分，可分为化学法活性炭（化学炭）和物理法活性炭。

活性炭在结构上由于微晶炭不规则排列，在交叉连接之间有细孔，在活化时会产生炭组织缺陷，含有大量微孔，堆积密度低，具有巨大的比表面积。除了具有很大的表面积外，活性炭粒中还含有大量的毛细管，这种毛细管具有很强的吸附能力。由于活性炭的表面积很大，所以能与气体（杂质）充分接触，并将这些气体（杂质）吸附，起到除气净化作用。

影响活性炭吸附的因素有：活性炭的特性；被吸附物的特性和浓度。活性炭吸附是以物理过程为主，因此可以对使用过的活性炭内的杂质进行脱附再生处理，使其恢复原有的活性，以达到重复使用的目的。再生后的活性炭仍可连续重复使用及再生。活性炭的吸附性既取决于孔隙结构，又取决于其化学组成。活性炭的吸附除了物理吸附，还有少量化学吸附。

活性炭常被用于真空抽气系统中的吸附阱和低温真空泵的二级吸附。活性炭吸附也是污水处理中最重要、最有效的处理技术之一。

9.12 真空泵油

9.12.1 机械真空泵油

9.12.1.1 机械真空泵油的分类

机械真空泵油主要分为两大类：矿物油型和合成型。

A 合成真空泵油

合成真空泵油主要是为克服矿物油型真空泵油黏度指数小、耐酸、耐腐蚀、耐放射性差等弱点而发展起来的，主要有合成烃、酯类油、含氟化合物等。

B 矿物油型真空泵油

矿物油型真空泵油主要由石蜡基润滑油及少量环烷基润滑油馏分经减压蒸馏切割、分子蒸馏等过程而得到的，在目前应用的真空泵油中所占的比例很大。它们有较高的沸点、较低的饱和蒸气压、较好的润滑性，在没有特殊要求的使用条件下，具有适用性广、价格便宜等优点。矿物油型真空泵油又分不含添加剂及含添加剂等类型。

a 纯矿物油型（不含添加剂）真空泵油

这种真空泵油馏分较窄，饱和蒸气压较低，具有较好的润滑性和天然抗氧性，黏度指数在 90 以上。这种真空泵油适用于一般真空抽气系统中的前级机械真空泵。在条件不很苛刻的情况下，如在电子管生产、化学气相沉积（CVD）以及彩色显像管生产等行业的真空泵中，这种油能很好地满足使用要求。我国目前引进设备所用的真空泵油大都属于这个类型。

纯矿物油型真空泵油基本上分五个黏度等级，其中黏度大的油主要使用在低速的皮带式旋片真空泵上，其泵转速一般在 450r/min 左右；对于直联式旋片真空泵，由于其转速高（3000r/min 以上），油的黏度大将产生大的温升从而破坏泵的真空特性，故一般选用黏度较低的真空泵油。

b 含添加剂的矿物油型真空泵油

这种类型的真空泵油除具有纯矿物油型真空泵油所具有的特点外，由于添加某些特性改进剂，使得某些性能较原来大为提高，具有较好的抗氧化稳定性。例如：旋转氧弹试验由纯矿物油型的 30 ~ 40min 延长到 200min 以上；D943 氧化试验亦由几百小时延长到 1500h 以上，油品的抗氧化稳定性得到了明显的提高，从而延长了油品的使用寿命。

9.12.1.2 机械真空泵油的性能要求

机械真空泵油主要用于油封式机械真空泵的密封和润滑（对于油浸式机械泵还兼有冷却散热作用）。油封式机械真空泵的极限真空度、消耗功率等参数与泵油的性质直接有关。因此在选择机械真空泵油时，必须符合以下基本要求：

（1）饱和蒸气压。饱和蒸气压是真空泵油重要的真空特性之一，是一项关键的质量指标，它的好坏决定了真空泵油的质量。由于真空泵油不规定极限压力的要求，而是以饱和蒸气压指标控制真空泵油的质量。为了获得较低的极限压力，要求泵油的饱和蒸气压要低，易挥发成分要少。

机械真空泵的极限压力要求不大于 6.65×10^{-2} Pa，一般泵的工作温度为 $60 \sim 80℃$，此时真空泵油的饱和蒸气压较室温（$20℃$）提高了 $2 \sim 3$ 个数量级（温度每上升 $20℃$，饱和蒸气压大约要上升一个数量级），因此，在泵工作温度下，真空泵油的饱和蒸气压至少要达到 6.65×10^{-2} Pa（$80℃$）。

（2）为了使真空泵获得良好的密封性能，真空泵油必须有一定的运动黏度和黏度指数，而且随温度的变化小。黏度过小，密封性能不好（油膜强度不足）；黏度过大，转子旋转困难，泵油会过热，耗功大。一般在 $50℃$ 下，运动黏度应在 $47 \sim 57$ mPa·s。

（3）抗氧化稳定性。抗氧化稳定性是衡量油品防止氧化及使用寿命的一个重要指标，通常用 ASTM D943 氧化法和旋转氧弹法对其进行评价。纯矿物油的旋转氧弹实验及 D943 氧化分别为 $40 \sim 60$ min 及几百小时左右；而目前好的真空泵油（加添加剂），其旋转氧弹及 D943 氧化可分别达到 $300 \sim 400$ min 及 $1500 \sim 2000$ h。

（4）油水分离性。空气在真空泵中被压缩，其中的水蒸气以液体的形式混于油中，水的存在不仅破坏了油的蒸气压（水的饱和蒸气压远大于真空泵油的饱和蒸气压），影响了油的润滑性，并且加速了油品的老化变质，生成的水溶性酸及碱使泵发生腐蚀作用。因此真空泵油要求有好的油水分离（抗乳化）性。纯矿油型的真空泵油抗乳化度一般均在 30 min 以下，黏度越小，抗乳化性越好，有的甚至可达到几分钟（高精制深度油），但是油中加添加剂会使真空泵油的抗乳化性变坏。

对于真空干燥设备来说，真空泵油的抗乳化（油水分离）性就更至关重要了。

（5）热稳定性和抗磨性。真空泵的极限压力的大小和泵油的使用寿命与泵油的热稳定性有很大的关系。机械真空泵工作时会形成一定的返油蒸气压。所谓返油蒸气压是指泵所不能排除的气体（如水蒸气、有机蒸气等）和泵在运转中由于摩擦部件局部过热或机械剪切使油分子裂解而产生的轻质组分产生的压力。高速摩擦产生的局部高温可使油发生聚合、裂解等作用而破坏油的性能。研究表明，当泵在高入口压力下或润滑条件较差时，机械真空泵的转子在高速旋转过程中不断地与泵腔摩擦，高速旋转的旋片会不断划破润滑油膜，致使旋片与定子之间瞬间出现金属直接接触（在实验中测量旋片和定子间电阻值的变化时，电阻值会突然下降），局部发生干摩擦而引起发热，导致泵油分解。热稳定性差的泵油会使返油蒸气压增大，真空状态变坏而影响泵油的使用寿命。

（6）抗泡沫性。在某些过程中，泵不断地在较大的气压下吸气、排气，大量的空气混于泵中，泵的高速运转使油发泡，这不仅影响油的润滑与密封性，而且发泡的油会由于体积增大而溢出泵外。因此要求真空泵油有较好的抗泡沫性。

（7）耐放射性。在某些应用场合，如空间科学、核物理等领域中，真空泵油要受到高能粒子或具有放射性物质的作用，致使油的性质发生改变，产生聚合物、酸碱等，破坏了油的使用性能。在这些场合就需要使用耐放射性的真空泵油（如氟化油等）。

（8）抗腐蚀性。在含有 F、HF、O 等工况条件下工作的真空泵油，不仅要有好的抗氧化性，而且要具有强的抗腐蚀性，否则，强腐蚀物质使泵油很快发生变质。

9.12.2 扩散泵油

泵油的性质对扩散泵的抽气性能影响特别大，所以对泵油的基本要求是：

（1）泵油的相对分子质量要大。

（2）为了降低泵的极限压力，要求泵油在常温下的饱和蒸气压要低。

（3）为了使泵能在较高的出口压力下工作，要求泵油在沸腾温度下的饱和蒸气压应尽可能大。

（4）泵油的热稳定性（高温下不易分解）和抗氧化性能（与大气接触时不会因氧化改变泵油的性能）要好；凝固点和低温黏度要

低；而且还要无毒、耐腐蚀、成本低。

9.12.2.1 扩散泵油分类及对极限压力的影响

常用的扩散泵油一般分两类：（1）石油类：由石油产品经高真空多级分馏得到的，如国产的 1 号、2 号、3 号扩散泵油。该类泵油的特点是价格低、饱和蒸气压较高、热稳定性和抗氧化性一般，容易分解。（2）有机硅树脂类（硅油）：由人工合成得到的，国产有 274 号、275 号、276 号等品种。该类泵油的特点是蒸气压低、抗氧化性和耐高温性能好，可在大气压力及 250℃ 下长期工作。

泵油的种类和成分对泵的极限压力影响很大，在结构相同的扩散泵中，如果使用 3 号扩散泵油，极限压力只能达到 10^{-5}Pa；而改用 275 号硅油后，泵的极限压力能达到 10^{-7}Pa，可降低两个数量级。

真空系统（被抽容器）中被抽气体的分压力也随泵油的不同而变化，这就是泵油成分所带来的影响。例如，扩散泵抽气系统中不加特殊措施很难获得较清洁的真空。

9.12.2.2 扩散泵油的饱和蒸气压 P_s

为了获得较低的泵入口压力及较小的返流率，希望泵油在常温下具有很低的饱和蒸气压，含易挥发（轻馏分）的成分少，溶解气体的能力低，黏度适宜，然而，又希望在锅炉温度下，泵油具有较高的蒸气压以保证足够密度的蒸气射流抽气，而且热稳定性及抗高温氧化性好。

为了同时要求泵获取高真空及在较高的出口压力下工作，要求泵油在常温入口处与高温出口处的蒸气压完全不同。因此，最适合扩散泵工作的泵油的饱和蒸气压随温度变化的关系曲线斜度要大。泵油的温度 T 与饱和蒸气压 p_s 的对应关系可由下式求得：

$$\lg p_s = A - B/T + 2.123 \tag{9-1}$$

式中，A、B 为与泵油种类有关的常数（见表 9-4）；T 为泵油的温度，K。

表 9-4　不同扩散泵油的蒸气压常数

泵油型号	274 号硅油	275 号硅油	276 号硅油	3 号扩散泵油	三氯联苯	增压泵油
A	8.50	11.46	9.96	10.64	8.01	5.50
B	4760	5720	5400	5400	3300	2960

9.13 真空润滑油与真空润滑脂

9.13.1 真空润滑的特点

真空润滑（如真空滚动轴承的润滑）包括液体润滑和固体润滑。金属表面在大气中对气体的吸附以及金属表面由于氧化所生成的氧化膜都有一定的减摩作用。在真空环境中，由于氧气分压极低，氧化膜的这种润滑效应失效，因此，一般在真空下的摩擦系数都比大气下高。在真空中，从摩擦方面考虑，滚动轴承比滑动轴承摩擦性能好，但滚动轴承同样由于无氧化膜存在，同种金属的直接接触，轻则容易发生损伤，重则发生冷焊现象。

另外，真空环境能引起普通润滑剂油中夹带的氧、水蒸气和氮之类气体的脱除，这将导致被破坏的氧化表面不能及时修复而使润滑性能下降，因此，对用于真空滚动轴承的液体润滑剂也提出了新的要求。最基本的要求是饱和蒸气压低，黏度指数高，剪切强度低，以防润滑剂蒸发散失，使润滑失效和污染真空环境。但一定的液体，其蒸发率随黏度的增加而减小。

此外，根据轴承使用的具体条件，对液体润滑剂也相应地提出了其他附加要求。例如，卫星中一些驱动装置中的轴承，在向阳时经受的温度高达 +150℃，而在向阴时，最低温度可达 -150℃。由于所处环境温度的大幅度变化，要求液体润滑剂应具有良好的高低温性能，即需要具有高黏度指数以及低的剪切强度，否则，会引起轴承力矩的恶化，从而引起驱动功率增加。又如高轨道同步卫星中轴承的润滑剂还要求抗辐射，抗原子氧。

液体润滑存在三种方式：（1）流体动压润滑（包括弹性流体动压润滑，即 EHD 润滑）；（2）混合润滑；（3）边界润滑。液体润滑剂性能与这三种润滑方式具有相当关系。低速工作着的轴承即使在边界润滑区工作，磨损也不明显，故只需考虑润滑剂的饱和蒸气压和黏度；而中高速轴承则要考虑润滑剂边界润滑性。在真空条件下，要保证有效润滑，需综合考虑摩擦副材料、工作温度、负荷、振动情况以及相互滑动速度的影响。

9.13.2 真空润滑油

真空环境中应用的润滑油，不仅要具有一般润滑油的使用性能，即在边界润滑条件下的抗磨性好，而且还要具备低的饱和蒸气压。常用的真空润滑油分两大类：矿物油和合成油。

9.13.2.1 真空矿物润滑油

真空矿物润滑油由石油提炼而成。普通矿物润滑油在真空无氧环境中工作时，其承载能力大大下降，为此，人们通过添加极压添加剂如磷酸三甲苯酯和二烷基二硫代磷酸锌来弥补。这种含磷、硫的化合物在一定温度下，与轴承工作表面发生化学反应，生成一种低剪切强度和低熔点的化合物膜，并且可以随着摩擦而扩展延伸并覆盖在整个摩擦面上，使摩擦面平滑，耐压性能提高，以防止磨损。

9.13.2.2 真空合成润滑油

真空合成润滑油是采用有机合成方法制备的、具有特定结构和性能的真空润滑油。其特点是黏度指数高，热稳定性、抗氧化性能好，饱和蒸气压低，承载能力大及抗强辐射性能好。合成润滑油的性能远远胜过矿物油。真空用合成润滑油的种类有：合成烃（如聚 a-烯烃）、硅油、氟油（如过氟化聚乙醚）、酯类油（如二辛基癸二酸酯）等。

硅油由于具有化学稳定性好和饱和蒸气压低等特点，是国外最早受到重视的合成真空用润滑油，但因其边界润滑性能差，在金属表面容易蔓延及发生聚合反应，只能用于短时间工作的真空轴承的润滑。

氯苯基聚硅氧烷的边界润滑性能比前者有所改善。试验表明，将其用在 AISI52100 轴承和 AISI440 轴承上，在真空度为 $10^{-5} \sim 10^{-7}$ Pa，工作温度为 422K 条件下，轴承的最长工作寿命为 15000h。在真空环境中，酯基润滑剂比硅油类润滑剂的润滑效果差。

过氟化聚乙醚（PFPE）是目前真空中使用最广泛的液体润滑剂，其饱和蒸气压极低，室温下为 10^{-10} Pa，并和硅油一样具有很高的黏度指数，广泛使用于敞开的低温真空环境中，如在 200K 温度下的低温真空环境中，PFPE 润滑剂也能正常工作。PFPE 润滑剂已成功地用于宇宙飞船上远红外扫描仪框架的轴承润滑。

9.13.3 真空润滑脂

真空润滑脂是用真空润滑油作基础油并在其中加入稠化剂而呈胶状的真空润滑剂。为了改善其性能往往还需相应地添加抗磨、抗压、防锈、抗腐蚀、抗辐射、结构改善等添加剂。

真空润滑脂的润滑性能一部分决定于所用的基础油，另一部分决定于有表面活性作用的稠化剂，同时更重要的是决定于由基础油和稠化剂特殊结合所带来的综合的润滑特性。由于润滑脂的黏稠结构的吸附作用和毛细管效应，润滑脂与润滑油相比，具有使用温度范围宽，易于保持在滑动面上，不易流失、泄漏、防锈与热氧化稳定性更好，承载能力更大，阻尼作用更好，而且真空脂润滑系统与密封结构较为简单等优点。缺点是一些添加剂的加入增加了轴承力矩和可能的力矩噪声，另外，润滑脂的散热性能不好。

真空润滑脂按所用基础油的不同可分为两大类：（1）以矿物油为基础油的真空润滑脂；（2）以合成油为基础油的真空润滑脂。润滑脂的基本性能与基础油相似，而且其润滑机理与润滑油也相似，只是流变性不同。

9.13.4 真空轴承的润滑技术

真空轴承液体润滑的性能改善，除了要根据具体工况选用合适的液体润滑剂，目前人们还通过轴承工作表面的改性和采用新的轴承材料来达到提高在混合润滑和边界润滑时的抗磨性能。例如，当处于边界润滑和混合润滑条件时，通过在轴承工作表面或在硬质合金钢球上用 CVD 法沉积 TiC 薄膜，用 PVD 法沉积 TiN 薄膜，用离子注入和激光处理方法对轴承摩擦表面进行改性，抑制磨损粒子的形成，从而显著提高轴承的性能。由于金属封接材料硬度高，密度小，尺寸稳定性高，抗黏附能力强，耐高温性能好，目前已研制出用于真空环境中使用的全金属封接轴承。

在润滑过程中，为了防止油的流失和迁移，常采用以下方法：（1）采用止油技术。将氟系防扩散剂涂在轴承周围以防止滚道中的润滑油向外扩散而流失，但是氟系防扩散剂对某些氟系润滑油的防扩散效果较差，因此要注意正确使用。（2）采用迷宫式密封，最大限度地阻止油进入真空室。

防止油蒸气污染的最有效方法是将轴承部件密封起来，并采用另外的排气系统将油雾抽出去。另外，为了保证油膜长期存在，可通过蓄油器供油和集中供油来达到目的。对大型真空设备来说，需要应用集中供油系统对轴承进行润滑供油。目前，集中供油系统主要有两种类型，一种是通过在转动轴上连接一个离心加油器加油；另一种是依靠安装在蓄油器中的单冲程泵将润滑油送入轴承中。

9.14 真空工程中的常用气体

在许多真空工艺过程中都需要用到气体。最常见的应用有：（1）在惰性气体、还原气体或氧化气体中制备（沉积、反应、外延生成等）真空材料；（2）利用气体放电现象完成离子轰击、离子溅射、离子注入以及形成可控环境。真空工程中常用气体的物化性质查阅有关真空材料的书籍。

在真空装置的气体放电中，足以引起气体电离的电子能量称为电离能。电离能所对应的电位称为电离电位。

9.14.1 惰性气体

惰性气体是无色、无味、不燃烧、无毒的气体。惰性气体在正常情况下除与碳或二氧化硅凝胶结合外，不与其他元素或其本身结合。除氦外，即使在高温时，惰性气体对玻璃或金属容器的渗透率也非常低。但氦对各种玻璃的渗透率较高，尤其是在高温情况下。

在真空技术与工程中，惰性气体主要作为各种类型的放电器件和白炽灯内的放电及保护气体、真空溅射及离子镀膜设备的工作气体以及在预处理和焊接真空材料时的保护气体。

9.14.1.1 氦（He）

氦是最轻的惰性气体。同其他稀有气体一样，它是无毒、无味的。氦稍溶于水（大约为 $10cm^3/L$），并略能被铂吸收。

氦在真空技术中主要用于质谱计检漏。由于氦的半径很小，又具有惰性，因而这种检漏方法十分简便、灵敏。氦也能和氖一起用在

He-Ne 激光器中，并且在液态（低于 4.2K）时用作致冷剂。由于氖的电离需要高电压，因此很少将氖用在可见光灯具中。

9.14.1.2　氩（Ar）

氩是价格最便宜的惰性气体，常用来冲洗和干燥真空系统。水能溶解一定量的氩，其溶解度稍高于氧。氩能发出清晰的紫光，荧光灯管、普通灯泡以及我们所熟知的氩激光器中都可用氩充气。由于氩是价格最便宜而且相对比较容易电离（电离电位较低）的惰性气体，因此常作为真空溅射和离子轰击清洗固体表面工艺中的工作气体；在氩弧焊工艺中，氩被用作保护气体，主要用来焊接不锈钢或轻金属。氩也是最常用的回充气体。

9.14.1.3　氪、氙（Kr、Xe）

Kr 和 Xe 是最重的惰性气体。像氩一样，它们有时也用在重离子轰击或溅射工艺中。

9.14.2　活性气体

9.14.2.1　氢气

氢是最轻的元素。它的性质最活泼，能与许多元素结合。当它与空气混合时（在大气压力下，氢气所占的体积含量大于 4% 时）会发生燃烧和爆炸，因此在使用时，应注意足够通风加以防范。氢气不溶于水。在活性气体中氢的电离电位最高。

氢气容易扩散并溶解在某些金属内部形成固溶体，而且溶解度正比于氢气分压力的平方根，并且随温度升高而增大。溶解的氢气会在高真空或超高真空环境下或经真空除气工艺处理后释放出来。这类金属按氢溶解度增大的次序为 Al、Cu、Pt、Ag、Mo、W、Cr、Co、Fe 和 Ni。氢溶解在 Na 和 Ca 等碱土金属和 ⅣA 族、ⅤA 族和 ⅥA 族元素（例如 B、C、S、Si 和 As 等）中会形成氢化物。氢溶解在 Mn、Ta、V、Nb、Ce、La、Zr 和 Ti 等金属中能形成亚稳态氢化物。这类金属元素对氢的溶解度比形成氢固溶体金属中的溶解度大几个数量级，而且随温度的升高而减小。

氢是一种应用很广泛的气体，由于它特别活泼，具有还原作用，能与金属氧化物起作用，生成纯金属和水蒸气。在各种热处理中，都利用了这一性质，如在焙烧、钎焊、焊接、退火和灯丝的成型中，都需要用它来防止氧化。

9.14.2.2 氧气

氧气是一种特别活泼的气体。与氢的还原作用相反，氧气具有氧化作用。氧与大多数金属接触后（尤其在高温时），能形成金属氧化物。氧气常在真空反应镀膜工艺中用作反应工作气体。氧是产生燃烧的必要因素，液态氧非常容易爆炸，使用时应采取严格的防范措施。

除贵重金属外，氧气在大多数金属内部都可以溶解，当浓度超过了固体的溶解度极限后还会出现氧化物相。许多金属在熔化期间会吸收和溶解大量氧气，在金属凝固时转化为氧化物。金属在真空环境下放出的氧气量可能大于溶解在固体金属内部的量。

9.14.2.3 氮气

氮气是大气中的主要组分（约78%）。它是一种无味、无色，而且化学性能通常不太活泼的气体，只是在高温和离化状态下，才能与某些金属形成稳定的氮化物（如用作离子镀膜或溅射镀膜工艺中的反应气体，形成 TiN）。由于它的性质稳定、价格低廉，常被用于净化和冲洗真空系统、保护和贮存一些对水蒸气和氧气敏感的物品以及与氧隔离的手工钎焊或玻璃零件吹制中。液态氮是常见的致冷剂。氮气的另一用途是使它与氢形成氢含量小于 67% 的氮氢混合物便可防止爆炸。这种"合成的气体"在许多热处理的场合中用来起还原作用，而不会有纯氢爆炸的危险。

氮气能溶解于高温下形成氮化物的金属内，例如 Zr、Ta、Mn、Mo 和 Fe 等。氮不溶解于 Co、Cu、Ag 和 Au 内。氮在 Mo 和 Fe 内的溶解度很小，每 100g 质量内的 STP（标准温度和标准压力下）体积数小于或等于 1%。氮在一般固相金属内并不倾向于形成氮化物。Zr 在加热时会溶解大量的氮气形成氮化物。

10 真空系统结构设计与清洁卫生

10.1 真空系统的结构设计

（1）真空系统的结构设计主要考虑密封可靠、结构合理、系统所用的材料对系统真空度的影响要小。设计中应注意如下几点：

1）选择结构材料应尽量用国家标准中的无缝钢管和板材，尽量减少焊接结构，有利于真空部件气密性质量。对于需要进行焊接的系统元件，应选择焊接性能较好的钢材。

2）应尽可能减小真空室的体积，减小相关辅助腔的体积。如图 10-1 所示，必要时应增加相应的隔离阀，使工作真空室与辅助真空室分开，重点保证工作室的真空度要求，提高生产效率。

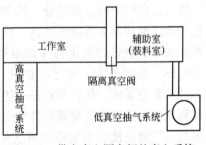

图 10-1 带有真空隔离阀的真空系统

如图 10-2 所示，在真空系统结构设计时，系统抽气管道应尽量设计成短、粗、直，流导大，导管直径一般不小于泵口直径，这是系统设计的一条重要原则。应尽可能缩短真空管路的长度，减小抽空管道、充气管道的容积，以达到降低排气负荷，缩短抽气时间，提高抽气效率，降低抽气机组成本的目的，但同时要考虑系统安装和检修方便。

3）焊接是真空系统制造中的一道重要工序，为了保证焊接后焊缝不漏气，除了提高焊接工艺质量外，合理地设计焊接结构也很重要。真空系统中的焊接结构要避免出现焊缝空隙，否则给清洗造成困难。

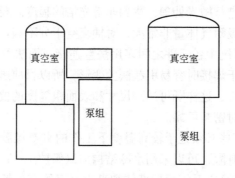

图 10-2 真空系统的抽气管路设计

如果系统设计和加工工艺不当,往往会在组合焊缝的两道焊缝之间形成如图 10-3 所示的"死空间"结构。如果在组合焊缝结构的两道焊缝中,有一道焊缝有漏孔并和内壁相通,即可形成对系统抽真空非常有害的虚漏空间,成为缓慢放气的气源,而且当焊缝出现"死空间"时,在系统检漏中不易找到漏隙所在,给系统检漏工作带来很大的困难。为了避免上述不合理的情况,当容器的器壁较厚时,可采用焊透的双 V 形焊缝;对于薄壁容器则采取单 V 形焊缝或采用氩弧焊工艺进行焊接。在法兰和真空容器器壁焊接时,内焊缝采用连续焊,外焊缝采用间断焊,在互不接触的复式密封圈之间开设检漏孔。

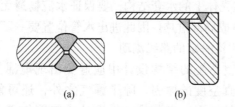

图 10-3 存在"死空间"的焊缝结构
(a) 未焊透的双 V 形焊缝;(b) 两道连续焊缝之间的"死空间"

4) 尽量减少表面放气量。处于真空内的构件和壳体内壁表面越光洁越好(即表面粗糙度值越小越好)。表面最好进行电镀抛光、氧化处理等。一般地,中真空系统的内壁表面粗糙度不大于 12.5;高真空系统的内壁表面粗糙度应在 6.3~3.2 以下;超高真空系统的内壁表面则要求进行抛光处理，达到非常光洁的程度。要特别注意，生锈的金属表面吸附气体量非常大，对抽真空十分不利。

5）真空系统中各元件之间多用法兰连接，而法兰与管子之间是焊接结构。由于焊接时容易引起法兰变形，所以目前国内都采用焊接后再对法兰加工，这样既可达到尺寸和表面粗糙度的要求，又能保证两个法兰连接时密封可靠。

6）对于某些必须处于较高温度下工作的真空橡胶密封圈，由于橡胶耐热程度有限，可以采用水冷结构加以保护。

7）为了使真空系统元件壳体和真空室壳体有足够的强度，保证在内力和外力作用下不产生变形，器壁要有一定的厚度。实验表明，真空容器采用圆形结构较好；端盖采用凸形结构为好，尽量不采用平盖，因为它们的抗压能力相差很大。壁厚设计时还要注意，在容器检漏时，若采用内部打压法，一般打 0.3MPa（3 个大气压）容器不应变形。水套检漏时也按 0.3MPa 压力打压。有水套的壳体在外部或内部打 0.3MPa 压力的情况下，都不应变形。

8）由外部进入真空室内的转动件或移动件，要保证可靠的动密封。除了选择好的密封结构外，其中的轴或杆一定要满足表面粗糙度要求。更要防止在轴和杆上有轴向划痕，这种划痕会引起气体泄漏，降低系统的真空度，而且不易被发现。

9）真空室壳体上的水套结构，要保证水流畅通无阻，更不能出现"死水"，造成局部过热。因此进出水管位置要一下一上，且设置流水隔层，使水沿一定的路线流动。

（2）在真空系统的结构设计中应避免出现虚漏气源。真空系统达不到预期真空度的原因，除了漏气之外，还可能是由于材料出气或者虚漏的原因。虚漏是由于设计或制造加工工艺不当，在系统内形成贮存气源的空穴，空穴中气体在真空环境下慢慢释放出来，增加了抽气时间，形同漏气，故称虚漏。例如，真空系统内的紧固螺钉没有出气孔、焊缝交叉设计、焊接不完善留有孔穴等都会造成虚漏现象。

真空系统中的冷阱若使用不当也会产生虚漏，如冷阱用干冰作冷剂时，真空系统内的水蒸气就会在冷阱上凝固为霜，在干冰的温度下

（−78℃），水的蒸气压是 10^{-1} Pa，所以冷阱上的霜就是一个很明显的水气的漏源。若冷阱采用液氮（−196℃）作冷剂，水蒸气的蒸气压降到 10^{-13} Pa，则其影响可以忽略，但是当液氮面下降得太低时，冷阱上部的温度就会升高，使气体脱附而出现虚漏现象。对于超高真空系统来说，残余气体中的二氧化碳（由阴极分解等原因产生）可能冷凝在液氮冷阱上成霜（蒸气压 2×10^{-6} Pa），这也是一个虚漏气源。

为此在真空系统的设计中，要避免出现隔离气穴的结构。如果结构设计中不能避免，则要将气穴开设出图 10-4 所示的工艺排气孔，以利于快速抽空。

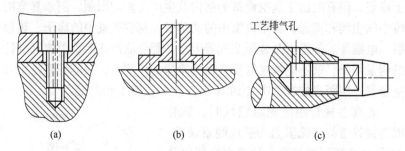

图 10-4　真空室内零件的工艺排气孔结构

在矩形密封槽、燕尾形密封槽密封结构中都能存有残留气体。为了消除残留气体，可在存留气体处设计图 10-5 所示的贯通孔，使系统内部各处畅通无阻。

应避免在图 10-6 所示的复式密封环之间或双密封结构设计中存在"死空间"。

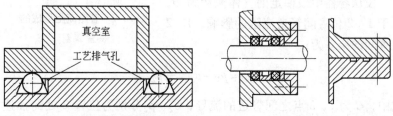

图 10-5　真空室燕尾形密封槽排气孔结构　　图 10-6　复式密封结构和双密封结构

10.2 真空规管的安装连接

10.2.1 真空规管安装位置的设计

在真空系统中，真空规管安装位置的设计是否正确，对测量精度有很大的影响，特别是在测量存在定向气流和温度不均匀等非静态平衡状态下的气体压力时更是如此，严重时会造成数量级的误差。安装规管时，需要注意下面问题：

（1）真空规管的安装位置应尽量接近所要测量的部位，这对大型真空设备尤为重要。原则上讲，规管安装在需要测量真空度的位置上最好，但有时由于真空设备的结构及生产工艺的限制，例如真空冶炼中的尘埃和高温，真空蒸馏中的油蒸气，真空装置中的离子、热辐射、电磁场、低温以及金属蒸气等因素，都会沾污或严重影响真空计的测量结果，就不能将规管安装在所希望的位置上，只能安装在距真空容器一定距离的管道中（如图 10-7 中的位置 1 和位置 2）。

若真空规管距应测点较远时，就会因连接管道的气流阻力而造成测量误差。如图 10-7 所示的情况，显然在容器以及出口处 1 和远离容器的 2 处的测量结果各不相同，其中以接在容器上测得的压力最高，即容器的实际压力为 p，1 处测得的结果 p_1 与 p 较为接近，2 处的压力 p_2 较 p 和 p_1 低。此时，应考虑对测量结果进行修正。

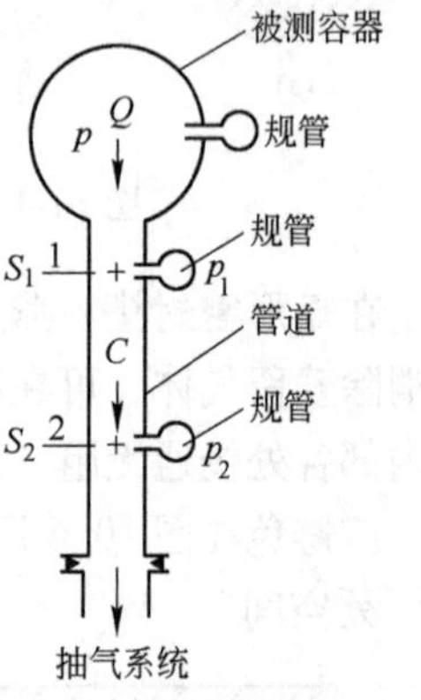

设从容器中被抽走的气体流量为 Q，由于 1、2 位置间管道流阻的影响，1、2 位置间的压差为：

图 10-7 管路流阻形成的
测量误差

$$\Delta p = p_1 - p_2 = \frac{S_2}{C} p_2$$

式中，C 为 1、2 点之间管道的流导；S_2、p_2 分别为位置 2 处的抽速和压力。

气体流阻的影响还与气体压力的高低（即气体分子运动状态）有关，低压力（分子流状态）下的流导与管道直径的三次方成正比；高压力（黏滞流状态）下的流导与管道直径的四次方成正比，同时气体的流导与管道的长度成反比，因此，应该使真空规管的安装位置尽可能接近被测点的位置。此外还应注意，在真空系统中存在气源的地方，一般不适宜安装规管。

（2）真空规管测量的压力为静压力（不能承受气体的流动压力），因而规管的进气口方向应与真空管道内的气流方向垂直，见图 10-8 规管 1 和 4。

如果规管的进气口对着气流方向（图 10-8 规管 2），由于气流流速造成的动压力，测得的压力较实际压力高；但如果规管的进气口背着气流方向（图 10-8 规管 3），则测量压力比实际压力低。当气体压力较高，气流较大时，图 10-8 中两个正反向安装的规管的测量结果可以相差 2 倍左右。

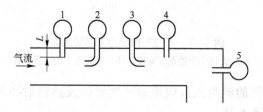

图 10-8 真空规管的安装方法

（3）为避免气流阻力（流导）和涡流的影响，真空规管不应该设置在管道的拐弯处，如图 10-8 中的规管 5。

（4）根据气体压力的高低决定真空规管的导管是否在系统器壁伸出或缩进。

当管道内为高真空及超高真空（小于 10^{-1} Pa）时，由于器壁放气，靠近器壁处的压力高于管道中心位置的气体压力。为避免器壁放气对测量精度的影响，在系统设计时，应该使真空规管的接管超出器壁 10mm，见图 10-9（a）。

但是在高压力（低真空）下（大于 10^{-1} Pa），气流速度较大，如果接管过长，会产生规管内的气体被吸出的现象（毛细管作用），使得测点的实际压力值高于测量值，造成测量误差，所以低真空计规管一般都采用图 10-9（b）所示的安装方法。

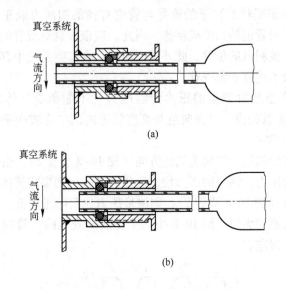

(a)

(b)

图 10-9　不同工作压力下规管的安装

（a）低压力下的规管安装；（b）高压力下的规管安装

（5）规管的测量入口应该避开气源以及热辐射和粒子（电子、离子）的直接入射。

（6）普通热阴极电离计规管，应该垂直安装，否则，栅极和灯丝产生变形，影响测量精度及使用寿命。

（7）为避免测量接管流导的影响，规管的接管管道要尽可能短而粗，接管内径不得小于规管尾部直径，且长度不大于 10cm。

10.2.2　规管与被测系统的连接形式

通常根据被测系统内的压力高低来选择规管与真空系统的连接和密封方式。

带有玻璃外壳的商品规管有热偶规、电阻规、电离规、B-A 规等，它们与金属真空系统的连接方式如图 10-10 所示，其中图 10-10（a）所示是通过橡胶密封与系统相接。这种密封连接拆卸方便，密

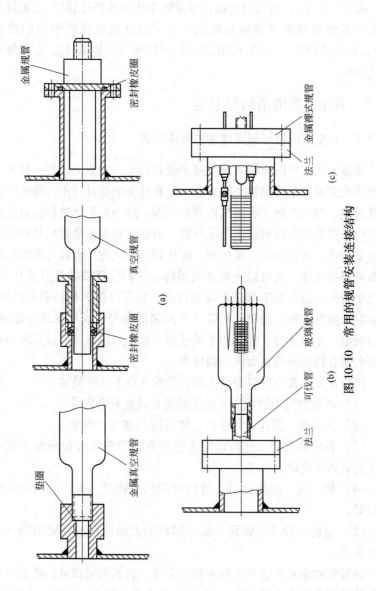

图 10-10 常用的规管安装连接结构

封可靠,是在低真空、中真空及一般高真空装置中常用的密封连接结构。图 10-10(b)所示为超高真空系统中所用的通过玻璃-金属封接结构与系统相接的规管连接结构。对于超高真空系统中用的裸规(没有外壳的规管),则采用图 10-10(c)所示的金属封接-金属封接法兰结构。

10.3 真空系统的清洁与卫生

10.3.1 真空系统材料表面常见的污染形式

暴露于大气中的材料表面普遍会受到污染,表面上任何一种无用的物质或能量都是污染物。在工业生产和社会生活过程中,将会产生大量的热、湿、尘埃、有害气体和蒸气等,这些有害物质都会对处理和存放不当的真空材料表面造成污染。清洁材料表面最常见的有害污染物是尘埃、碳氢化物、氯化物、硫化物和氟化物。表面污染的物理状态可以是气体,也可以是液体或固体,它们以膜或散粒形式存在;其化学特征可以是处于离子态或共价态,也可以是无机物或有机物。污染的来源有多种,最初的污染常常是表面本身形成过程的一部分。吸附现象、化学反应、浸析和干燥过程、机械处理以及扩散和离析过程都会使各种成分的表面污染物增加。

比较常见的真空材料表面上的污染物有以下几种类型:

(1)环境空气中的尘埃和抛光残渣及其他有机物等。

(2)水基类:操作时的手汗、吹气时的水气、唾液等。

(3)表面氧化物:材料长期放置在空气中或放置在潮湿空气中形成的表面氧化物。

(4)酸、碱、盐类物质:清洗时的残余物质、手汗、水中的矿物质等。

(5)油脂:加工、装配、操作时沾染上的润滑剂、切削液、真空油脂等。

碳氢化物也是真空系统的主要污染源。碳氢化物和氯化物的主要来源是操作人员手上的汗液。汗液的主要成分是水(98% ~ 99%),其中主要溶解物是氯化钠、氯化钙、硫酸盐、碳酸盐、尿素、氨基酸和其他有机物。碳氢化物在材料表面的吸附强度，一般取决于它的化学成分和吸附剂的表面状态。如果碳氢化物与金属反应生成对表面有弱吸附键的化合物，则迁移速率将显著增加。

硫也极易与几乎所有金属结合形成硫酸盐和硫化物。零部件表面在与清洗液、润滑油和乳胶等物质的接触中就会被这些化合物污染。工业城市的空气中含有 0.08~0.20mg/m³ 的 SO_2，它能被零件吸附。

各种金属的硫酸盐和硫化物的化学稳定性相差很大。不稳定的硫化物在较低温度下就能升华或分解，尤其是其中的黑色硫化物，化学稳定性较差，会使电真空器件的阴极发灰。

10.3.2　材料表面净化概述

在真空工艺进行前，从工件或系统材料表面清除不期望的物质的过程称为表面净化。净化处理的目的是为了改进真空系统中所有器壁和其他组件表面在不同系统工作条件下的工作稳定性。这些工作条件包括：高温、低温以及电子、离子、光子或重粒子的发射和轰击。

净化处理后要求得到的表面可分为两类：原子级清洁表面和工艺技术上的清洁表面。

原子级清洁表面仅能在超高真空下实现。它是在严格控制的环境条件下，一般通过较长的时间过程，采用如加热、粒子轰击、溅射、气体反应等技术手段在特定的表面区域获得的。一般情况下，实际应用的真空系统材料并不要求获得原子级的清洁表面，仅要求工艺技术上的清洁或较好的表面质量，即保证经过表面净化处理后，材料表面在基体相上没有明显的微观结构化学物质。

一般情况下，需要使用溶剂的表面清洗净化工作都不能在真空中进行，通常是在真空工艺系统内部（如镀膜室、分析室等）进行，诸如加热烘烤、离子轰击等方法的表面净化处理。

10.3.3　金属材料表面净化处理的基本方法

10.3.3.1　溶剂清洗

溶剂清洗是一种应用最普遍的方法。在该方法中使用各种清洗液，它们分为：（1）去离子软化水或含水系统，如含洗涤剂的水、稀酸或碱；（2）无水有机溶剂，如乙醇、乙二醇、异丙醇、甲酮、丙酮等；（3）石油分馏物、氯化或氟化碳氢化物；（4）乳状液或溶剂蒸气；（5）金属清洗剂（市售商品），这种清洗剂分为酸性、碱性和中性偏碱等三类。其用途分别为：

1）酸性：多用于清洗氧化物、锈和腐蚀物；

2）碱性：含有表面活性剂，用于清除轻质油污；

3）中性偏碱：可避免酸碱对表面的损伤。

所采用的溶剂类型取决于污染物的本质，例如表面上的动植物类油可用碱溶液化学去油；矿物油类可用有机溶剂去除。但实际上两类油脂经常同时存在，所以在清洗时往往需要先后采用数种不同的溶剂。

A 软化水或纯水

水是真空清洗工艺中不可缺少的溶液，无论是配制溶剂，还是冲洗，都需要水。真空清洗中所应用的水有自来水、蒸馏水和纯水。自来水虽然消除了天然水中的悬浮物和微生物，但水中存在着可溶解的无机盐类及有机物，因此，自来水仅用于真空零部件的初步清洗及化学清洗后的冲洗。蒸馏水是自来水经蒸馏后制成的，含极微量的有机物、固态物、氢化物及二氧化碳等，金属杂质也很少。为了提高水的纯度，可作多次蒸馏。普通水中除悬浮物、溶解物和微生物外，还有许多离子杂质，如 Na^+、K^+、Ca^{2+}、Mg^{2+}、Fe^{2+}、Al^{3+}、Zn^{2+}、Cu^{2+}、Ni^{2+}、Mn^{2+}、H^+、NH_4^+、SO_4^+、Cl^-、NO_3^-、HCO_3^-、CO_3^-、PO_4^{3-}、OH^-、SiO_3^{2-} 等。阳离子和阴离子结合为可溶性盐类存在于水中，这些离子杂质会对特殊性能要求的材料表面（如半导体材料、光学玻璃、导电玻璃等）造成污染，故要保证更高质量的化学清洗，需应用除掉水中离子杂质的高纯水。目前已制备出的高纯水，纯度可达99.9999%，电阻率达 $18 \times 10^6 \Omega \cdot cm$ 以上。高纯水还常用于配制溶液、清洗液等。

纯水清洗主要是利用它的溶解性、水分子的极性和水的冲刷作用而达到去污目的。因为水分子是有极性的，其正负电中心不重合，一端显示出正电性，另一端显示出负电性，对带电离子有吸引作用。正是由于这种作用，能将浸入纯水中的物体表面所吸附的离子杂质溶入水中，进而达到清除离子杂质目的。利用纯水较强的溶解能力，还可以将化学清洗后材料表面上残留的碱、酸等清洗剂溶于水中，使表面清洁。

B 无水有机溶剂

无水有机溶剂主要有无水乙醇、乙二醇、丙酮、甲酮、航空汽油等。这些有机溶剂的特点为：（1）挥发性强，吸附热小，不易吸附在材料表面上，这是真空应用所期望的；（2）溶剂沸点低，一般在100℃以下，只要将被清洗过的零件用热风稍吹一下，溶剂就能蒸发完毕；（3）有较强的溶解性，对油脂、树脂、石蜡等有较强的溶解去除能力；（4）多数有机溶剂都有一定毒性，使用现场注意通风，最好不与手接触；（5）有机溶剂对光和热都比较敏感，存放时注意避光和热；其蒸气与空气混合后，遇光、火可能燃烧或爆炸。

经过加工的零件表面常有油脂，它是油和脂肪的总称。在室温下呈液态的称为油；呈固态或半固态的则称为脂肪。油脂蒸气压很高，是抽真空工艺应避免的。油脂不能溶于水，但可以溶于有机溶剂中。有机溶剂的去污原理就是根据溶质在溶剂中的溶解遵循"物质结构相似者相溶"的原则，只要两者结构相似，溶解就易进行。

油脂种类很多，但它的主要成分是多种高级脂肪酸甘油酯的混合物。油脂的分子通式为 $(RCOO)_3C_3H_5$，丙酮分子式为 CH_3COCH_3，乙醇分子式为 C_2H_5OH。通过比较可以发现，它们的分子中都含有烷基，其通式为 C_nH_{2n+1}，烷基依次为 CH_3、C_2H_5，这说明油脂与丙酮、乙醇分子结构相似，符合"物质结构相似者相溶"原则，故丙酮、乙醇均能溶解油脂。另外，油脂与丙酮等都是极性物质，极性物质易互溶，故丙酮、乙醇等是溶解油脂的极好溶剂。

真空中常用除油脂的无水有机溶剂有：

（1）丙酮。它能与水、乙醇、乙醚、氯仿等有机溶剂混溶，具有很强的溶解性，能溶解油类、脂肪、树脂、橡胶、蜡、胶、有机玻璃等有机物质，是优良的有机溶剂，可采取擦洗、浸泡、水浴加热、超声等方式清洗物品。

（2）乙醇。乙醇能与水、乙醚、甲醇、氯仿混溶。乙醇分两种：普通乙醇，纯度为95%；无水乙醇，纯度为99.5%，真空清洗使用的是后者。乙醇去油污能力不如甲苯和丙酮，加热后的无水乙醇除油能力较强。

为加速溶解油脂效果，可用乙醇加超声波，或者水浴加热来清洗，也可以直接用乙醇擦洗或者浸洗。由于乙醇有较好的脱水性，所以物品清洗好后，可用乙醇进行最后脱水。某些金属材料，如铝丝、钨丝、钼片清洗干净后，可放到酒精中保存，以防氧化及灰尘污染。

（3）汽油。汽油有较强的溶解性，能溶除油污、油漆等有机杂质，特别是航空汽油（如120号），无毒性，去污能力强，是清洗常用有机溶剂。汽油易燃，使用时应注意安全。

（4）石油分馏物、氯化或氟化碳氢化物。例如石油醚是一种轻质石油产品，无毒性，不溶于水，但能与大多数有机溶剂互溶，能溶解脂肪和油污等有机杂质，其溶解性与甲苯、丙酮、乙醇相似。

C 碱类和酸类

a 碱类

真空清洗中常用碱去除油脂。按能否皂化，油脂可分两类：皂化类是由动植物体制备的油，如猪油、羊油、豆油、花生油、菜油，以及人体皮肤分泌出来的油脂或者呼吸时所带有的油脂等；非皂化类，是指矿物油类，如机械泵油、扩散泵油、润滑油、汽油、煤油、凡士林、石蜡等。它们与碱不能起皂化反应。

皂化类油是一种复杂有机化合物的混合物，主要成分是脂肪，即甘油三酸酯。它与碱（KOH、$NaOH$、$Ca(OH)_2$）在高温和催化剂的作用下，发生化学反应，生成溶于水的脂肪酸盐和甘油。通过这种皂化反应，即可除掉零件表面黏附的油脂。

各种矿物油不能与碱起皂化反应，用碱不能使其化学分解，但可以与碱液形成乳浊液，从物体表面清除。其原理是碱溶液对金属表面的浸润力比矿物油强，碱液的结构中有两个基团：一种是憎水的；另一种是亲水的，所以当金属零件浸入碱溶液的除油过程中，碱分子首先吸附于油和碱液的分界面上，使零件表面的油膜遭到破坏，憎水基团与油污亲和，亲水基团与碱液亲和，产生一个指向液体的拉力。与此同时，碱分子会使油污分子与物体间的表面张力大大降低，这样便把油污分子较容易地拉到液体中，而聚集形成微小的油滴，虽然不溶解于碱液，但悬浮在溶液中成为乳浊液（即乳化作用）。当然乳化作用的去油效果不如皂化作用好。用碱液清洗后再用纯水冲洗，就可以除掉油污。

为了加速碱除油脂效果，可采取下述方法：

（1）室温下碱液除油速度慢，需将碱类液体加热到 70～100℃，就可以较快地除掉皂化类和不皂化类油污。提高温度有两个作用：一是增强碱性盐类的分解；二是可提高溶液中碱度，从而加快了皂化反应及促进乳化过程。

（2）小型零件除油，可在碱液中加超声波。由于声波振动，可以提高除油效果，缩短除油时间。

如要检查除油效果，可在物体表面涂水，产生连续水膜，说明除油效果好。若出现水滴，说明除油不佳。

b　酸类

金属零件表面的氧化层、氮化层、半导体器件上的金属杂质、玻璃表面的腐蚀层，可以通过酸类与其发生化学反应而除掉。有机物质也可以通过酸与其发生化学作用清除，常用的酸有盐酸、硫酸、硝酸、氢氟酸等。

（1）盐酸。盐酸能与碱性氧化物、两性氧化物发生化学反应，产生金属氯化物，如铝和钢表面上的氧化铝和氧化铁，可用盐酸除掉。金属杂质能与盐酸发生化学反应生成氯化物而被清除。

（2）硫酸。若物品表面存在金属杂质，可利用硫酸的强氧化作用除掉，可以利用硫酸的强酸性除掉金属表面的氧化物或者氢氧化物。浓硫酸不仅能直接吸收水，而且能按水的组成比例，夺取有机物分子里的氧原子和氢原子，使之碳化后被清除。例如，糖（$C_{12}H_{22}O_{11}$）与浓硫酸作用，变成碳和水。物品表面沾染油脂、松香、纤维、有机灰尘等均可用浓硫酸处理消除。

在真空清洗中，常用浓硫酸和重铬酸钾制成铬酸浸泡玻璃、塑料制品，用以除掉其表面沾染的油类等杂质。

（3）硝酸。硝酸具有强酸性及强氧化性，以化学反应方式除掉物体表面金属杂质。硝酸不仅能与金属活动顺序表中氢以前的金属发生作用，而且能与氢以后的铜、汞、银发生反应，生成硝酸盐、氮化物和水。酸洗后，用大量纯水冲洗，就可以除掉杂质。

利用硝酸的强酸性，也可除掉金属表面碱性氧化物、氢氧化物及两性氧化物。硝酸具有强氧化性，与非金属发生化学反应，酸洗后，用纯水冲洗，便可除掉杂质。

(4) 氢氟酸。氢氟酸是氟化氢的水溶液，常温下为无色易流动液体，具有强烈刺激性气味，与空气接触，形成白烟。可与金属氧化物、氢氧化钠和碳酸盐反应生成金属氟盐，具有溶解硅和硅酸盐的性质，与三氧化硫或氯磺酸生成氟磺酸，与卤代芳烃、醇、烯、烃类反应生成含氟有机物，溶于水生成腐蚀性很强的酸。有强烈的腐蚀性和毒性，能侵蚀玻璃，需贮于铅制、蜡制或塑料容器中。可用于清除不锈钢及玻璃表面的氧化层。

D 金属清洗剂（市售商品）

这种清洗剂分为酸性、碱性和中性偏碱等三类。其用途分别为：

(1) 酸性：多用于清洗氧化物、锈和腐蚀物。

(2) 碱性：含有表面活性剂，用于清除轻质油污。

(3) 中性偏碱：可避免酸碱对表面的损伤。

所采用的溶剂类型取决于污染物的本质，例如表面的动植物类油可用碱溶液化学去油；矿物油类可用有机溶剂去除。但实际上两类油脂经常同时存在，所以在清洗时往往需要先后采用数种不同的溶剂。

10.3.3.2 超声波清洗

超声波清洗提供了一种清除较强黏附污染的技术方法。该清洗方法主要是利用高频振动超声波的超声空隙作用，这种空隙作用的巨大瞬时压力产生了强大冲击力量和局部高温，破坏工件表面的油膜等污染物，使之脱离表面被冲落到清洗溶液中，从而使工件表面达到净化。这种清洗工艺可产生很强的物理清洗作用，因而是振松与表面强黏合污染物的非常有效的技术。在超声波清洗工艺中，可以根据污染物种类的不同，选择纯水、有机溶剂清洗液或无机酸性、碱性和中性清洗液作为清洗介质。为了强化清洗效果，有时还在清洗液中加入金刚砂研磨剂。清洗液可按以下原则选取：(1) 表面张力小；(2) 对声波的衰减小；(3) 对油脂的溶解能力大；(4) 无毒、无害物质。

超声波清洗设备由超声波发生器（换能器）和清洗槽组成。超声清洗是在盛有清洗液的不锈钢槽中进行的，清洗槽底部或侧壁装有换能器，这些换能器将输入的电振荡转换成机械振动输出。清洗用超声波的工作频率一般在 20 ~ 40kHz 之间，常用的工作频率为 4 ~10MHz。

由于声波本身具有能进入复杂构造异型孔道的特点，所以超声波清洗可以清除复杂有孔零件内部的污染物，这是一般清洗方法无法实现的。

10.3.3.3 电解浸蚀清洗处理

采用电解浸蚀方法可以缩短浸蚀时间及减少溶液的消耗，并可以得到化学浸蚀所不易得到的浸蚀效果，如不锈钢采用化学浸蚀方法，需用强硝酸和盐酸浸蚀，所产生的气体对人体有害，而用电解浸蚀则用弱酸即可。

电解浸蚀分为阳极浸蚀和阴极浸蚀两种。阳极浸蚀是将被清洗的金属零件放在某种溶液中，并将零件接在电源的正极上，阴极板材料可用铅、钢或铁。电解时在阳极产生氧气，由于氧气气泡的机械冲击作用从而将氧化物剥离。浸蚀通常在室温下进行，也可加热至 50 ~ 60℃，浸蚀时间需根据工件表面状况而定。阴极浸蚀是把工件接至阴极，用铅、铅锑合金或硅铁作阳极。浸蚀时在阴极上产生氢气将氧化物还原并消除氧化层，同时氢气逸出时的机械力量可使氧化层脱落。

电解浸蚀常用的是阳极浸蚀法。阳极浸蚀法需注意浸蚀过度及浸蚀不均匀的问题，尤其是形状复杂的零件。阴极浸蚀不会产生过度浸蚀，但零件容易产生渗氢发脆现象。电解浸蚀的效果取决于金属表面氧化层的状态，如果氧化层厚且密集，则电解浸蚀较难去除；疏松而多孔的氧化层则容易去除。在其他条件相同的情况下，调节电解浸蚀的电流大小，就可以调节浸蚀的强弱，得到不同光洁程度的表面。

电解浸蚀所用的电源电压通常为 2 ~ 12V，极间距离为 50 ~ 150mm，可通过调节电压和极间距离达到去除金属表面氧化层的目的。

如果用电解浸蚀方法除油，则效率比化学除油高好几倍。可以用碱液作为电解液，电源可用交流电或直流电。直流电解的除油速率比交流电解快。电解除油的原理是：电解时在作为零件的电极上剧烈地产生气泡（阳极产生氧气，阴极产生氢气），零件上附着的油脂薄层因受气泡机械力的冲击而破坏，同时油脂亦和碱液起皂化和乳化作用，加速了除油过程。如用直流电源进行电解除油时，常把被清洗的零件接至阴极。

10.3.3.4 加热清洗

加热清洗就是将工件置于常压或真空中加热，促使其表面上的挥发杂质蒸发，从而达到的清洗目的。这种方法的清洗效果与工件的环境压力、在真空中保留时间的长短、加热温度、污染物的类型及工件材料有关。加热工件的目的是促使其表面吸附的水分子和各种碳氢化合物分子的解吸作用增强。解吸增强的程度与温度有关，在超高真空环境下，为了得到原子级清洁表面，加热温度必须高于450℃才能保证得到良好的清洗效果。

对于清洗在较高温度的衬底上沉积薄膜的情况（制备特殊性质的薄膜），加热清洗的方法特别有效。

但有时这种处理方法也会产生副作用。由于加热的结果，可能发生某些碳氢化合物聚合成较大的团粒，并同时分解成炭渣，然而，用高温火焰加热处理（如氢-空气火焰）方法可以很好地解决这个问题。通过实验，人们发现火焰的清洁作用与辉光放电作用类似。在辉光放电中，靠离子化的高能粒子撞击工件表面除去表面上的杂质。虽然在高温火焰方法的加热过程中，工件表面温度仅约100℃，但是在火焰中存在着各种离子、杂质及高热能分子，火焰中的高能粒子把能量交给吸附污物使之脱离表面。另外，粒子轰击和表面上的粒子复合将释放热量，也有助于污物分子的解吸。

10.3.3.5 气体加热还原分解净化表面

许多金属材料表面都存在一层氧化膜，在真空气氛中这些氧化物的分解将成为一种气体源。金属材料的表面氧化物因结构比本体疏松，往往成为气体在真空系统中的储存源。吸气剂材料可以与某些气体发生化学反应并以化合物的形式吸气，因而所形成的化合物的分解压力可能是真空系统极限压力的限制因素；真空泵油热分解形成的低分子量碳氢化物蒸气也将影响真空系统的极限真空度；某些高分解压力的污染物亦是影响系统真空度和气氛的不利因素等。

金属氧化物的去除在真空系统净化中是比较重要的问题。金属氧化物处于某些还原性气体中时，会发生氧化物的还原反应。在真空技术中最重要的还原性气体是氢气和一氧化碳。

金属材料经烧氢处理可还原其表面氧化物达到净化表面的目的。采用烧氢处理工艺可以还原去除大多数的金属氧化物（Mg、Al、Si等的氧化物除外）。一般地，烧湿氢（露点大于 $-10℃$）有助于金属脱碳和去除表面有机物。在湿氢的氧化气氛中，碳杂质以 CO、CO_2 的形式被除掉。图 10-11 给出了相同尺寸的可伐合金、镍与不锈钢试样的 CO 出气率与烧湿氢时间的关系。烧湿氢半小时后，可伐合金的 CO 出气率降低 45% 以上，镍含量降低约 32%。但是不锈钢例外，因为不锈钢的出气机制与其他材料不同，不锈钢内部溶解的气体以氢为主，放气也以氢气为主，所以烧湿氢并不能减小不锈钢的 CO 出气率。

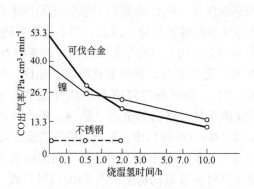

图 10-11　可伐合金、镍与不锈钢在真空中 800℃时
CO 出气率与烧湿氢时间的关系

烧湿氢会大大增加被处理材料的含气量，尤其是氧，因此，碳含量少的材料应当采用烧干氢（露点低于 $-50℃$）处理工艺。烧干氢有利于氧化物的还原，露点越低，氧含量越少，效果越好。例如，蒙乃尔合金烧干氢（露点为 $-65℃$）后，在真空中的出气量显著降低；若在露点为 $-35℃$ 的氢中处理，在真空中将放出大量 CO 与 CO_2，这是因为金属表面被水气氧化所致。在很多情况下，烧干氢的效果与真空除气相当，但烧氢的成本低，并且生产效率要高得多，关键在于要

保证烧氢炉内氢气的纯净。

金属材料烧氢时，应注意以下问题：

（1）Ta、Ti、Zr、V 等金属高温时能与 H_2 形成脆性化合物，故不能烧氢。含 Mg、Al、Cr、Ti 等活性杂质的金属，只能烧干氢（露点小于 $-60℃$，氧含量（体积）小于 0.005%），否则表面会生成这些杂质的稳定氧化物，在真空中受电子轰击时会分解并放出 H_2。

（2）溶于金属中的 H_2 并不能置换出金属内部的任何气体，却可能使金属产生很大的内应力。这是因为溶解氢在金属体内的分布不均匀，主要集中在由晶格的各种缺陷引起的内应力较大的区域，从而导致应力进一步增大。H_2 又能与金属中的氧化物、碳和碳化物作用，生成体积大的水和甲烷分子，使晶格发生畸变。当这种内应力超过晶格强度时，可能产生变形或微小裂痕，裂痕汇集成连续裂纹后会引起慢漏。这种应力对管壳及焊接部位产生的危害最大。

（3）氢的还原作用。H_2 特别是原子氢的还原作用很强，在较低温度下便能还原许多金属氧化物，因此，当不同金属同时在 H_2 中加热时，H_2 就会从与它亲和力小的金属转移到与它亲和力大的金属中，例如 Cu 和 Mo 在一起烧氢时，铜的氧化物容易还原，导致烧氢炉内水气增加使 Mo 氧化，而氧的迁移速率在 H_2 中最高，在惰性气体中最低。氢也能使碳从碳浓度高的金属（碳钢、碳化的零件等）迁往碳浓度低的金属（Mo、W 等）中，造成零件发脆或表面性质改变。

（4）阴极部件烧氢有助于减轻活性气体对阴极的危害甚至起激活作用，但是这只对普通氧化物阴极及 LaB_6 阴极有效，对其他阴极并无明显作用甚至有害（例如 Th-W 阴极等）。

一般情况下，工件烧氢的温度采用材料的退火温度，这样可以在保证工件具有良好真空表面性能的同时，消除加工过程中造成的内应力。常用材料的烧氢和真空退火规范见表 10-1。表中所列的干氢，是指露点低于 $-50℃$，水气分压力小于 $10^{-1}Pa$ 的氢气，适用于碳含量少，需要去除表面氧化物而不增加氧含量的材料。对于支架和弹簧等预应力零件，其烘烤温度应低于退火温度。铝零件因熔点较低，烘烤温度一般不超过 $500℃$。对于厚壁或直径大的工件，则应适当延长退火时间。

表 10-1 常用材料的烧氢和真空退火规范

材料	烧氢处理		真空退火		
	温度/℃	保温时间/min	温度/℃	保温时间/min	真空度/Pa
无氧铜	600～800	15～30	700～850	10～120	1×10^{-2}～1×10^{-3}
可伐	800～880	干氢30	800～880	30	3×10^{-2}～5×10^{-3}
镍、Monel	800～900	10～20	800～900	5～10	3×10^{-2}～5×10^{-3}
钼	900～1100	5～20	950～1000	5～10	3×10^{-2}～1×10^{-3}
钨	850～900	干氢10～15			
不锈钢	950～1000	干氢15～20	950～1000	20～90	5×10^{-2}～5×10^{-3}
纯铁			900～1000	10～30	1×10^{-2}～1×10^{-3}
铁镍合金	900～1000	干氢15～20	750～800	5～10	1×10^{-2}～1×10^{-3}
康铜	800～850	5～15	800	5～15	1×10^{-2}～1×10^{-3}
覆镍铁	900～950				
覆铝铁	550～600				
银基焊料	500～550	10～15			
金属封接			1100		5×10^{-4}～1×10^{-4}
钛		≥0.5	900～1000	15～30	1×10^{-3}
		≤0.3	700	10～15	
钽、铌	厚度/mm	≥0.5	1200	10～15	1×10^{-3}～1×10^{-4}
		≤0.3	1100	10～15	
锆		≥0.5	700	10～15	≤5×10^{-2}
		≤0.3	650	10～15	

10.3.3.6 放电清洗

放电清洗在高真空、超高真空系统的清洗除气中应用的非常广泛，尤其是在真空镀膜设备中用的最多。

电子轰击清洗：利用热丝或电极作为电子源，对待清洗的表面施加负偏压即可以实现电子轰击的气体解吸及去除某些碳氢化合物。清洗效果取决于电极的材料、几何形状及其与表面的关系，即取决于单位表面积上的电子数和电子能量，即有效电功率。

离子轰击清洗：在真空室中充入适当分压力的惰性气体（典型的如氩气），利用两个适当电极间低压下的辉光放电产生的离子轰击来达到清洗的目的。该方法中，惰性气体被电离并轰击真空室内壁、真空室内的其他结构件及被镀基片，它可以使某些真空系统免除高温烘烤。如果在充入的气体中加入10%的氧气，对某些碳氢化合物可以获得更好的清洗效果，因为氧气可以使某些碳氢化合物氧化生成易挥发气体而容易被真空系统排除。

不锈钢高真空和超高真空容器表面上杂质的主要成分是碳和碳氢化合物。一般情况下，其中的碳不能单独挥发，经化学清洗后，需要引入氩气或 $Ar + O_2$ 混合气体进行辉光放电清洗，使表面上的杂质和由于化学作用被束缚在表面上的气体得到清除。

在辉光放电清洗中，最重要的参数是外加电压的类型（交流电或直流电）、放电电压大小、电流密度、充入气体种类和压力、轰击的持续时间、电极的形状和排列以及待清洗部件的材料和位置等。放电电极可用纯铝棒（一般纯度在 99.9% 以上），放电电压在 500 ~ 5000V 之间，放电时的气体压力可在 1 ~ 10Pa 之间。

10.3.3.7　气体（氮气）冲洗

氮气在材料表面吸附时，由于吸附热小，因而吸留表面时间极短，即便吸附在器壁上，也很容易被抽走。利用氮气的这种性质冲洗真空系统，可以大大缩短系统的抽气时间。如真空镀膜机在放入大气之前，先用干燥氮气充入真空室冲刷一下再充入大气，则下一抽气循环的抽气时间可缩短近一半。其原因是氮分子的吸附能远比水气分子小，在真空下充入氮气后，氮分子先被真空室壁吸附了。由于吸附位是一定的，先被氮分子占满了，其吸附的水分子就很少，因而抽气时间缩短了。

如果系统被扩散泵油喷溅污染了，还可以利用氮气冲洗法清洗被污染的系统。一般是一边对系统进行烘烤加热，一边用氮气冲洗系统，可将油污染消除。

10.3.4　非金属材料的清洗

10.3.4.1　玻璃与金属封接的清洗

玻璃及金属封接件最常用的清洗方法是溶剂清洗法。

玻璃与金属封接部件的预清洗，通常以在清洗液中浸泡清洗开始，并辅以刷洗、擦拭或超声波搅动，然后用去离子水（软化纯净水）或无水乙醇（酒精）冲洗。重要的是，当清洗后的部件干燥时，不允许溶液沉淀物留在部件表面上，因为去除沉淀物常常是困难的。

对于表面清洁度要求很高的玻璃与金属封接部件，最后要在真空环境中进行烘烤加热处理、等离子辉光放电处理等。

10.3.4.2 塑料与橡胶的清洗

A 有机玻璃及塑料的清洗

有机玻璃和塑料的清洁需要特殊的技术处理，因为它们的热稳定性和机械稳定性都低。低分子量物质碎粒、表面油脂、手汗、指纹等，都可覆盖有机玻璃表面。

大多数污染物可以用含水的洗涤剂洗掉，或者用其他的溶剂清除。应注意的是，用洗涤剂或溶剂清洗的时间不能过长，以免它们被吸附到聚合物结构中，促使其膨胀，并可能在干燥时开裂。因此，在清洗时应尽可能用软性液体浸泡和冲洗。

另外，恰当的辉光放电轰击及辐射处理对塑料和有机玻璃的表面有好处，这种处理除了使表面产生微观粗糙外，还可以使表面产生化学活化作用和交联作用，特别是交联作用对表面有利，它增加了聚合物的表面强度，减少了有害的低分子量成分的量。

B 橡胶材料的清洗

真空橡胶一般不受稀酸溶液、碱溶液和酒精的腐蚀，但会受到硝酸、盐酸、丙酮以及电子轰击的严重损害，所以真空橡胶件一般可用无水乙醇清洗，然后在干净处自然干燥。如果油污较重或部件体积较大，则可在20%的氢氧化钠溶液中煮30~60min，取出后用自来水冲洗，然后再用去离子水（或蒸馏水）冲洗，最后用洁净的空气吹干或烘干。

10.3.5 清洗的基本程序

10.3.5.1 污染物的确定

清洗前了解和确定被清洗基体表面污染物的性质是清洗工艺的第一步。根据污染物和基体的性质，确定采用的清洗方法，或采用多种方法进行多级清洗，以达到最佳清洗效果。

10.3.5.2 清洗方法的确定

材料表面清洗可以用各种方法完成，每一种方法都有其适用范围。溶剂清洗的适用范围较大，但是在许多情况下，特别是对某种真空工艺，当溶剂本身就是污染物时，它就不适用了。另外，多数有机溶剂都不适于用在超高真空系统的清洗中。在超高真空系统的清洗中，最后的冲洗液以高纯水为佳，因为水可以从系统的器壁上迅速放气，并且很容易被泵抽走。加热清洗在待清洗材料表面所能承受的温度极限内是有效的。辉光放电清洗（等离子体）则在污染物的黏合强度超过系统温度极限的情况下适用。从微观上分析，等离子体（放电）的能量可远超过系统加热得到的能量，但因其热通量低，所以并不破坏清洗表面。

10.3.5.3　清洗溶剂的选择

在溶剂清洗方法中，根据被清洗材料及污染物的性质选择合适、有效的清洗剂和溶剂是溶剂清洗的一个关键。

清洗溶剂常常是彼此不相容的，所以在使用另一种清洗液前，必须先从表面上完全清除前一种清洗液。在清洗过程中，清洗液的使用顺序必须是化学相容的和可混溶的，而且在各阶段都没有沉淀。

10.3.5.4　清洗程序及注意事项

不管用何种清洗方法，清洗时必须按一定的顺序操作，但是同一种清洗方法的清洗程序也并不一定相同，要根据达到的清洁等级程度来确定具体的清洗程序。对批量处理的清洗，可建立流程图。

必须注意一些特殊步骤的处理。例如，在清洗中由酸性溶液改为碱性溶液，其间需要用纯水冲洗；由含水溶液换成有机液时，需要用一种混溶的助溶剂（如无水乙醇、丙酮等脱水剂）进行中间处理。清洗程序的最后一步必须小心完成，最后所用的冲洗液必须尽可能得纯，通常应该是易挥发的清洗剂。最后需注意的是，已清洁的表面不要放置在无保护处，如果清洗后的零件再次受到污染，清洗就失去了意义。

10.3.6　清洁零件的存放

已净化的零部件必须妥善存放，否则会有重新污染的危险。清洁的零件经过在大气中很短时间的放置，表面便会形成几纳米厚的氧化膜，氧化作用使表面变得疏松。例如，新清洗的铁表面在室温空气中放置10min即覆盖一层2nm厚的氧化膜；在200℃会形成由 γ-Fe_2O_3 和 Fe_3O_4组成的数十纳米厚的氧化膜；特别是在潮湿环境中会形成多孔性的锈层（γ-Fe_2O_3-H_2O 或 $2FeO(OH)$）。

已清洗净化过的零件严禁用手触摸，否则会造成严重污染使出气量大大增加。因为任何金属表面层微观上都是凹凸不平的，当用手触摸时，手上的油腻、汗液等便以毛细凝缩方式吸附在孔穴中，使脱附能显著增大。在高温真空中，这些污物又会逸出孔穴并在表面分解，从而产生大量气体和有机杂质。

金属材料表面氧化膜增生的速度与环境条件有关。若环境温度低于40℃，并且不存在腐蚀性成分（例 SO_2、酸蒸气、氯化物等），则膜厚增长较慢；反之氧化膜的厚度随温度升高而迅速增加，当存在腐蚀性气体时，严重时甚至出现各种氧化色。肉眼可看出颜色的氧化膜厚度一般在50nm以上。肉眼看不出的薄氧化膜危害更大，例如，影响焊料的流散和浸润，使焊缝内出现孔隙造成慢漏等。氧化膜在电子轰击下很容易分解，而且疏松的氧化膜含有大量微孔，能使表面吸附容量增大几十到几百倍。

空气中悬浮的尘埃和微粒，无论是有机的还是无机的，通常均包有一层油脂膜，极易吸附在清洁零件上造成污染。零件存放的主要要求是避免外来杂质污染和减慢氧化膜的生长速度。这要求工艺环境卫生，尽可能减少零件暴露大气的时间和采用合适的贮存容器。

贮存容器必须与贮存的零件同样清洁，这对要求超清洁的零件尤为重要。依靠涂油磨砂面密封的玻璃真空干燥瓶不宜存放超清洁真空系统元件，因为易受油蒸气污染。聚苯乙烯、聚乙烯材质的容器也不宜使用，因为它们在室温下就会放出许多由复杂有机物组成的气态物质，放出速率约为 $10^{-3} \cdot cm^3 \cdot Pa/(cm^2 \cdot s)$。不难算出，在容积为3L、表面积为1200$cm^2$的容器内，有机蒸气分压1h内便可达到1Pa左右，这样，零件表面将覆盖一个到几个有机物分子层。虽然膜层附着不牢，在真空中加热100℃即迅速挥发，但仍可能有难排除的化学物质残留下来。

抽真空的清洁玻璃管适于存放易氧化和多孔性的材料，如消气剂、瓷件等，但须注意防止玻璃熔封时放出的气体及其他杂质的污染，可以在玻璃管内放一只清洁的细丝金属塞作为滤污器。用机械真空泵抽气的真空贮存柜，可在抽气管道中设置吸附阱，并定期更换吸附剂，以避免受到泵油蒸气的污染。

清洁零件，较好的存放容器是带有耐热密封垫、易清洗并可加热到 $200 \sim 300℃$ 的搪瓷、玻璃或铝制器皿。容器内充入干燥氮气或放置活性炭、硅胶、活性氧化铝之类的吸附剂，可减缓零件氧化速度，延长存放时间。吸附剂在使用前需高温活化，在使用过程中应定期加热再生。

11 真空系统的安装调试与操作维修

11.1 真空系统的安装调试

11.1.1 常用真空系统的安装

真空系统在安装前应做如下准备工作：

（1）零件安装前应进行清洁处理，目的是去除金属零件在加工时所沾染的油类，污垢，焊药等杂质，避免安装后给真空系统内部造成气源。其方法通常用去污粉去污并且热水洗净，再用热风吹干，最后用有机溶剂擦干即可。

（2）安装前对零件进行检漏，及时剔除有漏孔的零件以避免将其组装到系统上，给真空系统调试带来麻烦。其方法多采用零件打压试漏法。

（3）检查真空泵阀门等元件的性能是否满足设计时所提出的要求。

（4）按电器图检查电路是否完整，开关是否指于断路的位置，有关测试仪表是否处于零点的位置，地线是否接地，操作是否安全。

真空系统安装时应注意安装必须与检漏工作相结合，其步骤是先安装机械泵并抽气，达到真空度要求后再安装主泵，决不能把系统全部安装完再进行抽空检漏，否则一旦出现漏气现象，将给安装工作带来麻烦；同时在安装时，一定要检查静密封法兰处的橡胶圈和法兰密封面是否有划痕，以防安装后产生漏气。

11.1.2 真空系统的调试

真空系统调试工作主要包括：（1）安装后所进行的空载调试，主要是测试真空系统的极限真空度、系统总的漏气率及抽气时能否达到设计要求等；（2）生产工艺调试，测试真空系统能否满足实际真空工艺的要求。

在真空系统的安装调试中应注意避免系统出现漏孔堵塞的现象。超高真空系统、电真空器件中的漏孔往往是直径在微米数量级的小漏孔，空气中的尘埃或液体都很容易造成漏孔的堵塞，这些堵塞常常是暂时性的，检漏时好像不漏气，但经过加热抽气之后，就会出现漏气。

实践证明，潮湿的气氛很容易使漏孔产生堵塞现象。设漏孔是一个直径为 d 的毛细管，当水蒸气凝聚在毛细管内时，由于表面张力的作用，要把水排出，就必须施加一定的压力 p：

$$p = \frac{4F_\mathrm{r}\cos\phi}{d} \tag{11-1}$$

式中，F_r 为液体的表面张力，N/m；ϕ 为液体与毛细管表面的接触角。

设 $\cos\phi = 1$，则可估算出将凝聚水压出毛细管的气体压力 p。已知室温（20℃）下纯水的表面张力为 7.28×10^{-2} N/m，若 $d = 10^{-6}$ m，则有：

$$p = \frac{4 \times 7.28}{10^{-4}} \approx 2.9 \times 10^5 \mathrm{Pa}$$

对应于 $d = 10^{-6}$ m 漏孔的漏气率相当于 $10^{-5} \sim 10^{-6}$ Pa·L/s。从上式可见，如果这样的漏孔被水气堵塞，利用抽真空的方法是无法把水压出去的，只能等待水气慢慢蒸发。有些真空器件在烘烤前排气检测不到有漏孔，而烘烤后排气却发现漏气，就是这个原因。可行的办法是将被检测容器（或器件）升温，使水的表面张力大大下降，并加速其蒸发。因此，为了检查小于 10^{-6} Pa·L/s 的漏孔，一定要仔细处理检漏部位，最好先烘烤待检部位，然后再进行检漏，而且尽量不用手触摸被检测区域，以免尘埃或油脂堵塞漏孔。

11.2　真空系统操作及注意事项

11.2.1　常用真空系统的基本操作规则

（1）启动机械真空泵时，首先要保证转子运动方向正确，而且注意泵油箱中的油位应合乎要求。

（2）机械泵入口处应安置压差阀，当机械泵停止后，立即将机械泵入口通大气，防止泵油返流进入到真空容器中。

（3）不要用油封机械真空泵将真空室直接抽至低于 13Pa 的压力，否则机械泵油蒸气容易返流进入真空系统中。因为在压力低于 13Pa 时，会出现分子流流态，油蒸气分子将返流到真空室中造成污染。如果在机械真空泵与真空室之间设有冷凝捕集器，则允许机械真空泵抽到 13Pa 以下的压力，这时捕集器可以防止油蒸气进入真空容器。

（4）不要使机械真空泵在大气压力下或较高压力下连续长时间工作，否则电动机会过热，而且机械泵出口会出现喷出油雾现象。

（5）在扩散泵泵腔（或油增压泵）通大气之前，应该将泵油冷却到扩散泵油氧化的安全温度，防止高温下泵油发生氧化。

（6）蒸气流泵在加热之前，应先供给冷却水，而且泵应该配备热保护继电器，当发生停水事故时，能立即使加热器断电，并关闭泵的入口阀门，防止泵油因温度过高而氧化和返流污染真空室。

（7）在泵开始工作和停止加热阶段，扩散泵油返流特别利害，因此在开泵前和停泵前应将扩散泵入口高阀关闭，防止扩散泵油返流到真空室去。

（8）不要在压力高于 10^{-2}Pa 时给冷阱加入液氮，这样会导致冷阱凝结过多水气。冷阱在使用前要把液氮阱贮液罐中的所有水凝液清除，以避免水冻结在阱内。开始抽气时，最好分步加注液氮，这样可使真空系统内的可冷凝物主要被捕集在冷阱的下部。当达到高真空后，应给阱加注液氮，使其达到较高液面，以便大量捕集气体。

（9）对于大容积真空室的抽气，为了缩短抽空时间，可在真空室放气时用放气阀门通入干燥氮气，使真空系统内表面的湿气量减到最小限度。如真空室对大气作短时间通气，使用干燥氮气为好。应注意，不可从扩散泵出口的前级管道上充气。

（10）使用热阴极电离计时，应该在真空室内的压力达到 1.33×10^{-1}Pa 时，接通电离计的电源，防止因压力过高而烧坏规管的阴极灯丝。

（11）当真空系统停止工作时，应使整个系统保持在真空状态下，但是机械泵腔内要通大气。

（12）在真空系统操作中应注意真空清洁问题。对周期性工作的真空系统，应及时清除工艺过程所产生的污物，尽量缩短真空室暴露在大气中的时间以减少潮湿空气对真空室的吸附量。

（13）对系统中所使用的各种真空泵、真空阀门等应严格遵守其操作规程，做好日常的维护工作。

11.2.2 机械泵抽气系统的操作

（1）需通冷却水工作的机械真空泵应在开泵前先通冷却水。

（2）当环境温度过低，油封真空泵因泵腔内油温低、黏度大难以启动时，可将泵进气口通大气，用手盘动泵轴，再断续启动。若仍不行，则应给泵油加温至15℃以上。冬天宜换用黏度小的油。应注意，不同种类和牌号的真空泵油不可混合使用。

（3）泵在开动后，要检查泵油量是否达到油标中心（泵在运转过程中应保持油箱内油量不得低于油标中心），放气阀是否关闭，泵运转声音是否正常。一切正常后再接通被抽系统。

（4）若抽除含有可凝性气体时，必须开气镇阀掺气，以免可凝性气体在泵腔内凝结，影响泵的抽气性能。

（5）停泵时，应先关系统的低真空阀，然后接通放气阀向泵内放气，没有放气阀的可拧开气镇阀掺气，再停泵，以免返油和下次开泵难以启动。

（6）停泵后即可关冷却水。

（7）泵在使用过程中，因系统损坏等事故，进气口突然暴露在大气中时，应尽快停泵，并切断与系统连接的管道（关低真空阀），防止喷油，污染工作场地。

11.2.3 扩散泵抽气系统的操作

11.2.3.1 系统的操作

（1）系统启动时，首先接通扩散泵的冷却水，然后启动扩散泵加热器对泵油加热。如果扩散泵停泵时曾破坏真空，则需要开动机械泵对扩散泵腔进行预抽。

（2）在高真空阀、前级阀关闭的情况下，打开粗抽阀对真空室进行粗抽。

（3）当真空室内的压力降到100Pa之后，可打开前级管道阀。

（4）一般将系统粗抽到15～20Pa左右时，关闭粗抽阀，等扩散泵正常工作后（即油已不放气了），打开高真空阀进行抽气。

（5）对于小型扩散泵系统，可先对真空室进行粗抽，当真空室内的压力降到100Pa之后，可打开前级管道阀并给扩散泵通冷却水，然后给加热器通电，其余步骤同前项。

系统停止运转时应按下述步骤进行：

（1）关闭高真空阀。

（2）如果在扩散泵入口与高真空阀之间装有液氮冷阱，则在关闭高真空阀后，使冷阱升温，让扩散泵抽走冷阱放出的气体和蒸气。冷阱升温可采用自然升温和用干燥氮气吹液氮储罐两种方法。前者升温时间较长，后者可使升温时间大大缩短。

（3）切断扩散泵加热电源。如有冷阱，可在冷阱温度回升到0℃时，切断扩散泵电源。

（4）当扩散泵冷却到50℃时，关闭前级阀，然后关掉机械泵并立即通过电磁放气阀向泵内放入大气。

（5）关掉扩散泵的冷却水。

（6）在真空系统停止工作时，如无特殊要求，应将系统内各元件保持在真空状态下封存，但机械泵腔内应通大气。

11.2.3.2 操作注意事项

（1）不能直接用油封机械泵将真空室抽至低于13.3Pa的压力。因为当压力低于13.3Pa时会引起油封机械泵内的油蒸气分子返流到真空室而造成污染。如果要求油封机械泵必须抽到13.3Pa以下压力，则应该在油封机械泵与真空室之间设置油气捕集器。

（2）如果在扩散泵入口与高真空阀之间装有液氮冷阱，则在抽气时不要在真空室的压力高于10^{-2}Pa时，给阱加入液氮，否则将使冷阱中凝结过多的水气。冷阱加液氮前，要把冷阱贮液罐中的所有水凝液清除，以避免水冻结在阱内。

（3）如果因为需要必须将扩散泵（或油增压泵）通大气，则应在通大气之前将泵油冷却到安全温度以下，防止高温下泵油的氧化。

（4）要防止因抽气系统故障使扩散泵的前级压力超过临界值。若前级压力超过临界值，泵液会迅速返流到真空室。

（5）扩散泵最好配备热保护继电器及水压传感器，当发生停水事故或冷却水压过低时，能立即使加热器断电，并关闭泵入口高阀，防止泵液因温度过高发生裂变和返流。

（6）扩散泵在稳定的工作状态下，泵的抽气量不应超过最大气体负荷能力（最大抽气量）。应尽量避免在 $15 \sim 10^{-1} Pa$ 的压力范围内长期工作，因为在该压力范围内，扩散泵和粗抽泵都有最大的返流率。

11.2.4　涡轮分子泵抽气系统

11.2.4.1　系统操作

涡轮分子泵的种类和型号很多，每种泵的具体操作方式可由制造厂家提供。一般情况下，单独设置粗抽管路的涡轮分子泵抽气系统的操作方法与扩散泵抽气系统相似。

首先关闭前级阀，启动粗抽泵（可兼前级泵用），打开粗抽阀开始对真空室进行粗抽。在真空室内的压力降到 $150 \sim 100 Pa$ 时关闭粗抽阀，打开前级管道阀，再启动涡轮分子泵（需先接通冷却系统）。如果分子泵入口处装有液氮冷阱，则应在泵加速到额定转速后加注液氮。

系统停机时，应先关闭高真空阀。如果有液氮冷阱，还要按11.2.3.1 节中介绍的方法将冷阱升温，在冷阱达到平衡温度后，关闭前级阀，再切断分子泵电源。对于水冷却系统，立即关掉分子泵的冷却水，防止泵内部冷凝。在前级管路阀关闭后，关闭前级泵系统。

当分子泵电源切断，泵转子减速后，泵将不再有足够大的压缩比阻止前级侧存在的碳氢化合物通过涡轮叶片向真空室返流。为了防止前级管路中的油蒸气和分子泵内润滑油蒸气向泵的进气口上方区域的返流扩散，可用干燥的反向气流对泵内进行放气。一般应在转子速度下降到额定工作转速的一半时，在泵的进气口上方某处或在转子组件上部充入干燥空气（或氮气）。充气的气流应该是连续的，直到泵内的压力达到大气压力。对分子泵抽气系统来说，当泵关闭时适当地向泵内充气是控制油分子返流，保持真空室内无碳氢化合物的一种有效措施。

在小型快速循环的真空系统中，如采用涡轮分子泵抽气时，也可不单设粗抽管道。此时可以选用耐大气冲击的涡轮分子泵，直接在大气压力下启动分子泵。不单设粗抽管路的涡轮分子泵系统的操作程序是：先打开分子泵冷却系统和前级管路阀，并同时启动前级机械泵和涡轮分子泵。如果前级泵（粗抽泵）选择得当，使真空室的粗抽时间等于分子泵的加速（启动）时间，当涡轮分子泵加速到正常转速时，同时对系统的粗抽也完成了，而且在较高系统压力的粗抽阶段，前级泵也不可能出现油蒸气返流的现象。因为这时系统内的气体处于黏滞流或层流状态，排出气体的密度大，可阻挡碳氢化合物的分子向涡轮分子泵方向返流。当气流达到分子流态时，涡轮分子泵已进入正常速度运转。涡轮分子泵在高压缩比的情况下运转，可防止油蒸气的返流，这样真空系统就能在没有泵油蒸气返流的情况下把真空室抽到其本底压力。

该系统在停机前，要先关闭前级管路阀，然后切断分子泵电源和关闭冷却水。在前级阀关闭后，关闭前级泵系统。待分子泵转速下降到额定工作转速的一半时，再在泵的入口处充入干燥气体，当系统压力充到大气压力后，应关闭放气阀门。

11.2.4.2 注意事项

（1）不能在前级泵工作时（前级管道接通情况下）和真空室处于真空状态时关闭涡轮分子泵，否则将会使油蒸气迅速从前级管路返流到泵的入口端。

（2）分子泵系统在停机充干燥气体前，一定要将分子泵冷却水关闭，并且要从泵的高真空端充气，决不能从泵的前级管路充气。

（3）抽气系统工作时，应使涡轮分子泵的前级管路始终保持在分子流状态下。

（4）不能让涡轮分子泵在低于额定工作转速下运转。

（5）分子泵入口应装设防护网，以免异物进入泵内损坏泵转子和定子叶片。

11.2.5 溅射离子泵-钛升华泵无油抽气系统

11.2.5.1 系统操作

典型小型溅射离子泵抽气系统如图11-1所示。

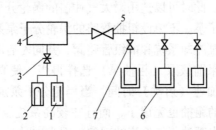

图 11-1　典型小型溅射离子泵抽气系统

1—溅射离子泵；2—钛升华泵；3—高真空阀；4—真空室；

5—粗抽阀；6—分子筛吸附泵；7—管道阀

该系统没有前级泵，仅需要粗抽泵。溅射离子泵-钛升华泵无油抽气系统中各泵的操作工艺分别如下。

A　分子筛泵预抽操作工艺

启动（泵加液氮冷却）分子筛吸附泵进行预抽：如果粗抽是用两级分子筛吸附泵，则先冷却启动第一级吸附泵，同时给钛升华泵通冷却水。用第一级泵将系统粗抽到1000Pa左右，然后快速关闭第一级泵的管道阀，将第一级吸附泵与粗抽管路隔断；再用第二级泵将系统抽到0.4~0.2Pa。如果采用三级吸附泵粗抽时，则可用第一级泵抽到3000~5000Pa的压力，用第二级泵抽到15Pa压力，再用第三级泵抽到0.1Pa。分级抽气可在黏滞流状态下捕集进入第一级泵中的惰性气体，可减少最后一级抽除的惰性气体量，降低系统的极限压力。

B　钛升华泵的操作工艺

抽气系统中的钛升华泵应随着系统真空度的变化采用不同的钛升华率和工作周期，以延长钛升华泵的使用寿命。在真空室压力约为

0.5~0.1Pa 时就可以启动升华泵，开始连续升华，同时打开高真空阀门对真空室抽气，当真空室压力达到 0.1~0.05Pa 时便可启动溅射离子泵，然后关闭粗抽阀门，将粗抽管道与系统隔开。当系统压力低于 10^{-5}Pa 时，可以让钛升华泵间断工作，而且随着系统压力的不断下降，蒸钛的间隔时间可以一次比一次加长。可使用定时电路来控制钛泵的钛升华时间和升华的间隔时间。

C 溅射离子泵抽气操作工艺

如果在系统运行前，溅射离子泵曾暴露过大气，则系统的操作顺序为：

（1）先冷却分子筛吸附泵，并接通钛升华泵的冷却水，同时打开高真空阀和粗抽阀，按前面介绍的顺序，用分子筛吸附泵和钛升华泵对系统进行粗抽。

（2）当接通溅射离子泵电源时，由于泵内电极的出气，系统的压力会升高，所以此时仍需用吸附泵和钛升华泵进行抽气，直到把放出的气体抽完为止。

（3）当系统压力稳定在 0.1Pa 以下时，即可关闭粗抽管路阀门，进而按正常方式连续工作。

如果在系统运行前，溅射离子泵保持在真空状态下，则系统的操作顺序为：

（1）冷却分子筛吸附泵，并接通钛升华泵的冷却水，同时打开粗抽阀，按前面介绍过的顺序，用分子筛吸附泵对系统进行粗抽。

（2）当真空室压力约为 0.5~0.1Pa 时，按前面介绍的操作工艺启动升华泵。

（3）当系统压力稳定在 0.1Pa 以下时，即可关闭粗抽管路阀门，进而按正常方式连续工作。

离子泵系统停机前，先将高真空阀关闭，再把离子泵电源关掉，整个系统最好保持在真空状态下，直到下次再用。

11.2.5.2 注意事项

（1）溅射离子泵应在低于 10^{-4}Pa 的压力下稳态运转。

（2）不要在系统压力高于 10^{-1}Pa 时启动溅射离子泵。

（3）不要让离子泵在较高压力下抽除大量氦气。

（4）真空室放大气时，必须关闭高真空阀门将溅射离子泵隔断。

（5）应按正确顺序操作分子筛吸附泵。

11.2.6 低温泵抽气系统

11.2.6.1 系统的操作

图 11-2 所示为一台典型制冷机低温泵抽气系统示意图。

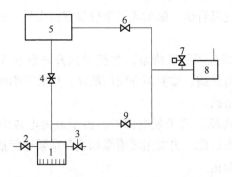

图 11-2 制冷机低温泵抽气系统示意图

1—低温泵；2—安全压力阀；3—冲洗气体阀；4—高真空阀；5—真空室；
6—粗抽阀；7—机械泵放气阀；8—机械泵；9—再生粗抽阀

低温泵抽气系统不需要前级泵，仅需要预抽泵。系统操作时，可先用粗抽泵将真空室抽到 200Pa 左右，然后启动低温泵的压缩机进行冷却，待泵冷却及系统达到转换压力后，关闭粗抽阀并打开高真空阀，低温泵开始对系统进行抽气。

如果采用油封机械泵进行粗抽，则真空室切换到低温泵抽气所允许的最低压力是由防止机械泵返油的要求决定的。为了尽量减小油的返流，最好采用尽可能高的并避免吸附剂出现饱和现象的切换压力。最高切换压力取决于低温抽气表面的几何形状和制冷机的制冷量。泵的低温抽气表面应具有相当大的热容量，它们能接纳突发的气体而不产生不可逆升温。在一次气体突发中导入低温泵中的最大气体量 Q_i 的允许数值可从低温泵的制造厂家得到。当打开高真空阀时瞬间导入的气体量可由 $Q_i = p_cV$ 求出，由

此可见,最大切换压力为:

$$p_c = \frac{Q_i}{V} \tag{11-2}$$

式中,p_c 为切换压力,Pa;V 为真空室容积,m^3;Q_i 为某一瞬时突发进入低温泵内的最大气体量(例如打开高真空阀时瞬间导入的气体量)。

对小型制冷机低温泵,由粗抽转换到低温泵抽气的切换压力范围为:

$$10Pa \leqslant p_c \leqslant \frac{Q_i}{V} \tag{11-3}$$

假如由式(11-2)求出的值低到在切换前就有机械泵油返流,说明相对于真空室容积,低温泵的抽速太小了。如果突发产生的气体量很大,则在黏滞流或过渡流时,突发气体中的水蒸气就会到达吸附剂处,覆盖在吸附剂上或使之饱和,从而妨碍了对氢气和氦气的抽除。

系统停机时,首先关闭高真空阀,然后关压缩机电源,并用干燥氮气使真空室或泵中的任何液氮阱达到平衡。如果低温泵在上次再生后只用过很短时间,并且也没有积聚水蒸气,则在再次启动时无需再生。

低温泵再生的目的是将已捕获的气体从泵中除掉。低温泵的彻底再生是十分重要的。推荐的再生步骤是外部加热、粗抽和气体冲洗等的组合。再生过程中重要的环节是在对泵进行加温时用干燥气体冲洗。活性炭不需高温烘烤就可除掉水蒸气,在泵外部加热 50~80℃ 烘烤,并用干燥气体冲洗泵,可大大加速这一过程。冲洗和再生出来的气体需由粗抽泵抽走。如果在泵的再生过程中,用过压安全阀放气时,当低温泵的泵内压力与其环境压力达到完全平衡时,则从泵表面溶化的冰水就会在泵的底板上积聚,因而会严重妨碍以后的抽气过程。

低温泵的再生过程一般需要 8~10h。如果低温泵是连续进行工作,则再生的间隔时间的长短和使用情况有关。许多高真空应用场合,泵的再生间隔时间以三个月为宜。

11.2.6.2 操作注意事项

(1)烘烤低温泵真空系统时应特别注意,由于低温泵怕热辐射，当系统烘烤到450℃时，可能导致泵的温度升高，超过工作范围，此时可以在泵和系统之间插入旋转蝶阀式水冷挡板作为热辐射屏蔽，在烘烤时旋转到屏蔽位置，烘烤结束后旋转到与管道平行位置。

（2）为了确保在工作过程中低温泵的热载荷不超过额定指标（尤其是第一级冷头上的热负载），应采用某种形式的障板来减少射到第一级冷阵上的热辐射量。最简单的办法是用反射的非冷却障板。如果还不够，则需要采用带冷却的人字形障板。这种障板可以用水冷却，也可以用液氮冷却。

（3）低温泵在连续运转中，尤其是在吸附剂被氢饱和时，应特别注意防止瞬时断电，因为即使是短时间停电，氢气也会从吸附剂中释放出来，而且会把真空器壁上的大量热量传到低温泵的抽气表面上去。如果发生低温泵短时断电情况，即当氢被猝发以后，则泵就不能再继续工作，而需要再生。如果停电时间较长，则可能使水蒸气从第一级释放出来并沉积在第二级上使吸附剂饱和，此时更需要彻底再生。

（4）操作中应经常检查低温泵的过压安全阀是否正常，防止安全阀失灵，对操作者和泵造成危害。

（5）不能用低温泵抽除有毒的或易爆及容易产生化学反应的危险气体。因为低温表面可冷凝各种蒸气，所以它会累积大量的沉积物，当泵升温时，低温表面冷凝的某些沉积物就可能相互反应或与大气发生反应。例如，硅烷和水蒸气在77K时会反应，产生爆炸的危险。如果泵中凝结着爆炸性气体，则在泵突然升温，大量气体放出时，流到被抽空的系统中去，此时如果电离规正在工作就会发生严重问题。

（6）低温泵对所有气体的抽气能力并不是都一样。低温泵抽氦和抽氢的能力比抽其他气体的能力差得多，在系统的组成和操作时应考虑这一点。

（7）压缩机需充高纯氦（99.999%）。氖是氦中最常见的杂质，它会凝聚在低温级上并导致密封件磨损。

11.3 系统常见故障及其排除

11.3.1 油封机械真空泵机组常见故障及其排除

油封机械真空泵机组是真空系统中常用的低真空机组泵之一，其常见故障有以下几类：

（1）真空度降低；

（2）泵不能正常运转，甚至"卡死"；

（3）在运转中，有较大的噪声、杂音；

（4）泵体密封不好，发生漏油现象；

（5）泵在启动时，排气口大量喷油滴、油雾，污染环境；

（6）泵启动困难。

表11-1列出了油封机械真空泵常见故障、产生原因及排除方法。

表11-1 油封机械真空泵常见故障、产生原因及排除方法

常见故障	产生的原因	排除方法
真空度降低	油量不足	加油到油标中心
	油脏	换油
	泵油牌号不符或混油；夏季使用黏度过小的油	换油
	动密封处漏气	检查轴封、泵轴、排气阀、端盖、进气口等部位的密封情况，修复泵轴并更换密封圈
	配合间隙过大（或有磨损和划痕）	检查泵腔、转子、旋片、端盖板之间的配合间隙，清除杂物、杂质，按精度要求修复
	油路不通，泵腔内没有保持适当的油量	调节油路的进油量，清洗时用高压空气吹通油孔，把沉积物清洗干净
	泵运转中温升太高，使泵油浓度变稀，密封性能变差，油蒸气增大	检查泵的冷却系统，加强泵的冷却；冷却被抽气体

常见故障	产生的原因	排除方法
真空度降低	泵中隔板压入时过盈量过大,使泵腔鼓起变形,漏气	检查配合间隙,按精度要求进行修理,修整泵腔或更换相关零件
	排气阀片损坏,密封不好	修换阀片
	装配不当,端盖板螺钉松紧不一致,转子轴心位移	重新装配
	旋片滑动不畅	修复转子和旋片的配合,更换弹簧
	被抽气体温度过高	被抽气体被抽入泵之前加冷却装置
	抽气管内的过滤网被堵	取出进气口过滤网,清洗干净后再装好
	气镇阀密封垫圈损坏或没拧紧	更换密封垫圈,拧紧气镇阀
电动机超负荷运转,甚至转不动,发生"卡死"现象	弹簧损坏,使旋片受力不均匀	换弹簧
	泵装配不当,使某局部受力	重新装配
	过滤网损坏,金属屑、颗粒等抽入泵腔内	拆泵检查,清洗、装好过滤网
	端面间隙过小,泵温升过高	修磨转子旋片,调整间隙
	泵油变质或结垢,油黏度不恰当	换油
	转子损坏	更换转子
	轴和轴套配合过紧,缺油润滑	加强油路润滑
	中间气道不畅通	清理中间气道或换用薄一点的橡皮垫
	主轴十字接头损坏	修换转子轴或十字接头

常见故障	产生的原因	排除方法
泵在运转中有杂声、噪声	弹簧断，运转中发出旋片的冲击声	换弹簧
	装配不当，使各部间隙异常	重新装配
	泵腔内有毛刺、脏物或零件变形，运转发生障碍	拆洗、检查、修复或更换相关零件
	泵腔内油的润滑不良	疏通和调节油路
	泵腔内的有害空间太大	属泵本身的毛病，修改减小有害空间
	电动机故障	更换或修理电动机
漏油	轴承、动密封、端盖、油窗、放油孔、油箱等部位的密封件损坏或者没有压平、压紧	调换新密封件；装配时注意位置正确，螺钉拧紧，并使压力均匀适当
	箱体有漏孔	堵漏或更换
喷油	油量过多	放出多余油量
	突然暴露大气	开泵时应注意断续启动电动机。因系统损坏而暴露大气时，应注意及时关闭低真空阀
	原泵设计油箱较小	在排气口增设油气分离装置；更换合适的泵
启动困难	油温过低或油黏度过大	给油加温或更换黏度小的泵油
	泵内润滑不良	保证工作场地室温在15℃以上，调节油路，增加油的润滑
	油已变质或混入某种扩散泵油	换适当的机械泵油
	停泵时泵腔内未放入大气	停泵时要注意放气
	电动机断一相电源（此时电动机无声）	检修电源

11.3.2 扩散泵系统常见故障及其排除

（1）如果系统不漏气，真空泵无故障正常工作，而系统的极限压力却一直达不到预想的结果，则可能是系统设计不合理，有效抽速低；或真空规电极放气和真空规本身受光电流的限制，测不出低压力。

（2）在长时间使用后，如果泵或机组的抽气性能逐渐变坏，即极限真空度和抽速降低，而其他情况正常，则主要是扩散泵油逐渐氧化，质量变坏。这时，应更换新油。方法是先把扩散泵卸下，取出泵芯，按要求将泵芯清洗烘干后正确装配并加新油。

（3）由于特殊原因，如真空规管炸裂、误开容器放气阀或未关高真空阀等，使扩散泵内突然漏进大气时，应立即关闭高真空阀门，停止扩散泵加热并强迫油缸冷却。消除故障后，应作抽气试验，并根据其结果判断是否需要换油或对泵腔进行清洗。

（4）扩散泵经拆装后，如果系统一切均严格按前述操作程序进行抽气，扩散泵则应能达到泵原极限压力；倘若真空度抽不上去，则首先检查泵所在系统允许的漏气率；同时检查加热器是否被烧断、供电电压是否正常、冷却水是否畅通。如果上述方面一切均正常，则可认为是泵芯装配方面的问题，如装歪、喷口间隙不对、泵未清洗干净、有机溶剂未烘干、装入了不好的泵液、泵液不够、加热功率调整不正确等。应仔细反复调整各喷口间隙，检查泵油及调整加热功率等。如果扩散泵的工作一直正常，而且也不是开动了系统使某处漏气，而使机组的抽气性能突然变坏，则可能是扩散泵电炉丝断了或保险丝断了，应及时检查更换。

（5）如果前级泵工作不正常或容量不够，也会使扩散泵工作不正常。

（6）环境温度、湿度、冷却水温度等使用条件对扩散泵的抽气性能影响较大。例如，当环境温度过高（超过35℃）时，扩散泵性能即开始降低。

（7）扩散泵加热功率调整得不正确，可使扩散泵的工作状态不正常。调整加热功率时，最好能找到返油率最低点的合适温度。

（8）油蒸气返流污染系统，可使系统的极限压力达不到预期结果；如果系统被油蒸气污染，可参照10.4.3节采取措施加以改进。

表11-2列出了油扩散泵的常见故障、产生原因及排除方法。

表11-2 油扩散泵常见故障、产生原因及排除方法

常见故障	产生原因	排除方法
扩散泵不能正常工作，系统真空度过低	系统漏气	关闭泵入口高真空阀门、检漏
	扩散泵电炉故障	检查电炉电源是否接触良好和电炉丝是否被烧断
	油温不足	检查加热电压和功率是否符合规定
	泵出口压力过高	检查前级管道有无漏气，前级泵抽速是否符合要求，工作是否正常
	泵本身漏气	检查前级管道与泵体焊接处、泵底与泵体焊接处是否漏气，应对此二处细加检漏
	泵底烧穿	更换
极限真空降低	系统漏气，泵本身微漏	查出并消除漏处
	泵芯安装不正确	检查各级喷嘴位置和间隙是否正确
	系统和泵内不清洁	检查、清洗、烘干泵系统
	泵油变质	泵清洗后换油
	泵冷却不好	检查冷却水流量和进出水温度，保持水路畅通、环境通风
	泵油不足	加油至规定数量
	泵过热	降低加热功率并检查冷却水流量
抽速过低	泵油加热不足	检查电源电压及电炉功率是否符合规定
	泵芯安装不正确	检查各级喷口有无倾斜及间隙是否正确
返油率过大	顶喷嘴螺帽松动，泵芯内结构不合理，加热功率不对	消除通孔螺帽，加挡油帽改进结构，加挡油装置并重调加热功率，加防爆沸挡板，泵口加冷阱等
	系统操作工艺不对	随泵的入口压力变化自动调整加热功率，按正确的操作规程操作

11.3.3　真空系统油蒸气返流的排除方法

11.3.3.1　消除油封机械真空泵油蒸气返流的方法

（1）降低油封机械真空泵的泵温或换用低饱和蒸气压的真空泵油，从而降低返流量。

（2）用吸附阱隔离油封机械真空泵的油蒸气。最常用的吸附阱材料为活性氧化铝和 13X 分子筛。

（3）用液氮前置冷阱也可防止机械泵油蒸气返流。它与吸附阱相比，对水蒸气吸除效率更高。

（4）用干燥气体冲洗系统的方法减少返流。

（5）系统用油封机械真空泵粗抽时，转换压力不能过低。

（6）采用干式机械真空泵作系统的前级泵。

11.3.3.2　消除扩散泵系统油蒸气返流的方法

（1）使扩散泵的加热功率随泵的入口压力自动调整。在扩散泵刚开始抽气工作时，加大扩散泵的启动功率以缩短机械泵与扩散泵切换时的压力过渡区；随着扩散泵入口压力的逐渐降低，其加热功率也应相应降低，以减少油蒸气返流。

（2）通过改变系统操作工艺和用阀门来避开返流危险区（切换过渡区）。例如，可使高真空阀按照预定速度逐渐开启，保证进入扩散泵的气体流量低于它的最大排气量，并且还使机械泵的抽速保证扩散泵的前级压力，以使扩散泵能顺利排气，这样就能避开过渡区的出现。

（3）在扩散泵入口处加装液氢冷阱或吸附阱来捕集返流油蒸气。

（4）选用优质的扩散泵工作液。

11.3.4　其他抽气系统常见故障及其排除

11.3.4.1　罗茨泵机组

罗茨泵机组运转一段时间后，罗茨泵内产生异常杂音，则可能由以下原因引起：

（1）罗茨泵的启动压力太高，造成泵的机件过热而受损。

（2）在生产工艺中产生的较大的磨损性粒子进入罗茨泵内部造成机件磨损。

（3）泵的安放位置不对，例如，倾斜放置；或泵内的润滑油的油量不适合。

（4）齿轮精度过低或磨损导致齿隙加大。

（5）联轴器磨损或减振垫块损坏。

以上各原因均会导致罗茨泵的机件（转子、定子、轴承与齿轮等）精密度变差或受严重污染，从而使罗茨泵在运转中产生异常杂音。

当发现泵在运转中产生异常杂音后，应立即检查泵的启动压力是否符合规定值。可用电流表检查泵电动机的输入电流是否为额定值，有无异常的高或低；还应检查泵内润滑油的情况及泵的安放位置是否合适；检查齿轮及联轴器是否磨损等。发现问题后，要立即采取相应的措施解决。

如罗茨泵机组运转一段时间后，系统的真空度突然下降，则可能由以下原因引起：

（1）前级泵工作不正常，造成泵的前级压力过高。

（2）罗茨泵动密封失效，轴封处漏气。

（3）泵两侧油箱抽空通道堵塞，导致油箱内压力过高，致使气体向泵腔内返流。

（4）转子磨损使工作间隙过大，致使返流气体量增大。

当发现问题后，要立即对机组检修，并采取相应的措施解决。

11.3.4.2 涡轮分子泵机组

表 11-3 列出了涡轮分子泵机组的常见故障、产生原因及排除方法。

表 11-3 涡轮分子泵机组常见故障、产生原因及排除方法

常见故障	产生原因	排除方法
极限真空度低	前级泵不匹配，抽气量不足	重新选配合适的前级泵
	系统漏气	查出并消除漏点
	泵体放气	对泵体进行烘烤除气，但烘烤温度不应过高

常见故障	产生原因	排除方法
运转中泵体及转子发热，涡轮叶片变形	泵在磁场中高速运转，产生涡流导致叶片发热变形	避免泵在磁场中运转，如必须在磁场中运转最好使用隔磁材料，使其磁场磁通密度小于 30T
	冷却系统出现故障	检查泵的冷却系统，使之正常工作
涡轮叶片损坏	泵口保护网损坏，使泵内进入碎屑、杂质	装换保护网
	运转中泵口突然暴露大气	设置自动保护装置，在突发事件中能自动切断电源并减速
泵运转时振动和噪声大	转子动平衡不好	重新进行转子动平衡
	轴承润滑不好或轴承损坏	检查并修复油路，或更换轴承
	前级压力过高	检查或更换前级泵，降低前级压力
	泵安放位置不正确	按照使用说明书正确安装
超高真空抽气系统中的氢分压突然升高	泵体未经彻底烘烤除气	低于 150℃长时间烘烤除气
	冷却水温过高或冷却系统故障使泵温升高	冷却水温应低于 14℃，以保证运转中冷却系统正常工作
	电源或变频系统故障，泵转子轴达不到额定转数	检查维修电源及变频系统
油蒸气返流	突然停电或停泵时，泵内没有及时充入干燥气体	在泵转速降至最大转速一半时，应及时充入干燥气体并关闭高真空阀
	前级泵返流严重	检修或更换前级泵，降低前级泵返油率

11.4　真空系统的维修方法

11.4.1　真空系统的故障诊断

真空系统和真空设备维修的要点是判断故障及故障点，这需要具有丰富维修经验的专业技术人员和必要的检测仪器，有时还需要比较繁琐的检查过程。例如，系统的真空度抽不上去，其原因可能有多种，可能是真空机组的抽气能力不够，还可能是真空系统的漏气率或放气率高，或者两者兼而有之。真空机组抽气能力判定包括对主泵和前级泵的抽气能力的判定；如果是系统漏气，则可能是真空室、前级管路密封、真空阀门等漏气，或其他原因所致。如果是放气率影响，则可能系统内零件的结构有问题，或者选材有问题等。

图 11-3 为典型的真空设备系统框图。此真空设备系统由前级泵、主泵、冷阱、真空室、真空阀门、真空计、真空规管通过真空管道和法兰连接而成。

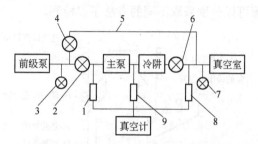

图 11-3　典型真空设备系统框图

1—真空规管 M；2—前级阀；3—电磁压差放气阀；4—粗抽阀；5—粗抽管路；
6—高真空阀；7—放气阀；8—真空规管 L；9—真空规管 K

如果真空室的极限真空度或抽气速率低于规定的技术指标，不能满足正常使用时，则可判定此真空系统出现了故障。由真空系统的工作原理可知，组成系统的某一部分工作失常，整个系统的正常工作即可遭到破坏。系统某一部分工作失常，发生故障的根本原因，可能是由于该部分的某一个零件损坏引起的。维修的目的就是要查找出故障的根源，确定它的部位，以便对症下药。

例如，如图 11-3 所示的抽气系统的主泵发生故障，显然整个系统就不能正常工作。因为主泵可以是油增压泵、油扩散泵、分子泵、溅射离子泵等，在此假设主泵为图 11-4 所示的油扩散泵。分析主泵发生故障的原因可能有：（A_1）泵油氧化、（B_1）泵内掉进异物、（C_1）泵芯歪斜、（D_1）泵油油量不够、（E_1）泵的加热功率不符合规定、（F_1）加热电炉故障、（G_1）进气口密封面漏气、（H_1）泵冷却不佳、（I_1）泵的前级压力过高、（J_1）操作错误，误开快速冷却等因素。

真空设备的故障分布形式，有串联型和并联型两种基本形式。如图 11-3 所示，从前级泵→前级阀→主泵→冷阱→高真空阀→真空室的一条直线上，各个部件可能发生的故障是互相串联的，称为串联型故障；对于系统中每一个独立的组成部分可能发生的故障则往往是并联型的。例如上述主泵的故障原因有 A_1、B_1、C_1、D_1、…、J_1 等多种，可画成图 11-4 所示的并联分布的故障形式。一个真空室的故障分布也可以是如图 11-5 所示的并联形式。对于串联型和并联型这两种形式的故障可以分别采取不同的方法予以检测。

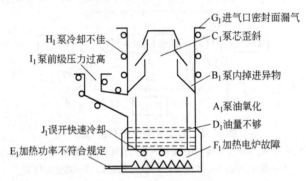

图 11-4 主泵故障分布图

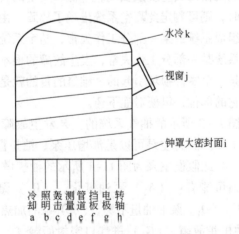

图 11-5 真空室故障分布图

根据上述分析，检修故障的程序如下：根据真空设备的工作原理，以及对故障现象的具体分析，列出产生故障的全部可能的直接原因，然后逐一排除或证实。不是故障原因的将其排除不予考虑，是故障原因的则应进行证实，最后逐次找出产生故障的根本原因。

例如，某一真空设备或系统出现故障，可能有 A_1、B_1、C_1、D_1、$\cdots$、N_1 种原因。第一步逐一检测后，A_1、C_1、D_1、$\cdots$、N_1 被排除，B_1 证实存在。第二步把 B_1 作为故障现象来分析，再列出形成 B_1 故障的可能原因有 A_2、B_2、C_2、D_2、$\cdots$、N_2，逐一检测后，A_2、B_2、D_2、$\cdots$、N_2 被排除，C_2 证实存在。这样距离找到故障又近了一步。再反复下去，直到列出 A_n、B_n、C_n、D_n、$\cdots$、N_n，只剩一个零件，一个法兰接头，一个密封面时，便可最后落实故障根源。

故障分析时应注意：（1）列举的原因要全面，即将 A、B、C、D、$\cdots$、N 种原因全部排除后，设备便可正常工作，故障肯定不复存在。这实际上是划定故障原因的范围，这个范围划小了，可能有遗漏、不全面，划得太大，浪费检测时间。一般设备制造商在设备的使用技术说明书上已给出了一个大致的范围，可供列举原因时参考。（2）列举的必须是故障的原因，即在 A、B、C、D、$\cdots$、N 项原因中只要有一项存在，就必定产生故障。（3）直接的原因并不一定是根本原因。每一步列举或证实的原因，都往往是下一步的故障现象，只有检测到最后一个零件、接头、密封面，能直接修复的才能称为根本原因。

有时面对众多因素，可能不知采用何种方法才能简单、快速地找出故障，判断出故障产生原因。平分检测法和替换检测法是真空系统检修可用的比较简单实用的方法。它借助于真空系统备用的仪表和一些简易手段，即可较迅速、准确地检测出设备故障的部位，以便排除。

11.4.2 真空系统故障的平分检测法

对于串联型故障可采用平分法检测，其方法简易可行，能大大缩短检测时间，提高检修工作的效率。平分法的原理是检测点 x 总是选择在列举原因范围的中点。根据检测的结果，判断故障部位所在的方向，舍去工作正常的部分。每检测一次，舍去检测范围的一半，反复进行下去，很快就会接近故障部位。例如经第一次检测后，判断故障的方向若在 x 点右侧，就把此次检测点（中点）左侧的一半舍去；若故障方向在 x 点左侧，那么就把此次检测点右侧的一半舍去，这样检测一次，范围就缩小一半，在余下的检测范围内，重复上面的做法，均在中点检测，根据结果舍去检测范围的一半，直到找到一个满意的检测点，或者检测范围已变得足够小，再检测下去结果无显著变化为止。

由于真空系统不便任意分割，一般利用系统固有的阀门、可拆连接法兰等作为检测的分割点，因而不是完全的平分法。以图 11-3 所示真空系统为例，故障检查的操作步骤及方法如下：

（1）首先关断高真空阀，将系统分成两半，判断故障在哪一半。假如高真空阀左端工作正常（例如规管 K 测出主泵的极限真空度达规定值，抽气时间正常），说明高真空阀以左的部分无问题，故障必定在高真空阀右边部分。

（2）分别切断粗抽真空管道和放气阀与真空室的连接。如果故障依然存在，说明故障可能发生在真空室；如果故障消失，那么故障即在分割出去的那一部分。如果切断粗抽真空管道，故障即消失，说明故障在粗抽真空管道到粗抽真空阀的部分；如果切断放气阀故障即消失，则说明放气阀关不死或其密封面漏气。

（3）故障如果发生在真空室，则应逐一分析与真空室有关的各密封件，可采用下述的替换方法，最后找出故障的根源。

（4）关断高真空阀，如果左端工作不正常，则高真空阀左端必有故障。这时应切断高真空阀，用真空规（I）检测前级泵。如果前级泵工作正常，则故障必定在主泵或冷阱。再逐一分析主泵和冷阱的故障原因，必要时分割主泵与冷阱的连接，最后找出故障的根源。如果前级泵有问题，则应检查前级泵。

（5）故障也可能是由于粗抽真空阀、前级真空阀或高真空阀关不严或者真空系统本身漏气所致。可以分割各真空阀的上下密封面，再逐一分析检测。

需要注意的是，在进行平分法检测时，应首先排除测量规管及密封接头和真空计本身的故障，否则检测工作无法进行。

11.4.3 真空系统故障的替换检测法

对于并联型故障可采用替换法进行检测。替换法即为用质量绝对可靠的零部件去代替有疑问的零部件，如果替换后设备工作正常，故障即在被替换的部分。真空系统检测时的疑问零件实际上是用密封绝对可靠的标准法兰盘、检测合格的阀门、真空规管等零件替换的。因此必须预先准备一批尺寸合适的标准法兰盘、合格的阀门和真空规管等，以备替换时使用。

例如，用替换法确认故障是否发生在真空室，如图 11-5 所示，形成真空室故障有 a、b、c、d、…、k 种原因。利用替换法逐个进行检测时，应注意替换的先后次序，原则是先易后难，先简后繁，先明后暗和把疑问最大的部件放在前面替换。一旦零件替换后系统工作正常，故障即发生于被替换的部位。

对于超高真空系统，烘烤除气问题特别重要。有时往往系统并无故障，但是由于系统内的真空表面放气致使系统的极限真空度和抽气速率达不到规定的指标，这就需要通过改进操作方法，优选工艺规程来解决。

真空系统和设备的检修方法还有很多，如直觉法、记录比较法和各种检漏法。检测故障的速度和准确性还取决于操作者的经验及熟练程度，可以多种方法组合和交替使用，或以一种方法为主，辅之以其他方法。总之，真空系统故障诊断和维护时，应根据实际情况随机应变，灵活运用，才能提高检修工作的质量和速度。

参 考 文 献

[1] 郭洪震. 真空系统设计与计算 [M]. 北京: 冶金工业出版社, 1986.

[2] 达道安. 真空设计手册 [M]. 3 版. 北京: 国防工业出版社, 2004.

[3] 杨乃恒. 真空获得设备 [M]. 2 版. 北京: 冶金工业出版社, 2001.

[4] 张以忱, 黄英. 真空工程技术丛书: 真空材料 [M]. 北京: 冶金工业出版社, 2005.

[5] 张以忱. 真空工程技术丛书: 真空工艺与实验技术 [M]. 北京: 冶金工业出版社, 2006.

[6] 谢俊秀. 大型真空容器检漏与密封设计 [J]. 真空, 1985 (5): 62~70.

[7] 李灿论. 真空系统设计应用软件的开发研究 [D]. 沈阳: 东北大学真空与流体工程研究所, 2012.

[8] 王达元. 平分法、替换法在检修真空设备中的应用 [J]. 真空, 1991 (4): 47~50.

[9] 任家生. 制冷机低温泵的故障及排除 [J]. 真空, 2001 (6).

[10] 任耀文. 真空钎焊工艺 [M]. 北京: 机械工业出版社, 1993.

[11] [美] 美国焊接学会. 钎焊手册 [M]. 3 版. 北京: 国防工业出版社, 1985.

[12] 赵清辉, 梁月云. 涡轮分子泵与钛升华泵的组合真空系统 [J]. 真空, 1991 (4): 3~6.

[13] 杨乃恒, 王继常, 刘玉岱. 蒙特卡洛法计算涡轮分子泵叶列的传输几率 [J]. 东北工学院学报, 1984 (1), 85~90.

[14] 王继常, 杨乃恒. 真空系统管路元件流导几率的蒙特卡洛法计算 [J]. 真空科学与技术, 1987, 7 (5), 295~299.

[15] Yu In-keun, In Sang-ryul, Lim Jong-yeun. Design and Test of the KSTAR Vacuum Pumping System [J]. Fusion Engineering and Design, 2008, 83 (1): 117~122.

[16] Santeler D J. Computer Design and Analysis of Vacuum System [J]. J. Vac. Sci. Technol. 1987, A5 (4): 2472~2478.

[17] Wayne D Cornelius. Vacuum System Design Using Symbolic Numeric Processors [J]. Proceedings of the 1997 Particle Accelerator Conference. Vol. 1-3. Plenary and Special Sessions Accelerators and Storage Rings-Beam Dynamics, Instrumentation, And Controls, 1998, 3636~3638.

[18] Kersevana R, Pons J L. Introduction to MOLFLOW: New Graphical Processing Unit-based Monte Carlo Code for Simulating Molecular Flows and for Calculating Angular Coefficients in the Compute Unified Device Architecture Environment [J]. J. Vac. Sci. Technol. 2009, A27 (4): 1017~1023.

[19] Kersevana R. Test-Particle Calculations of Pressure Profiles And Pumping Efficiencies: Vacuum Devices of ITER [J]. Sect. 6 "ITER" Wed, 2011.

[20] Garion C. Monte Carlo Method Implemented in a Finite Element Code with Application to Dy-

namic Vacuum in Particle Accelerators [J]. Vacuum, 2010, 84: 274~276.

[21] Sharipov F, Kozak D V. Rarefied Gas Flow through a Thin Slit into Vacuum Simulated by the Monte Carlo Method over the Whole Range of the Knudsen Number [J]. Journal of Vacuum Science & Technology, 2009, 27 (3): 479~484.

[22] Imdakm A O, Khayet M, Matsuura T A. Monte Carlo Simulation Model for Vacuum Membrane Distillation Process [J]. Journal of Membrane Science, 2007, 306 (1-2): 341~348.

[23] 王晓冬, 等. 真空技术 [M]. 北京: 冶金工业出版社, 2006.

[24] 全国真空技术标准化技术委员会, 中国标准出版社第三编辑室编. 真空技术标准汇编 [S]. 北京: 中国标准出版社, 2008.

[25] 冯焱, 曾祥坡, 张涤新, 等. 小孔流导法材料放气率测量装置的设计 [J]. 宇航计测技术, 2010, 30 (3): 66~69.

冶金工业出版社部分图书推荐

书　名	作　者	定价(元)
真空获得设备(第2版)	杨乃恒　主编	29.80
真空技术(本科教材)	巴德纯　等编	50.00
真空材料	张以忱　等编	29.00
真空工艺与实验技术	张以忱　编著	45.00
电子枪与离子束技术	张以忱　编著	29.00
有色金属材料的真空冶金	戴永年　等编	55.00
密封	徐　灏　编著	34.00
机电一体化技术基础与产品设计(本科教材)	刘　杰　等编	38.00
现代建筑设备工程(本科教材)	郑庆红　等编	45.00
机器人技术基础(本科教材)	柳洪义　等编	23.00
机械优化设计方法(第3版)(本科教材)	陈立周　主编	29.00
机械制造装备设计(本科教材)	王启义　主编	35.00
机械故障诊断基础(本科教材)	廖伯瑜　主编	25.80
液压传动(本科教材)	刘春荣　等编	20.00
机械工程实验教程(本科教材)	贾晓鸣　等编	30.00
机械故障诊断的分形方法	石博强　等著	25.00
设备故障诊断工程	虞和济　等编	165.00
故障智能诊断系统的理论与方法	王道平　等著	16.00
液压润滑系统的清洁度控制	胡邦喜　编著	16.00
流体输送设备	王荣祥　等编	45.00
矫直原理与矫直机械(第2版)	崔　甫　著	42.00
热工测量仪表(第2版)	张　华　等编	38.00
机械安装与维护(职业技术学院教材)	张树海　主编	22.00
冶金液压设备及其维护(工人培训教材)	任占海　主编	35.00
冶炼设备维护与检修(工人培训教材)	时彦林　主编	49.00
轧钢设备维护与检修(工人培训教材)	袁建路　主编	28.00
机械基础知识(工人培训教材)	马保振　主编	26.00